高职高专土建类专业"十四五"规划教材

U0747985

Building

Project cost control and management

建设工程造价
控制与管理

主 编　李冬　毕明

副主编　杨晶　韩晓玲

主 审　田树涛　高屹

中南大学出版社

www.csupress.com.cn

·长沙·

内容简介

　　《建设工程造价控制与管理》根据最新的建设法规、规范，从基础理论与实践应用入手，全面介绍工程造价确定与控制的理论和方法，主要内容包括工程造价及其管理概述、工程造价管理基本制度、建设工程造价构成与确定、工程造价在投资决策阶段的控制、工程造价在设计阶段的控制、工程造价在实施阶段的控制、工程招标与投标、合同管理等。教材内容全面，适用面广。各章内容设置了学习重点、培养目标、本章小结、案例分析和思考与练习，并附有参考答案。

出版说明 INSTRUCTIONS

为了深入贯彻党的二十大精神和全国教育大会精神，落实《国家职业教育改革实施方案》（国发〔2019〕4号）和《职业院校教材管理办法》（教材〔2019〕3号）有关要求，深化职业教育"三教"改革，全面推进高等职业院校土建类专业教育教学改革，促进高端技术技能型人才的培养，依据教育部高职高专教育土建类专业教学指导委员会《高职高专土建类专业教学基本要求》和国家教学标准及职业标准要求，通过充分的调研，在总结吸收国内优秀高职高专教材建设经验的基础上，我们组织编写和出版了这套高职高专土建类专业新形态教材。

高职高专教学改革不断深入，土建行业工程技术日新月异，相应国家标准、规范，行业、企业标准、规范不断更新，作为课程内容载体的教材也必然要顺应教学改革和新形势，适应行业的发展变化。教材建设应该按照最新的职业教育教学改革理念构建教材体系，探索新的编写思路，编写出版一套全新的、高等职业院校普遍认同的、能引导土建专业教学改革的系列教材。为此，我们成立了教材编审委员会。教材编审委员会由全国30多所高职院校的权威教授、专家、院长、教学负责人、专业带头人及企业专家组成。编审委员会通过推荐、遴选，聘请了一批学术水平高、教学经验丰富、工程实践能力强的骨干教师及企业专家组成编写队伍。

本套教材具有以下特色：

1. 教材遵循《"十四五"职业教育规划教材建设实施方案》的要求，以习近平新时代中国特色社会主义思想为指导，注重立德树人，在教材中有机融入中国优秀传统文化、"四个自信"、爱国主义、法治意识、工匠精神、职业素养等思政元素。

2. 教材依据教育部高职高专教育土建类专业教学指导委员会《高职高专土建类专业教学基本要求》及国家教学标准和职业标准（规范）编写，体现科学性、综合性、实践性、时效性等特点。

3. 体现"三教"改革精神，适应高职高专教学改革的要求，以职业能力为主线，采用行动导向、任务驱动、项目载体，教、学、做一体化模式编写，按实际岗位所需的知识能力来选取教材内容，实现教材与工程实际的零距离"无缝对接"。

4. 体现先进性特点，将土建学科发展的新成果、新技术、新工艺、新材料、新知识纳入教材，结合最新国家标准、行业标准、规范编写。

5. 产教融合，校企双元开发，教材内容与工程实际紧密联系。教材案例选择符合或接近真实工程实际，有利于培养学生的工程实践能力。

6. 以社会需求为基本依据，以就业为导向，有机融入"1＋X"证书内容，融入建筑企业岗位(八大员)职业资格考试、国家职业技能鉴定标准的相关内容，实现学历教育与职业资格认证的衔接。

7. 教材体系立体化。为了方便教师教学和学生学习，本套教材建立了多媒体教学电子课件、电子图集、教学指导、教学大纲、案例素材等教学资源支持服务平台；部分教材采用了"互联网＋"的形式出版，读者扫描书中的二维码，即可阅读丰富的工程图片、演示动画、操作视频、工程案例、拓展知识等。

高职高专土建类专业新形态教材

编 审 委 员 会

前言 PREFACE

　　《建设工程造价控制与管理》根据最新的建设法规、规范，从基础理论与实践应用入手，全面介绍工程造价确定与控制的理论和方法，主要内容包括工程造价及其管理概述、工程造价管理基本制度、建设工程造价构成与确定、工程造价在投资决策阶段的控制、工程造价在设计阶段的控制、工程造价在实施阶段的控制、工程招标与投标、合同管理等。教材内容全面，适用面广。各章内容设置了学习重点、培养目标、本章小结、案例分析和思考与练习，并附有参考答案。

　　本教材严格按照高等职业教育工程造价专业教育标准和培养方案及主干课程教学大纲的要求编写，在内容选取上，以"理论够用、注重实践"为原则，力求简明扼要、通俗易懂，不仅编入了学生将来从事建设工程造价管理工作必须掌握的基础知识及原理，还通过大量例题和案例分析对知识点内容进行强化巩固和训练，具有较强的实用性。

　　本教材结构严谨完整，内容丰富详尽，文字精练简明，可操作性强，可作为高职高专院校工程造价、工程管理等专业的教材和工程造价管理人员的参考用书，同时也可以作为造价类执业资格考试人员的参考用书。还可作为本科院校、函授和自学辅导用书或供相关专业人员学习参考之用。

　　本教材作者队伍由教师、造价工程师组成，专业优势突出，由李冬、毕明担任主编，杨晶、韩晓玲担任副主编。本书编写分工如下：第1，2，5章由韩晓玲编写，第4章由杨晶编写，第3章第1，2，3节、第6章及附录由李冬编写，第3章第4，5，6节、第7章、第8章由毕明编写，本书由甘肃建筑职业技术学院教授田树涛，甘肃第一建设集团有限责任公司高级工程师高屹主审，李冬负责全书的统稿工作。本教材在编写过程中，参阅了全国造价工程师执业资格考试培训教材，以及国内同行多部著作，在此，对它们的作者表示衷心的感谢！

　　本教材虽经推敲核证，但限于编者的专业水平和实践经验，仍难免有疏漏或不妥之处，恳请广大读者批评指正。

编　者

目 录 CONTENTS

第一章　工程造价及其管理概述

第一节　工程造价

一、建筑产品概述

（一）建筑产品价格构成

建筑产品价格构成，是指形成价格的各个要素，即生产成本、销售费用、利润和税金，在价格中的组成情况。从建筑产品价格构成来看，与一般商品并无差别。但是，从建筑产品价格构成的具体要素来看，却有其自身的特点，需要逐一进行分析。

1. 建筑产品的生产成本

建筑产品成本是建筑企业用于生产建筑产品的各项费用总和。建筑产品按费用计入成本的方法划分，建筑产品的成本分为直接费和间接费。所谓直接费，是指在产品生产过程中直接耗用的，并且能够直接计入成本对象的费用；所谓间接费，是指在组织生产活动和经营管理方面所发生的费用，这些费用无法直接计入某一产品而必须按一定标准在若干产品之间进行分配。在建筑产品的生产成本中，一般来说，人工费要占总成本的 8%~12%，机械使用费占 4%~8%，材料费占 60%~65%，施工项目管理费占 18%~22%。也就是说，直接用于施工的实体性消耗费用一般占总成本的 80% 左右，此外用于施工项目管理的相关费用占总成本的 20% 左右。

2. 建筑产品的销售成本

销售成本包括：预售楼的建筑成本；销售办公设备费用；广告、宣传费用；销售人员工资、津贴；办公费用；对预售工作的管理费用等等。其实，销售成本同上述的建筑产品的生产成本一样，也可以划分为销售过程中直接发生于各个销售环节的费用与在销售的各个环节所间接支出的管理性费用。

3. 建筑产品价格中的利润

利润是指施工企业完成所承包工程获得的盈利，它是按相应的计取基础乘以利润率确定的。随着工程建设管理体制改革和建设市场的不断完善，以及建设工程招标、投标的需要，利润在投标报价中可以上、下浮动，以利于公平、合理的市场竞争。合理地确定建筑产品价格中的利润，涉及两个方面的问题：一是利润的确定方法问题（不同方法计算的利润率主要有：成本利润率、工资利润率、资金利润率等），即以何种利润率作为定价的依据；二是利润的水平标准问题，即究竟是以社会平均利润还是以部门平均利润为依据。这不仅仅是建筑产品价格需要解决的问题，而且体现了整个国民经济价格体系赖以建立的基础。

4. 建筑产品的税金

税金是国家财政收入的主要来源，是国家依靠政治权力取得财政收入的主要手段，是国家参与国民收入的分配和再分配所形成的分配关系。其特点为：一具有强制性，国家以法律形式规定纳税人必须依法纳税，否则要受法律制裁；二具有无偿性；三具有固定性，即国家以法律形式规定征税额与课税对象之间的固定比例或固定数额。

根据我国现行税收制度，按照课税对象的不同性质，税收可以划分为流转税类、资源税类、所得税类、特定目的税类、财产行为税类、农业税类和关税。在项目的投资与建设过程中缴纳的主要税收包括营业税、所得税、城市维护建设税和教育费附加(可视作税收)。另外，针对其占有的财产和行为，还涉及房产税、土地使用税、土地增值税和契税等的征收。

(二)建筑产品的价格特点

建筑产品的价格是在价值规律、供求规律、竞争规律的作用下，根据市场价格信息，由建筑供求双方自主定价，使建筑产品的价格市场化，让价格指导和调节建筑产品的生产，因此建筑产品的价格具有以下几方面的特点：

1. 建筑产品价格的大额性

建筑产品不但体积庞大，生产周期长，且生产程序复杂，需要不断地消耗大量的人力和物资，这就必须投入大量的资金且占用时间长。正是由于建设产品的这些特点，使得其造价高昂。

2. 建筑产品价格的个别性

由于建筑产品的单件性，决定了建筑产品价格的个别性。每一个建筑产品都有自己特定的建筑形式与结构形式，特有自然条件和施工条件，所以其价格也是各不相同。另外，建筑产品施工的流动性，也是形成建筑产品价格个别性的重要原因。

3. 建筑产品价格相对的可比性

我们借助分解的方法，可以将巨大的建筑产品分解成能用适当的计量单位计算的简单的基本结构要素，即假定的建筑安装产品。这些假定产品的造价具有一定的可比性。通过对假定产品价格的比较，可以反映出各个时期及各种建筑产品价格水平的变动情况。

4. 建筑产品具有定价在先的特点

对于期货生产的建筑产品来说，在没有开始生产之前就要先确定价格，即定价在先，生产在后。这对建筑产品生产之前的定价提出很高的要求，不仅要求从事工程造价业务的专业技术人员具有认真负责的工作态度，而且要掌握技术、经济、经营管理等多方面的知识。

5. 建筑产品具有供求双方直接定价的特点

建筑产品在生产之前定价时，并不是由承包人或者发包人单独定价。通常，建筑产品的承包人根据发包人的要求对拟建建筑产品的生产成本进行估计并在此基础上附加一定的利润，向发包人提交一份该建筑产品报价书，发包人通过对多个承包人提供的报价书进行分析、比较，从中选择一份认为比较合理并可以接受的报价书，从而确定拟建建筑产品的暂定价格。从这个意义上讲，建筑产品的价格是由发、承包双方共同决定的，而且发包人在某种程度上对确定建筑产品的价格起着主导作用。由此看来，建筑产品的成本和价格对发、承包双方均起作用。对发包人来说，承包人所提出的价格只有在成本构成合理的前提下才有可能被接受；对承包人来说，既要考虑所提出的价格能被发包人所接受，又要考虑确实能按预期成本建成建筑产品，从而获得一定的利润。这也意味着，不仅建筑产品发、承包人双方从总体上对建筑产品的价格起作用，而且建筑产品发、承包人双方的个体亦对其价格直接起作用。

6. 建筑产品的价格具有不同形式的差异

首先是地区差异，建筑产品的地区差价，是指由于地区不同而客观存在的生产条件、生产要素的差异所导致的价格差异。其次是质量差异，建筑产品的质量差价是指由于施工质量等级的不同而造成的价格差异。建筑产品的质量一般情况下应达到《建筑工程施工质量验收统一标准》中的"合格"标准，发包人也可以提出比"合格"标准更严格的建筑质量要求。另外还有生产时间的差异，建筑产品的工期差价是指由于建造工期的提前或推迟而形成的价格差异。由于存在这些差距，从而使建筑产品的价格具有不同形式的差异。

7. 建筑产品价格的动态性

任何一项工程都有较长的建设期间，由于不可控因素的影响，在预计工期内，会有许多影响价格的动态因素，如工程变更，设备材料价格变动，工资标准以及费率、利率等发生变化。这些变化必然会影响到建筑产品价格的变动。

（三）建筑产品的价格形式

所谓价格形式，是指由于制定价格的方式或条件不同而形成的不同价格类型。从价格管理角度，价格可分为政府定价、政府指导价以及市场调节价。不同的价格形式既相互区别，独立地发挥其作用，又相互联系，有时还相互影响，相互制约，客观上构成一个价格体系。建筑产品的价格形式有理论价格、计划价格、浮动价格、市场价格和成本价格五种。

1. 理论价格

理论价格是以社会必要劳动时间和社会平均利润为基础的产品价格。建筑产品的理论价格由部门平均成本和按社会平均利润率计算的利润两部分构成。理论价格并不是实际执行的价格，从某种意义上讲，只不过是一种定价原则。确定建筑产品的理论价格，可以较客观地反映建筑企业在国民经济中的地位和作用，也可以正确确定建筑产品与其他商品的比价，使不同部门、企业之间真正实现等价交换，从而为正确评价建筑企业的计价效益提供合理的基础。建筑产品的理论价格虽然不是实际执行的价格，但它是制定实际执行价格的理论基础。

2. 计划价格

计划价格是由国家统一制定的价格。建筑产品的计划价格是以建筑安装工程定额为基础所制定的建筑产品的价格。建筑安装工程定额是确定一定计量单位的建筑构件所必须消耗的人工、材料、机械台班消耗量标准以及各种管理费、利润等取费的标准，是由国家和地方政府统一编制并经过审批颁发的。我国建筑产品价格的计算方法曾先后采用过概算包干、小区综合造价包干、新增单位生产能力造价包干等多种形式。这些定价形式的基础仍然属于计划价格的范畴。

3. 浮动价格

浮动价格是由国家规定基价（也叫中准价）和浮动幅度，允许企业根据市场供求情况和本企业的实际情况，在规定的幅度内浮动的价格。建筑产品的浮动价格虽然具有一定的灵活性，但它毕竟不同于完全市场调节的市场价格，它要受到国家计划的指导和制约，因此建筑产品的浮动价格实质上仍然是一种计划价格。但是相对于固定计划价格来说建筑产品浮动价格具有一定的灵活性，因而是一种浮动计划价格。建筑产品采用浮动价格也有利于建筑领域内引入竞争机制，促进企业扬长避短，努力降低成本，提高经济效益。建筑产品采用浮动价格虽然仍然受到国家计划的制约，但它毕竟使企业在一定范围内有了定价权。这就有可能使企业通过竞争的实践不断修正定价的基础数据，逐步形成和建立企业内部"定额"，从而为企业对建筑产品自主定价创造了条件，也使建筑产品价格真正独立于投资预算成为可能。因此建筑产品的浮动价格是计划价格与市场价格相衔接的一种重要价格形式。

4.市场价格

建筑产品的市场价格是指建筑产品的供求双方根据市场供求情况和企业实际情况自主、自由确定的价格。这种价格是最适应市场经济特征的价格形式，它完全随着供求关系的变化而上下波动，不受国家计划的制约，因而它能灵敏地反映市场信息。这种价格总是在竞争中形成，它从一个侧面反映企业竞争能力的差异。建筑产品采用市场价格有利于充分发挥各企业的特长和优势，有利于引导企业通过降低社会必要劳动时间，从而降低建筑产品的价格。

5.成本价格

成本价格是指成本基本按实计算，适当考虑利润水平的一种计价方式。有必要说明，成本价格并不是数值等于成本的价格。在实际应用中，成本价格对产品的生产成本没有限制，生产者不会主动、有效地控制成本，降低成本，容易导致建筑产品价格的提高。尽管成本价格有着明显的缺点，但作为建筑产品价格的一种形式，仍有存在的必要。通常采用新结构、新工艺的建筑产品，尤其是首次采用或刚开始应用的结构和工艺，由于没有先例可参照，无法较准确地估计生产成本，这种情况就需要考虑采用成本价格。

二、工程造价概述

(一)工程造价的含义

工程造价通常是指工程的建造价格。由于所占的角度不同，工程造价有不同的含义。中国工程造价管理协会给工程造价赋予了一词双义，一是指建设成本或称投资额，二是指承包价格或称合同价。

第一种含义：工程造价是指建设一项工程预期开支或实际开支的全部固定资产投资费用。显然，这一含义是从投资者——业主的角度来定义的。涵盖的范围包括形成全部固定资产投资费用。形成过程是通过项目评估决策，以及招投标一系列投资管理活动形成。其管理性质属于投资管理范畴。

第二种含义：工程造价是指工程交易价格。即为建成一项工程，预计或实际在土地市场、设备市场、技术劳务市场，以及承包市场等交易活动中所形成的建筑安装工程的价格和建设工程总价格。显然，这一含义是市场交易的角度来定义的。涵盖的范围包括全部工程价格或建筑安装工程价格。形成过程以市场为前提，在多次预算基础上，通过"交易"形成工程价格。其管理性质属于价格管理范畴。

建设项目的固定资产投资也就是建设项目工程造价的第一种含义，二者在量上是等同的。其中，建筑安装工程费也就是工程造价的第二种含义，二者在量上也是等同的。工程造价两种含义实质上就是以不同角度把握同一事物的本质。

(二)工程造价的特点

由于工程建设的特点，使工程造价具有以下五个特点：

1.大额性

任何一个建设工程，不仅形体庞大，而且资源消耗巨大，少则几百万元，多则数亿乃至数百亿元。工程造价的大额性不仅事关多个方面的重大经济利益，而且也使工程承受了重大的经济风险，对宏观经济的运行产生重大的影响。

2.单个性

任何一项工程项目都有特定的用途、功能、规模，这导致了每一项工程项目的结构、造型、内外装饰等都会有不同的要求，直接表现为工程造价上的差异性。即不存在造价完全相同的两个工程项目。

3.动态性

工程项目从决策到竣工验收直到交付使用，都有一个较长的建设周期，而且经常受到许多来自社会和自然的众多不可控因素的影响，必然会导致工程造价的变动。例如，物价变化、不利的自然条件、人为因素等均会影响到工程造价。

因此，工程造价在整个建设期内都处在不确定的状态之中，直到竣工决算后才能最终确定工程的实际造价。

4.层次性

一个建设项目往往含有多个能够独立发挥设计生产效能的单项工程；一个单项工程又是由能够独立组织施工、各自发挥专业效能的单位工程组成。

与此相适应，工程造价可以分为：建设项目总造价、单项工程造价和单位工程造价。某些大型项目甚至还可以将单位工程造价细分为分部工程造价和分项工程造价。

5.阶段性

建设工程规模大，周期长，造价高，需要在建设程序的各个阶段完成各阶段的工程造价，编制相应的工程造价成果文件。

（三）工程造价的计价特征

由于工程项目的特点决定，工程计价具有以下的特征。

1.计价的单件性

建筑产品的单个性决定了每项工程都必须单独计算造价。

2.计价的多次性

工程项目需要按一定的建设程序进行决策和实施，工程计价也需要在不同阶段多次进行，以保证工程造价计算的准确性和控制的有效性。多次计价是个逐步深化、逐步细化和逐步接近实际造价的过程。如图1-1所示。

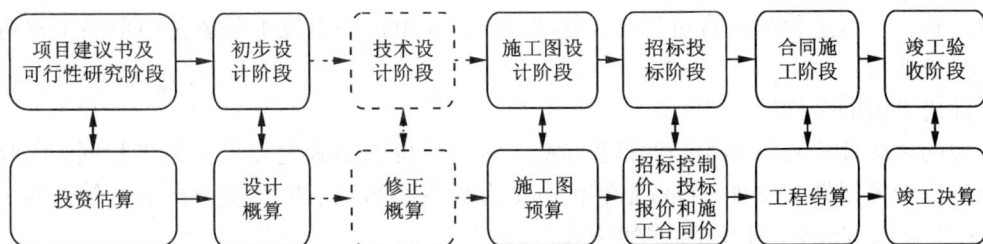

图1-1　工程多次计价示意图

（1）建设项目投资估算。是指在项目建议书和可行性研究阶段通过编制估算文件测算和确定的工程造价。投资估算是建设项目进行决策、筹集资金和合理控制造价的主要依据。

（2）设计概算造价。是指在初步设计阶段，根据设计意图，通过编制工程概算文件预先测算和确定的工程造价。与投资估算造价相比，概算造价的准确性有所提高，但受估算造价的控制。概算造价一般又可分为：建设项目概算总造价、单项工程概算综合造价、单位工程概算造价。

（3）修正概算造价。是指在三阶段设计（初步设计、技术设计和施工图设计）环节中的技术设计阶段，根据技术设计的要求，通过编制修正概算文件预先测算和确定的工程造价。修正概算是对初步设计阶段的概算造价的修正和调整，比概算造价准确，但受概算造价控制。而对于两阶段设计（初步设计和施工图设计），则无此环节的造价。

（4）施工图预算造价。是指在施工图设计阶段，根据施工图纸，通过编制预算文件预先测算和确定的工程造价。它比概算造价或修正概算造价更为详尽和准确，但同样要受前一阶段工程造价的控制。

（5）招标控制价。是指招标人根据国家或省级、行业建设主管部门颁发的有关计价依据和办法，以及拟定的招标文件和招标工程量清单，结合工程具体情况编制的招标工程的最高投标限价。国有资金投资的工程建设项目必须采用工程量清单计价，并编制招标控制价。

投标报价。是指投标人响应招标文件要求所报出的对已标价工程量清单汇总后标明的总价。

签约合同价。是指招标人与中标人所签订的工程总承包合同、建筑安装工程承包合同、设备材料采购合同，以及技术和咨询服务合同等建设工程相关合同中所确定的价格。

（6）工程结算。是指在工程竣工验收阶段，按合同调价范围和调价方法，对实际发生的工程量增减、设备和材料价差等进行调整后计算和确定的价格，反映的是工程项目实际造价。

（7）竣工决算。是指工程竣工决算阶段，以实物数量和货币指标为计量单位，综合反映竣工项目从筹建开始到项目竣工交付使用为止的全部建设费用。决算价一般是由建设单位编制，上报相关主管部门审查、备案。

3.计价的组合性

工程造价的计算是分部组合而成的。这一特征和建设项目的组合性有关。在一个建设项目中，单项工程是建设项目的组成部分，单位工程是单项工程的组成部分，分部工程是单位工程的组成部分，分项工程是分部工程的组成部分。建设项目的组合性确定了工程造价的逐步组合过程。工程造价的组合过程是：分部分项工程单价→单位工程造价→单项工程造价→建设项目总造价。

4.计价方法的多样性

工程的多次计价有各不相同的计价依据，每次计价的精确度要求也各不相同，由此决定了计价方法的多样性。例如，投资估算的方法有设备系数法、生产能力指数估算法等；计算概、预算造价的方法有单价法和实物法等。

5.计价依据的复杂性

由于影响造价的因素多，决定了计价依据的复杂性。工程计价依据的复杂性不仅使计算过程复杂，而且需要计价人员熟悉各类计价依据，并加以正确应用。计价依据主要可分为以下七类：

（1）设备和工程量计算依据。包括项目建议书、可行性研究报告、设计文件等。

（2）人工、材料、机械等实物消耗量计算依据。包括投资估算指标、概算指标、概算定额、预算定额等。

（3）工程单价计算依据。包括人工单价、材料价格、材料运杂费、机械台班费等。

（4）设备单价计算依据。包括设备原价、设备运杂费、进口设备关税等。

（5）措施费、间接费和工程建设其他费用计算依据。主要是相关的费用定额和指标。

（6）政府规定的税、费。

（7）物价指数和工程造价指数。

第二节 工程造价管理

一、工程造价管理概述

（一）工程造价管理的含义

工程造价有两种含义，工程造价管理也有两种不同的含义，一是指建设工程投资费用管理；二是指建设工程价格管理。

1. 建设工程投资费用管理

建设工程投资费用管理是指为了实现投资的预期目标，在拟订的规划、设计方案的条件下，预测、确定和监控工程造价及其变动的系统活动。建设工程投资费用管理属于投资管理范畴，它既涵盖了微观层次的项目投资费用管理，也涵盖了宏观层次的投资费用管理。

2. 建设工程价格管理

建设工程价格管理属于价格管理范畴。在市场经济条件下，价格管理一般分为两个层次：在微观层次上，是指生产企业在掌握市场价格信息的基础上，为实现管理目标而进行的成本控制、计价、定价和竞价的系统活动。在宏观层次上，是指政府部门根据社会经济发展的实际需要，利用现有的法律、经济和行政手段对价格进行管理和调控，并通过市场管理规范市场主体价格行为的系统活动。

（二）建设工程全面造价管理的含义

建设工程全面造价管理包括全寿命期造价管理、全过程造价管理、全要素造价管理和全方位造价管理。

1. 全寿命期造价管理

建设工程全寿命期造价是指建设工程初始建造成本和建成后的日常使用成本之和，它包括建设前期、建设期、使用期及拆除期各个阶段的成本。由于在实际管理过程中，在工程建设及使用的不同阶段，工程造价存在诸多不确定因素，因此，全寿命期造价管理至今只能作为一种实现建设工程全寿命期造价最小化的指导思想，指导建设工程的投资决策及设计方案的选择。

2. 全过程造价管理

建设工程全过程是指建设工程前期决策、设计、招投标、施工、竣工验收等各个阶段，工程造价管理覆盖建设工程前期决策及实施的各个阶段，包括前期决策阶段的项目策划、投资估算、项目经济评价、项目融资方案分析；设计阶段的限额设计、方案比选、概预算编制；招投标阶段的标段划分、承发包模式及合同形式的选择、招标控制价及标底编制；施工阶段的工程计量与结算、工程变更控制、索赔管理；竣工验收阶段的竣工结算与决算等。

3. 全要素造价管理

建设工程造价管理不能单就工程造价本身谈造价管理，因为除工程本身造价之外，工期、质量、安全及环境等因素均会对工程造价产生影响。为此，控制建设工程造价不仅仅是控制建设工程本身的成本，还应同时考虑工期成本、质量成本、安全与环境成本的控制，从而实现工程造价、工期、质量、安全、环境的集成管理。

4. 全方位造价管理

建设工程造价管理不仅仅是业主或承包单位的任务，而应该是政府建设行政主管部门、行业协会、业主方、设计方、承包方以及有关咨询机构的共同任务。尽管各方的地位、利益、角度等有所不同，但必须建立完善的协同工作机制，才能实现建设工程造价的有效控制。

（三）工程造价管理的组织系统

工程造价管理的组织系统，是指为了实现工程造价管理目标而进行的有效组织活动，以及与造价管理功能相关的有机群体。是工程造价动态的组织活动过程和相对静态的造价管理部门的统一。

为了实现工程造价管理目标而开展有效的组织活动，我国设置了多部门、多层次的工程造价管理机构，并规定了各自的管理权限和职责范围。

1. 政府行政管理系统

政府在工程造价管理中既是宏观管理主体，也是政府投资项目的微观管理主体。从宏观管理的角度，政府对工程造价管理有一个严密的组织系统，设置了多层管理机构，规定了管理权限和职责范围。

（1）国务院建设主管部门造价管理机构。工程造价管理的主要职责是：

1）组织制定工程造价管理有关法规、制度并组织贯彻实施；

2）组织制定全国统一经济定额和制订、修订本部门经济定额；

3）监督指导全国统一经济定额和本部门经济定额的实施；

4）制定和负责全国工程造价咨询企业的资质标准及其资质管理工作；

5）制定全国工程造价管理专业人员执业资格准入标准，并监督执行。

（2）国务院其他部门的工程造价管理机构。包括：水利、水电、电力、石油、石化、机械、冶金、铁路、煤炭、建材、林业、军队、有色、核工业、公路等行业的造价管理机构。主要职责是修订、编制和解释相应行业的工程建设标准定额，有的还担负本行业大型或重点建设项目的概算审批、概算调整等。

（3）省、自治区、直辖市工程造价管理部门。主要职责是修编、解释当地定额、收费标准和计价制度等。此外，还有审核国家投资工程的招标控制价、标底、结算，处理合同纠纷等职责。

2. 企事业单位管理系统

企事业单位对工程造价的管理，属微观管理的范畴。设计单位、工程造价咨询企业等按照业主或委托方的意图，在可行性研究和规划设计阶段合理确定和有效控制建设工程造价，通过限额设计等手段实现设定的造价管理目标；在招投标工作中编制招标文件、确定项目的招标控制价及标底，参加评标、合同谈判等工作；在项目实施阶段，通过对设计变更、工期、索赔和结算等管理进行造价控制。

工程承包企业的造价管理是企业自身管理的重要内容。在投标阶段，通过对市场的调查研究，利用过去积累的经验，研究报价策略，提出报价；在施工过程中，进行工程造价的动态管理，注意各种调价因素的发生和工程价款的结算，避免收益的流失，以促进企业盈利目标的实现。

3.行业协会管理系统

中国建设工程造价管理协会是经原国家建设部和民政部批准成立的，代表我国建设工程造价管理的全国性行业协会，是亚太区测量师协会(PAQS)和国际工程造价联合会(ICEC)等相关国际组织的正式成员。在各国造价管理协会和相关学会团体的不断共同努力下，目前，联合国已将造价管理这个行业列入了国际组织认可行业，这对于造价咨询行业的可持续性发展和进一步提高造价专业人员的社会地位将起到积极的促进作用。

二、我国工程造价管理的基本内容

工程造价管理的基本内容就是工程造价的合理确定和有效地控制工程造价。

(一)工程造价的合理确定

(1)在项目建议书阶段，按照有关规定编制的初步投资估算，经有关部门批准，作为拟建项目列入国家中长期计划和开展前期工作的控制造价。

(2)在项目可行性研究阶段，按照有关规定编制的投资估算，经有关部门批准，作为该项目的控制造价。

(3)在初步设计阶段，按照有关规定编制的初步设计总概算，经有关部门批准，即作为拟建项目工程造价的最高限额。

(4)在施工图设计阶段，按规定编制施工图预算，用以核实施工图阶段预算造价是否超过批准的初步设计概算。

(5)在招标投标阶段，招标人提出项目招标要求，编制项目招标文件，确定项目投标的最高限价(招标控制价)；投标人按照招标文件的要求，在充分响应招标文件、不突破招标控制价的前提下，对招标项目提出投标报价；按照我国招标投标相关法律法规的要求，招标人严格按照法律法规组织招标、投标、开标、评标并最终确定中标人，依据招标文件和中标人的投标报价，确定中标合同价。

(6)在工程实施阶段，承包方按照实际完成的工程量，以合同价为基础，同时考虑因物价变动所引起的造价变更，以及设计中难以预计的而在实施阶段实际发生的工程和费用，合理确定工程结算。

(7)在竣工验收阶段，发包人全面汇集在工程建设过程中业主实际花费的全部费用，编制竣工决算，如实体现建设工程的实际造价。

(二)工程造价的有效控制

所谓工程造价的有效控制，就是在优化建设方案、设计方案的基础上，在建设程序的各个阶段，采用一定的方法和措施将工程造价的发生控制在合理的范围和核定的造价限额以内。要有效地控制工程造价应体现以下三项原则：

(1)以设计阶段为重点的建设全过程造价控制。

(2)实施主动控制。

(3)技术与经济相结合是控制工程造价最有效的手段。

要有效地控制工程造价，应从组织、技术、经济等多方面采取措施。从组织上采取的措施,包括明确项目组织结构,明确造价控制者及其任务,明确管理职能分工;从技术上采取措施,包括重视设计多方案选择,严格审查监督初步设计、技术设计、施工图设计、施工组织设计,深入技术领域研究节约投资的可能性;从经济上采取措施,包括动态地比较造价的计划值和实际值,严格审核各项费用支出,采取对节约投资的有力奖励措施等。

三、发达国家工程造价管理的特点

分析发达国家工程造价管理,其特点主要体现在以下几个方面:

（一）政府的间接调控

发达国家一般按投资来源不同,将项目可划分为政府投资项目和私人投资项目。政府对不同类别的投资项目实行不同力度和深度的管理,重点是控制政府投资的项目。

英国对政府投资项目采取集中管理的办法,按政府的有关面积标准、造价指标,在核定的投资范围内进行方案设计、施工设计,实施目标控制,不得突破。如遇非正常因素,宁可在保证使用功能的前提下降低标准,也要将造价控制在额度范围内。美国对政府投资项目则采用两种方式,一是由政府设专门机构对工程进行直接管理。美国各地方政府都设有相应的管理机构,如纽约市政府的综合开发部(DGS)、华盛顿政府的综合开发局(GSA)等都是代表各级政府专门负责管理建设工程的机构。二是通过公开招标委托承包商进行管理。美国法律规定,所有的政府投资项目都要进行公开招标,特定情况下(涉及国防、军事机密等)可邀请招标和议标。但对项目的审批权限、技术标准(规范)、价格、指数都需明确规定,确保项目资金不突破审批的金额。

发达国家对私人投资项目只进行政策引导和信息指导,而不干预其具体实施过程,体现政府对造价的宏观管理和间接调控。

（二）有章可循的计价依据

费用标准、工程量计算规则、经验数据等是西方发达国家计算和控制工程造价的主要依据。

美国联邦政府和地方政府没有统一的工程造价计价依据和标准,一般根据积累的工程造价资料,并参考各工程咨询公司有关造价的资料,对各自管辖的政府工程项目制订相应的计价标准,作为项目费用估算的依据。通过定期发布工程造价指南进行宏观调控与干预。有关工程造价的工程量计算规则、指标、费用标准等,一般是由各专业协会、大型工程咨询公司制订。各地的工程咨询机构,根据本地区的具体特点,制订单位建筑面积的消耗量和基价,作为所管辖项目造价估算的标准。

英国也没有类似我国的定额体系,工程量的测算方法和标准都是由专业学会或协会进行负责。英国政府投资的工程从确定投资和控制工程项目规模及计价的需要出发,各部门均需制订并经财政部门认可的各种建设标准和造价指标,这些标准和指标均作为各部门向国家申报投资、控制规划设计、确定工程项目规模和投资的基础,也是审批立项、确定规模和造价限额的依据。英国十分重视已完工程数据资料的积累和数据库的建设。每个皇家测量师学会会员都有责任和义务将自己经办的已完工程的数据资料,按照规定的格式认真填报,收入学会数据库,同时也即取得利用数据库资料的权利。

（三）多渠道的工程造价信息

发达国家都十分重视对各方面造价信息的及时收集、筛选、整理以及加工工作。

在美国，建筑造价指数一般由一些咨询机构和新闻媒介来编制，在多种造价信息来源中，ENR（Engineering News Record）造价指标是比较重要的一种。编制 ENR 造价指数的目的是为了准确地预测建筑价格，确定工程造价。它是一个加权总指数，由构件钢材、波特兰水泥、木材和普通劳动力四种个体指数组成。ENR 共编制两种造价指数，一是建筑造价指数，一是房屋造价指数。这两个指数在计算方法上基本相同，区别仅体现在计算总指数中的劳动力要素不同。ENR 总部则将这些信息员收集到的价格信息和数据汇总，并在每个星期四计算并发布最近的造价指数。

（四）造价工程师的动态估价

在英国，业主对工程的估价一般要委托工料测量师行来完成。测量师行的估价大体上是按比较法和系数法进行，经过长期的估价实践，它们都拥有极为丰富的工程造价实例资料，甚至建立了工程造价数据库，对于标书中所列出的每一项目价格的确定都有自己的标准。在估价时，工料测量师行将不同设计阶段提供的拟建工程项目资料与以往同类工程项目对比，结合当前建筑市场行情，确定项目单价。对于未能计算的项目（或没有对比对象的项目），则以其他建筑物的造价分析得来的资料补充。承包商在投标时的估价一般要凭自己的经验来完成，往往把投标工程划分为各分部工程，根据本企业定额计算出所需人工、材料、机械等的耗用量，而人工单价主要根据各劳务分包商的报价，材料单价主要根据各材料供应商的报价加以比较确定，承包商根据建筑市场供求情况随行就市，自行确定管理费率，最后做出体现当时当地实际价格的工程报价。总之，工程任何一方的估价，都是以市场状况为重要依据，是完全意义的动态估价。

在美国，工程造价的估算主要由设计部门或专业估价公司来承担，造价工程师（Cost Engineer）在具体编制工程造价估算时，除了考虑工程项目本身的特征因素（如项目拟采用的独特工艺和新技术、项目管理方式、现有场地条件以及资源获得的难易程度等）外，一般还对项目进行较为详细的风险分析，以确定适度的预备费。但确定工程预备费的比例并不固定，随项目风险程度的大小而确定不同的比例。造价工程师通过掌握不同的预备费率来调节造价估算的总体水平。

美国工程造价估算中的人工费由基本工资和附加工资两部分组成。其中，附加工资项目包括管理费、保险金、劳动保护金、退休金、税金等。材料费和机械使用费均以现行的市场行情或市场租赁价作为造价估算的基础，并在人工费、材料费和机械使用费总额的基础上按照一定的比例（一般为 10% 左右）再计提管理费和利润。

考虑到工程造价管理的动态性，美国造价估算也允许有一定的误差范围。目前在造价估算中允许的误差幅度一般为：

可行性研究阶段估算：$+30\% \sim -20\%$；

初步设计阶段估算：$+15\% \sim -10\%$；

施工图设计阶段估算：$+10\% \sim -5\%$。

对造价估算规定一定的误差范围，有利于有效控制工程造价。

（五）通用的合同文本

合同在工程造价管理中有着重要的地位，发达国家都把严格按合同规定办事作为一项通用的准则来执行，并且有的国家还执行通用的合同文本。著名的 FIDIC（国际咨询工程师联合会）合同文件，以英国的合同文件作为母本。英国有着一套完整的建设工程标准合同体系，包括 JCT（JCT 公司）合同体系、ACA（咨询顾问建筑师协会）合同体系、ICE（土木工程师学会）合同体系、皇家政府合同体系。JCT 是英国的主要合同体系之一，主要通用于房屋建筑工程。JCT 合同体系本身又是一个系统的合同文件体系，它针对房屋建筑中不同的工程规模、性质、建造条件，提供各种不同的文本，供建设人员在发包、采购时选择。

美国建筑师学会（AIA）的合同条件体系更为庞大，分为 A、B、C、D、F、G 系列。其中，A 系列是关于发包人与承包人之间的合同文件；B 系列是关于发包人与提供专业服务的建筑师之间的合同文件；C 系列是关于建筑师与提供专业服务的顾问之间的合同文件，D 系列是建筑师行业所用的文件；F 系列是财务管理表格；G 系列是合同和办公管理表格。AIA 系列合同条件的核心是"通用条件"。采用不同的计价方式时，只需选用不同的"协议书格式"与"通用条件"结合。AIA 合同条件主要有总价、成本补偿及最高限定价格等计价方式。

（六）重视实施过程中的造价控制

国外对工程造价的管理是以市场为中心的动态控制。造价工程师能对造价计划执行中所出现的问题及时分析研究，及时采取纠正措施，这种强调项目实施过程中的造价管理的做法，体现了造价控制的动态性，并且重视造价管理所具有的随环境、工作的进行以及价格等变化而调整造价控制标准和控制方法的动态特征。

四、工程造价信息管理

（一）工程造价信息的概念和主要内容

1.工程造价信息的概念、特点和分类

信息是现代社会使用最多、最广、最频繁的一个词汇，不仅在人类社会生活的各个方面和各个领域被广泛使用，而且在自然界的生命现象与非生命现象研究中也被广泛采用。按狭义理解，信息是一种消息、信号、数据或资料；按广义理解，信息被认为是物质的一种属性，是物质存在方式和运动规律与特点的表现形式。进入现代社会以后，信息逐渐被人们认识，其内涵越来越丰富，外延越来越广阔。在工程造价管理领域，信息也有它自己的定义。

（1）工程造价信息。

工程造价信息是一切有关工程造价的特征、状态及其变动的消息的组合。在工程承发包市场和工程建设过程中，工程造价总是在不停地运动着、变化着，并呈现出种种不同特征。人们是通过工程造价信息来认识和掌握工程承发包市场和工程建设过程中工程造价运动的变化的。

在工程承发包市场和工程建设中，工程造价是最灵敏的调节器和指示器，无论是政府工程造价主管部门还是工程承发包双方，都要通过接收工程造价信息来了解工程建设市场动态，预测工程造价发展，接收政府的工程造价政策和确定工程承发包价。因此，工程造价主管部门和工程承发包双方都要接收、加工、传递和利用工程造价信息，工程造价信息作为一种社会资源在工程建设中的地位日趋明显，特别是随着我国逐步开始推行工程量清单计价制度，工程价格从政府计划的指令性价格向市场定价转化，而在市场定价的过程中，信息起着举足轻重的作用，因此工程造价信息资源开发的意义更为重要。

（2）工程造价信息的特点。

1）区域性。建筑材料大多重量大、体积大、产地远离消费地点，因而运输量大，费用也较高。不少建筑材料本身的价值或生产价格并不高，但所需要的运输费用却很高，这都在客观上要求尽可能就近使用建筑材料。因此，这类建筑信息的交换和流通往往限制在一定的区域内。

2）多样性。我国社会主义市场经济体制正处在探索发展阶段，各种市场均未达到规范化要求，要使工程造价管理的信息资料满足这一发展阶段的需求，在信息的内容和形式上应具有多样化的特点。

3）专业性。工程造价信息的专业性集中反映在建设工程的专业化上，例如水利、电力、铁道、邮电、建安工程等，所需的信息各有它的专业特殊性。

4）系统性。工程造价信息是由若干具有特定内容和同类性质的、在一定时间和空间内形成的一连串信息组成的。一切工程造价的管理活动和变化总是在一定条件下受各种因素的制约和影响。工程造价管理工作也同样是多种因素相互作用的结果，并且从多方面反映出来，因而从工程造价信息源发出来的信息都不是孤立、紊乱的，而是大量的，有系统的。

5）动态性。工程造价信息也和其他信息一样要保持新鲜度。为此，需要经常不断地收集和补充新的工程造价信息，进行信息更新，真实反映工程造价的动态变化。

6）季节性。由于建筑生产受自然条件影响大，施工内容的安排必须充分考虑季节因素，使得工程造价的信息也不能完全避免季节性的影响。

（3）工程造价信息的分类。

为便于对信息的管理，有必要将各种信息按一定的原则和方法进行区分和归集，并建立起一定的分类系统和排列顺序。因此，在工程造价管理领域，也应该按照不同的标准对信息进行分类。工程造价信息的具体分类：

1）按管理组织的角度来分，可以分为系统化工程造价信息和非系统化工程造价信息。

2）按形式来分，可以分为文件式工程造价信息和非文件式工程造价信息。

3）按传递方向来划分，可以分为横向传递的工程造价信息和纵向传递的工程造价信息。

4）按反映面来分，分为宏观工程造价信息和微观工程造价信息。

5）按时态来分，可分为过去的工程造价信息，现在的工程造价信息和未来工程造价信息。

6）按稳定程度来分，可以分为固定工程造价信息和流动工程造价信息。

2. 工程造价信息包括的主要内容

从广义上说，所有对工程造价的确定和控制过程起作用的资料都可以称为是工程造价信息。例如各种定额资料、标准规范、政策文件等。但最能体现信息动态性变化特征，并且在工程价格的市场机制中起重要作用的工程造价信息主要包括以下三类：

（1）价格信息。

包括各种建筑材料、装修材料、安装材料、人工工资、施工机械等的最新市场价格。这些信息是比较初级的，一般没有经过系统的加工处理，也可以称其为数据。

1）人工价格信息。根据《关于开展建筑工程实物工程量与建筑工种人工成本信息测算和发布工作的通知》（建办标函〔2006〕765号），我国自2007年起开展建筑工程实物工程量与建筑工种人工成本信息（也即人工价格信息）的测算和发布工作。其目的是引导建筑劳务合同双方合理确定建筑工人工资水平的基础，为建筑业企业合理支付工人劳动报酬，调解、处理建筑工人劳动工资纠纷提供依据，也为工程招标投标中评定成本提供依据。如表1－1为2015年第一季度国内某地区建设主管部门发布的本地区建筑装饰人工费指导价格信息。

表1-1　2015年第三季度某地区建筑装饰人工费指导价格

序号	工程类别	人工单价(元/工日)
1	一类工程	105
2	二类工程	95
3	三类工程	80

2）材料价格信息。在材料价格信息的发布中，应披露材料类别、规格、单价、供货地区人、供货单位以及发布日期等信息。如表1-2为2015年第一季度国内某地区建设主管部门发布的本地区商品混凝土指导价格信息。

表1-2　2015年第三季度某地区商品混凝土市场参考价

序号	材料名称	强度等级	单位	单价(元)	备注
1	集中搅拌(预拌)砼	C10	m³	300.00	不含泵送费
2	集中搅拌(预拌)砼	C15	m³	310.00	不含泵送费
3	集中搅拌(预拌)砼	C20	m³	320.00	不含泵送费
4	集中搅拌(预拌)砼	C25	m³	330.00	不含泵送费
5	集中搅拌(预拌)砼	C30	m³	350.00	不含泵送费
6	集中搅拌(预拌)砼	C35	m³	370.00	不含泵送费
7	集中搅拌(预拌)砼	C40	m³	390.00	不含泵送费
8	集中搅拌(预拌)砼	C45	m³	400.00	不含泵送费
9	集中搅拌(预拌)砼	C50	m³	420.00	不含泵送费
10	集中搅拌(预拌)砼	C55	m³	440.00	不含泵送费
11	集中搅拌(预拌)砼	C60	m³	460.00	不含泵送费

3）机械价格信息。机械价格信息包括设备市场价格信息和设备租赁市场价格信息两部分。相对而言，后者对于工程计价更为重要，发布的机械价格信息应包括机械种类、规格型号、供货厂商名称、租赁单价、发布日期等内容。

（2）指数。

指数是用来统计研究社会经济现象数量变化幅度和趋势的一种特有的分析方法和手段。工程造价指数是反映一定时期由于价格变化对工程造价影响程度的一种指标，它是调整工程造价价差的依据。工程造价指数反映了报告期与基期相比的价格变动趋势，利用它来研究实际工作中的下列问题很有意义：①可以利用工程造价指数分析价格变动趋势及其原因。②可以利用工程造价指数估计工程造价变化对宏观经济的影响。③工程造价指数是工程承发包双方进行工程估价和结算的重要依据。如表1-3为2015年第三季度国内某地区建设主管部门发布的本地区二类材料价差调整系数。

表 1-3 2015 年第三季度某地区二类材料价差调整系数

序号	工 程 类 别	调整系数
1	一般建筑工程	2.45
2	建筑装饰装修工程	5.25
3	给排水、采暖、消防、燃气管道及器具安装工程	2.36
4	电气设备安装工程	0.58
5	通风空调工程	3.17
6	道路桥涵工程	4.52
7	集中供热工程、燃气、给排水工程	2.60
8	绿化工程	6.66
9	园林工程	2.05

工程造价指数的内容应该包括以下几种：

1）各种单项价格指数。这其中包括了反映各类工程的人工费、材料费、施工机具使用费报告期价格对基期价格的变化程度的指标。可利用它研究主要单项价格变化的情况及其发展变化的趋势。其计算过程可以简单表示为报告期价格与基期价格之比。各种单项价格指数的编制方法如下。

①人工费、材料费、施工机具使用费等价格指数的编制。这种价格指数的编制可以直接用报告期价格与基期价格相比后得到。其计算公式如下：

$$人工费（材料费、施工机具使用费）价格指数 = P_n/P_0$$

式中：P_0——基期人工日工资单价（材料价格、机械台班单价）；

P_n——报告期人工日工资单价（材料价格、机械台班单价）。

②措施费、间接费及工程建设其他费等费率指数的编制。其计算公式如下：

$$措施费（间接费、工程建设其他费）费率指数 = P_n/P_0$$

式中：P_0——基期措施费（间接费、工程建设其他费）费率；

P_n——报告期措施费（间接费、工程建设其他费）费率。

2）设备、工器具价格指数。设备、工器具的种类、品种和规格很多。设备、工器具费用的变动通常是由两个因素引起的，即设备、工器具单件采购价格的变化和采购数量的变化，同时工程所采购的设备、工器具是由不同规格、不同品种组成的，因此设备、工器具价格指数属于总指数。由于采购价格与采购数量的数据无论是基期还是报告期都比较容易获得，因此设备、工器具价格指数可以用综合指数的形式来表示。

设备、工器具价格指数的编制。考虑到设备、工器具的采购品种很多，为简化起见，计算价格指数时可选择其中用量大、价格高、变动多的主要设备工器具的购置数量和单价进行计算，计算如下：

$$设备、工器具价格指数 = \frac{\sum（报告期设备工器具单价 \times 报告期购置数量）}{\sum（基期设备工器具单价 \times 报告期购置数量）}$$

3）建筑安装工程造价指数。建筑安装工程造价指数也是一种综合指数，其中包括了人工费指数、材料费指数、施工机具使用费指数以及措施费、间接费等各项个体指数的综合影响。由于建筑安装工程造价指数相对比较复杂，涉及的方面较广，利用综合指数来进行计算分析难度较大。因此，可以通过对各项个体指数的加权平均，用平均数指数的形式来表示。

建筑安装工程造价指数的公式如下（由于利润率和税率通常不会变化，可以认为其单项价格指数为1）：

$$\text{建筑安装工程造价指数} = \frac{\text{报告期建筑安装工程费}}{\dfrac{\text{报告期人工费}}{\text{人工费指数}} + \dfrac{\text{报告期材料费}}{\text{材料费指数}} + \dfrac{\text{报告期施工机具使用费}}{\text{施工机具使用费指数}} + \dfrac{\text{报告期措施费}}{\text{措施费指数}} + \dfrac{\text{报告期间接费}}{\text{间接费指数}} + \text{利润} + \text{税金}}$$

4）建设项目或单项工程造价指数。该指数是由设备、工器具指数、建筑安装工程造价指数、工程建设其他费用指数综合得到的。它也属于总指数，并且与建筑安装工程造价指数类似，一般也用平均数指数的形式来表示。当然，根据造价资料的期限长短来分类，也可以把工程造价指数分为时点造价指数、月指数、季指数和年指数等。

建设项目或单项工程造价指数与建筑安装工程造价指数相类似。其计算公式如下：

$$\text{建设项目或单项工程指数} = \frac{\text{报告期建设项目或单项工程造价}}{\dfrac{\text{报告期建筑安装工程}}{\text{建筑安装工程造价指数}} + \dfrac{\text{报告期设备、工器具费}}{\text{设备、工器具价格指数}} + \dfrac{\text{报告期工程建设其他费用}}{\text{工程建设其他费用指数}}}$$

编制完成的工程造价指数有很多用途，比如作为政府对建设市场宏观调控的依据，也可以作为工程估算以及概预算的基本依据。当然，其最重要的作用是在建设市场的交易过程中，为承包商提出合理的投标报价提供依据，此时的工程造价指数也可称为是投标价格指数。

（3）已完工程信息。

已完或在建工程的各种造价信息，可以为拟建工程或在建工程造价提供依据。这种信息也可称为是工程造价资料。

1）工程造价资料及其分类。

工程造价资料是指已竣工和在建的有关工程可行性研究、估算、概算、施工预算、招标投标价格、工程竣工结算、竣工决算、单位工程施工成本以及新材料、新结构、新设备、新施工工艺等建筑安装工程分部分项的单价分析等资料。

工程造价资料可以分为以下几种类别：

①按照不同工程类型（如厂房、铁路、住宅、公建、市政工程等）进行划分，并分别列出其包含的单项工程和单位工程。

②按照不同阶段进行划分。一般分为项目可行性研究、投资估算、初步设计概算、施工图预算、工程量清单和报价、竣工结算、竣工决算等。

③按照组成特点划分。一般分为建设项目、单项工程和单位工程造价资料，同时也包括有关新材料、新工艺、新设备、新技术的分部分项工程造价资料。

2）工程造价资料积累的内容。

工程造价资料积累的内容应包括"量"（如主要工程量、材料量、设备量等）和"价"，还要包括对造价确定有重要影响的技术经济条件，如工程的概况、建设条件等。

①建设项目和单项工程造价资料包括：对造价有主要影响的技术经济条件。如项目建设标准、建设工期、建设地点等。主要的工程量、主要的材料量和主要设备的名称、型号、规格、数量等。投资估算、概算、预算、竣工决算及造价指数等。

②单位工程造价资料包括工程的内容、建筑结构特征、主要工程量、主要材料的用量和单价、人工工日和人工费以及相应的造价。

（二）工程造价信息的管理

1.我国目前工程造价信息管理的现状

（1）工程造价信息管理的基本原则。

工程造价的信息管理是指对信息的收集、加工整理、储存、传递与应用等一系列工作的总称。其目的就是通过有组织的信息流通，使决策者能及时、准确地获得相应的信息。为了达此目的，在工程造价信息管理中应遵循以下基本原则：

1）标准化原则。要求在项目的实施过程中对有关信息的分类进行统一，对信息流程进行规范，力求做到格式化和标准化，从组织上保证信息生产过程的效率。

2）有效性原则。工程造价信息应针对不同层次管理者的要求进行适当加工，针对不同管理层提供不同要求和浓缩程度的信息。这一原则是为了保证信息产品对于决策支持的有效性。

3）定量化原则。工程造价信息不应是项目实施过程中所产生数据的简单记录，而应经过信息处理人员的比较与分析。采用定量工具对有关数据进行分析和比较是十分必要的。

4）时效性原则。考虑到工程造价计价与控制过程的时效性，工程造价信息也应具有相应的时效性，以保证信息产品能够及时服务于决策。

5）高效处理原则。通过采用高性能的信息处理工具（如工程造价信息管理系统），尽量缩短信息在处理过程中的延迟。

（2）我国工程造价信息管理的现状。

在市场经济中，由于市场机制的作用和多方面的影响，工程造价的运动变化更快、更复杂。在这种情况下，工程承发包者单独、分散地进行工程造价信息的收集、加工，不但工作困难，而且成本很高。工程造价信息是一种具有共享性的社会资源。因此，政府工程造价主管部门利用自己信息系统的优势，对工程造价提供信息服务，其社会和经济效益是显而易见的。我国目前的工程造价信息管理主要以国家和地方政府主管部门为主，通过各种渠道进行工程造价信息的搜集、处理和发布，随着我国的建设市场越来越成熟，企业规模不断扩大，一些工程咨询公司和工程造价软件公司也加入了工程造价信息管理的行列。

1）全国工程造价信息系统的逐步建立和完善。实行工程造价体制改革后，国家对工程造价的管理逐渐由直接管理转变为间接管理。国家制定统一的工程量计算规则，编制全国统一的工程项目编码和定期公布人工、材料、机械等价格的信息。随着计算机网络技术及Internet的广泛应用，国家也开始建立工程造价信息网，定期发布价格信息及其产业政策，为各地方主管部门、各咨询机构、其他造价编制和审定等单位提供基础数据。同时，通过工程造价信息网，采集各地、各企业的工程实际数据和价格信息。主管部门及时依据实际情况，制定新的政策法规，颁布新的价格指数等。各企业、地方主管部门可以通过该造价信息网，及时获得相关的信息。

2)地区工程造价信息系统的建立和完善。由于各个地区的生产力发展水平不一致，经济发展不平衡，各地价格差异较大。因此，各地区造价管理部门通过建立地区性造价信息系统，定期发布反映市场价格水平的价格信息和调整指数；依据本地区的经济、行业发展情况制定相应的政策措施。通过造价信息系统，地区主管部门可以及时发布价格信息、政策规定等。同时，通过选择本地区多个具有代表性的固定信息采集点或通过吸收各企业作为基本信息网员，收集本地区的价格信息，实际工程信息，作为本地区造价政策制定价格信息的数据和依据，使地区主管部门发布的信息更具有实用性、市场性、指导性。目前，全国有很多地区建立了造价价格信息网。

3)随着工程量清单计价方式的应用，施工企业迫切需要建立自己的造价资料数据库，但由于大多数施工企业在规模和能力上都达不到这一要求，因此这些工作在很大程度上委托给工程造价咨询公司或工程造价软件公司去完成。这是我国《建设工程工程量清单计价规范》颁布实施后工程造价信息管理出现的新的趋势。

（3）工程造价信息管理目前存在的问题。

1)对信息的采集、加工和传播缺乏统一规划、统一编码、系统分类，信息系统开发与资源拥有者之间处于相互封闭，各自为政的状态。其结果是无法达到信息资源共享，很多管理者满足于目前的表面信息，忽略信息深加工。

2)信息网建设有待完善。现有工程造价网多为定额站或咨询公司所建，网站内容主要为定额颁布，价格信息，相关文件转发，招投标信息发布，企业或公司介绍等；网站只是将已有的造价信息在网站上显示出来，缺乏对这些信息的整理与分析。

3)信息资料的积累和整理还没有完全实现和工程量清单计价模式的接轨。由于信息的采集、加工处理上具有很大的随意性，没有统一的范式和标准，造成了在投标报价时较难直接使用，还需要根据要求进行不断调整，很显然不能满足新形势下市场定价的要求。

2. 工程造价信息化的发展趋势

（1）适应建设市场的新形势，着眼于为建设市场服务，为工程造价管理服务。工程建设在国民经济中占有较大的份额，但存在着科技水平不高，现代化管理滞后，竞争能力较弱的问题。信息技术的运用，可以促进管理部门依法行政，提高管理工作的公开、公平、公正和透明度。可以促进企业提高产品质量、服务水平和企业效率，达到提高企业自身竞争能力的目的。针对我国目前正在大力推广的工程量清单计价制度，工程造价信息化应该围绕为工程建设市场服务，为工程造价管理改革服务这条主线，组织技术攻关，加快信息化建设。

（2）我国有关工程造价方面的软件和网络发展很快。为加大信息化建设的力度，全国工程造价信息网正在与各省信息网联网，这样全国造价信息网联成一体，用户可以很容易地查阅到全国、各省、各市的数据，从而大大提高各地造价信息网的使用效率。同时把与工程造价信息化有关的企业组织起来，加强交流、协作，避免低层次、低水平的重复开发，鼓励技术创新，淘汰落后，不断提高信息化技术在工程造价中的应用水平。

（3）发展工程造价信息化，要建立有关的规章制度，促进工程技术健康有序地向前发展。为了加强建设信息标准化、规范化，建设系统信息标准体系正在建立，制订信息通用标准和专用标准，制订建设信息安全保障技术规范和网络设计技术规范已提上日程。加强全国建设工程造价信息系统的信息标准化工作，包括组织编制建设工程人工、材料、机具、设备的分类及标准代码，工程项目分类标准代码，各类信息采集及传输标准格式等工作，将为全国工程造价信息化的发展提供基础。

思考与练习

一、单选题

1. 建筑产品体积庞大，生产周期长，且生产程序复杂，需要消耗大量的人力和物资，这决定了工程造价具有(　　)的特点。

A. 大额性　　　　　　B. 个别性　　　　　　C. 单件性　　　　　　D. 定价在先

2. 下列关于工程造价的表述中正确的是(　　)。

A. 从投资者——业主的角度而言，工程造价是指建设一项工程预期开支或实际开支的全部投资费用

B. 从市场交易的角度而言，工程造价是指为建成一项工程，预计或实际在交易活动中所形成的建筑安装工程价格和建设工程总价格

C. 工程造价只能涵盖范围一个建设工程项目

D. 通常人们将工程造价的第一种含义认定为工程承发包价格

3. 从工程造价信息的反映面来划分，可将工程造价信息划分为(　　)。

A. 宏观信息和微观信息　　　　　　　　B. 文件式信息和非文件式信息

C. 固定信息和流动信息　　　　　　　　D. 系统化信息和非系统化信息

4. 下列关于工程计价的特点，不正确的是(　　)。

A. 单件性　　　　　　B. 多次性　　　　　　C. 组合性　　　　　　D. 静态性

5. 建筑产品成本是建筑企业用于生产建筑产品的各(　　)。

A. 项费用总和　　　　B. 直接费　　　　　　C. 间接费　　　　　　D. 管理费

6. 由于建筑产品的单件性，决定了建筑产品价格的(　　)。

A. 大额性　　　　　　B. 个别性　　　　　　C. 可比性　　　　　　D. 假定性

7. (　　)是以社会必要劳动时间和社会平均利润为基础的产品价格。

A. 计划价格　　　　　B. 浮动价格　　　　　C. 理论价格　　　　　D. 市场价格

8. 所有对工程造价的确定和控制过程起作用的资料都可以称为是工程造价(　　)。

A. 标准　　　　　　　B. 资料　　　　　　　C. 信息　　　　　　　D. 规范

9. 建设工程造价的有效控制是指在优化建设方案、设计方案的基础上，在工程建设程序的各个阶段采用一定的方法和措施，将工程造价控制在(　　)之内。

A. 投资估算范围和合同总价限额　　　　B. 合理的范围和核定的造价限额

C. 可预见的变动范围和承包总价限额　　D. 投资预计支出限额和投资估算范围

二、多选题

1. 有效控制建设工程造价的技术措施包括(　　　　)。

A. 重视工程设计多方案的选择　　　　　B. 明确工程造价管理职能分工

C. 严格审查施工组织设计　　　　　　　D. 严格审核各项费用支出

E. 严格审查施工图设计

2. 工程造价的计价特征有(　　　　)

A. 计价的单件性　　　B. 计价的多次性　　　C. 计价的组合性

D. 计价方法的多样性　　E. 计价步骤的复杂性

3. 建筑产品价格构成，是指形成价格的各个要素，即(　　　　　)在价格中的组成情况。

A. 生产成本　　　　　B. 销售费用　　　　　C. 利润　　　　　D. 税金

E. 间接费用

4. 建筑产品的价格特点有(　　)。

A. 大额性　　　　　B. 个别性　　　　　C. 决对的可比性　　　　　D. 定价在先

E. 供求双方直接定价

5. 以下工程造价的合理确定表述正确的是(　　　　　)。

A. 在项目建议书阶段，按照有关规定编制的初步投资估算，经有关部门批准，作为拟建项目列入国家中长期计划和开展前期工作的控制造价

B. 在项目可行性研究阶段，按照有关规定编制的概算造价，经有关部门批准，作为该项目的控制造价

C. 在初步设计阶段，按照有关规定编制的初步设计总概算，经有关部门批准，即作为拟建项目工程造价的最高限额

D. 在施工图设计阶段，按规定编制施工图预算，用以核实施工图阶段预算造价是否超过批准的初步设计概算

E. 在竣工验收阶段，发包人全面汇集在工程建设过程中业主实际花费的全部费用，编制竣工决算，如实体现建设工程的实际造价。

6. 要有效地控制工程造价应体现以下(　　　　　)原则：

A. 以设计阶段为重点的建设全过程造价控制

B. 实施主动控制

C. 间接调控

D. 多元化管理

E. 技术与经济相结合是控制工程造价最有效的手段

7. 工程造价信息的特点有(　　　　)。

A. 区域性　　　　　B. 多样性　　　　　C. 专业性　　　　　D. 系统性

E. 孤立性

三、问答题

1. 建筑产品的价格有何特点？建筑产品的价格形式有几种？

2. 简述工程造价管理的含义。

3. 简述工程造价管理的组织系统及各自的管理权限和职责范围。

4. 简述发达国家工程造价管理的特点。

3. 工程造价信息包括的主要内容有哪些？

四、计算题

某典型工程，其建筑工程造价的构成及相关费用与上年度同期相比的价格指数如表1-4所示。和去年同期相比，计算该典型工程的建筑工程造价指数。

表 1-4 上年度工程造价相关费用价格指数表

费用名称	人工费	材料费	机械使用费	措施费	间接费	利润	税金	合计
造价(万元)	110	654	55	40	50	66	34	1000
指 数	128	110	105	110	102			

第二章　工程造价管理基本制度

第一节　全国造价员管理制度

一、全国造价员概念

受住房和城乡建设部委托，中国建设工程造价管理协会2011年修订的《全国建设工程造价员管理办法》指出，全国建设工程造价员（以下简称造价员）是指通过全国造价员资格考试，取得《全国建设工程造价员资格证书》（以下简称资格证书），并经登记注册取得从业印章，从事工程造价活动的专业人员。

资格证书和从业印章是造价员从事工程造价活动的资格证明和工作经历证明。造价员资格证书在全国范围内有效。

二、造价员资格考试

造价员资格考试原则上每年举行一次，实行全国统一考试大纲基础大纲、统一通用专业和考试科目，各省级建设主管部门分管本辖区范围内的造价员考试、注册和执业管理工作。

（一）报考条件

凡中华人民共和国公民，遵纪守法，具备下列条件之一者，均可申请参加造价员资格考试：

（1）普通高等学校工程造价专业、工程或工程经济类专业在校生；

（2）工程造价专业、工程或工程经济类专业中专及以上学历；

（3）其他专业，中专及以上学历，且从事工程造价活动满1年。

（二）考试科目

造价员资格考试科目分为《建设工程造价管理基础知识》和《专业工程计量与计价实务》两个科目。其中，《专业工程计量与计价实务》一般分为建筑工程、安装工程、市政工程三个专业。两个科目需在一次考试期间全部通过，考试合格者由管理机构颁发资格证书。

取得一个主专业执业资格的工程造价专业人员，可以兼报其他专业，经考试合格取得增项资格。

（三）免试条件

符合下列条件之一者，可向相关管理机构申请免试《建设工程造价管理基础知识》科目的考试：

（1）普通高等学校工程造价专业的应届毕业生；

（2）工程造价专业大专及其以上学历的考生，自毕业之日起2年内；

（3）已取得资格证书，申请其他专业考试（即增项专业）的考生。

三、造价员登记、从业及资格管理

（一）造价员登记的条件

造价员实行登记执业管理制度。各管理机构负责造价员的登记工作。符合登记条件的，核发从业印章。取得资格证书的人员，经过登记取得从业印章后，方可以造价员的名义从业。造价员登记的条件：

（1）取得资格证书；

（2）受聘于一个建设、设计、施工、工程造价咨询、招标代理、工程监理、工程咨询或工程造价管理等单位。

（二）不予登记的情形

（1）不具有完全民事行为能力；

（2）申请在两个或两个以上单位从业的；

（3）逾期登记且未达到继续教育要求的；

（4）已取得注册造价工程师证书，且在有效期内的；

（5）受刑事处罚未执行完毕的；

（6）在工程造价从业活动中，受行政处罚，且行政处罚决定之日至申请登记之日不满2年的；

（7）在工程造价从业活动中，受刑事处罚，且刑事处罚执行完毕之日至申请登记之日不满5年的；

（8）因前项规定以外的原因受刑事处罚，自处罚决定之日起不满3年的；

（9）以欺骗、贿赂等不正当手段获准登记被注销的，自被注销登记之日起至申请登记之日不满2年的；

（10）法律、法规规定不予登记的其他情形。

（三）初始登记

参加全国造价员资格考试病考试通过的报考人员应当自考试合格后3个月内申请初始登记。由省级建设主管部门负责所辖范围内的初始登记工作。逾期未申请等级者，须符合继续教育的要求后方可申请初始登记。初始登记有效期为2年。

（四）续期登记

全国造价员执业资格证书有效期届满需继续执业的，应当在期满30日前向省级建设主管部门申请续期登记。续期登记的有效期为2年。

（五）从业

造价员应在本人完成的工程造价成果文件上签字、加盖从业印章，并承担相应的责任。

（六）资格管理和继续教育

中国建设工程造价管理协会统一印制资格证书；统一规定资格证书编号规则和从业印章样式。造价员的资格证书和从业印章应由本人保管、使用。资格证书原则上每4年验证一次，验证结论分为合格、不合格和注销三种。

造价员应接受继续教育，每两年参加继续教育的时间累计不得少于20学时。

第二节 造价工程师执业资格制度

为了加强工程造价专业技术人员的执业准入控制和管理,适应社会主义市场经济体制的建立,适应扩大对外开放,适应建筑业走向国际市场,确保建设工程造价管理工作质量,国家在工程造价领域实施造价工程师执业资格制度。

造价工程师是指经全国统一考试合格,取得造价工程师执业资格证书,并经注册从事建筑工程造价业务活动的专业技术人员。造价工程师执业资格制度属于国家统一规划的专业技术人员执业资格制度范围,凡从事工程建设活动的建设、设计、施工、工程造价咨询、工程造价管理等单位和部门,必须在计价评估、审查(核)、控制及管理等岗位配备有造价工程师执业资格的专业技术人员。从事工程建设造价管理工作的人员必须是既懂工程技术又懂经济、管理和法律并具有实践经验和良好职业道德素质的复合型人才。

一、造价工程师的职业道德

为了规范造价工程师的职业道德行为,提高行业信誉,中国建设工程造价管理协会在2002年正式颁布了关于《造价工程师职业道德行为准则》,其中制定了九条有关造价工程师职业道德的要求:

(1)遵守国家法律、法规和政策,执行行业自律性规定,珍惜职业声誉,自觉维护国家和社会公共利益。

(2)遵守"诚信、公正、精业、进取"的原则,以高质量的服务和优秀的业绩,赢得社会和客户对造价工程师职业的尊重。

(3)勤奋工作,独立、客观、公正、正确地出具工程造价成果文件,使客户满意。

(4)诚实守信,尽职尽责,不得有欺诈、伪造、作假等行为。

(5)尊重同行,公平竞争,搞好同行之间的关系,不得采取不正当的手段损害、侵犯同行的权益。

(6)廉洁自律,不得索取、收受委托合同约定以外的礼金和其他财物,不得利用职务之便谋取其他不正当的利益。

(7)造价工程师与委托方有利害关系的应当回避,委托方有权要求其回避。

(8)知悉客户的技术和商务秘密,负有保密义务。

(9)接受国家和行业自律组织对其职业道德行为的监督检查。

二、造价工程师的权利和义务

(一)注册造价工程师的权利

(1)使用注册造价工程师名称;

(2)依法独立执行工程造价业务;

(3)在本人执业活动中形成的工程造价成果文件上签字并加盖执业印章;

(4)发起设立工程造价咨询企业;

(5)保管和使用本人的注册证书和执业印章;

(6)参加继续教育。

（二）注册造价工程师的义务

（1）遵守法律、法规和有关管理规定，恪守职业道德；

（2）保证执业活动成果的质量；

（3）接受继续教育，提高执业水平；

（4）执行工程造价计价标准和计价方法；

（5）与当事人有利害关系的，应当主动回避；

（6）保守在执业中知悉的国家秘密和他人的商业、技术秘密。

注册造价工程师应当在本人承担的工程造价成果文件上签字并盖章。修改经注册造价工程师签字盖章的工程造价成果文件，应当由签字盖章的注册造价工程师本人进行。注册造价工程师本人因特殊情况不能进行修改的，应当由其他注册造价工程师修改，并签字盖章；修改工程造价成果文件的注册造价工程师对修改部分承担相应的法律责任。

三、造价工程师执业资格考试报考条件

凡中华人民共和国公民，遵纪守法并具备以下条件之一者，均可申请参加造价工程师执业资格考试：

（1）工程造价专业大专毕业后，从事工程造价业务工作满 5 年；工程或工程经济类大专毕业后，从事工程造价业务工作满 6 年。

（2）工程造价专业本科毕业后，从事工程造价业务工作满 4 年；工程或工程经济类本科毕业后，从事工程造价业务工作满 5 年。

（3）获上述专业第二学士学位或研究生班毕业和获硕士学位后，从事工程造价业务工作满 3 年。

（4）获上述专业博士学位后，从事工程造价业务工作满 2 年。

（5）申请参加造价工程师执业资格考试，需提供下列证明文件：

1）造价工程师执业资格考试报名申请表；

2）学历证明；

3）工作实践经历证明。

（6）通过造价工程师执业资格考试的合格者，颁发人事部和建设部共同印刷的造价工程师执业资格证书，该证书全国范围有效。

四、造价工程师的注册

（一）注册管理部门

国务院建设主管部门作为造价工程师注册机关，负责全国注册造价工程师的注册、执业活动实施统一的监督管理工作。各省、自治区、直辖市人民政府建设主管部门对本行政区域内作为注册造价工程师的省级注册、执业活动初审机关，对其行政区域内注册造价工程师的注册、执业活动实施监督管理。国务院铁路、交通、水利、信息产业等有关专业部门作为注册造价工程师的部门注册初审机关，负责对有关专业注册造价工程师的注册、执业活动实施监督管理。

（二）注册条件与注册程序

1. 注册条件

（1）取得造价工程师执业资格；

（2）受聘于一个工程造价咨询企业或者工程建设领域的建设、勘察设计、施工、招标代理、工程监理、工程造价管理等单位；

（3）没有不予注册的情形。

2. 注册程序

取得造价工程师执业资格证书的人员申请注册的，应当向聘用单位工商注册所在地的省级注册初审机关或者部门注册初审机关提出注册申请。

对申请初始注册的，注册初审机关应当自受理申请之日起20日内审查完毕，并将申请材料和初审意见报注册机关。注册机关应当自受理之日起20日内作出决定。

对申请变更注册的、延续注册的，注册初审机关应当自受理申请之日起5日内审查完毕，并将申请材料和初审意见报注册机关。注册机关应当自受理之日起10日内作出决定。

3. 初始注册

取得造价工程师执业资格证书的人员，可自资格证书签发之日起1年内申请初始注册。逾期未申请者，须符合继续教育的要求后方可申请初始注册。初始注册的有效期为4年。

申请初始注册的，应当提交下列材料：

（1）初始注册申请表；

（2）执业资格证件和身份证件复印件；

（3）与聘用单位签订的劳动合同复印件；

（4）工程造价岗位工作证明；

（5）取得造价工程师执业资格证书的人员，自资格证书签发之日起1年后申请初始注册的，应当提供继续教育合格证明；

（6）受聘于具有工程造价咨询企业资质的中介机构的，应当提供聘用单位为其交纳的社会基本养老保险凭证、人事代理合同复印件，或者劳动、人事部门颁发的离退休证复印件；

（7）外国人、台港澳人员应提供外国人就业许可证书、台港澳人员就业证书复印件。

4. 延续注册

注册造价工程师注册有效期满需继续执业的，应当在注册有效期满30日前，按照规定的程序申请延续注册。延续注册的有效期为4年。

申请延续注册的，应当提交下列材料：

（1）延续注册申请表；

（2）造价工程师注册证书；

（3）与聘用单位签订的劳动合同复印件；

（4）前一个注册期内的工作业绩证明；

（5）继续教育合格证明。

5. 变更注册

在注册有效期内，注册造价工程师变更执业单位的，应当与原聘用单位解除劳动合同，并按照规定的程序办理变更注册手续。变更注册后延续原注册有效期。

申请变更注册的,应当提交下列材料:

(1)变更注册申请表;

(2)造价工程师注册证书;

(3)与新聘用单位签订的劳动合同复印件;

(4)与原聘用单位解除劳动合同的证明文件;

(5)受聘于具有工程造价咨询企业资质的中介机构的,应当提供聘用单位为其交纳的社会基本养老保险凭证、人事代理合同复印件,或者劳动、人事部门颁发的离退休证复印件;

(6)外国人、台港澳人员应当提供外国人就业许可证书、台港澳人员就业证书复印件。

6.注册证书和执业印章

注册证书和执业印章是注册造价工程师的执业凭证,应当由注册造价工程师本人保管、使用。造价工程师注册证书和执业印章由注册机关核发。注册造价工程师遗失注册证书、执业印章,应当在公众媒体上声明作废后,按照规定的程序申请补发。

7.不予注册的情形

有下列情形之一的,不予注册:

(1)不具有完全民事行为能力的;

(2)申请在两个或者两个以上单位注册的;

(3)未达到造价工程师继续教育合格标准的;

(4)前一个注册期内造价工作业绩达不到规定标准或未办理暂停执业手续而脱离工程造价业务岗位的;

(5)受刑事处罚,刑事处罚尚未执行完毕的;

(6)因工程造价业务活动受刑事处罚,自刑事处罚执行完毕之日起至申请注册之日止不满5年的;

(7)因前项规定以外原因受刑事处罚,自处罚决定之日起至申请注册之日止不满3年的;

(8)被吊销注册证书,自被处罚决定之日起至申请之日止不满3年的;

(9)以欺骗、贿赂等不正当手段获准注册被撤销,自被撤销注册之日起至申请注册之日止不满3年的;

(10)法律、法规规定不予注册的其他情形。

8.注册证书失效、撤销注册及注销注册

(1)注册证书失效。注册造价工程师有下列情形之一的,其注册证书失效:

1)已与聘用单位解除劳动合同且未被其他单位聘用的;

2)注册有效期满且未延续注册的;

3)死亡或者不具有完全民事行为能力的;

4)其他导致注册失效的情形。

(2)撤销注册。有下列情形之一的,注册机关或其上级行政机关依据职权或者根据利害关系人的请求,可以撤销注册造价工程师的注册:

1)行政机关工作人员滥用职权、玩忽职守准予注册许可的;

2)超越法定职权准予注册许可的;

3)违反法定程序准予注册许可的;

4)对不具备注册条件的申请人准予注册许可的;

5）依法可以撤销注册的其他情形。

申请人以欺骗、贿赂等不正当手段获准注册的，应当予以撤销。

（3）注销注册。有下列情形之一的，由注册机关办理注销注册手续，收回注册证书和执业印章或者公告其注册证书和执业印章作废：

1）有注册证书失效情形发生的；

2）依法被撤销注册的；

3）依法被吊销注册证书的；

4）受到刑事处罚的；

5）法律、法规规定应当注销注册的其他情形。

注册造价工程师有上述情形之一的，注册造价工程师本人和聘用单位应当及时向注册机关提出注销注册的申请；有关单位和个人有权向注册机关举报；县级以上地方人民政府建设主管部门或者其他有关部门应当及时告知注册机关。

9. 重新注册

被注销注册或者不予注册者，在具备注册条件后重新申请注册的，按照规定的程序办理。

10. 暂停执业

在注册有效期内，注册造价工程师因特殊原因需要暂停执业的，应当到注册初审机构办理暂停执业手续，并交回注册证书和执业印章。

11. 信用制度

注册造价工程师及其聘用单位应当按照规定，向注册机关提供真实、准确、完整的注册造价工程师信用档案信息。注册造价工程师信用档案应当包括造价工程师的基本情况、业绩、良好行为、不良行为等内容。违法违规行为、被投诉举报处理、行政处罚等情况应当作为造价工程师的不良行为记入其信用档案。注册造价工程师信用档案信息按规定向社会公示。

五、注册造价工程师的执业和继续教育

（一）执业

注册造价工程师的业务范围包括：

（1）建设项目建议书、可行性研究投资估算的编制和审核，项目经济评价，工程概算、预算、结算，竣工结（决）算的编制和审核；

（2）工程量清单、标底（或者控制价）、投标报价的编制和审核，工程合同价款的签订及变更、调整，工程款支付与工程索赔费用的计算；

（3）建设项目管理过程中设计方案的优化、限额设计等工程造价分析与控制，工程保险理赔的核查；

（4）工程经济纠纷的鉴定。

（二）继续教育

注册造价工程师在每一注册期内应当达到注册机关规定的继续教育要求。注册造价工程师继续教育分为必修课和选修课，每一注册有效期各为60学时。经继续教育达到合格标准的，颁发继续教育合格证明。注册造价工程师继续教育由中国建设工程造价管理协会负责组织。

（1）继续教育的内容。根据中国建设工程造价管理协会 2007 年修订的《注册造价工程师继续教育实施暂行办法》，注册造价工程师继续教育学习内容主要是：与工程造价有关的方针政策、法律法规和标准规范，工程造价管理的新理论、新方法、新技术等。

（2）继续教育的形式。继续教育的形式包括：

1）参加中价协或各省级和部门管理机构组织的注册造价工程师网络继续教育学习和集中面授培训；

2）参加中价协或各省级和部门管理机构举办的各种类型的注册造价工程师培训班、研讨会；

3）中价协认可的其他形式。

（3）继续教育培训学时计算方法。

1）参加中价协或各省级和部门管理机构组织的注册造价工程师网络继续教育学习，按在线学习课件记录的时间计算学时；

2）参加中价协或各省级和部门管理机构组织的注册造价工程师集中面授培训及各种类型的培训班、研讨会等，每半天可认定 4 个学时；

3）其他由中价协认定的学时。

第三节　工程造价咨询管理制度

工程造价咨询指面向社会接受委托，承担建设项目的可行性研究投资估算，项目经济评价，工程概算、预算、工程结算、竣工结算、工程招标标底，投标报价的编制和审核，对工程造价进行监控以及提供有关工程造价信息资料等业务工作。

工程造价咨询单位必须是取得工程造价咨询单位资质证书、具有独立法人资格的企业。工程造价咨询单位的资质指从事工程造价咨询工作应具备的技术力量、专业技能、人员素质、技术装备、服务业绩、社会信誉、组织机构和注册资金等。

全国工程造价咨询单位的资质管理工作由建设部归口管理。省、自治区、直辖市建设行政主管部门负责本行政区的工程造价咨询单位的资质管理工作，国务院有关部门负责本部门所属的工程造价咨询单位的资质管理工作。

咨询是商品经济进一步发展和社会分工更加细密的产物，也是技术和知识商品化的具体形式。咨询业具有三大社会功能：

（1）服务功能。咨询业的首要功能就是为经济发展、社会发展和居民生活服务。

（2）引导功能。咨询业是知识密集的智能型产业，有能力也有义务为服务对象提供最权威的指导，引导服务对象的社会行为和市场行为。

（3）联系功能。通过咨询活动，可以将生产和流通，生产流通和消费更密切地联系起来，同时也促进了市场需求主体和供给主体的联系，促进了企业、居民和政府的联系，从而有利于国民经济以至整个社会的持续协调发展。

一、工程造价咨询企业的资质等级划分

工程造价咨询企业资质等级分为甲级、乙级两类。

（一）甲级工程造价咨询企业资质标准

（1）已取得乙级工程造价咨询企业资质证书满3年；

（2）企业出资人中，注册造价工程师人数不低于出资人总人数的60%，且其出资额不低于企业注册资本总额的60%；

（3）技术负责人已取得造价工程师注册证书，并具有工程或工程经济类高级专业技术职称，且从事工程造价专业工作15年以上；

（4）专职从事工程造价专业工作的人员（以下简称专职专业人员）不少于20人，其中，具有工程或者工程经济类中级以上专业技术职称的人员不少于16人，取得造价工程师注册证书的人员不少于10人，其他人员均需要具有从事工程造价专业工作的经历；

（5）企业与专职专业人员签订劳动合同，且专职专业人员符合国家规定的职业年龄（出资人除外）；

（6）专职专业人员人事档案关系由国家认可的人事代理机构代为管理；

（7）企业注册资本不少于人民币100万元；

（8）企业近3年工程造价咨询营业收入累计不低于人民币500万元；

（9）具有固定的办公场所，人均办公建筑面积不少于10 m^2；

（10）技术档案管理制度、质量控制制度、财务管理制度齐全；

（11）企业为本单位专职专业人员办理的社会基本养老保险手续齐全；

（12）在申请核定资质等级之日前3年内无违规行为。

（二）乙级工程造价咨询企业资质标准

（1）企业出资人中，注册造价工程师人数不低于出资人总人数的60%，且其出资额不低于注册资本总额的60%；

（2）技术负责人已取得造价工程师注册证书，并具有工程或工程经济类高级专业技术职称，且从事工程造价专业工作10年以上；

（3）专职专业人员不少于12人，其中，具有工程或者工程经济类中级以上专业技术职称的人员不少于8人，取得造价工程师注册证书的人员不少于6人，其他人员均需要具有从事工程造价专业工作的经历；

（4）企业与专职专业人员签订劳动合同，且专职专业人员符合国家规定的职业年龄（出资人除外）；

（5）专职专业人员人事档案关系由国家认可的人事代理机构代为管理；

（6）企业注册资本不少于人民币50万元；

（7）具有固定的办公场所，人均办公建筑面积不少于10 m^2；

（8）技术档案管理制度、质量控制制度、财务管理制度齐全；

（9）企业为本单位专职专业人员办理的社会基本养老保险手续齐全；

（10）暂定期内工程造价咨询营业收入累计不低于人民币50万元；

（11）在申请核定资质等级之日前无违规行为。

二、工程造价咨询企业资质申请与审批

（一）工程造价咨询企业资质相关管理部门

（1）国务院建设主管部门负责对全国工程造价咨询企业的资质与审批统一进行监督管理

工作；

（2）省、自治区、直辖市人民政府建设主管部门负责本行政区域内工程造价咨询企业的资质与审批行使监督管理职能；

（3）有关专业部门对本专业工程造价咨询企业的资质与审批实施监督管理。

（二）工程造价咨询企业资质许可的程序

（1）甲级许可程序：申请甲级工程造价咨询企业资质的，首先应当向申请人工商注册所在地省、自治区、直辖市人民政府建设主管部门或者有关专业部门提出申请。

省、自治区、直辖市人民政府建设主管部门、国务院有关专业部门应当自受理申请材料之日起20日内审查完毕，然后将初审意见和全部申请材料报国务院建设主管部门；最终由国务院建设主管部门自受理之日起20日内作出是否给予审批的决定。

（2）乙级许可程序：申请乙级工程造价咨询企业资质的，直接由省、自治区、直辖市人民政府建设行政主管部门审查决定。其中，申请有关专业乙级工程造价咨询企业资质的，由省、自治区、直辖市人民政府建设主管部门与同级的有关专业部门共同审查决定。

省、自治区、直辖市人民政府建设主管部门应当自作出决定之日起30日内，将准予资质许可的决定报国务院建设主管部门备案。

（三）工程造价咨询企业资质申报材料的要求

申请工程造价咨询企业资质，应当提交下列材料并同时在网上申报：

（1）工程造价咨询企业资质等级申请书。

（2）专职专业人员（含技术负责人）的造价工程师注册证书、造价员资格证书、专业技术职称证书和身份证。

（3）专职专业人员（含技术负责人）的人事代理合同和企业为其交纳的本年度社会基本养老保险费用的凭证。

（4）企业章程、股东出资协议并附工商部门出具的股东出资情况证明。

（5）企业缴纳营业收入的营业税发票或税务部门出具的缴纳工程造价咨询营业收入的营业税完税证明；企业营业收入含其他业务收入的，还需出具工程造价咨询营业收入的财务审计报告。

（6）工程造价咨询企业资质证书。

（7）企业营业执照。

（8）固定办公场所的租赁合同或产权证明。

（9）有关企业技术档案管理、质量控制、财务管理等制度的文件。

（10）法律、法规规定的其他材料。

新申请工程造价咨询企业资质的，不需要提交第5、6项所列材料，其资质等级按照乙级资质标准中的相关条款进行审核，合格者应核定为乙级，设暂定期一年。当暂定期届满需要继续从事工程造价咨询活动的，应当在暂定期届满30日前，向资质许可机关申请换发资质证书。符合乙级资质条件的，由资质许可机关换发资质证书。

三、工程造价咨询企业资质管理

（一）资质证书

1. 资质证书的领取和补办

准予资质许可的造价咨询企业，资质许可机关应当向申请人颁发工程造价咨询企业资质证书。该资质证书由国务院建设主管部门统一印制，分正本和副本。正本和副本具有同等法律效力。如果工程造价咨询企业遗失了资质证书，应首先在公众媒体上声明作废后，向资质许可机关申请补办。

2. 资质证书的续期申请

工程造价咨询企业资质有效期为 3 年。资质有效期届满，需要继续从事工程造价咨询活动的，应当在资质有效期届满 30 日前向资质许可机关提出资质延续申请。资质许可机关应当根据申请作出是否准予延续的决定。准予延续的，资质有效期延续 3 年。

3. 资质证书的变更

工程造价咨询企业的名称、住所、组织形式、法定代表人、技术负责人、注册资本等事项发生变更的，应当自变更确立之日起 30 日内，到资质许可机关办理资质证书变更手续。

工程造价咨询企业合并的，合并后存续或者新设立的工程造价咨询企业可以承继合并前各方中较高的资质等级，但应当符合相应的资质等级条件。

工程造价咨询企业分立的，只能由分立后的一方承继原工程造价咨询企业资质，但应当符合原工程造价咨询企业资质等级条件。

（二）资质的撤销和注销

1. 撤销资质

有下列情形之一的，资质许可机关或者其上级机关，根据利害关系人的请求或者依据职权，可以撤销工程造价咨询企业资质：

（1）资质许可机关工作人员滥用职权、玩忽职守准予工程造价咨询企业资质许可的；

（2）超越法定职权准予工程造价咨询企业资质许可的；

（3）违反法定程序准予工程造价咨询企业资质许可的；

（4）对不具备行政许可条件的申请人准予工程造价咨询企业资质许可的；

（5）依法可以撤销工程造价咨询企业资质的其他情形。

工程造价咨询企业以欺骗、贿赂等不正当手段取得工程造价咨询企业资质的，应当予以撤销。

此外，工程造价咨询企业取得工程造价咨询企业资质后，如不再符合相应资质条件的，资质许可机关根据利害关系人的请求或者依据职权，可以责令其限期改正；逾期不改的，可以撤回其资质。

2. 注销资质

有下列情形之一的，资质许可机关应当依法注销工程造价咨询企业资质：

（1）工程造价咨询企业资质有效期满，未申请延续的；

（2）工程造价咨询企业资质被撤销、撤回的；

（3）工程造价咨询企业依法终止的；

（4）法律、法规规定的应当注销工程造价咨询企业资质的其他情形。

四、工程造价咨询企业管理

（一）业务承接

工程造价咨询企业应当依法取得工程造价咨询企业资质，并在其资质等级许可的范围内从事工程造价咨询活动。工程造价咨询企业依法从事工程造价咨询活动，不受行政区域限制。其中，甲级工程造价咨询企业可以从事各类建设项目的工程造价咨询业务；乙级工程造价咨询企业可以从事工程造价5000万元人民币以下的各类建设项目的工程造价咨询业务。

1. 业务范围

工程造价咨询业务范围包括：

(1) 建设项目建议书及可行性研究投资估算、项目经济评价报告的编制和审核；

(2) 建设项目概预算的编制与审核，并配合设计方案比选、优化设计、限额设计等工作进行工程造价分析与控制；

(3) 建设项目合同价款的确定（包括招标工程工程量清单和标底、投标报价的编制和审核）；合同价款的签订与调整（包括工程变更、工程洽商和索赔费用的计算）与工程款支付，工程结算及竣工结（决）算报告的编制与审核等；

(4) 工程造价经济纠纷的鉴定和仲裁的咨询；

(5) 提供工程造价信息服务等。

工程造价咨询企业可以对建设项目的组织实施进行全过程或者若干阶段的管理和服务。

2. 咨询合同及其履行

工程造价咨询企业在承接各类建设项目的工程造价咨询业务时，可以参照《建设工程造价咨询合同》（示范文本）与委托人签订书面的工程造价咨询合同。

建设工程造价咨询合同一般包括下列主要内容：

(1) 委托人与咨询人的详细信息；

(2) 咨询项目的名称、委托内容、要求、标准，以及履行期限；

(3) 委托人与咨询人的权利、义务与责任；

(4) 咨询业务的酬金、支付方式和时间；

(5) 合同的生效、变更与终止；

(6) 违约责任、合同争议与纠纷的解决方式；

(7) 当事人约定的其他专用条款的内容。

工程造价咨询企业从事工程造价咨询业务，应当按照有关规定的要求出具工程造价成果文件。工程造价成果文件应当由工程造价咨询企业加盖有企业名称、资质等级及证书编号的执业印章，并由执行咨询业务的注册造价工程师签字、加盖执业印章。

3. 企业分支机构

工程造价咨询企业设立分支机构的，应当自领取分支机构营业执照之日起30日内，持下列材料到分支机构工商注册所在地省、自治区、直辖市人民政府建设主管部门备案：

(1) 分支机构营业执照复印件；

(2) 工程造价咨询企业资质证书复印件；

(3) 拟在分支机构执业的不少于3名注册造价工程师的注册证书复印件；

(4) 分支机构固定办公场所的租赁合同或产权证明。

省、自治区、直辖市人民政府建设主管部门应当在接受备案之日起20日内，报国务院建设主管部门备案。

分支机构从事工程造价咨询业务，应当由设立该分支机构的工程造价咨询企业负责承接工程造价咨询业务、订立工程造价咨询合同、出具工程造价成果文件。分支机构不得以自己名义承接工程造价咨询业务、订立工程造价咨询合同、出具工程造价成果文件。

4.跨省区承接业务

工程造价咨询企业跨省、自治区、直辖市承接工程造价咨询业务的，应当自承接业务之日起30日内到建设工程所在地省、自治区、直辖市人民政府建设主管部门备案。

（二）行为准则

为了保障国家与公共利益，维护公平竞争的良好秩序以及各方的合法权益，具有造价咨询资质的企业在执业活动中均应遵循以下的行业行为准则：

（1）执行国家的宏观经济政策和产业政策，遵守国家和地方的法律、法规及有关规定，维护国家和人民的利益。

（2）接受工程造价咨询行业自律组织业务指导，自觉遵守本行业的规定和各项制度，积极参加本行业组织的业务活动。

（3）按照工程造价咨询企业资质证书规定的资质等级和服务范围开展业务，只承担能够胜任的工作。

（4）具有独立执业的能力和工作条件，竭诚为客户服务，以高质量的咨询成果和优良服务，获得客户的信任和好评。

（5）按照公平、公正和诚信的原则开展业务，认真履行合同，依法独立自主开展经营活动，努力提高经济效益。

（6）靠质量、靠信誉参加市场竞争，杜绝无序和恶性竞争；不得利用与行政机关、社会团体以及其他经济组织的特殊关系搞业务垄断。

（7）以人为本，鼓励员工更新知识，掌握先进的技术手段和业务知识，采取有效措施组织、督促员工接受继续教育。

（8）不得在解决经济纠纷的鉴证咨询业务中分别接受双方当事人的委托。

（9）不得阻挠委托人委托其他工程造价咨询单位参与咨询服务；共同提供服务的工程造价咨询单位之间应分工明确，密切协作，不得损害其他单位的利益和名誉。

（10）有义务保守客户的技术和商务秘密，客户事先允许和国家另有规定的除外。

（三）信用制度

工程造价咨询企业应当按照有关规定，向资质许可机关提供真实、准确、完整的工程造价咨询企业信用档案信息。工程造价咨询企业信用档案应当包括工程造价咨询企业的基本情况、业绩、良好行为、不良行为等内容。违法行为、被投诉举报处理、行政处罚等情况应当作为工程造价咨询企业的不良记录记入其信用档案。任何单位和个人均有权查阅信用档案。

（四）法律责任

1.资质申请或取得的违规责任

申请人隐瞒有关情况或者提供虚假材料申请工程造价咨询企业资质的，不予受理或者不予资质许可，并给予警告，申请人在1年内不得再次申请工程造价咨询企业资质。

以欺骗、贿赂等不正当手段取得工程造价咨询企业资质的，由县级以上地方人民政府建设主管部门或者有关专业部门给予警告，并处1万元以上3万元以下的罚款，申请人3年内不得再次申请工程造价咨询企业资质。

2.经营违规的责任

未取得工程造价咨询企业资质从事工程造价咨询活动或者超越资质等级承接工程造价咨

询业务的，出具的工程造价成果文件无效，由县级以上地方人民政府建设主管部门或者有关专业部门给予警告，责令限期改正，并处以 1 万元以上 3 万元以下的罚款。

工程造价咨询企业不及时办理资质证书变更手续的，由资质许可机关责令限期办理；逾期不办理的，可处以 1 万元以下的罚款。

有下列行为之一的，由县级以上地方人民政府建设主管部门或者有关专业部门给予警告，责令限期改正；逾期未改正的，可处以 5000 元以上 2 万元以下的罚款：

（1）新设立的分支机构不备案的；

（2）跨省、自治区、直辖市承接业务不备案的。

3. 其他违规责任

工程造价咨询企业有下列行为之一的，由县级以上地方人民政府建设主管部门或者有关专业部门给予警告，责令限期改正，并处以 1 万元以上 3 万元以下的罚款：

（1）涂改、倒卖、出租、出借资质证书，或者以其他形式非法转让资质证书；

（2）超越资质等级业务范围承接工程造价咨询业务；

（3）同时接受招标人和投标人或两个以上投标人对同一工程项目的工程造价咨询业务；

（4）以给予回扣、恶意压低收费等方式进行不正当竞争；

（5）转包承接的工程造价咨询业务；

（6）法律、法规禁止的其他行为。

4. 对资质许可机关及其工作人员违规的处罚

资质许可机关有下列情形之一的，由其上级行政主管部门或者监察机关责令改正，对直接负责的主管人员和其他直接责任人员依法给予处分；构成犯罪的，依法追究刑事责任：

（1）对不符合法定条件的申请人准予工程造价咨询企业资质许可，或者超越职权准予工程造价咨询企业资质许可决定的；

（2）对符合法定条件的申请人不予工程造价咨询企业资质许可，或者不在法定期限内准予工程造价咨询企业资质许可决定的；

（3）利用职务上的便利，收受他人财物或者其他利益的；

（4）不履行监督管理职责，或者发现违规行为不予查处的。

随着市场经济的建立与发展，工程造价中介机构的重要作用将越来越明显地表现出来，无论是政府部门、企业实体，还是公众个人，都会越来越多地接受中介机构发布的各种信息和提供的各种工程造价专业性服务。因此，工程造价咨询服务机构应遵循依法执业原则，凡没有经过资质审查和注册登记，都不得从事工程造价咨询服务，否则，所构成的非法行为将会受到制裁。同时，在执业过程中应遵循公开、公平、公正的原则。总之，合法性是工程造价咨询服务机构执业的前提，独立性是开展业务的基础，公平、公正、公开是最根本的操作程序和准则，"严、正、准"是工作态度，平等竞争是处理行业间相互关系的基本准则。

第四节 案例分析

【背景资料】

诚信咨询公司是一家甲级工程造价咨询公司，在公司的工作人员中，有注册造价工程师 12 人，公司曾经承担过多项大型工程项目的工程造价咨询工作，有着丰富的经验。现公司承揽到甘肃建筑职业技术学院综合实训大楼的咨询任务，而此时公司正处于年检阶段，工作较紧张。加上公司还有许多其他的工程项目正在做，人手显得不足。公司为了保证信誉，抽调了有经验的和素质好的老、中、青人员5人组成了综合实训大楼工程咨询组，小组有造价师2名，其他3人中小张最年轻，小张是毕业两年的工程管理专业的本科生，小张想在这个组里面有两名注册造价工程师，有问题可向他们请教，多学些知识，明年争取报考注册造价工程师。经过全体成员的努力，各项工作已经理顺完成。

【问题】

1. 甲级工程造价咨询企业资质标准是什么？

2. 工程造价咨询企业应当依法取得工程造价咨询企业资质，并在其资质等级许可的范围内从事工程造价咨询活动。甲级、乙级工程造价咨询企业可以从事哪类建设项目的工程造价咨询业务？

3. 诚信工程造价咨询公司在承接综合实训大楼的工程造价咨询业务时，与委托人签订了书面的工程造价咨询合同。建设工程造价咨询合同一般包括哪些主要内容？

4. 在注册造价工程师应具备的报考条件方面政府是如何规定的？小张是否具有报考资格？

5. 若小张可以报考的话，他应该考哪些课程？若他通过了考试，他将怎么注册？注册时需提供哪些材料？

6. 注册造价工程师有哪些义务？

【知识点】

本案例涉及的主要知识点为：

(1)工程造价咨询企业资质标准。

(2)工程造价咨询企业可以从事的工程造价咨询业务。

(3)工程造价咨询合同。

(4)注册造价工程师的权利和义务。

(5)造价工程师的报考与注册。

【分析思路与参考答案】

1. 问题一

甲级工程造价咨询企业资质标准：

(1)已取得乙级工程造价咨询企业资质证书满3年；

(2)企业出资人中，注册造价工程师人数不低于出资人总人数的60%，且其出资额不低于企业注册资本总额的60%；

(3)技术负责人已取得造价工程师注册证书，并具有工程或工程经济类高级专业技术职称，且从事工程造价专业工作15年以上；

(4)专职从事工程造价专业工作的人员(以下简称专职专业人员)不少于20人，其中，具有工程或者工程经济类中级以上专业技术职称的人员不少于16人，取得造价工程师注册证书的人员不少于10人，其他人员均需要具有从事工程造价专业工作的经历；

(5)企业与专职专业人员签订劳动合同，且专职专业人员符合国家规定的职业年龄(出资人除外)；

(6)专职专业人员人事档案关系由国家认可的人事代理机构代为管理；

(7)企业注册资本不少于人民币 100 万元；

(8)企业近 3 年工程造价咨询营业收入累计不低于人民币 500 万元；

(9)具有固定的办公场所，人均办公建筑面积不少于 10 m^2；

(10)技术档案管理制度、质量控制制度、财务管理制度齐全；

(11)企业为本单位专职专业人员办理的社会基本养老保险手续齐全；

(12)在申请核定资质等级之日前 3 年内无违规行为。

2. 问题二

工程造价咨询企业业务承接：

工程造价咨询企业应当依法取得工程造价咨询企业资质，并在其资质等级许可的范围内从事工程造价咨询活动。工程造价咨询企业依法从事工程造价咨询活动，不受行政区域限制。其中，甲级工程造价咨询企业可以从事各类建设项目的工程造价咨询业务；乙级工程造价咨询企业可以从事工程造价 5000 万元人民币以下的各类建设项目的工程造价咨询业务。

3. 问题三

诚信工程造价咨询企业在承接综合实训大楼的工程造价咨询业务时，可以参照《建设工程造价咨询合同》(示范文本)与委托人签订书面的工程造价咨询合同。建设工程造价咨询合同一般包括下列主要内容：

(1)委托人与咨询人的详细信息；

(2)咨询项目的名称、委托内容、要求、标准，以及履行期限；

(3)委托人与咨询人的权利、义务与责任；

(4)咨询业务的酬金、支付方式和时间；

(5)合同的生效、变更与终止；

(6)违约责任、合同争议与纠纷的解决方式；

(7)当事人约定的其他专用条款的内容。

工程造价咨询企业从事工程造价咨询业务，应当按照有关规定的要求出具工程造价成果文件。工程造价成果文件应当由工程造价咨询企业加盖有企业名称、资质等级及证书编号的执业印章，并由执行咨询业务的注册造价工程师签字、加盖执业印章。

4. 问题四

(1)政府对报考注册造价工程师人员的规定如下：

凡中华人民共和国公民，遵纪守法并具备以下条件之一者，均可申请参加造价工程师执业资格考试：

1)工程造价专业大专毕业后，从事工程造价业务工作满 5 年；工程或工程经纪类大专毕业后，从事工程造价业务工作满 6 年。

2)工程造价专业本科毕业后，从事工程造价业务工作满 4 年；工程或工程经济类本科毕业后，从事工程造价业务工作满 5 年。

3)获上述专业第二学士学位或研究生班毕业和获硕士学位后，从事工程造价业务工作满 3 年。

4)获上述专业博士学位后，从事工程造价业务工作满 2 年。

5)申请参加造价工程师执业资格考试，需提供下列证明文件：造价工程师执业资格考试报名申请表；学历证明；工作实践经历证明。

6）通过造价工程师执业资格考试的合格者，颁发人事部和建设部共同印刷的造价工程师执业资格证书，该证书全国范围有效。

（2）小张是毕业两年的本科生，从事工程造价业务工作两年，按规定他不具备报考条件，不能报考。

5. 问题五

（1）若小张可以报考注册造价工程师的话，他必须考试下面的四门课程。

1）工程造价管理基础理论与相关法规；

2）工程造价计价与控制；

3）建设工程技术与计量（分土建和安装）；

4）工程造价案例分析。

（2）若小张通过了注册造价工程师考试的话，他可按下面程序注册。

取得造价工程师执业资格证书的人员申请注册的，应当向聘用单位工商注册所在地的省级注册初审机关或者部门注册初审机关提出注册申请。

对申请初始注册的，注册初审机关应当自受理申请之日起 20 日内审查完毕，并将申请材料和初审意见报注册机关。注册机关应当自受理之日起 20 日内作出决定。

取得造价工程师执业资格证书的人员，可自资格证书签发之日起 1 年内申请初始注册。逾期未申请者，须符合继续教育的要求后方可申请初始注册。初始注册的有效期为 4 年。

申请初始注册的，应当提交下列材料：

1）初始注册申请表；

2）执业资格证件和身份证件复印件；

3）与聘用单位签订的劳动合同复印件；

4）工程造价岗位工作证明；

5）取得造价工程师执业资格证书的人员，自资格证书签发之日起 1 年后申请初始注册的，应当提供继续教育合格证明；

6）受聘于具有工程造价咨询企业资质的中介机构的，应当提供聘用单位为其交纳的社会基本养老保险凭证、人事代理合同复印件，或者劳动、人事部门颁发的离退休证复印件；

7）外国人、台港澳人员应提供外国人就业许可证书、台港澳人员就业证书复印件。

6. 问题六

注册造价工程师的义务：

（1）遵守法律、法规和有关管理规定，恪守职业道德；

（2）保证执业活动成果的质量；

（3）接受继续教育，提高执业水平；

（4）执行工程造价计价标准和计价方法；

（5）与当事人有利害关系的，应当主动回避；

（6）保守在执业中知悉的国家秘密和他人的商业、技术秘密。

注册造价工程师应当在本人承担的工程造价成果文件上签字并盖章。修改经注册造价工程师签字盖章的工程造价成果文件，应当由签字盖章的注册造价工程师本人进行。注册造价工程师本人因特殊情况不能进行修改的，应当由其他注册造价工程师修改，并签字盖章；修改工程造价成果文件的注册造价工程师对修改部分承担相应的法律责任。

思考与练习

一、单选题

1. 根据《注册造价工程师管理办法》的规定，取得资格证书的人员，初始注册的有效期和延续注册的有效期分别为(　　)年。

　　A.1年和1年　　　　　　B.2年和4年　　　　　　C.1年和4年　　　　　　D.4年和4年

2. 下列属于注册造价工程师权利的是(　　)。

　　A.以个人名义承接工程造价业务　　　　　　B.发起设立工程造价咨询企业

　　C.审批工程进度款支付额度　　　　　　D.审批工程变更价款

3. 我国甲级工程造价咨询单位中从事工程造价专业工作的专职人员和取得造价工程师注册证书的人员分别不少于(　　)人。

　　A.20和10　　　　　　B.20和8　　　　　　C.12和8　　　　　　D.12和6

4. 根据我国现行规定，甲级和乙级工程造价咨询企业专职从事工程造价专业工作的人员中，取得造价工程师注册证书的人员分别不得少于(　　)人。

　　A. 20和12　　　　　　B. 16和8　　　　　　C. 10和6　　　　　　D. 8和6

5. 根据我国的现行规定，新申请工程造价咨询企业资质的企业必须满足的资质标准是(　　)。

　　A.企业注册资本不少于人民币100万元

　　B.技术负责人从事工程造价专业工作15年以上

　　C.专职专业人员的人事档案关系由国家认可的人事代理机构代为管理

　　D.在申请资质等级之日前3年内无违规行为

6. 根据《工程造价咨询单位管理办法》的规定，下列关于申请工程造价咨询单位的有关论述中正确的是(　　)。

　　A.申请甲级工程造价咨询单位资质的，由国务院建设行政主管部门进行全过程的审核并批准

　　B.申请甲级工程造价咨询单位资质的，由省、自治区、直辖市人民政府建设行政主管部门进行资质审批，然后报国务院建设行政主管部门备案

　　C.新申请工程造价咨询企业资质的企业，由省、自治区、直辖市人民政府建设行政主管部门进行资质审批，然后报国务院建设行政主管部门审批

　　D.申请乙级工程造价咨询单位资质的，由省、自治区、直辖市人民政府建设行政主管部门审查决定，然后报国务院建设行政主管部门备案

7. 以欺骗、贿赂等不正当手段取得工程造价咨询企业资质的，由资质许可机关予以警告，并处一定数额的罚款，申请人在规定期限内不得再次申请工程造价咨询企业资质。其罚款的数额和规定期限分别是(　　)。

　　A. 5000元以上2万元以下和3年　　　　　　B. 1万元以上3万元以下和3年

　　C. 1万元以上3万元以下和1年　　　　　　D. 5000元以上2万元以下和1年

8. 根据《工程造价咨询企业管理办法》，在工程造价咨询企业出资人中，注册造价工程师

人数至少为出资人总人数的(　　　)。

A. 30%　　　　　　　B. 40%　　　　　　　C. 50%　　　　　　　D. 60%

9. 从工程造价信息的反映面来划分,可将工程造价信息划分为(　　　)。

A. 宏观信息和微观信息　　　　　　　B. 文件式信息和非文件式信息

C. 固定信息和流动信息　　　　　　　D. 系统化信息和非系统化信息

二、多选题

1. 根据《注册造价工程师管理办法》的规定,造价工程师享有的权利包括(　　　　　　　)。

A. 使用造价工程师的名称　　　　　　　B. 批准物资采购的价格

C. 签发工程开工、停工、复工令　　　　　D. 发起设立工程造价咨询企业

E. 签署工程造价文件、加盖执业专用章

2. 根据《注册造价工程师管理办法》的规定,注册造价工程师有(　　　　　　　)行为的,由县级以上地方人民政府建设主管部门或者其他有关部门给予警告,责令改正,没有违法所得的,处以1万元以下罚款,有违法所得的,处以违法所得3倍以下且不超过3万元的罚款。

A. 签署有虚假记载、误导性陈述的工程造价成果文件

B. 以个人名义承接工程造价业务

C. 隐瞒有关情况或者提供虚假材料申请造价工程师注册的

D. 同时在两个或者两个以上单位执业

E. 违反本办法规定,未办理变更注册而继续执业的

3. 根据我国的现行规定,在下列给定的工作中,属于工程造价咨询业务范围的是(　　　　　　　)。

A. 建设项目建议书及可行性研究投资估算、项目经济评价报告的编制和审核

B. 对建设项目的组织实施进行全过程的管理和服务

C. 建设项目招标工程工程量清单和标底价款的确定

D. 工程造价经济纠纷的司法鉴定和仲裁的咨询

E. 建设项目计价依据的审定

4. 咨询业具有(　　　　　　　)社会功能。

A. 协调功能　　　　B. 产业功能　　　　C. 服务功能　　　　D. 引导功能

E. 联系功能

第三章　建设工程造价构成与确定

第一节　建设工程投资概述

一、建设项目总投资概述

（一）建设项目总投资的概念

建设工程项目总投资，是指为完成工程项目建设并达到使用要求或生产条件，在建设期内预计或实际投入的全部费用之和。它是投资主体为获取预期收益，在选定的建设项目上所需投入的全部资金。建设项目按用途可分为生产性建设项目和非生产性建设项目。生产性建设项目总投资包括固定资产投资和流动资产投资两部分，其中建设投资和建设期利息对应于固定资产投资；非生产性建设项目总投资只包括固定资产投资，不含流动资产投资。

（二）固定资产投资

固定资产投资是投资主体为达到预期收益的资金垫付行为。我国的固定资产投资包括基本建设投资、更新改造投资、房地产开发投资和其他固定资产投资四种。

其中，基本建设投资是指利用国家预算内拨款、自筹资金、国内外基本建设贷款以及其他专项资金进行的，以扩大生产能力（或新增工程效益）为主要目的的新建、扩建工程及有关的工作量。更新改造投资是通过以先进科学技术改造原有技术、以实现内涵扩大再生产为主的资金投入行为。房地产开发投资是房地产企业开发厂房、宾馆、写字楼、仓库和住宅等房屋设施和开发土地的资金投入行为。其他固定资产投资是指按规定不纳入投资计划和利用专项资金进行基本建设和更新改造的资金投入行为。

建设项目的固定资产投资又由建设投资、建设期利息和固定资产投资方向调节税（目前暂停征收）组成。其中建设投资由工程费用、工程建设其他费用和预备费构成。工程费用是指建设期内直接用于工程建造、设备购置及安装的建设投资，可以分为建筑安装工程费和设备及工器具购置费；工程建设其他费用是指建设期发生的与土地使用取得、整个工程项目建设以及未来生产经营有关的建设投资但不包括在工程中的费用；预备费是在建设期内各种不可预见因素的变化而预留的可能增加的费用，包括基本预备费和价差预备费。

（三）静态投资与动态投资

建设投资可以分为静态投资部分和动态投资部分。

静态投资是以某一基准年、月的建设要素的价格为依据所计算出的建设项目投资的瞬时值。静态投资包括：建筑安装工程费、设备和工器具购置费、工程建设其他费用、基本预备费，以及因工程量误差而引起的工程造价的增减等。

动态投资是指为完成一个工程项目的建设，预计投资需要量的总和。它除了包括静态投资所含内容之外，还包括建设期利息、价差预备费等。

静态投资和动态投资的内容虽然有所区别，但二者有密切联系。动态投资包含静态投资，静态投资是动态投资最主要的组成部分，也是动态投资的计算基础。

（四）铺底流动资金

铺底流动资金是指生产性建设工程项目为保证生产和经营正常进行，按规定应列入建设工程项目总投资的全部流动资金中的非债务资金。一般按全部流动资金的 30% 计算。

二、建设项目总投资的组成

（一）建设工程项目总投资的组成

建设工程项目总投资组成如图 3 - 1 所示。

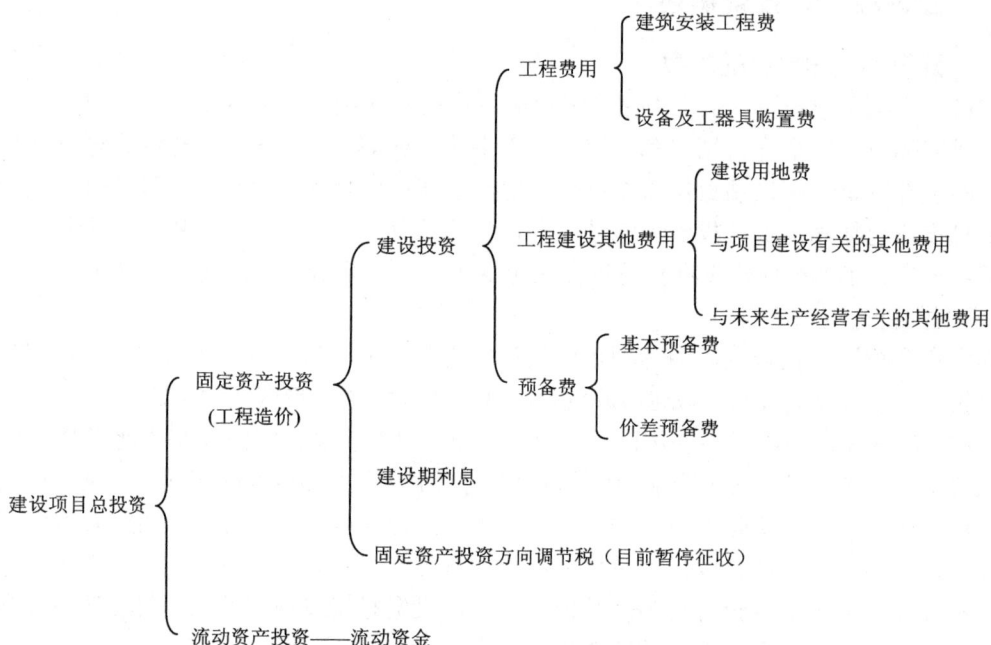

图 3 - 1 建设工程项目总投资的组成

（二）建筑安装工程费用的构成

我国现行建筑安装工程费用构成按费用构成要素组成划分为人工费、材料费、施工机具使用费、企业管理费、利润、规费和税金。为指导工程造价专业人员计算建筑安装工程造价，将建筑安装工程费用按工程造价形成顺序划分为分部分项工程费、措施项目费、其他项目费、规费和税金。

（三）设备及工器具购置费的构成

设备及工、器具购置费用是由设备购置费和工具、器具及生产家具购置费组成的。设备购置费包括设备原价和设备运杂费。

（四）工程建设其他费用的构成

工程建设其他费用，是指从工程筹建起到工程竣工验收交付使用止的整个建设期间，除建筑安装工程费用和设备及工器具购置费用以外的，为保证工程建设顺利完成和交付使用后能够正常发挥效用而发生的各项费用，包括建设用地费、与项目建设有关的其他费用和与未来生产经营有关的其他费用。

1. 建设用地费

建设用地费是为获得工程项目建设土地的使用权而在建设期内发生的各项费用，包括通过划拨方式取得土地使用权而支付的土地征用及迁移补偿费，或者通过土地使用权出让方式取得土地使用权而支付的土地使用权出让金等。

2. 与项目建设有关的其他费用

与项目建设有关的其他费用是建设单位在项目建设过程中，需要支出的除了工程费用以外的，为了保证项目顺利进行而发生的建设单位管理费、可行性研究费、研究试验费、勘察设计费等相关费用。

3. 与未来生产经营有关的其他费用

与未来生产经营有关的其他费用是项目建成后，为正式开始营运所支出的必要费用，如联合试运转费、专利及专有技术使用费和生产准备及开办费等。

（五）预备费的构成

预备费是在建设期内各种不可预见因素的变化而预留的可能增加的费用，包括基本预备费和价差预备费。

1. 基本预备费

基本预备费是针对项目实施过程中可能发生难以预料的支出而事先预留的费用，又称工程建设不可预见费。

2. 价差预备费

价差预备费是指在建设期内利率、汇率或价格等因素的变化而预留的可能增加的费用，亦称为价格变动不可预见费或者涨价预备费。

（六）建设期利息

建设期利息是在建设期内发生的为工程项目筹措资金的融资费用及债务资金利息。

第二节　建筑安装工程费用的构成和计算

一、建筑安装工程费用内容

（一）建筑工程费用内容

建筑工程费用主要包括以下四个方面。①各类房屋建筑工程和列入房屋建筑工程预算的供水、供暖、卫生、通风、煤气等设备费用及其装饰、油饰工程的费用，列入建筑工程预算的各种管道、电力、电信和敷设工程的费用。②设备基础、支柱、工作台、烟囱、水塔、水池、灰塔等建筑工程，以及各种炉窑的砌筑工程和金属结构工程的费用。③为施工而进行的场地平整，工程和水文地质勘察，原有建筑物和障碍物的拆除，以及施工临时用水、电、气、路和完工后的场地清理、环境绿化、美化等工作的费用。④矿井开凿、井巷延伸、露天矿剥离，石油、天然气钻井，修建铁路、公路、桥梁、水库、堤坝、灌渠及防洪等工程的费用。

（二）安装工程费用内容

安装工程费用主要包括以下两个方面。①生产、动力、起重、运输、传动和医疗、实验等各种需要安装的机械设备的装配费用，与设备相连的工作台、梯子、栏杆等装设工程费用，附属于被安装设备的管线敷设工程费用，以及被安装设备的绝缘、防腐、保温、油漆等工作的材料费和安装费。②为测定安装工程质量，对单台设备进行单机试运转、对系统设备进行系统联动无负荷试运转工作的调试费。

二、我国现行建筑安装工程费用构成

根据住房城乡建设部和财政部颁布的《建筑安装工程费用项目组成》〔建标〔2013〕44号〕（自2013年7月1日起施行）文件规定，我国建筑安装工程费用项目按费用构成要素组成划分为人工费、材料费、施工机具使用费、企业管理费、利润、规费和税金（图3-2）。为指导工程造价专业人员计算建筑安装工程造价，将建筑安装工程费用按工程造价形成顺序划分为分部分项工程费、措施项目费、其他项目费、规费和税金（图3-3）。

（一）建筑安装工程费用项目组成（按费用构成要素划分）

建筑安装工程费按照费用构成要素划分：由人工费、材料（包含工程设备，下同）费、施工机具使用费、企业管理费、利润、规费和税金组成。其中人工费、材料费、施工机具使用费、企业管理费和利润包含在分部分项工程费、措施项目费、其他项目费中（图3-2）。

1. 人工费

是指按工资总额构成规定，支付给从事建筑安装工程施工的生产工人和附属生产单位工人的各项费用。内容包括：

（1）计时工资或计件工资：是指按计时工资标准和工作时间或对已做工作按计件单价支付给个人的劳动报酬。

（2）奖金：是指对超额劳动和增收节支支付给个人的劳动报酬。如节约奖、劳动竞赛奖等。

（3）津贴补贴：是指为了补偿职工特殊或额外的劳动消耗和因其他特殊原因支付给个人的津贴，以及为了保证职工工资水平不受物价影响支付给个人的物价补贴。如流动施工津贴、特殊地区施工津贴、高温（寒）作业临时津贴、高空津贴等。

（4）加班加点工资：是指按规定支付的在法定节假日工作的加班工资和在法定日工作时间外延时工作的加点工资。

（5）特殊情况下支付的工资：是指根据国家法律、法规和政策规定，因病、工伤、产假、计划生育假、婚丧假、事假、探亲假、定期休假、停工学习、执行国家或社会义务等原因按计时工资标准或计时工资标准的一定比例支付的工资。

2. 材料费

是指施工过程中耗费的原材料、辅助材料、构配件、零件、半成品或成品、工程设备的费用。内容包括：

（1）材料原价：是指材料、工程设备的出厂价格或商家供应价格。

（2）运杂费：是指材料、工程设备自来源地运至工地仓库或指定堆放地点所发生的全部费用。

（3）运输损耗费：是指材料在运输装卸过程中不可避免的损耗。

（4）采购及保管费：是指为组织采购、供应和保管材料、工程设备的过程中所需要的各项费用。包括采购费、仓储费、工地保管费、仓储损耗。

```
                          ┌─ 1. 计时工资或计件工资        ┌─ 1. 分部分项工程费
                   人工费 ─┤  2. 奖金
                          │  3. 津贴、补贴
                          │  4. 加班加点工资
                          └─ 5. 特殊情况下支付的工资
                          ┌─ 1. 材料原价
                   材料费 ─┤  2. 运杂费
                          │  3. 运输损耗费        ┌─ ① 折旧费
                          └─ 4. 采购及保管费      │  ② 大修理费
                                                 │  ③ 经常修理费
                          ┌─ 1. 施工机械使用费 ──┤  ④ 安拆费及场外运费
              施工机具使用费 ┤                    │  ⑤ 人工费
                          │                     │  ⑥ 燃料动力费
                          └─ 2. 仪器仪表使用费    └─ ⑦ 税费
   建
   筑
   安                     ┌─ 1. 管理人员工资
   装                     │  2. 办公费
   工                     │  3. 差旅交通费                               2. 措施项目费
   程                     │  4. 固定资产使用费
   费            企业管理费 ┤  5. 工具用具使用费
                          │  6. 劳动保险和职工福利费
                          │  7. 劳动保护费
                          │  8. 检验试验费
                          │  9. 工会经费
                          │  10. 职工教育经费
                          │  11. 财产保险费
                          │  12. 财务费
                          │  13. 税金
                          └─ 14. 其他
                   利润 ──────────────────────────────────  3. 其他项目费
                                                 ┌─ ① 养老保险费
                                                 │  ② 失业保险费
                          ┌─ 1. 社会保险费 ──────┤  ③ 医疗保险费
                    规费 ─┤  2. 住房公积金        │  ④ 生育保险费
                          └─ 3. 工程排污费        └─ ⑤ 工伤保险费
                          ┌─ 1. 营业税
                    税金 ─┤  2. 城市维护建设
                          │  3. 教育费附加
                          └─ 4. 地方教育附加
```

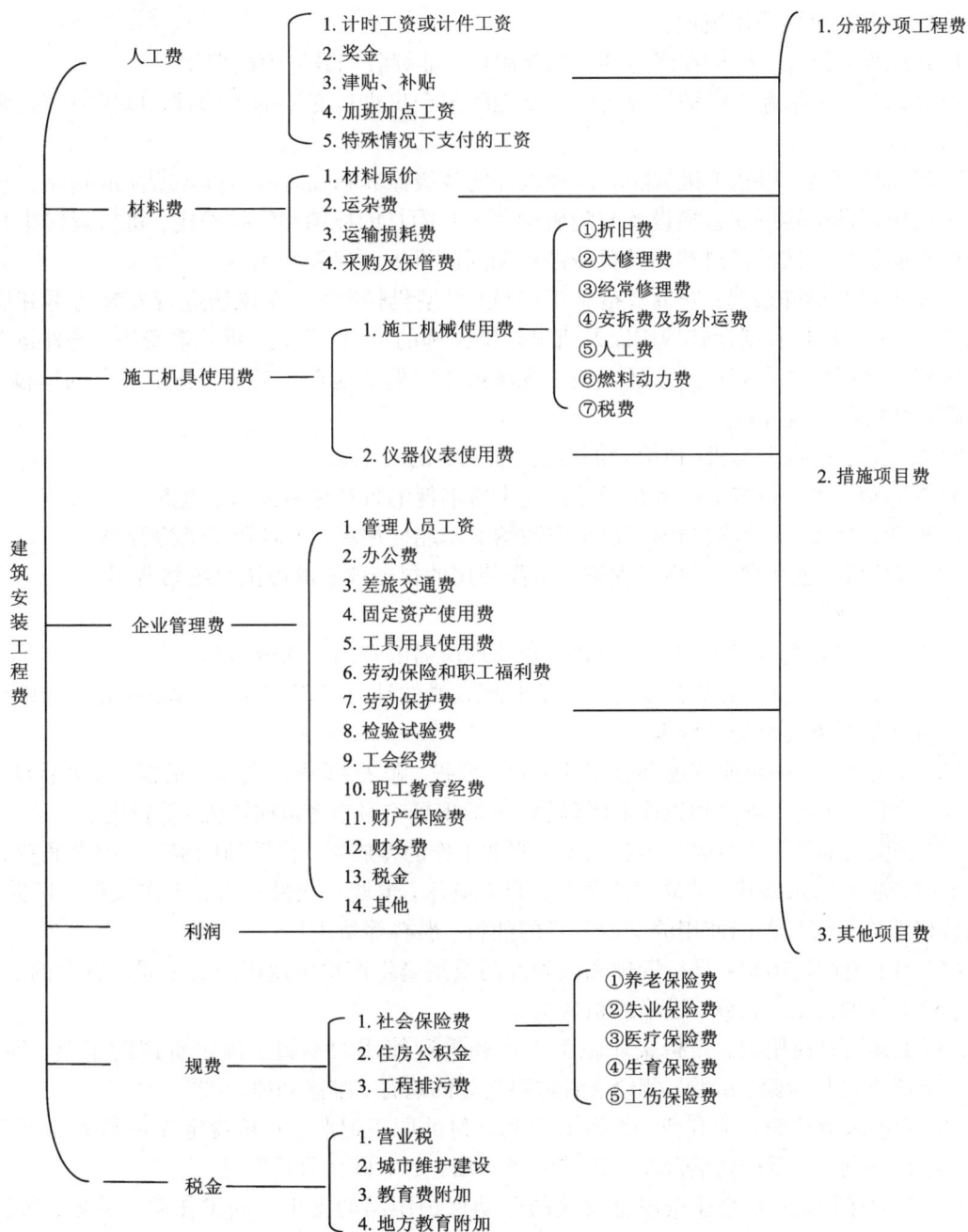

图 3 - 2　建筑安装工程费用项目组成图（按费用构成要素划分）

工程设备是指构成或计划构成永久工程一部分的机电设备、金属结构设备、仪器装置及其他类似的设备和装置。

3. 施工机具使用费

是指施工作业所发生的施工机械、仪器仪表使用费或其租赁费。

（1）施工机械使用费：以施工机械台班耗用量乘以施工机械台班单价表示，施工机械台班单价应由下列七项费用组成：

1）折旧费：指施工机械在规定的使用年限内，陆续收回其原值的费用。

2）大修理费：指施工机械按规定的大修理间隔台班进行必要的大修理，以恢复其正常功能所需的费用。

3）经常修理费：指施工机械除大修理以外的各级保养和临时故障排除所需的费用。包括为保障机械正常运转所需替换设备与随机配备工具附具的摊销和维护费用，机械运转中日常保养所需润滑与擦拭的材料费用及机械停滞期间的维护和保养费用等。

4）安拆费及场外运费：安拆费指施工机械（大型机械除外）在现场进行安装与拆卸所需的人工、材料、机具和试运转费用以及机械辅助设施的折旧、搭设、拆除等费用；场外运费指施工机械整体或分体自停放地点运至施工现场或由一施工地点运至另一施工地点的运输、装卸、辅助材料及架线等费用。

5）人工费：指机上司机（司炉）和其他操作人员的人工费。

6）燃料动力费：指施工机械在运转作业中所消耗的各种燃料及水、电等。

7）税费：指施工机械按照国家规定应缴纳的车船使用税、保险费及年检费等。

（2）仪器仪表使用费：是指工程施工所需使用的仪器仪表的摊销及维修费用。

4.企业管理费

是指建筑安装企业组织施工生产和经营管理所需的费用。内容包括：

（1）管理人员工资：是指按规定支付给管理人员的计时工资、奖金、津贴补贴、加班加点工资及特殊情况下支付的工资等。

（2）办公费：是指企业管理办公用的文具、纸张、账表、印刷、邮电、书报、办公软件、现场监控、会议、水电、烧水和集体取暖降温（包括现场临时宿舍取暖降温）等费用。

（3）差旅交通费：是指职工因公出差、调动工作的差旅费、住勤补助费，市内交通费和误餐补助费，职工探亲路费，劳动力招募费，职工退休、退职一次性路费，工伤人员就医路费，工地转移费以及管理部门使用的交通工具的油料、燃料等费用。

（4）固定资产使用费：是指管理和试验部门及附属生产单位使用的属于固定资产的房屋、设备、仪器等的折旧、大修、维修或租赁费。

（5）工具用具使用费：是指企业施工生产和管理使用的不属于固定资产的工具、器具、家具、交通工具和检验、试验、测绘、消防用具等的购置、维修和摊销费。

（6）劳动保险和职工福利费：是指由企业支付的职工退职金、按规定支付给离休干部的经费，集体福利费、夏季防暑降温、冬季取暖补贴、上下班交通补贴等。

（7）劳动保护费：是企业按规定发放的劳动保护用品的支出。如工作服、手套、防暑降温饮料以及在有碍身体健康的环境中施工的保健费用等。

（8）检验试验费：是指施工企业按照有关标准规定，对建筑以及材料、构件和建筑安装物进行一般鉴定、检查所发生的费用，包括自设试验室进行试验所耗用的材料等费用。不包括新结构、新材料的试验费，对构件做破坏性试验及其他特殊要求检验试验的费用和建设单位委托检测机构进行检测的费用，对此类检测发生的费用，由建设单位在工程建设其他费用中列支。但对施工企业提供的具有合格证明的材料进行检测不合格的，该检测费用由施工企业支付。

（9）工会经费：是指企业按《工会法》规定的全部职工工资总额比例计提的工会经费。

（10）职工教育经费：是指按职工工资总额的规定比例计提，企业为职工进行专业技术和职业技能培训，专业技术人员继续教育、职工职业技能鉴定、职业资格认定以及根据需要对职工进行各类文化教育所发生的费用。

（11）财产保险费：是指施工管理用财产、车辆等的保险费用。

（12）财务费：是指企业为施工生产筹集资金或提供预付款担保、履约担保、职工工资支付担保等所发生的各种费用。

（13）税金：是指企业按规定缴纳的房产税、车船使用税、土地使用税、印花税等。

（14）其他：包括技术转让费、技术开发费、投标费、业务招待费、绿化费、广告费、公证费、法律顾问费、审计费、咨询费、保险费等。

5. 利润

是指施工企业完成所承包工程获得的盈利。

6. 规费

是指按国家法律、法规规定，由省级政府和省级有关权力部门规定必须缴纳或计取的费用。包括：

（1）社会保险费。包含：

养老保险费：是指企业按照规定标准为职工缴纳的基本养老保险费。

失业保险费：是指企业按照规定标准为职工缴纳的失业保险费。

医疗保险费：是指企业按照规定标准为职工缴纳的基本医疗保险费。

生育保险费：是指企业按照规定标准为职工缴纳的生育保险费。

工伤保险费：是指企业按照规定标准为职工缴纳的工伤保险费。

（2）住房公积金：是指企业按规定标准为职工缴纳的住房公积金。

（3）工程排污费：是指按规定缴纳的施工现场工程排污费。

其他应列而未列入的规费，按实际发生计取。

7. 税金

是指国家税法规定的应计入建筑安装工程造价内的营业税、城市维护建设税、教育费附加以及地方教育附加。

（二）建筑安装工程费用项目组成（按造价形成划分）

建筑安装工程费按照工程造价形成由分部分项工程费、措施项目费、其他项目费、规费、税金组成，分部分项工程费、措施项目费、其他项目费包含人工费、材料费、施工机具使用费、企业管理费和利润（图3-3）。

1. 分部分项工程费

是指各专业工程的分部分项工程应予列支的各项费用。

（1）专业工程：是指按现行国家计量规范划分的房屋建筑与装饰工程、仿古建筑工程、通用安装工程、市政工程、园林绿化工程、矿山工程、构筑物工程、城市轨道交通工程、爆破工程等各类工程。

（2）分部分项工程：指按现行国家计量规范对各专业工程划分的项目。如房屋建筑与装饰工程划分的土石方工程、地基处理与桩基工程、砌筑工程、钢筋及钢筋混凝土工程等。

各类专业工程的分部分项工程划分见现行国家或行业计量规范。

建筑安装工程费

分部分项工程费
- 1.房屋建筑与装饰工程
  - ①土石方工程
  - ②桩基工程
  - ……
- 2.仿古建筑工程
- 3.通用安装工程
- 4.市政工程
- 5.园林绿化工程
- 6.矿山工程
- 7.构筑物工程
- 8.城市轨道交通工程
- 9.爆破工程
- ……

措施项目费
- 1. 安全文明施工费
- 2. 夜间施工增加费
- 3. 二次搬运费
- 4. 冬雨季施工增加费
- 5. 已完工程及设备保护费
- 6. 工程定位复测费
- 7. 特殊地区施工增加费
- 8. 大型机械进出场及安拆费
- 9. 脚手架工程费
- ……

其他项目费
- 1.暂列金额
- 2.计日工
- 3.总承包服务费
- ……

规费
- 1.社会保险费
  - ①养老保险费
  - ②失业保险费
  - ③医疗保险费
  - ④生育保险费
  - ⑤工伤保险费
- 2.住房公积金
- 3.工程排污费

税金
- 1.营业税
- 2.城市维护建设税
- 3.教育费附加
- 4.地方教育附加

（右侧分支）
- 1. 人工费
- 2. 材料费
- 3. 施工机具使用费
- 4. 企业管理费
- 5. 利润

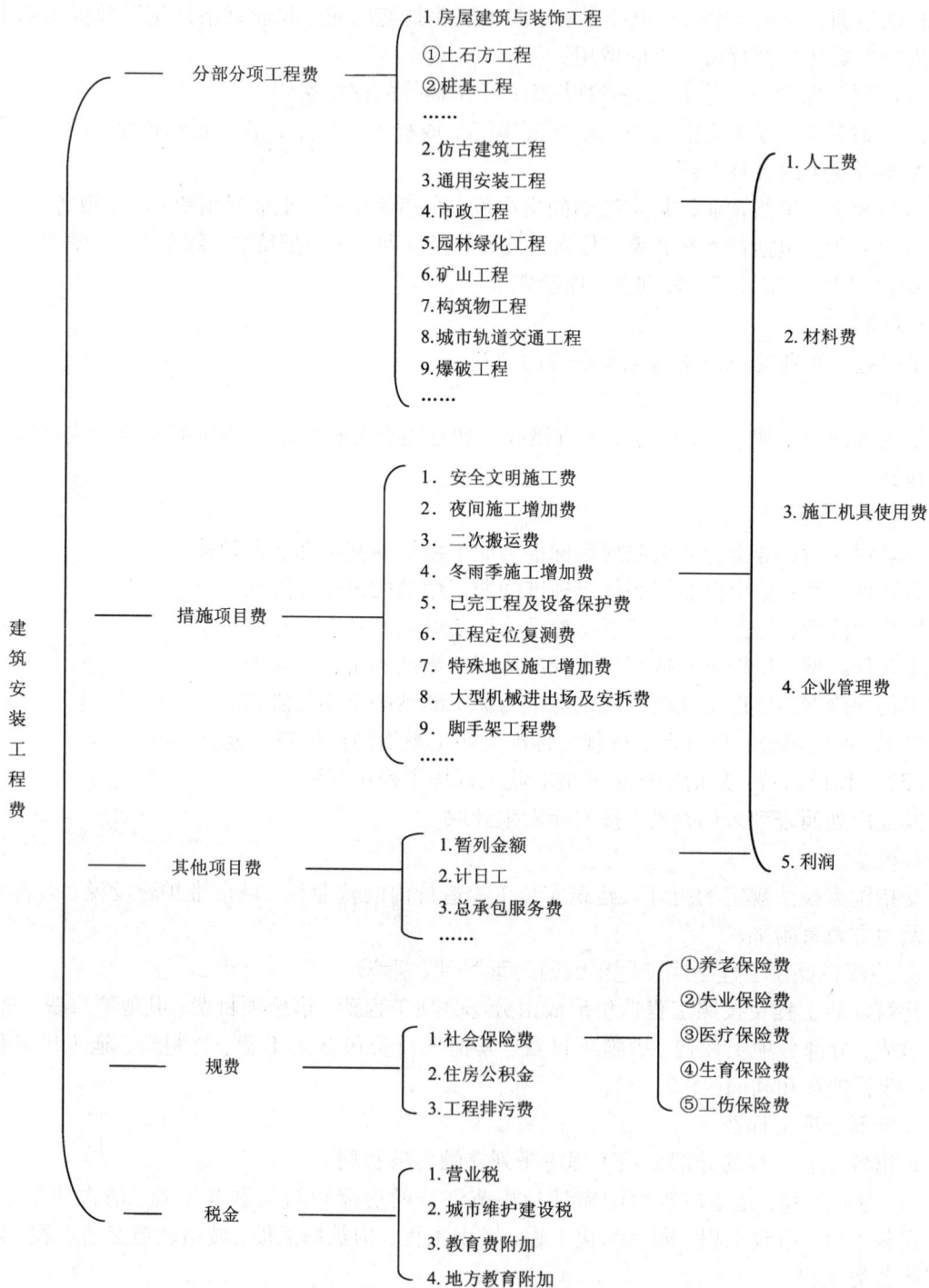

图3－3 建筑安装工程费用项目组成图(按造价形成划分)

2. 措施项目费

是指为完成建设工程施工，发生于该工程施工前和施工过程中的技术、生活、安全、环境保护等方面的费用。内容包括：

（1）安全文明施工费

1）环境保护费：是指施工现场为达到环保部门要求所需要的各项费用。

2）文明施工费：是指施工现场文明施工所需要的各项费用。

3）安全施工费：是指施工现场安全施工所需要的各项费用。

4）临时设施费：是指施工企业为进行建设工程施工所必须搭设的生活和生产用的临时建筑物、构筑物和其他临时设施费用。包括临时设施的搭设、维修、拆除、清理费或摊销费等。

（2）夜间施工增加费：是指因夜间施工所发生的夜班补助费、夜间施工降效、夜间施工照明设备摊销及照明用电等费用。

（3）二次搬运费：是指因施工场地条件限制而发生的材料、构配件、半成品等一次运输不能到达堆放地点，必须进行二次或多次搬运所发生的费用。

（4）冬雨季施工增加费：是指在冬季或雨季施工需增加的临时设施、防滑、排除雨雪，人工及施工机械效率降低等费用。

（5）已完工程及设备保护费：是指竣工验收前，对已完工程及设备采取的必要保护措施所发生的费用。

（6）工程定位复测费：是指工程施工过程中进行全部施工测量放线和复测工作的费用。

（7）特殊地区施工增加费：是指工程在沙漠或其边缘地区、高海拔、高寒、原始森林等特殊地区施工增加的费用。

（8）大型机械设备进出场及安拆费：是指机械整体或分体自停放场地运至施工现场或由一个施工地点运至另一个施工地点，所发生的机械进出场运输及转移费用及机械在施工现场进行安装、拆卸所需的人工费、材料费、机械费、试运转费和安装所需的辅助设施的费用。

（9）脚手架工程费：是指施工需要的各种脚手架搭、拆、运输费用以及脚手架购置费的摊销（或租赁）费用。

措施项目及其包含的内容详见各类专业工程的现行国家或行业计量规范。

3. 其他项目费

（1）暂列金额：是指建设单位在工程量清单中暂定并包括在工程合同价款中的一笔款项。用于施工合同签订时尚未确定或者不可预见的所需材料、工程设备、服务的采购，施工中可能发生的工程变更、合同约定调整因素出现时的工程价款调整以及发生的索赔、现场签证确认等的费用。

（2）计日工：是指在施工过程中，施工企业完成建设单位提出的工程合同范围以外的零星项目或工作，按合同中约定的单价计价的一种方式。

（3）总承包服务费：是指总承包人为配合、协调建设单位进行的专业工程发包，对建设单位自行采购的材料、工程设备等进行保管以及施工现场管理、竣工资料汇总整理等服务所需的费用。

4. 规费

是指按国家法律、法规规定，由省级政府和省级有关权力部门规定必须缴纳或计取的费用。包括：

（1）社会保险费。包含：

养老保险费：是指企业按照规定标准为职工缴纳的基本养老保险费。

失业保险费：是指企业按照规定标准为职工缴纳的失业保险费。

医疗保险费：是指企业按照规定标准为职工缴纳的基本医疗保险费。

生育保险费：是指企业按照规定标准为职工缴纳的生育保险费。

工伤保险费：是指企业按照规定标准为职工缴纳的工伤保险费。

（2）住房公积金：是指企业按规定标准为职工缴纳的住房公积金。

（3）工程排污费：是指按规定缴纳的施工现场工程排污费。

其他应列而未列入的规费，按实际发生计取。

5. 税金

是指国家税法规定的应计入建筑安装工程造价内的营业税、城市维护建设税、教育费附加以及地方教育附加。

（三）建筑安装工程各费用构成要素参考计算方法

1. 人工费：

$$人工费 = \sum（工日消耗量 \times 日工资单价）$$

$$日工资单价 = \frac{生产工人平均月工资（计时计件）+ 平均月（奖金 + 津贴补贴 + 特殊情况下支付的工资）}{年平均每月法定工作日}$$

日工资单价是指施工企业平均技术熟练程度的生产工人在每工作日（国家法定工作时间内）按规定从事施工作业应得的日工资总额。

工程造价管理机构确定日工资单价应通过市场调查、根据工程项目的技术要求，参考实物工程量人工单价综合分析确定，最低日工资单价不得低于工程所在地人力资源和社会保障部门所发布的最低工资标准的：普工1.3倍、一般技工2倍、高级技工3倍。

工程计价定额不可只列一个综合工日单价，应根据工程项目技术要求和工种差别适当划分多种日人工单价，确保各分部工程人工费的合理构成。

2. 材料费

（1）材料费

$$材料费 = \sum（材料消耗量 \times 材料单价）$$

$$材料单价 = \{（材料原价 + 运杂费）\times [1 + 运输损耗率（\%）]\} \times [1 + 采购保管费率（\%）]$$

（2）工程设备费：

$$工程设备费 = \sum（工程设备量 \times 工程设备单价）$$

$$工程设备单价 = （设备原价 + 运杂费）\times [1 + 采购保管费率（\%）]$$

3. 施工机具使用费

（1）施工机械使用费：

$$施工机械使用费 = \sum（施工机械台班消耗量 \times 机械台班单价）$$

机械台班单价 = 台班折旧费 + 台班大修费 + 台班经常修理费 + 台班安拆费及场外运费 + 台班人工费 + 台班燃料动力费 + 台班车船税费

注：工程造价管理机构在确定计价定额中的施工机械使用费时，应根据《建筑施工机械台班费用计算规则》结合市场调查编制施工机械台班单价。施工企业可以参考工程造价管理

机构发布的台班单价,自主确定施工机械使用费的报价,如租赁施工机械,公式为:

$$施工机械使用费 = \sum(施工机械台班消耗量 \times 机械台班租赁单价)$$

(2)仪器仪表使用费:

仪器仪表使用费 = 工程使用的仪器仪表摊销费 + 维修费

4. 企业管理费费率

(1)以分部分项工程费为计算基础:

$$企业管理费费率(\%) = \frac{生产工人年平均管理费}{年有效施工天数 \times 人工单价} \times 人工费占分部分项工程费比例(\%)$$

(2)以人工费和机械费合计为计算基础:

$$企业管理费费率(\%) = \frac{生产工人年平均管理费}{年有效施工天数 \times (人工单价 + 每一工日机械使用费)} \times 100\%$$

(3)以人工费为计算基础:

$$企业管理费费率(\%) = \frac{生产工人年平均管理费}{年有效施工天数 \times 人工单价} \times 100\%$$

注:上述公式适用于施工企业投标报价时自主确定管理费,是工程造价管理机构编制计价定额确定企业管理费的参考依据。

工程造价管理机构在确定计价定额中企业管理费时,应以定额人工费或(定额人工费 + 定额机具费)作为计算基数,其费率根据历年工程造价积累的资料,辅以调查数据确定,列入分部分项工程和措施项目中。

5. 利润

(1)施工企业根据企业自身需求并结合建筑市场实际自主确定,列入报价中。

(2)工程造价管理机构在确定计价定额中利润时,应以定额人工费或(定额人工费 + 定额机具费)作为计算基数,其费率根据历年工程造价积累的资料,并结合建筑市场实际确定,以单位(单项)工程测算,利润在税前建筑安装工程费的比重可按不低于5%且不高于7%的费率计算。利润应列入分部分项工程和措施项目中。

6. 规费

(1)社会保险费和住房公积金。

社会保险费和住房公积金应以定额人工费为计算基础,根据工程所在地省、自治区、直辖市或行业建设主管部门规定费率计算。

$$社会保险费和住房公积金 = \sum(工程定额人工费 \times 社会保险费和住房公积金费率)$$

式中:社会保险费和住房公积金费率可以每万元发承包价的生产工人人工费和管理人员工资含量与工程所在地规定的缴纳标准综合分析取定。

(2)工程排污费。

工程排污费等其他应列而未列入的规费应按工程所在地环境保护等部门规定的标准缴纳,按实计取列入。

7. 税金

税金计算公式:

$$税金 = 税前造价 \times 综合税率(\%)$$

综合税率：

（1）纳税地点在市区的企业：

$$综合税率（\%）= \frac{1}{1-3\%-(3\%\times7\%)-(3\%\times3\%)-(3\%\times2\%)}-1$$

（2）纳税地点在县城、镇的企业：

$$综合税率（\%）= \frac{1}{1-3\%-(3\%\times5\%)-(3\%\times3\%)-(3\%\times2\%)}-1$$

（3）纳税地点不在市区、县城、镇的企业：

$$综合税率（\%）= \frac{1}{1-3\%-(3\%\times1\%)-(3\%\times3\%)-(3\%\times2\%)}-1$$

实行营业税改增值税的，按纳税地点现行税率计算。

（四）建筑安装工程计价参考公式

1. 分部分项工程费

$$分部分项工程费 = \sum（分部分项工程量 \times 综合单价）$$

式中：综合单价包括人工费、材料费、施工机具使用费、企业管理费和利润以及一定范围的风险费用(下同)。

2. 措施项目费

（1）国家计量规范规定应予计量的措施项目，其计算公式为：

$$措施项目费 = \sum（措施项目工程量 \times 综合单价）$$

（2）国家计量规范规定不宜计量的措施项目计算方法如下：

1）安全文明施工费：

$$安全文明施工费 = 计算基数 \times 安全文明施工费费率（\%）$$

2）夜间施工增加费：

$$夜间施工增加费 = 计算基数 \times 夜间施工增加费费率（\%）$$

3）二次搬运费：

$$二次搬运费 = 计算基数 \times 二次搬运费费率（\%）$$

4）冬雨季施工增加费：

$$冬雨季施工增加费 = 计算基数 \times 冬雨季施工增加费费率（\%）$$

5）已完工程及设备保护费：

$$已完工程及设备保护费 = 计算基数 \times 已完工程及设备保护费费率（\%）$$

上述 1）~5）项措施项目的计费基数应为定额人工费或（定额人工费＋定额机械费），其费率由工程造价管理机构根据各专业工程特点和调查资料综合分析后确定。

3. 其他项目费

（1）暂列金额由建设单位根据工程特点，按有关计价规定估算，施工过程中由建设单位掌握使用、扣除合同价款调整后如有余额，归建设单位。

（2）计日工由施工企业按施工过程中建设单位要求按计日工单价计价的合同外零星项目的签证计价。

（3）总承包服务费由建设单位在招标控制价中根据总包服务范围和有关计价规定编制，施工企业投标时自主报价，施工过程中按签约合同价执行。

4. 规费和税金

建设单位和施工企业均应按照省、自治区、直辖市或行业建设主管部门发布标准计算规费和税金，不得作为竞争性费用。

第三节　设备及工、器具购置费的构成和计算

设备及工、器具购置费用是由设备购置费和工具、器具及生产家具购置费组成的，它是固定资产投资中的积极部分。在生产性工程建设中，设备及工、器具购置费用占工程造价比重的增大，意味着生产技术的进步和资本有机构成的提高。

一、设备购置费的构成及计算

设备购置费是指为建设项目购置或自制的达到固定资产标准的各种国产或进口设备、工具、器具的购置费用。它由设备原价和设备运杂费构成。

$$设备购置费 = 设备原价 + 设备运杂费$$

上式中，设备原价指国产设备或进口设备的原价；设备运杂费指除设备原价之外的关于设备采购、运输、途中包装及仓库保管等方面支出费用的总和。

（一）国产设备原价的构成及计算

国产设备原价一般指的是设备制造厂的交货价或订货合同价。它一般根据生产厂或供应商的询价、报价、合同价确定，或采用一定的方法计算确定。国产设备原价分为国产标准设备原价和国产非标准设备原价。

1. 国产标准设备原价

国产标准设备是指按照主管部门颁布的标准图纸和技术要求，由我国设备生产厂批量生产的、符合国家质量检测标准的设备。国产标准设备原价有两种，即带有备件的原价和不带备件的原价。在计算时，一般采用带有备件的原价。国产标准设备一般有完善的设备交易市场，因此可通过查询相关交易市场价格或向设备生产厂家询价得到国产标准设备原价。

2. 国产非标准设备原价

国产非标准设备是指国家尚无定型标准，各设备生产厂不可能在工艺过程中采用批量生产，只能按订货要求并根据具体的设计图纸制造的设备。非标准设备由于单件生产、无定型标准，所以无法获取市场交易价格，只能按其成本构成或相关技术参数估算其价格。非标准设备原价有多种不同的计算方法，如成本计算估价法、系列设备插入估价法、分部组合估价法、定额估价法等。但无论采用哪种方法都应该使非标准设备计价接近实际出厂价，并且计算方法要简便。成本计算估价法是一种比较常用的估算非标准设备原价的方法。按成本计算估价法，非标准设备的原价由以下各项组成：

（1）材料费。其计算公式如下：

$$材料费 = 材料净重 \times (1 + 加工损耗系数) \times 每吨材料综合价$$

（2）加工费。包括生产工人工资和工资附加费、燃料动力费、设备折旧费、车间经费等。其计算公式如下：

$$加工费 = 设备总重量(吨) \times 设备每吨加工费$$

（3）辅助材料费（简称辅材费）。包括焊条、焊丝、氧气、氩气、氮气、油漆、电石等费

用。其计算公式如下：

$$辅助材料费 = 设备总重量 \times 辅助材料费指标$$

（4）专用工具费。按（1）～（3）项之和乘以一定百分比计算。

（5）废品损失费。按（1）～（4）项之和乘以一定百分比计算。

（6）外购配套件费。按设备设计图纸所列的外购配套件的名称、型号、规格、数量，根据相应的价格加运杂费计算。

（7）包装费。按以上（1）～（6）项之和乘以一定百分比计算。

（8）利润。可按（1）～（5）项加第（7）项之和乘以一定利润率计算。

（9）税金，主要指增值税。计算公式为：

$$增值税 = 当期销项税额 - 进项税额$$

$$当期销项税额 = 销售额 \times 适用增值税率(\%)$$

其中：销售额为（1）～（8）项之和。

（10）非标准设备设计费：按国家规定的设计费收费标准计算。

综上所述，单台非标准设备原价可用下面的公式表达：

$$
\begin{aligned}
单台非标准设备原价 = &\{[(材料费 + 加工费 + 辅助材料费) \times (1 + 专用工具费率) \\
&\times (1 + 废品损失费率) + 外购配套件费] \times (1 + 包装费率) \\
&- 外购配套件费\} \times (1 + 利润率) + 销项税额 \\
&+ 非标准设备设计费 + 外购配套件费
\end{aligned}
$$

【例3-1】 某工厂采购一台国产非标准设备，制造厂生产该台设备所用材料费20万元，加工费2万元，辅助材料费4000元，制造厂为制造该设备，在材料采购过程中发生进项增值税额3.5万元。专用工具费率1.5%，废品损失费率10%，外购配套件费5万元，包装费率1%，利润率为7%，增值税率17%，非标准设备设计费2万元，求该国产非标准设备的原价。

解： 专用工具费 = (20 + 2 + 0.4) × 1.5% = 0.336（万元）

废品损失费 = (20 + 2 + 0.4 + 0.336) × 10% = 2.274（万元）

包装费 = (22.4 + 0.336 + 2.274 + 5) × 1% = 0.300（万元）

利润 = (22.4 + 0.336 + 2.274 + 0.3) × 7% = 1.772（万元）

销项税额 = (22.4 + 0.336 + 2.274 + 5 + 0.3 + 1.772) × 17% = 5.454（万元）

该国产非标准设备的原价 = 22.4 + 0.336 + 2.274 + 0.3 + 1.772 + 5.454 + 2 + 5
= 39.536（万元）

（二）进口设备原价的构成及计算

进口设备的原价是指进口设备的抵岸价，通常是由进口设备到岸价（CIF）和进口从属费构成。进口设备的到岸价，即抵达买方边境港口或边境车站的价格。在国际贸易中，交易双方所使用的交货类别不同，则交易价格的构成内容也有所差异。进口从属费用包括银行财务费、外贸手续费、进口关税、消费税、进口环节增值税等，进口车辆的还需缴纳车辆购置税。

1. 进口设备的交易价格

在国际贸易中，较为广泛使用的交易价格术语有 FOB、CFR 和 CIF。

（1）FOB（free on board），意为装运港船上交货，亦称为离岸价格。FOB 术语是指当货物在指定的装运港越过船舷，卖方即完成交货义务。风险转移，以在指定的装运港货物越过船舷时为分界点。费用划分与风险转移的分界点相一致。

在 FOB 交货方式下，卖方的基本义务有：办理出口清关手续，自负风险和费用，领取出口许可证及其他官方文件；在约定的日期或期限内，在合同规定的装运港，把货物装上买方指定的船只，并及时通知买方；承担货物在装运港越过船舷之前的一切费用和风险；向买方提供商业发票和证明货物已交至船上的装运单据或具有同等效力的电子单证。买方的基本义务有：负责租船订舱，按时派船到合同约定的装运港接运货物，支付运费，并将船期、船名及装船地点及时通知卖方；负担货物在装运港越过船舷后的各种费用以及货物灭失或损坏的一切风险；负责获取进口许可证或其他官方文件，以及办理货物入境手续；受领卖方提供的各种单证，按合同规定支付货款。

（2）CFR（cost and freight），但是意为成本加运费，或称之为运费在内价。CFR 是指虽然在装运港货物超过船舷后卖方即完成交货，但是卖方还必须支付将货物运至指定的目的港所需的国际运费，但交货后货物灭失或损坏的风险，以及由于各种事件造成的任何额外费用，却由卖方转移到买方。与 FOB 价格相比，CFR 的费用划分与风险转移的分界点是不一致的。

在 CFR 交货方式下，卖方的基本义务有：提供合同规定的货物，负责订立运输合同并租船订舱，在合同规定的装运港和规定的期限内，将货物装上船并及时通知买方，支付运至目的港的运费；负责办理出口清关手续，提供出口许可证或其他官方批准的文件；承担货物在装运港越过船舷之前的一切费用和风险；按合同规定提供正式有效的运输单据、发票或具有同等效力的电子单证。买方的基本义务有：承担货物在装运港越过船舷以后的一切风险及运输途中因遭遇风险所引起的额外费用；在合同规定的目的港受领货物，办理进口清关手续，交纳进口税；受领卖方提供的各种约定的单证，并按合同规定支付货款。

（3）CIF（cost insurance and freight），意为成本加保险费、运费，习惯称到岸价格。在 CIF 术语中，卖方除负有与 CFR 相同的义务外，还应办理货物在运输途中最低险别的海运保险，并应支付保险费。如买方需要更高的保险险别，则需要与卖方明确地达成协议，或者自行作出额外的保险安排。除保险这项义务之外，买方的义务与 CFR 相同。

2. 进口设备到岸价的构成及计算

$$进口设备到岸价（CIF）=离岸价格（FOB）+国际运费+运输保险费$$
$$=运费在内价（CFR）+运输保险费$$

（1）货价。一般指装运港船上交货价（FOB）。设备货价分为原币货价和人民币货价，原币货价一律折算为美元表示，人民币货价按原币货价乘以外汇市场美元兑换人民币汇率中间价确定。进口设备货价按有关生产厂商询价、报价、订货合同价计算。

（2）国际运费。即从装运港（站）到达我国目的港（站）的运费。我国进口设备大部分采用海洋运输，小部分采用铁路运输，个别采用航空运输。进口设备国际运费计算公式为：

$$国际运费（海、陆、空）=原币货价（FOB）\times 运费率（\%）$$
$$国际运费（海、陆、空）=单位运价\times 运量$$

其中，运费率或单位运价参照有关部门或进出口公司的规定执行。

（3）运输保险费。对外贸易货物运输保险是由保险人（保险公司）与被保险人（出口人或进口人）订立保险契约，在被保险人交付议定的保险费后，保险人根据保险契约的规定对货物在运输过程中发生的承保责任范围内的损失给予经济上的补偿。这是一种财产保险。计算公式为：

$$运输保险费 = \frac{原币货价(FOB) + 国际运费}{1 - 保险费率(\%)} \times 保险费率(\%)$$

其中，保险费率按保险公司规定的进口货物保险费率计算。

3. 进口从属费的构成及计算

进口从属费 = 银行财务费 + 外贸手续费 + 关税 + 消费税 + 进口环节增值税 + 车辆购置税

（1）银行财务费。一般是指在国际贸易结算中，中国银行为进出口商提供金融结算服务所收取的费用，可按下式简化计算：

$$银行财务费 = 离岸价格(FOB) \times 人民币外汇汇率 \times 银行财务费率$$

（2）外贸手续费。指按对外经济贸易部规定的外贸手续费率计取的费用。计算公式为：

$$外贸手续费 = 到岸价格(CIF) \times 人民币外汇汇率 \times 外贸手续费率$$

【例 3 - 2】 按人民币计算，某进口设备的离岸价 5100 万元，到岸价 5500 万元，银行财务费 25 万元，外贸手续费费率为 3%，计算设备的外贸手续费。

解： 外贸手续费 = 进口设备到岸价 × 人民币外汇牌价 × 外贸手续费率

= 5500 × 3% = 165 万元

（3）关税。由海关对进出国境或关境的货物和物品征收的一种税。计算公式为：

$$关税 = 到岸价格(CIF) \times 人民币外汇汇率 \times 进口关税税率$$

到岸价格作为关税的计征基数时，通常又可称为关税完税价格。进口关税税率分为优惠和普通两种。优惠税率适用于我国签订关税互惠条款的贸易条约或协定的国家的进口设备；普通税率适用于与我国未签订关税互惠条款的贸易条约或协定的国家的进口设备。进口关税税率按我国海关总署发布的进口关税税率计算。

【例 3 - 3】 某进口设备的人民币货价为 50 万元，国际运费费率为 10%，运输保险费费率为 3%，进口关税税率为 20%，则该设备应支付关税税额是多少万元。

解： 关税 = 到岸价格(CIF) × 人民币外汇汇率 × 进口关税税率

国际运费 = 50 × 10% = 5 万元

运输保险费 = [(50 + 5)/(1 - 3%)] × 3% = 1.70 万元

CIF = 50 + 5 + 1.70 = 56.70 万元

关税 = 56.70 × 20% = 11.34 万元。

（4）消费税。仅对部分进口设备（如轿车、摩托车等）征收，一般计算公式为：

$$应纳消费税税额 = \frac{到岸价格(CIF) \times 人民币外汇汇率 + 关税}{1 - 消费税税率(\%)} \times 消费税税率(\%)$$

其中，消费税税率根据规定的税率计算。

（5）进口环节增值税。是对从事进口贸易的单位和个人，在进口商品报关进口后征收的税种。我国增值税条例规定，进口应税产品均按组成计税价格和增值税税率直接计算应纳税额。即：

$$进口环节增值税额 = 组成计税价格 \times 增值税税率(\%)$$

$$组成计税价格 = 关税完税价格 + 关税 + 消费税$$

增值税税率根据规定的税率计算。

（6）车辆购置税。进口车辆需缴进口车辆购置税。其公式如下：

$$进口车辆购置税 = (关税完税价格 + 关税 + 消费税) \times 车辆购置税率(\%)$$

【例3－4】　从某国进口设备，重量1000吨，装运港船上交货价为400万美元，工程建设项目位于国内某省会城市。如果国际运费标准为300美元/吨，海上运输保险费率为3‰，银行财务费率为5‰，外贸手续费率为1.5%，关税税率为22%，增值税的税率为17%，消费税税率10%，银行外汇牌价为1美元＝6.8元人民币，对该设备的原价进行估算。

解：进口设备FOB＝400×6.8＝2720（万元，人民币，下同）

国际运费＝300×1000×6.8＝204（万元）

海运保险费＝{(2720＋204)/(1－0.3%)}×0.3%＝8.80（万元）

CIF＝2720＋204＋8.80＝2932.8（万元）

银行财务费＝2720×5‰＝13.6（万元）

外贸手续费＝2932.8×1.5%＝43.99（万元）

关税＝2932.8×22%＝645.22（万元）

消费税＝{(2932.8＋645.22)/(1－10%)}×10%＝397.56（万元）

增值税＝(2932.8＋645.22＋397.56)×17%＝675.85（万元）

进口从属费＝13.6＋43.99＋645.22＋397.56＋675.85＝1776.22（万元）

进口设备原价＝2932.8＋1776.22＝4709.02（万元）

（三）设备运杂费的构成及计算

1.设备运杂费的构成

设备运杂费通常由下列各项构成：

（1）运费和装卸费。国产设备由设备制造厂交货地点起至工地仓库（或施工组织设计指定的需要安装设备的堆放地点）止所发生的运费和装卸费；进口设备则由我国到岸港口或边境车站起至工地仓库（或施工组织设计指定的需安装设备的堆放地点）止所发生的运费和装卸费。

（2）包装费。在设备原价中没有包含的，为运输而进行的包装支出的各种费用。

（3）设备供销部门的手续费。按有关部门规定的统一费率计算。

（4）采购与仓库保管费。指采购、验收、保管和收发设备所发生的各种费用，包括设备采购人员、保管人员和管理人员的工资，工资附加费、办公费、差旅交通费，设备供应部门办公和仓库所占固定资产使用费、工具用具使用费、劳动保护费、检验试验费等。这些费用可按主管部门规定的采购与保管费费率计算。

2.设备运杂费的计算

设备运杂费按设备原价乘以设备运杂费率计算，其公式为：

设备运杂费＝设备原价×设备运杂费率（%）

其中，设备运杂费率按各部门及省、市有关规定计取。

二、工、器具及生产家具购置费的构成及计算

工具、器具及生产家具购置费，是指新建或扩建项目初步设计规定的，保证初期正常生产必须购置的没有达到固定资产标准的设备、仪器、工卡模具、器具、生产家具和备品备件等的购置费用。一般以设备购置费为计算基数，按照部门或行业规定的工具、器具及生产家具费率计算。计算公式为：

工具、器具及生产家具购置费＝设备购置费×定额费率

第四节　工程建设其他费用构成和计算

工程建设其他费用，是指从工程筹建起到工程竣工验收交付使用止的整个建设期间，除建筑安装工程费用和设备及工、器具购置费用以外的，为保证工程建设顺利完成和交付使用后能够正常发挥效用而发生的各项费用，包括建设用地费、与项目建设有关的其他费用和与未来生产经营有关的其他费用。

一、建设用地费

任何一个建设项目都固定于一定地点与地面相连接，必须占用一定量的土地，也就必然要发生为获得建设用地而支付的费用，这就是土地使用费。它是指通过划拨方式取得土地使用权而支付的土地征用及迁移补偿费，或者通过土地使用权出让方式取得土地使用权而支付的土地使用权出让金。

（一）建设用地费的取得方式

建设用地的取得，实质是依法获取国有土地的使用权。根据我国《房地产管理法》规定，获取国有土地使用权的基本方式有两种：一是出让方式，二是划拨方式。建设土地取得的其他方式还包括租赁和转让方式。

1. 通过出让方式获取国有土地使用权

国有土地使用权出让，是指国家将国有土地使用权在一定年限内出让给土地使用者，由土地使用者向国家支付土地使用权出让金的行为。土地使用权出让最高年限按下列用途确定：

1）居住用地 70 年。

2）工业用地 50 年。

3）教育、科技、文化、卫生、体育用地 50 年。

4）商业、旅游、娱乐用地 40 年。

5）综合或者其他用地 50 年。

通过出让方式获取国有土地使用权又可以分成两种具体方式：一是通过招标、拍卖、挂牌等竞争出让方式获取国有土地使用权，二是通过协议出让方式获取国有土地使用权。

（1）通过竞争出让方式获取国有土地使用权。

具体的竞争方式又包括三种：投标、竞拍和挂牌。按照国家相关规定，工业（包括仓储用地，但不包括采矿用地）、商业、旅游、娱乐和商品住宅等各类经营性用地，必须以招标、拍卖或者挂牌方式出让；上述规定以外用途土地的供地计划公布后，同一宗地有两个以上意向用地者的，也应当采用招标、拍卖或者挂牌方式出让。

（2）通过协议出让方式获取国有土地使用权。

按照国家相关规定，出让国有土地使用权，除依照法律、法规和规章的规定应当采用招标、拍卖或者挂牌方式外，方可采取协议方式。以协议方式出让国有土地使用权的出让金不得低于按国家规定所确定的最低价。协议出让底价不得低于拟出让地块所在区域的协议出让最低价。

2. 通过划拨方式获取国有土地使用权

国有土地使用权划拨，是指县级以上人民政府依法批准，在土地使用者缴纳补偿、安置等费用后将该幅土地交付其使用，或者将土地使用权无偿交付给土地使用者使用的行为。国家对划拨用地有着严格的规定，下列建设用地，经县级以上人民政府依法批准，可以以划拨方式取得：

（1）国家机关用地和军事用地。

（2）城市基础设施用地和公益事业用地。

（3）国家重点扶持的能源、交通、水利等基础设施用地。

（4）法律、行政法规规定的其他用地。

依法以划拨方式取得土地使用权的，除法律、行政法规另有规定外，没有使用期限的限制。因企业改制、土地使用权转让或者改变土地用途等不再符合本目录的，应当实行有偿使用。

（二）建设用地费的确定

1. 征地补偿费用

（1）土地补偿费。征用耕地（包括菜地）的补偿标准，按政府规定，为该耕地被征用前三年平均年产值的 6 ~ 10 倍，具体补偿标准由省、自治区、直辖市人民政府在此范围内制定。征用园地、鱼塘、藕塘、苇塘、宅基地、林地、牧场、草原等的补偿标准，由省、自治区、直辖市参照征用耕地的土地补偿费制定。征收无收益的土地，不予补偿。土地补偿费归农村集体经济组织所有。

（2）青苗补偿费和被征用土地上的房屋、水井、树木等附着物补偿费。这些补偿费的标准由省、自治区、直辖市人民政府制定。征用城市郊区的菜地时，还应按照有关规定向国家缴纳新菜地开发建设基金。地上附着物及青苗补偿费归地上附着物及青苗的所有者所有。

（3）安置补助费。征用耕地、菜地的，其安置补助费按照需要安置的农业人口数计算。每一个需要安置的农业人口的安置补助费标准，为该耕地被征用前三年平均年产值的 4 ~ 6 倍。但是，每公顷被征用耕地的安置补助费，最高不得超过被征用前三年平均年产值的 15 倍。征用土地的安置补助费必须专款专用，不得挪作他用。需要安置的人员由农村集体经济组织安置的，安置补助费支付给农村集体经济组织，由农村集体经济组织管理和使用；由其他单位安置的，安置补助费支付给安置单位；不需要统一安置的，安置补助费发放给被安置人员个人或者征得被安置人员同意后用于支付被安置人员的保险费用。市、县和乡（镇）人民政府应当加强对安置补助费使用情况的监督。

（4）新菜地开发建设基金。新菜地开发建设基金指征用城市郊区商品菜地时支付的费用。这项费用交给地方财政，作为开发建设新菜地的投资。菜地是指城市郊区为供应城市居民蔬菜，连续 3 年以上常年种菜或者养殖鱼、虾等的商品菜地和精养鱼塘。年只种一茬或因调整茬口安排种植蔬菜的，均不作为需要收取开发基金的菜地。征用尚未开发的规划菜地，不缴纳新菜地开发建设基金。在蔬菜产销放开后，能够满足供应，不再需要开发新菜地的城市不收取新菜地开发基金。

（5）耕地占用税。耕地占用税是对占用耕地建房或者从事其他非农业建设的单位和个人征收的一种税收，目的是合理利用土地资源、节约用地，保护农用耕地。耕地占用税征收范围，不仅包括占用耕地，还包括占用鱼塘、园地、菜地及其农业用地建房或者从事其他非农业建设，均按实际占用的面积和规定的税额一次性征收。其中，耕地是指用于种植农作物的土地。占用前三年曾用于种植农作物的土地也视为耕地。

（6）土地管理费。土地管理费主要作为征地工作中所发生的办公、会议、培训、宣传、差旅、借用人员工资等必要的费用，土地管理费的收取标准，一般是在土地补偿费、青苗费、地面附着物补偿费、安置补助费四项费用之和的基础上提取2%～4%。如果是征地包干，还应在四项费用之和后再加上粮食价差、副食补贴、不可预见费等费用，在此基础上提取2%～4%作为土地管理费。

2. 拆迁补偿费用

在城市规划区内国有土地上实施房屋拆迁，拆迁人应当对被拆迁人给予补偿、安置。

（1）拆迁补偿。拆迁补偿的方式可以实行货币补偿；也可以实行房屋产权调换。

货币补偿的金额，根据被拆迁房屋的区位、用途、建筑面积等因素，以房地产市场评估价格确定。具体办法由省、自治区、直辖市人民政府制定。

实行房屋产权调换的，拆迁人与被拆迁人按照计算得到的被拆迁房屋的补偿金额和所调换房屋的价格，结清产权调换的差价。

（2）搬迁、安置补助费。

拆迁人应当对被拆迁人或者房屋承租人支付搬迁补助费，对于在规定的搬迁期限届满前搬迁的，拆迁人可以付给提前搬家奖励费；在过渡期限内，被拆迁人或者房屋承租人自行安排住处的，拆迁人应当支付临时安置补助费；被拆迁人或者房屋承租人使用拆迁人提供的周转房的，拆迁人不支付临时安置补助费。

搬迁补助费和临时安置补助费的标准，由省、自治区、直辖市人民政府规定。

3. 出让金、土地转让金。

土地使用权出让金为用地单位向国家支付的土地所有权收益，出让金标准一般参考城市基准地价并结合其他因素制定。基准地价由市土地管理局会同市物价局、市国有资产管理局、市房地产管理局等部门综合平衡后报市级人民政府审定通过，它以城市土地综合定级为基础，用某一地价或地价幅度表示某一类别用地在某一土地级别范围的地价，以此作为土地使用权出让价格的基础。

在有偿出让和转让土地时，政府对地价不作统一规定，但坚持以下原则：即地价对目前的投资环境不产生大的影响；地价与当地的社会经济承受能力相适应；地价要考虑已投入的土地开发费用、土地市场供求关系、土地用途、所在区类、容积率和使用年限等。有偿出让和转让使用权，要向土地受让者征收契税；转让土地如有增值，要向转让者征收土地增值税；土地使用者每年应按规定的标准缴纳土地使用费。土地使用权出让或转让，应先由地价评估机构进行价格评估后，再签订土地使用权出让和转让合同。

二、与项目建设有关的其他费用

（一）建设管理费

建设管理费是指建设单位为组织完成工程项目建设，在建设期内发生的各类管理性费用。

1. 建设管理费的内容

（1）建设单位管理费：是指建设单位发生的管理性质的开支。包括：工作人员工资、工资性补贴、施工现场津贴、职工福利费、住房基金、基本养老保险费、基本医疗保险费、失业保险费、工伤保险费、办公费、差旅交通费、劳动保护费、工具用具使用费、固定资产使用费、必要的办公及生活用品购置费、必要的通信设备及交通工具购置费、零星固定资产购置费、招募生产工人费、技术图书资料费、业务招待费、设计审查费、工程招标费、合同契约公证费、法律顾问费、咨询费、完工清理费、竣工验收费、印花税和其他管理性质开支。

（2）工程监理费：是指建设单位委托工程监理单位实施工程监理的费用。此项费用应按国家发改委与建设部联合发布的《建设工程监理与相关服务收费管理规定》（发改价格〔2007〕670号）计算。依法必须实行监理的建设工程施工阶段的监理收费实行政府指导价；其他建设工程施工阶段的监理收费和其他阶段的监理与相关服务收费实行市场调节价。

2.建设单位管理费的计算

建设单位管理费按照工程费用之和（包括设备工、器具购置费和建筑安装工程费用）乘以建设单位管理费费率计算。

$$建设单位管理费 = 工程费用 \times 建设单位管理费费率$$

建设单位管理费费率按照建设项目的不同性质、不同规模确定。有的建设项目按照建设工期和规定的金额计算建设单位管理费。如采用监理，建设单位部分管理工作量转移至监理单位。监理费应根据委托的监理工作范围和监理深度在监理合同中商定或按当地或所属行业部门有关规定计算；如建设单位采用工程总承包方式，其总包管理费由建设单位与总包单位根据总包工作范围在合同中商定，从建设管理费中支出。

（二）可行性研究费

可行性研究费是指在建设项目前期工作中，编制和评估项目建议书（或预可行性研究报告）、可行性研究报告所需的费用。此项费用应依据前期研究委托合同计列，或参照《国家计委关于印发〈建设项目前期工作咨询收费暂行规定〉的通知》（计投资〔1999〕1283号）规定计算。

（三）研究试验费

研究试验费是指为建设项目提供和验证设计参数、数据、资料等所进行的必要的试验费用以及设计规定在施工中必须进行试验、验证所需费用。包括自行或委托其他部门研究试验所需人工费、材料费、试验设备及仪器使用费等。这项费用按照设计单位根据本工程项目的需要提出的研究试验内容和要求计算。在计算时要注意不应包括以下项目：

（1）应由科技三项费用（即新产品试制费、中间试验费和重要科学研究补助费）开支的项目。

（2）应在建筑安装费用中列支的施工企业对建筑材料、构件和建筑物进行一般鉴定、检查所发生的费用及技术革新的研究试验费。

（3）应由勘察设计费或工程费用中开支的项目。

（四）勘察设计费

勘察设计费是指委托勘察设计单位进行工程水文地质勘察、工程设计所发生的各项费用。包括：工程勘察费、初步设计费（基础设计费）、施工图设计费（详细设计费）、设计模型制作费。此项费用应按《关于发布〈工程勘察设计收费管理规定〉的通知》（计价格〔2002〕10号）的规定计算。

（五）环境影响评价费

环境影响评价费是指按照《中华人民共和国环境保护法》、《中华人民共和国环境影响评价法》等规定,为全面、详细评价本建设项目对环境可能产生的污染或造成的重大影响所需的费用。包括编制环境影响报告书(含大纲)、环境影响报告表以及对环境影响报告书(含大纲)、环境影响报告表进行评估等所需的费用。此项费用可参照《关于规范环境影响咨询收费有关问题的通知》(计价格〔2002〕125号)规定计算。

(六)劳动安全卫生评价费

劳动安全卫生评价费是指按照劳动部《建设项目(工程)劳动安全卫生监察规定》和《建设项目(工程)劳动安全卫生预评价管理办法》的规定,为预测和分析建设项目存在的职业危险、危害因素的种类和危险危害程度,并提出先进、科学、合理可行的劳动安全卫生技术和管理对策所需的费用。包括编制建设项目劳动安全卫生预评价大纲和劳动安全卫生预评价报告书以及为编制上述文件所进行的工程分析和环境现状调查等所需费用。必须进行劳动安全卫生预评价的项目包括:

(1)属于《国家计划委员会、国家基本建设委员会、财政部关于基本建设项目和大中型划分标准的规定》中规定的大中型建设项目。

(2)属于《建筑设计防火规范》(GB 50016—2006)中规定的火灾危险性生产类别为甲类的建设项目。

(3)属于劳动部颁布的《爆炸危险场所安全规定》中规定的爆炸危险场所等级为特别危险场所和高度危险场所的建设项目。

(4)大量生产或使用《职业性接触毒物危害程度分级》(GB 5044—85)规定的Ⅰ级、Ⅱ级危害程度的职业性接触毒物的建设项目。

(5)大量生产或使用石棉粉料或含有10%以上的游离二氧化硅粉料的建设项目。

(6)其他由劳动行政部门确认的危险、危害因素大的建设项目。

(七)场地准备及临时设施费

1. 场地准备及临时设施费的内容

(1)建设项目场地准备费是指建设项目为达到工程开工条件进行的场地平整和对建设场地余留的有碍于施工建设的设施进行拆除清理的费用。

(2)建设单位临时设施费是指为满足施工建设需要而供到场地界区的、未列入工程费用的临时水、电、路、气、通信等其他工程费用和建设单位的现场临时建(构)筑物的搭设、维修、拆除、摊销或建设期间租赁费用,以及施工期间专用公路或桥梁的加固、养护、维修等费用。

2. 场地准备及临时设施费的计算

(1)场地准备及临时设施应尽量与永久性工程统一考虑。建设场地的大型土石方工程应进入工程费用中的总图运输费用中。

(2)新建项目的场地准备和临时设施费应根据实际工程量估算,或按工程费用的比例计算。改扩建项目一般只计拆除清理费。

场地准备和临时设施费 = 工程费用 × 费率 + 拆除清理费

(3)发生拆除清理费时可按新建同类工程造价或主材费、设备费的比例计算。凡可回收材料的拆除工程采用以料抵工方式冲抵拆除清理费。

(4)此项费用不包括已列入建筑安装工程费用中的施工单位临时设施费用。

（八）引进技术和引进设备其他费

（1）引进项目图纸资料翻译复制费、备品备件测绘费。可根据引进项目的具体情况估列或按引进货价（FOB）的比例估列；引进项目发生备品备件测绘费时按具体情况估列。

（2）出国人员费用。包括买方人员出国设计联络、出国考察、联合设计、监造、培训等所发生的旅费、生活费等。依据合同或协议规定的出国人次、期限以及相应的费用标准计算。生活费按照财政部、外交部规定的现行标准计算，旅费按中国民航公布的票价计算。

（3）来华人员费用。包括外方来华工程技术人员的现场办公费用、往返现场交通费用、接待费用等。依据引进合同或协议有关条款及来华技术人员派遣计划进行计算。来华人员接待费用可按每人次费用指标计算。引进合同价款中已包括的费用内容不得重复计算。

（4）银行担保及承诺费。指引进项目由国内外金融机构出面承担风险和责任担保所发生的费用，以及支付贷款机构的承诺费用。应按担保或承诺协议计取。投资估算和概算编制时可以担保金额或承诺金额为基数乘以费率计算。

（九）工程保险费

工程保险费是指建设项目在建设期间根据需要对建筑工程、安装工程、机器设备和人身安全进行投保而发生的保险费用。包括建筑安装工程一切险、引进设备财产保险和人身意外伤害险等。

根据不同的工程类别，分别以其建筑、安装工程费乘以建筑、安装工程保险费率计算。民用建筑（住宅楼、综合性大楼、商场、旅馆、医院、学校）占建筑工程费的 2‰~4‰；其他建筑（工业厂房、仓库、道路、码头、水坝、隧道、桥梁、管道等）占建筑工程费的 3‰~6‰；安装工程（农业、工业、机械、电子、电器、纺织、矿山、石油、化学及钢铁工业、钢结构桥梁）占建筑工程费的 3‰~6‰。

（十）特殊设备安全监督检验费

特殊设备安全监督检验费是指安全监察部门对在施工现场组装的锅炉及压力容器、压力管道、消防设备、燃气设备、电梯等特殊设备和设施实施安全检验收取的费用。此项费用按照建设项目所在省、市、自治区安全监察部门的规定标准计算。无具体规定的，在编制投资估算和概算时可按受检设备现场安装费的比例估算。

（十一）市政公用设施费

市政公用设施费是指使用市政公用设施的工程项目，按照项目所在地省级人民政府有关规定建设或缴纳的市政公用设施建设配套费用，以及绿化工程补偿费用。此项费用按工程所在地人民政府规定标准计列。

三、与未来生产经营有关的其他费用

（一）联合试运转费

联合试运转费是指新建项目或新增加生产能力的工程，在交付生产前按照批准的设计文件所规定的工程质量标准和技术要求，进行整个生产线或装置的负荷联合试运转或局部联动试车所发生的费用净支出（试运转支出大于收入的差额部分费用）。试运转支出包括试运转所需原材料、燃料及动力消耗、低值易耗品、其他物料消耗、工具用具使用费、机械使用费、保险金、施工单位参加试运转人员工资，以及专家指导费等；试运转收入包括试运转期间的产品销售收入和其他收入。联合试运转费不包括应由设备安装工程费用开支的调试及试车费用，以及在试运转中暴露出来的因施工原因或设备缺陷等发生的处理费用。

（二）专利及专有技术使用费

1. 专利及专有技术使用费的主要内容

（1）国外设计及技术资料费，引进有效专利、专有技术使用费和技术保密费。

（2）国内有效专利、专有技术使用费。

（3）商标权、商誉和特许经营权费等。

2. 专利及专有技术使用费的计算

在专利及专有技术使用费计算时应注意以下问题：

（1）按专利使用许可协议和专有技术使用合同的规定计列。

（2）专有技术的界定应以省、部级鉴定批准为依据。

（3）项目投资中只计需在建设期支付的专利及专有技术使用费。协议或合同规定在生产期支付的使用费应在生产成本中核算。

（4）一次性支付的商标权、商誉及特许经营权费按协议或合同规定计列。协议或合同规定在生产期支付的商标权或特许经营权费应在生产成本中核算。

（5）为项目配套的专用设施投资，包括专用铁路线、专用公路、专用通信设施、送变电站、地下管道、专用码头等，如由项目建设单位负责投资但产权不归属本单位的，应作无形资产处理。

（三）生产准备及开办费

1. 生产准备及开办费的内容

生产准备及开办费是指建设项目为保证正常生产（或营业、使用）而发生的人员培训费、提前进厂费以及投产使用必备的生产办公、生活家具用具及工器具等购置费用。包括：

（1）人员培训费及提前进厂费。包括自行组织培训或委托其他单位培训的人员工资、工资性补贴、职工福利费、差旅交通费、劳动保护费、学习资料费等。

（2）为保证初期正常生产（或营业、使用）所必需的生产办公、生活家具用具购置费。

（3）为保证初期正常生产（或营业、使用）所必需的第一套不够固定资产标准的生产工具、器具、用具购置费。不包括备品备件费。

2. 生产准备及开办费的计算

（1）新建项目按设计定员为基数计算，改扩建项目按新增设计定员为基数计算：

$$生产准备费 = 设计定员 \times 生产准备费指标（元／人）$$

（2）可采用综合的生产准备费指标进行计算，也可以按费用内容的分类指标计算。

第五节　预备费和建设期利息

一、预备费

按我国现行规定，预备费包括基本预备费和价差预备费。

（一）基本预备费

1. 基本预备费的内容

基本预备费是指针对在项目实施过程中可能发生难以预料的支出，需要事先预留的费用，又称工程建设不可预见费。主要指设计变更及施工过程中可能增加工程量的费用。基本预备费一般由以下三部分构成：

（1）在批准的初步设计范围内，技术设计、施工图设计及施工过程中所增加的工程费用；设计变更、工程变更、材料代用、局部地基处理等增加的费用。

（2）一般自然灾害造成的损失和预防自然灾害所采取的措施费用。实行工程保险的工程项目，该费用应适当降低。

（3）竣工验收时为鉴定工程质量对隐蔽工程进行必要的挖掘和修复费用。

2. 基本预备费的计算

基本预备费是按工程费用和工程建设其他费用二者之和为计取基础，乘以基本预备费费率进行计算。

$$基本预备费 = （工程费用 + 工程建设其他费用）\times 基本预备费费率$$

基本预备费费率的取值应执行国家及部门的有关规定。

（二）价差预备费

1. 价差预备费的内容

价差预备费是指针对建设项目在建设期间内由于材料、人工、设备等价格可能发生变化引起工程造价变化，而事先预留的费用，亦称为价格变动不可预见费。价差预备费的内容包括：人工、设备、材料、施工机械的价差费，建筑安装工程费及工程建设其他费用调整，利率、汇率调整等增加的费用。

2. 价差预备费的测算方法

价差预备费一般根据国家规定的投资综合价格指数，以估算年份价格水平的投资额为基数，采用复利方法计算。计算公式为：

$$PF = \sum_{t=1}^{n} I_t \left[(1+f)^m (1+f)^{0.5} (1+f)^{t-1} - 1 \right]$$

式中：PF—— 价差预备费；

n—— 建设期年份数；

I_t—— 建设期中第 t 年的投资计划额，包括工程费用、工程建设其他费用及基本预备费，即第 t 年的静态投资；

f—— 年均投资价格上涨率；

m—— 建设前期年限（从编制估算到开工建设，单位：年）。

【例 3 - 5】 某建设项目建安工程费 5000 万元，设备购置费 3000 万元，工程建设其他费用 2000 万元，已知基本预备费率 5%，项目建设前期年限为 1 年，建设期为 3 年，各年投资计划额为：第一年完成投资 20%，第二年 60%，第三年 20%。年均投资价格上涨率为 6%，求建设项目建设期间价差预备费。

解：基本预备费 = （5000 + 3000 + 2000）× 5% = 500（万元）

静态投资 = 5000 + 3000 + 2000 + 500 = 10500（万元）

建设期第一年完成投资 = 10500 × 20% = 2100（万元）

第一年价差预备费为：$PF_1 = I_1 \left[(1+f)(1+f)^{0.5} - 1 \right] = 191.8$（万元）

第二年完成投资 = 10500 × 60% = 6300（万元）

第二年价差预备费为：$PF_2 = I_2 \left[(1+f)(1+f)^{0.5}(1+f) - 1 \right] = 987.9$（万元）

第三年完成投资 $=10500 \times 20\% =2100$（万元）

第三年价差预备费为：$PF_3 = I_3 \left[(1+f)(1+f)^{0.5}(1+f)^2 - 1 \right] = 475.1$（万元）

所以，建设期的价差预备费为：

$PF = 191.8 + 987.9 + 475.1 = 1654.8$（万元）

二、建设期利息

建设期利息包括向国内银行和其他非银行金融机构贷款、出口信贷、外国政府贷款、国际商业银行贷款以及在境内外发行的债券等在建设期间应计的借款利息。

当总贷款是分年均衡发放时，建设期利息的计算可按当年借款在年中支用考虑，即当年贷款按半年计息，上年贷款按全年计息。计算公式为：

$$Q = \sum_{t=1}^{n} (P_{j-1} + A_j/2) i$$

式中：Q—— 建设期利息；

P_{j-1}—— 建设期第 $(j-1)$ 年末累计贷款本金与利息之和；

A_j—— 建设期第 j 年贷款金额；

i—— 年利率。

国外贷款利息的计算中，还应包括国外贷款银行根据贷款协议向贷款方以年利率的方式收取的手续费、管理费、承诺费；以及国内代理机构经国家主管部门批准的以年利率的方式向贷款单位收取的转贷费、担保费、管理费等。

【例 3－6】 某新建项目，建设期为 3 年，分年均衡进行贷款，第一年贷款 300 万元，第二年贷款 600 万元，第三年贷款 400 万元，年利率为 12%，建设期内利息只计息不支付，计算建设期利息。

解：在建设期，各年利息计算如下：

$q_1 = 1/2 \times A_1 \times i = 1/2 \times 300 \times 12\% = 18$（万元）

$q_2 = (p_1 + 1/2 \times A_2) \times i = (300 + 18 + 1/2 \times 600) \times 12\% = 74.16$（万元）

$q_3 = (p_2 + 1/2 \times A_3) \times i = (318 + 600 + 74.16 + 1/2 \times 400) \times 12\% = 143.06$（万元）

所以，建设期利息 $Q = q_1 + q_2 + q_3 = 18 + 74.16 + 143.06 = 235.22$（万元）

第六节　案例分析

【背景资料】

A 企业拟建一工厂，计划建设期三年，第四年工厂投产，投产当年的生产负荷达到设计生产能力的 60%，第五年达到设计生产能力的 85%，第六年达到设计生产能力。项目运营期 20 年。

该项目所需设备分为进口设备与国产设备两部分。

进口设备重 1000 吨，其装运港船上交货价为 600 万美元，海运费为 300 美元/吨，海运保险费和银行手续费分别为货价的 2‰ 和 5‰，外贸手续费率为 1.5%，增值税率为 17%，关税税率为 25%，美元对人民币汇率为 1:8.3。设备从到货口岸至安装现场 500 公里，运输费为 0.5 元人民币/吨·公里，装卸费为 50 元人民币/吨，国内运输保险费率为抵岸价的 1‰，设备的现场保管费率为抵岸价的2‰。

国产设备均为标准设备，其带有备件的订货合同价为9500万元人民币。国产标准设备的设备运杂费率为3‰。

该项目的工具、器具及生产家具购置费率为4%。

该项目建筑安装工程费用估计为5000万元人民币，工程建设其他费用估计为3100万元人民币。建设期间的基本预备费率为5%，价差预备费为2000万元人民币，流动资金估计为5000万元人民币。

项目的资金来源分为自有资金与贷款。其贷款计划为：建设期第一年贷款2500万元人民币、350万美元；建设期第二年贷款4000万元人民币、250万美元；建设期第三年贷款2000万元人民币。贷款的人民币部分从中国建设银行获得，年利率10%（每半年计息一次），贷款的外汇部分从中国银行获得，年利率为8%（按年计息）。

【问题】

1. 估算设备及工、器具购置费用。
2. 估算建设期贷款利息。
3. 估算工厂建设的总投资。

【知识点】

本案例涉及第二章工程造价构成的有关主要知识点为：

(1)设备购置费的概念与计算。
(2)名义利率与实际利率的概念与计算。
(3)年度均衡贷款的含义。
(4)建设期贷款利息的计算。
(5)建设项目总投资的构成与计算。

【分析思路与参考答案】

1. 问题一

进行设备与工、器具购置费的估算，首先要搞清楚设备与工、器具购置费的概念与计算方法。

$$设备购置费 = 设备原价 + 设备运杂费$$
$$工、器具及生产家具购置费 = 设备购置费 \times 定额费率$$
$$设备与工、器具购置费 = 设备购置费 + 工、器具及生产家具购置费$$

设备按来源可分为国产设备与进口设备。国产设备又分为标准设备与非标准设备。根据背景资料知，本案例仅涉及国产标准设备与进口设备。因此，需要确定国产标准设备与进口设备的原价。

(1)国产标准设备的原价分有备件的与不带备件的两种，本案例中给的是带备件的订货合同价（即原价），所以：国产标准设备原价 = 9500（万元）

(2)进口设备原价为进口设备的抵岸价，其具体计算公式为

$$进口设备原价 = FOB价 + 国际运费 + 运输保险费 + 银行财务费 + 外贸手续费$$
$$+ 关税 + 增值税 + 消费税 + 车辆购置附加费$$

由背景资料知：

1）FOB 价 = 装运港船上交货价 = 600（万美元）× 8.3 = 4980（万元）

2）国际运费 = 1000 × 0.03（万美元）× 8.3 = 249（万元）

3）根据题意，本案例运输保险费 = $\dfrac{原币货价（FOB）+ 国外运费}{1 - 保险费率（\%）}$ × 保险费率（\%）

$$= （4980 + 249/1 - 2‰）× 2‰ = 10.48（万元）$$

4）银行财务费 = FOB 价 × 5‰ = 4980 × 5‰ = 24.9（万元）

5）外贸手续费 = （FOB 价 + 国际运费 + 运输保险费）× 1.5%

$$= （4980 + 249 + 10.48）× 1.5\% = 78.59（万元）$$

6）关税 = （FOB 价 + 国际运费 + 运输保险费）× 25%

$$= （4980 + 249 + 10.48）× 25\% = 1309.87（万元）$$

7）消费税、车辆购置附加费由题意知不考虑。

8）增值税 = （FOB 价 + 国际运费 + 运输保险费 + 关税 + 消费税）× 17%

$$= （4980 + 249 + 10.48 + 1309.87）× 17\% = 1113.389（万元）$$

得：进口设备原价 = FOB 价 + 国际运费 + 运输保险费 + 银行财务费 + 外贸手续费

　　　　　　　　+ 关税 + 增值税

　　　　 = 4980 + 249 + 10.48 + 24.9 + 78.59 + 1309.87 + 1113.389

　　　　 = 7766.229（万元）

（3）国产标准设备运杂费 = 设备原价 × 设备运杂费率

$$= 9500 × 3‰ = 28.5（万元）$$

（4）进口设备运杂费 = 运输费 + 装卸费 + 国内运输保险费 + 设备现场保管费

$$= 1000 × 500 × 0.00005 + 1000 × 0.005 + 7766.229 × 1‰$$

$$+ 7766.229 × 2‰$$

$$= 53.2964（万元）$$

（5）设备购置费 = 设备原价 + 设备运杂费

$$= 9500 + 7766.229 + 28.5 + 53.2964 = 17347.26（万元）$$

（6）工具、器具及生产家具购置费 = 设备购置费 × 定额费率

$$= 17347.26 × 4\% = 693.89（万元）$$

（7）设备与工、器具购置费 = 设备购置费 + 工、器具及生产家具购置费

$$= 17347.26 + 693.89$$

$$= 18041.15（万元）$$

2. 问题二

建设期贷款利息指的是项目从动工兴建起至建成投产为止这段时间内，用于项目建设而贷款所产生的利息，不包括项目建成投产后的贷款利息。在计算贷款利息时，要把握两点：一是各年的贷款均是按年度均衡发放考虑的；二是要注意年贷款的计息次数，将名义利率转化为有效利率。

（1）人民币贷款部分利息。

人民币贷款所给的计息方式是每半年计息一次，所以年利率10%实际上是名义年利率，因此要先将其转化成有效年利率，然后以有效年利率计算各年的贷款利息。

1）求有效年利率。

有效年利率 = （1 + 名义年利率 / 年计息次数）^{年计息次数} － 1

$$= （1 + 10\% /2）^2 － 1 = 10.25\%$$

2）建设期各年利息。

建设期各年的贷款均按年度均衡贷出考虑，如第一年在建行贷款总额是 2500 万人民币，但并不是在年初一次性贷出的，而是在这一年的每个月都平均贷出 2500/12 万人民币。这是因为在年初一次性贷出，将会使建设单位付出过多的利息。

第一年利息 = 2500 × 1/2 × 10.25% = 128.125（万元）

第二年利息 = （2500 + 128.125 + 4000 × 1/2）× 10.25%

$$= 474.3828（万元）$$

第三年利息 = （2500 + 128.125 + 4000 + 474.3828 + 2000 × 1/2）× 10.25%

$$= 830.507（万元）$$

建设期利息 = 128.125 + 474.3828 + 830.507 = 1433.0148（万元）

（2）外汇贷款部分利息。

本案例中的外汇贷款计息次数是每年计息一次，因此所给的年利率8%是实际年利率。利息计算时也按年度均衡贷款考虑。

第一年利息 = 350（万美元）× 8.3 × 1/2 × 8% = 116.2（万元）

第二年利息 = （350 × 8.3 + 116.24 + 250 × 8.3 × 1/2）× 8%

$$= 324.696（万元）$$

第三年利息 = （350 × 8.3 + 116.24 + 250 × 8.3 + 324.696）× 8% = 433.675（万元）

建设期利息 = 116.2 + 324.696 + 433.675 = 874.571（万元）

（3）建设期总利息。

建设期总利息 = 人民币贷款利息 + 外汇贷款利息

$$= 1433.0148 + 874.571 = 2307.5858（万元）$$

3. 问题三

建设项目总投资 = 固定资产投资 + 流动资产投资

固定资产投资 = 设备及工、器具购置费 + 建筑安装工程费 + 工程建设其他费

　　　　　　　　+ 预备费 + 建设期利息

流动资产投资 = 流动资金

（1）固定资产投资。

1）设备及工、器具购置费 = 18041.15（万元）

2）建筑安装工程费 = 5000（万元）

3）工程建设其他费 = 3100（万元）

4）预备费 = 基本预备费 + 价差预备费

①基本预备费 = （设备及工、器具购置费 + 建筑安装工程费 + 工程建设其他费）

　　　　　　× 基本预备费率

　　　　　　= （18041.15 + 5000 + 3100）× 5% = 1307.0575（万元）

②价差预备费 = 2000（万元）

③预备费 = 1307.0575 + 2000 = 3307.0575（万元）

5）建设期利息 = 2307.5858（万元）

固定资产投资 $=18041.15+5000+3100+3307.0575+2307.5858$
$$=31755.793(万元)$$

（2）流动资产投资 5000（万元）

（3）建设项目总投资。

建设项目总投资 $=31755.793+5000=36755.793(万元)$

思考与练习

一、单选题

1. 以下不属于企业管理费的是（　　　）。

A. 办公费　　　　　　B. 劳动保护费　　　　C. 工程排污费　　　　D. 财务费

2. 以下不属于规费的是（　　　）。

A. 养老保险费　　　　B. 住房公积金　　　　C. 工会经费　　　　D. 工程排污费

3. 安全文明施工费应属于（　　　）。

A. 分部分项工程费　　B. 措施费　　　　　　C. 其他项目费　　　　D. 规费

4. 其他项目费中应包含（　　　）。

A. 暂列金额、计日工和总承包服务费　　　　B. 规费、税金和利润

C. 人工费、材料费和机械费　　　　　　　　D. 企业管理费、利润和税金

5. 以下不属于建设管理费的是（　　　）。

A. 建设单位发生的管理性质的开支

B. 编制和评估项目建议书的费用

C. 建设单位委托工程监理单位实施工程监理的费用

D. 建设单位采用工程总承包方式支付的总包管理费

6. 以下关于土地使用权出让最高年限的阐述，错误的是（　　　）。

A. 居住用地 70 年　　　　　　　　　　　　B. 教育、科技、文化、卫生用地 50 年

C. 工业用地 50 年　　　　　　　　　　　　D. 商业、旅游、娱乐用地 50 年

7. 下列对土地征用及迁移补偿费的理解正确的是（　　　）。

A. 土地补偿费为该耕地被征用前三年平均年产值的 10~15 倍

B. 征收无收益的土地，不予补偿

C. 土地补偿费归农户所有

D. 每个需要安置的农业人口的安置补助费标准为该耕地被征用前三年平均年产值的 6~8 倍

8. 下列各项费用中属于工程建设其他费用中研究试验费的是（　　　）。

A. 应由科技三项费用开支的项目

B. 应在建筑安装费用中列支的施工企业对建筑材料、构件进行一般鉴定所发生的费用

C. 按设计规定在施工中必须进行试验、验证所需费用

D. 应由勘察设计费或工程费用中开支的费用

9. 下列关于联合试运转费的理解，错误的是（　　　）。

A. 联合试运转费是试运转支出大于收入的差额部分费用

B.联合试运转费不包括应由设备安装工程费用开支的调试及试车费用

C.联合试运转费不包括在试运转中暴露出来的因施工原因或设备缺陷等发生的处理费用

D.联合试运转费计入其他资产费用

10.引进技术和引进设备其他费应属于(　　)。

A.固定资产其他费　　　B.设备购置费　　　C.工程建设费　　　D.预备费

11.下列关于预备费的阐述,错误的是(　　)。

A.按我国现行规定,预备费包括基本预备费和价差预备费。

B.一般自然灾害造成的损失和预防自然灾害所采取的措施费用应属于预备费

C.价差预备费也称为价格变动不可预见费

D.竣工验收时为鉴定工程质量对隐蔽工程进行必要的挖掘和修复费用应属于价差预备费

12.下列费用中,不属于工程建设其他费用的是(　　)。

A.土地使用管理费　　B.勘察设计费　　　C.建设安装工程费　　　D.联合试运转费

13.进口设备增值税额的计税基数为(　　)。

A.离岸价×人民币外汇牌价+进口关税+消费税

B.离岸价×人民币外汇牌价+进口关税+外贸手续费

C.到岸价×人民币外汇牌价+外贸手续费+银行财务费

D.到岸价×人民币外汇牌价+进口关税+消费税

14.建设单位管理费等于某项指标与建设单位管理费费率的乘积。该项指标是(　　)。

A.工程费用　　　　　B.建设工程造价　　　C.安装工程费用　　　D.工程监理费

二、多选题

1.农用土地征用费包括(　　)。

A.土地补偿费　　　　B.安置补助费　　　　C.土地管理费

D.土地使用权出让金　E.临时安置补助费

2.下列不属于取得国有土地使用费的是(　　)。

A.城市建设配套费　　B.安置补助费　　　　C.土地管理费

D.土地使用权出让金　E.临时安置补助费

3.下列属于建设单位管理费的是(　　)。

A.工作人员工资　　　B.为职工缴纳的养老保险　　　C.劳动保护费

D.工程监理费　　　　E.工程质量监督费

4.下列不属于研究试验费的是(　　)。

A.为建设工程项目提供或验证设计数据进行必要的研究试验所需费用

B.按照设计规定在建设过程中必须进行试验、验证所需费用

C.为建设工程项目提供或验证设计资料进行必要的研究试验所需费用

D.施工企业建筑材料、构件进行一般性鉴定性检查所发生的费用

E.技术革新的研究试验费

5.勘察设计费包括(　　)。

A.工程勘察费　　　　B.基础设计费　　　　C.设计模型制作费

D. 安装设计费　　　　　E. 园林设计费

6. 下列各项不属于工程保险费的是( )。

A. 建筑安装工程险　　B. 施工单位车辆保险　　C. 进口设备财产保险

D. 人身意外伤害险　　E. 劳动保险

7. 与联合试运转费相关的是( )。

A. 设备调试费　　　　B. 试运转材料费　　　C. 设备缺陷处理费　　　D. 试车费

E. 施工单位参加试运转人员工资

8. 根据我国现行建筑安装工程费用组成,下列各费用项目中属于措施费的是( )。

A. 安全施工费　　　　　　　　　　　　　B. 施工机械作业时所发生的安拆费

C. 建设单位临时设施费　　　　　　　　　D. 已完工程及设备保护费

E. 工程排污费

三、计算题

1. 某拟建项目,经投资估算确定的工程费用与工程建设其他费用合计为2000万元,项目建设期为2年,每年各完成投资计划50%。基本预备费率为5%,年均投资价格上涨率为10%的情况下,计算该项目建设期的价差预备费。

2. 某拟建项目建设期为3年,第一年投资6400万元,第二年投资8400万元,第三年投资3200万元,年均投资上涨费率为5%,若建设项目准备期为一年,则建设期第一年、第二年的价差预备费合计为多少万元?

3. 某拟建项目,建设期为3年,建设期内各年均衡获得的贷款额分别为1000万元、1000万元、800万元,贷款年利率为8%,期内只计息不支付,建设期第3年应计利息为多少万元?

4. 已知某进口工程设备FOB为50万美元,美元与人民币汇率为1:8,银行财务费费率为0.2%,外贸手续费率为1.5%,关税税率为10%,增值税率为17%。若该进口设备抵岸价为586.7万元人民币,则该进口工程设备到岸价为多少万元人民币?

5. 某拟建项目,建设期为3年,向银行贷款2000万元,第一年贷款400万元,第二年贷款1000万元,第三年贷款600万元,年利率为10%,计算建设期贷款利息。

第四章　工程造价在投资决策阶段的控制

第一节　投资

工程项目的建设本质上是一个投资活动，所以我们要从宏观与微观的层面来对其进行经济效益与社会效益的分析与评价。从微观层面上来说经济效益首先具有相对重要的意义。投资、费用、收益、利润和税金是工程建设项目经济分析的基本要素，下面首先介绍有关投资方面的内容。

一、投资的概念

投资是工程经济分析中的重要经济概念。投资是投资主体、投资环境、资金投入、投资产出、投资目的等诸多要素的统一，一般有广义和狭义两种理解。广义的投资是指一切为了获得收益或避免风险而进行的资金经营活动；狭义的投资是指为了保证项目投产和生产经营活动的正常进行而投入的活劳动和物化劳动价值总和，即为了未来获得收益而预先支付的资金总和。

二、投资的构成

工程项目的投资也称为总投资，是指用于工程项目全过程（建设阶段及经营阶段）的全部活劳动和物化劳动的投资总和，按其性质可分为固定资产投资、流动资产投资、无形资产投资（专利权）和递延资产投资（开办费）。一般情况下，将投资划分为固定资产投资和流动资产投资两大部分；按工程项目的进度可划分为基本建设投资、投产前支出和流动资金三部分。其中，基本建设投资主要指用于固定资产的费用；投产前的支出指项目投产前的准备费用，包括开办费、可行性研究费、咨询服务费、人员培训费和项目规划费等；流动资金，指项目投产后，为进行正常的生产所需要的周转资金。流动资金用于购买原材料，形成生产储备，然后投入生产，经加工制成产品，通过销售环节收回资金。但根据现行工程造价规定，工程项目中所指的工程造价不含流动资产投资。建设项目的总投资具体如表4-1所示。

三、投资资金的筹措渠道

目前我国的投资主体，主要有中央政府投资主体、地方政府投资主体、企业投资主体、个人投资主体和外国投资主体等形式。并且这些投资主体既可以独立投资，也可以通过股份合资、合作等方式进行联合投资，形成了多元化、多层次的投资主体结构。以下就各投资主体的资金筹措渠道予以介绍：

表 4 −1　工程投资费用构成

建设项目总投资	固定资产投资	建设投资	工程费用	建筑安装工程费	人工费
					材料费
					施工机具使用费
					企业管理费
					利润
					规费
					税金
				设备及工、器具购置费	设备购置费
					工具、器具及生产家具购置费
			工程建设其他费用	建设用地费	征地补偿费用
					拆迁补偿费用
					出让金、土地转让金
				与项目建设有关的其他费用	建设管理费
					可行性研究费
					研究试验费
					勘察设计费
					环境影响评价费
					劳动安全卫生评价费
					场地准备及临时设施费
					引进技术和引进设备其他费
					工程保险费
					特殊设备安全监督检验费
					市政公用设施费
				与未来生产经营有关的其他费用	联合试运转费
					专利及专有技术使用费
					生产准备及开办费
			预备费	基本预备费	
				价差预备费	
		建设期利息			
		固定资产投资方向调节税(目前暂停征收)			
	流动资产投资	流动资金			

（一）中央政府投资主体的资金筹措渠道

（1）财政税收是指国家通过税收和其他非税收收入所取得的财政收入中由中央政府留用和支配的部分。这部分财政收入除了用于中央政府经常性开支外，剩余部分方可用于投资。

（2）财政信用是指以国家财政为主体的投资信用。它的具体融资工具是各类政府债券，如公债券、国库券、国家重点建设债券等。

（3）举借外债是指由财政部门出面，代表国家从国外借入款项，用于国内的投资建设。

（二）地方政府投资主体的资金筹措渠道

（1）财政税收是指通过税收和其他非税收收入所取得财政收入中由地方政府留用和支配的部分。这部分财政收入除了用于地方政府经常性开支外，剩余部分方可用于投资。

（2）财政信用是指以地方财政为主体的投资信用。它是在中央财政信用完满实施的前提下展开的，其筹资工具是各类地方政府债券，如电力债券、公路债券等。

（3）其他自筹资金，如由地方行政与事业单位的收入结余筹集的地方财政资金、中央财政划拨资金等用于地方建设的投资资金。

（三）企业投资主体的资金筹措渠道

（1）自有资金是指生产经营性企业从其税后净利中的企业发展基金中筹措的用于生产和非生产项目的投资。

（2）银行信用是指以企业为主体向商业银行申请贷款用于投资。银行信用实行有借有还、有偿使用的原则，借款企业必须依合同在规定的期限内还本付息。

（3）发行股票和债券。股票是股份公司或股份企业为筹集资金发给认购者（投资者）的一种所有权凭证。股票的持有人即股份公司的股东。债券也是一种所有权证书。由企业发行的债券，称为（公司）企业债券，债券持有人与发行公司（企业）的关系是债权债务关系，债券本息按规定的偿还年限和债息一经还清后，双方债权债务关系即告结束。

（4）民间集资是指由企业向特定的内部职工、本着自愿的原则筹集的用于投资的资金。

（5）企业与外国资本合资、合作经营，或通过国际金融机构、外国商业银行贷款、发行国际股票、债券等形式筹集的投资资金。

（四）个人投资主体的资金筹措渠道

个人投资主体的资金筹措渠道主要有个人自有资金、民间借贷和金融机构信用等渠道。

四、建设项目投资决策与工程造价的关系

（一）建设项目投资决策的概念

建设项目投资决策是指按照预定投资目标，对拟建项目提出若干个备选方案并采用特定的方法在不同方案间进行技术经济分析并作出选优的过程。

（二）建设项目投资决策与工程造价的关系

1. 建设项目投资决策的正确性是保证工程造价合理性的前提

投资决策是投资活动的首要环节，项目决策的正确与否直接关系到将来项目的投资效果与成败。只有首先对项目进行了正确的决策，才能保证资源的合理配置，才能避免对不该建设的项目进行投资建设、避免不必要的资金投入和人力、物力及财力的浪费，才能真正实施最优投资方案和有效合理地控制工程造价。因此，要达到工程造价的合理性，首先就要保证项目决策的正确性，避免决策失误。

2. 建设项目投资决策的内容是决定工程造价的基础

工程造价的计价与控制贯穿于项目建设全过程，但决策阶段各项技术经济决策将对该项目的工程造价形成较大影响，特别是建设标准的确定、建设地点的选择、工艺的评选、设备的选用等，都将直接关系到工程造价的高低。据有关资料显示，在项目建设各阶段中，投资决策阶段影响工程造价的程度最高，达到70%~90%。因此，决策阶段是决定工程造价的基础阶段，直接影响着决策阶段之后的各个建设阶段工程造价的计价与控制是否科学、合理。

3. 建设项目投资额的多少也影响着建设项目的最终决策

决策阶段的投资估算是进行投资方案选择的重要依据之一，同时也是决定项目是否可行及主管部门进行项目审批的主要参考依据之一。

4. 建设项目投资决策的深度也影响着投资估算的精确度及对工程造价的控制效果

投资决策过程，是一个由浅入深、不断深化的过程，依次分为若干工作阶段，而不同阶段决策的深度不同，投资估算的精确度也不同。如投资机会及项目建议书阶段，是初步决策的阶段，投资估算的误差率在±30%左右；而详细可行性研究阶段，是最终决策阶段，投资估算误差率在±10%以内。另外，在项目建设各阶段中，即决策阶段、初步设计阶段、技术设计阶段、施工图设计阶段、工程招标投标及承发包阶段、施工阶段，以及竣工验收阶段，通过工程造价的确定与控制，相应形成投资估算、设计概算、修正概算、施工图预算、承包合同价、结算价及竣工决算的"六算"编制。这些造价形式之间存在前者控制后者、后者补充前者这样的相互作用关系，按照"前者控制后者"的制约关系，所以投资估算作为限额目标会对其后面的各种形式的造价起着制约作用。因此，我们只有加强项目决策的深度，采用科学的估算方法和可靠的数据资料，合理地进行投资估算，才能保证其他阶段的造价被控制在合理范围，避免"三超"现象的发生，使投资控制目标能够落到实处。

（三）建设项目投资决策阶段影响工程造价的主要因素

建设项目的造价主要取决于该项目的建设标准，建设标准是编制、评估、审批项目可行性研究的重要依据，是衡量工程造价是否合理及监督检查项目建设的客观尺度。建设标准主要包括建设规模、占地面积、工艺装备、建筑标准、配套工程、劳动定员等方面的标准或指标等内容。

建设标准能否起到控制工程造价、指导建设投资的作用，关键在于标准水平定得合理与否。如果标准水平定得过高，就会脱离我国的实际情况和财力、物力的承受能力，增加造价；而标准水平定得过低，将会妨碍技术进步，影响国民经济的发展和人民生活的改善。因此，建设标准水平应从我国目前的经济发展水平出发，区别不同地区、不同规模、不同等级、不同功能，进行合理的确定。比如大多数工业交通项目一般就采用经济适用的标准，而对少数引进国外先进技术和设备的项目或少数有特殊要求的项目，标准就可适当高些。同时在建筑方面，还应坚持经济、适用、安全、朴实的原则，并且在规定各项建设项目标准时能定量的指标应尽量定量，不能定量的指标则要有定性的原则要求。

工程建设中的建设标准主要包括项目的建设规模、占地面积、工艺装备、建筑标准、配套工程、劳动定员等方面的内容。

1. 项目合理规模的确定

所谓项目合理规模的确定，就是要合理选择拟建项目的生产规模，解决"生产多少"的问题。每一个建设项目都存在着一个合理规模的选择问题。项目规模的合理选择关系着项目的成败,同时也决定着工程造价的合理与否。

一般在确定项目规模时,不仅要考虑项目内部各因素之间的数量匹配、能力协调,还要使所有生产力因素共同形成的经济实体(如项目)在规模上大小适应。这样可以合理确定和有效控制工程造价,提高项目的经济效益。但同时也须注意,规模扩大所产生效益不是无限的,它受到技术进步、管理水平、项目经济技术环境等多种因素的制约。项目规模合理化的制约因素有:

(1)市场因素。市场因素是项目规模确定中需考虑的首要因素。其中,项目产品的市场需求状况是确定项目生产规模的前提,同时劳动力市场、资金市场、原材料市场等因素也对项目的规模起着相应的制约作用。例如项目规模过大可能导致材料紧张和价格上涨,造成项目所需投资的资金筹措困难和资金成本上升等,将制约项目的规模。

(2)技术因素。先进的生产技术及技术装备是项目规模效益赖以存在的基础,而相应的管理技术水平则是实现规模效益的保证。若与经济规模相适应的先进技术及其装备的来源没有保障或获取技术的成本过高,或管理水平跟不上,则不仅预期的规模效益难以实现,还会给项目的生存和发展带来危机,导致项目投资效益降低及工程支出的浪费。

(3)环境因素。项目的建设、生产和经营离不开一定的社会经济环境,项目规模确定中需考虑的主要环境因素有:政策因素、燃料动力供应、协作及土地条件、运输及通信条件。其中,政策因素包括产业政策、投资政策、技术经济政策,以及国家,地区及行业经济发展规划等。

2.建设地区及建设地点(厂址)的选择

(1)建设地区的选择。建设地区选择得合理与否,在很大程度上决定着拟建项目的命运,影响着工程造价的高低、建设工期的长短、建设质量的好坏,还影响到项目建成后的经营状况。因此,建设地区的选择要充分考虑以下各种因素的制约:

1)要符合国民经济发展战略规划、国家工业布局总体规划和地区经济发展规划的要求。

2)要根据项目的特点和需要,充分考虑原材料条件、能源条件、水源条件、各地区对项目产品需求及运输条件等。

3)要综合考虑气象、地质、水文等建厂的自然条件。

4)要充分考虑劳动力来源、生活环境、协作、施工力量、风俗文化等社会环境因素的影响。

在综合考虑上述因素的基础上,建设地区的选择还应遵循靠近原料、燃料提供地和产品消费地和工业项目适当聚集的两项基本原则。

(2)建设地点(厂址)的选择。建设地点(厂址)的选择是一项极为复杂的、技术经济综合性很强的系统工程,必须从国民经济和社会发展的全局出发,运用系统观点和方法分析决策,因为它不仅涉及项目建设条件、产品生产要素、生态环境和未来产品销售等重要问题,还受社会、政治、经济、国防等多因素的制约;还会直接影响项目、投资、建设速度和施工条件以及未来企业的经营管理及所在地点的城乡建设规划与发展等问题。所以在选择建设地点时要注意以下几方面:

1)节约土地;

2)应尽量选在工程地质、水文地质条件较好的地段;

3)厂区土地面积与外形能满足厂房与各种构筑物的需要,并适合于按科学的工艺流程布置厂房与构筑物；

4）厂区地形力求平坦而略有坡度（一般5%～10%为宜），以减少平整土地的土方工程量，节约投资，又便于地面排水；

5）应靠近铁路、公路、水路，以缩短运输距离，减少建设投资；

6）应便于供电、供热和其他协作条件的取得；

7）应尽量减少对环境的污染。

（3）厂址选择时费用的分析。在对厂址进行多方案技术经济分析时，除比较上述厂址条件外，还应从项目的投资费用和项目投产后生产经营费用两方面进行比较分析，选择寿命周期总费用较低方案为备选方案。

3.工程技术方案的确定

工程技术方案的确定主要包括生产工艺方案的确定和主要设备的选择两部分内容。

（1）生产工艺方案的确定。生产工艺是指生产产品所采用的工艺流程和制作方法。工艺流程是指投入物（原料或半成品）经过有次序的生产加工，成为产出物（产品或加工品）的过程。评价及确定拟采用的工艺是否可行时，主要依据两个标准：先进适用和经济合理。

先进适用。这是评定工艺的最基本的标准。先进与适用，是对立的统一。

经济合理。经济合理是指所用的工艺应能以尽可能少的消耗获得最大的经济效果，要求综合考虑所用工艺所能产生的经济效益和国家的经济承受能力。

（2）主要设备的选用。在设备选用中应尽量选用国产设备，若是进口设备则需注意进口设备之间以及国内外设备之间的衔接配套问题，同时还要注意进口设备与原材料、备品备件及维修能力之间的配套问题，应尽量避免出现引进的设备所用主要原料、维修配件等需要进口这些问题的出现。

第二节　建设项目可行性研究

一、可行性研究的概念和作用

（一）可行性研究的概念

建设项目的可行性研究是在投资决策前，对与拟建项目有关的社会、经济、技术等各方面进行深入细致的调查研究，对各种可能采用的技术方案和建设方案进行认真的技术经济分析和比较论证，对项目建成后的经济效益进行科学的预测和评价。在此基础上，对拟建项目的技术先进性和适用性、经济合理性和有效性，以及建设必要性和可行性进行全面分析、系统论证、多方案比较和综合评价，由此得出该项目是否应该投资和如何投资等结论性意见，为项目投资决策提供可靠的科学依据。

（二）可行性研究的作用

（1）作为建设项目投资决策的依据

（2）作为编制设计文件的依据

（3）作为向银行贷款的依据

（4）作为建设单位与各协作单位签订合同和有关协议的依据

（5）作为环保部门、地方政府和规划部门审批项目的依据

（6）作为施工组织、工程进度安排及竣工验收的依据

（7）作为项目后评估的依据

二、可行性研究的阶段与内容

（一）可行性研究的工作阶段

工程项目建设的全过程一般分为三个主要时期：投资前时期、投资时期和生产时期。可行性研究工作主要在投资前时期进行。投资前时期的可行性研究工作主要包括四个阶段：机会研究阶段、初步可行性研究阶段、详细可行性研究阶段、评价和决策阶段。

1. 机会研究阶段

投资机会研究又称投资机会论证。这一阶段的主要任务是提出建设项目投资方向建议，即在一个确定的地区和部门内，根据自然资源、市场需求、国家产业政策和国际贸易情况，通过调查、预测和分析研究，选择建设项目，寻找投资的有利机会。机会研究要解决两个方面的问题：一是社会是否需要；二是有没有可以开展项目的基本条件。

机会研究一般从以下几个方面着手开展工作：

（1）以开发利用本地区的某一丰富资源为基础，谋求投资机会；

（2）以现有工业的拓展和产品深加工为基础，通过增加现有企业的生产能力与生产工序等途径创造投资机会；

（3）以优越的地理位置、便利的交通运输条件为基础分析各种投资机会。

这个阶段所估算的投资额和生产成本的误差控制在 ±30% 以内，大中型项目的机会研究所需时间一般在 1~3 个月，所需费用一般占投资总额的 0.2%~1%。

2. 初步可行性研究阶段

在项目建议书被国家计划部门批准后，对于投资规模大、技术工艺又比较复杂的大中型骨干项目，需要先进行初步可行性研究。初步可行性研究也称为预可行性研究，是正式的详细可行性研究前的预备性研究阶段。主要目的有：①确定是否进行详细可行性研究；②确定哪些关键问题需要进行辅助性专题研究。

初步可行性研究内容和结构与详细可行性研究基本相同，主要区别是所获资料的详尽程度不同、研究深度不同。对建设投资和生产成本的估算误差控制在 ±20% 以内，研究时间一般为 4~6 个月，所需费用占投资总额的 0.25%~1.25%。

3. 详细可行性研究阶段

详细可行性研究又称技术经济可行性研究，是可行性研究的主要阶段，是建设项目投资决策的基础。它为项目决策提供技术、经济、社会、商业方面的评价依据，为项目的具体实施提供科学依据。这一阶段的主要目标有：①提出项目建设方案；②效益分析和最终方案选择；③确定项目投资的最终可行性和选择依据标准。

这一阶段的内容比较详尽，所花费的时间和精力都比较大。建设投资和生产成本计算误差控制在 ±10% 以内；大型项目研究工作所花费的时间为 8~12 个月，所需费用约占投资总额的 0.2%~1%；中小型项目研究工作所花费的时间为 4~6 个月，所需费用约占投资总额的 1%~3%。

4. 评价和决策阶段

评价和决策是由投资决策部门组织和授权有关咨询公司或有关专家，代表项目业主和出资人对建设项目可行性研究报告进行全面的审核和再评价。其主要任务是对拟建项目的可行性研究报告提出评价意见，最终决策该项目投资是否可行，确定最佳投资方案。项目评价与决策是在可行性研究报告基础上进行的，其内容包括：

（1）全面审核可行性研究报告中反映的各项情况是否属实；

（2）分析项目可行性研究报告中各项指标计算是否正确，包括各种参数、基础数据、定额费率的选择；

（3）从企业、国家和社会等方面综合分析和判断工程项目的经济效益和社会效益；

（4）分析判断项目可行性研究的可靠性、真实性和客观性，对项目作出最终的投资决策；

（5）最后写出项目评估报告。

（二）可行性研究的内容

一般工业建设项目的可行性研究应包含以下几个方面内容：

（1）总论；

（2）产品的市场需求和拟建规模；

（3）资源、原材料、燃料及公用设施情况；

（4）建厂条件和厂址选择；

（5）项目设计方案；

（6）环境保护与劳动安全；

（7）企业组织、劳动定员和人员培训；

（8）项目施工计划和进度要求；

（9）投资估算和资金筹措；

（10）项目的经济评价；

（11）综合评价与结论、建议。

可以看出，建设项目可行性研究报告的内容可概括为三大部分。首先是市场研究，包括产品的市场调查和预测研究，这是项目可行性研究的前提和基础，其主要任务是要解决项目的"必要性"问题；第二是技术研究，即技术方案和建设条件研究，这是项目可行性研究的技术基础，它要解决项目在技术上的"可行性"问题；第三是效益研究，即经济效益的分析和评价，这是项目可行性研究的核心部分，主要解决项目在经济上的"合理性"问题。市场研究、技术研究和效益研究共同构成项目可行性研究的三大支柱。

三、可行性研究报告的编制

（一）编制程序

根据我国现行的工程项目建设程序和国家颁布的《关于建设项目进行可行性研究试行管理办法》，可行性研究的工作程序如下：

（1）建设单位提出项目建议书和初步可行性研究报告。

（2）项目业主、承办单位委托有资格的单位进行可行性研究。

（3）设计或咨询单位进行可行性研究工作，编制完整的可行性研究报告。

设计单位与委托单位签订合同后，即可开展可行性研究工作。一般按以下五个步骤开展工作：

1）了解有关部门与委托单位对建设项目的意图，并组建工作小组，制定工作计划。

2）调查研究与收集资料。

3）方案设计和优选。

4）经济分析和评价。

5）编写可行性研究报告。

（二）编制依据

（1）项目建议书（初步可行性研究报告）及其批复文件。

（2）国家和地方的经济和社会发展规划，行业部门发展规划。

（3）国家有关法律、法规和政策。

（4）对于大中型骨干项目，必须具有国家批准的资源报告、国土开发整治规划、区域规划、江河流域规划、工业基地规划等有关文件。

（5）有关机构发布的工程建设方面的标准、规范和定额。

（6）合资、合作项目各方签订的协议书或意向书。

（7）委托单位的委托合同。

（8）经国家统一颁布的有关项目评价的基本参数和指标。

（9）有关的基础数据。

（三）编制要求

（1）编制单位必须具备承担可行性研究的条件。

（2）确保可行性研究报告的真实性和科学性。

（3）可行性研究的深度要规范化和标准化。

（4）可行性研究报告必须经签证和审批。

四、可行性研究报告的审批

我国建设项目的可行性研究，按照原国家计委的有关规定：大中型建设项目的可行性研究报告，由各省、市、自治区相关主管部门负责预审，报国家计委审批，重大项目和特殊项目的可行性研究报告，由国家计委会同有关部门预审，报国务院审批；小型项目的可行性研究报告，按照隶属关系由各省相关主管部门、市、自治区审批。

第三节 建设项目投资估算

一、建设项目投资估算的含义和作用

（一）建设项目投资估算的含义

投资估算是指在项目投资决策过程中，根据现有的资料和特定的方法，对拟建项目的投资数额所进行的估计。它是项目建设前期编制项目建议书和可行性研究报告的重要组成部分，是项目决策的重要依据之一。投资估算的准确与否不仅影响到可行性研究工作的准确性和经济评价结果，而且也直接关系到下一阶段的设计概算和施工图预算的编制，同时也将影响到建设项目的资金筹措方案。因此，全面准确地对建设项目进行投资估算，是建设项目可行性研究乃至整个决策阶段造价管理的重要任务。

（二）投资估算在项目开发建设过程中的作用

综上所述，投资估算是建设项目前期文件的重要组成部分，是进行项目经济评价的基础，是建设项目决策的一个重要依据。在整个建设项目投资决策过程中，在对拟建项目进行投资估算，并据此研究是否进行投资建设。由此可见投资估算的准确性是十分重要的，若估算误差过大必将造成决策失误并带来不必要的损失。因此，准确而全面地估算建设项目的工程造价是建设项目可行性研究阶段的重要工作，也是整个建设项目投资决策阶段工程造价管理的重要任务。投资估算在项目开发建设过程中的作用具体表现在以下几方面：

（1）项目建议书阶段的投资估算，是项目主管部门审批项目建议书的依据之一，并对项目的规划、规模起参考作用。

（2）项目可行性研究阶段的投资估算，是项目投资决策的重要依据，也是研究、分析、计算项目投资经济效果的重要条件。

（3）项目投资估算对工程设计概算起控制作用，设计概算额度应控制在投资估算允许的偏差范围之内。

（4）项目投资估算可作为项目资金筹措及制订建设贷款计划的依据，建设单位可根据批准的项目投资估算额，进行资金筹措和向银行申请贷款。

（5）项目投资估算是核算建设项目固定资产投资需要额和编制固定资产投资计划的重要依据。

二、投资估算的阶段划分与精度要求

（一）国外项目投资估算的阶段划分与精度要求

英、美等国把建设项目的投资估算分为以下五个阶段：

第一阶段：是项目的投资设想时期。对投资估算精度的要求允许误差大于 ±30%。

第二阶段：是项目的投资机会研究时期。其对投资估算精度的要求为误差控制在 ±30% 以内。

第三阶段：是项目的初步可行性研究时期。其对投资估算精度的要求为误差控制在 ±20% 以内。

第四阶段：是项目的详细可行性研究时期。其对投资估算精度的要求为误差控制在 ±10% 以内。

第五阶段：是项目的工程设计阶段。其对投资估算精度的要求为误差控制在 ±5% 以内。

（二）我国项目投资估算的阶段划分与精度要求

我国建设项目的投资估算分为以下几个阶段：

1. 项目规划阶段的投资估算

建设项目规划阶段是指有关部门根据国民经济发展规划、地区发展规划和行业发展规划的要求，编制一个建设项目的建设规划。其对投资估算精度的要求为允许误差大于 ±30%。

2. 项目建议书阶段的投资估算

在项目建议书阶段，是按项目建议书中的产品方案、项目建设规模、产品主要生产工艺、企业车间组成、初选建厂地点等，估算建设项目所需要的投资额。其对投资估算精度的要求为误差控制在 ±30% 以内。

3.初步可行性研究阶段的投资估算

初步可行性研究阶段，是在掌握了更详细、更深入的资料条件下，估算建设项目所需的投资额。其对投资估算精度的要求为误差控制在±20%以内。

4.详细可行性研究阶段的投资估算

详细可行性研究阶段的投资估算至关重要，因为这个阶段的投资估算经审查批准之后，便是工程设计任务书中规定的项目投资限额，并可据此列入项目年度基本建设计划。详细可行性研究阶段的投资估算精度要求为误差控制在±10%以内。

三、投资估算的内容

要想编制好投资估算，我们不仅要了解投资估算的概念和作用，还要掌握投资估算所包含的内容和编制方法，根据不同的需要和使用用途，投资估算的内容一般包括以下两种类型。

（一）从建设项目投资设计和投资规模的角度，投资估算包括固定资产投资估算和流动资金估算

根据国家规定，从满足建设项目投资设计和投资规模的角度出发，建设项目投资的估算包括固定资产投资估算和流动资金估算两部分。

固定资产投资估算的内容按照费用的性质划分，包括建筑安装工程费、设备及工器具购置费、工程建设其他费用（此时不含流动资金）、基本预备费、价差预备费、建设期利息、固定资产投资方向调节税（暂停征收）等。其中，建筑安装工程费、设备及工器具购置费形成固定资产；工程建设其他费用可分别形成固定资产、无形资产及其他资产。基本预备费、价差预备费、建设期利息，在可行性研究阶段为简化计算，一并计入固定资产。

流动资金是指生产经营性项目投产后，用于购买原材料、燃料、支付工资及其他经营费用等所需的周转资金。它是伴随着固定资产投资而发生的长期占用的流动资产投资，流动资金从数额上来说就等于流动资产减去流动负债。其中，流动资产主要考虑现金、应收账款和存货；流动负债主要考虑应付账款。因此，流动资金的概念，实际上就是财务中的营运资金。

（二）从体现资金价值的角度，可将投资估算分为静态投资和动态投资两部分

静态投资是指不考虑资金时间价值的投资部分，一般包括建筑安装工程费用、设备及工器具购置费、工程建设其他费用中静态部分和基本预备费。动态投资部分包括工程建设其他投资中涉及价格、利率等动态因素的部分，包括价差预备费、建设期利息、固定资产投资方向调节税（暂停征收）。

投资估算的编制方法一般分为静态投资估算的编制、动态投资估算的编制和铺底流动资金估算的编制。

四、投资估算编制依据、要求与步骤

（一）投资估算依据

（1）专门机构发布的建设工程造价费用构成、估算指标、计算方法，以及其他有关计算工程造价的文件；

（2）专门机构发布的工程建设其他费用计算办法和费用标准，以及政府部门发布的物价指数；

（3）拟建项目各单项工程的建设内容及工程量。

（二）投资估算要求

（1）工程内容和费用构成齐全，计算合理，不重复计算，不提高或者降低估算标准，不漏项、不少算；

（2）选用指标与具体工程之间存在标准或者条件差异时，应进行必要的换算或调整；

（3）投资估算精度应能满足控制初步设计概算要求。

（三）估算步骤

（1）分别估算各单项工程所需的建筑工程费、设备及工器具购置费、安装工程费；

（2）在汇总各单项工程费用的基础上，估算工程建设其他费用和基本预备费；

（3）估算价差预备费和建设期利息；

（4）估算流动资金。

五、投资估算方法

（一）静态投资部分的估算方法

1. 单位生产能力估算法

是指根据已有的统计调查资料，将已建成的规模、性质相近的建设项目的单位生产能力投资额乘以拟建项目的生产能力来得出拟建项目的投资额的一种计算方法。单位生产能力估算法估算误差较大，可达 $\pm 30\%$ 。此法只能是粗略的快速估算，一般仅用于机会研究阶段。计算公式为：

$$C_2 = (C_1/Q_1)Q_2 f$$

式中：C_1——已建类似项目的投资额；

C_2——拟建项目投资额；

Q_1——已建类似项目的生产能力；

Q_2——拟建项目的生产能力；

f——不同时期、不同地点的定额、单价、费用变更等的综合调整系数。

由于误差大，应用该估算法时应注意以下几点：

（1）地方性。建设地点不同，地方性差异主要表现为：两地经济情况不同；土壤、地质、水文情况不同；气候、自然条件的差异；材料、设备的来源、运输状况不同等。

（2）配套性。一个工程项目或装置，均有许多配套装置和设施，也可能产生差异，如：公用工程、辅助工程、厂外工程和生活福利工程等，这些工程随地方差异和工程规模的变化均各不相同，它们并不与主体工程的变化成线性关系。

（3）时间性。工程建设项目的兴建，不一定是在同一时间建设，时间差异或多或少存在，在这段时间内可能在技术、标准、价格等方面发生变化。

【例4-1】　某地拟建一座200套客房的豪华宾馆，另有一座豪华宾馆最近在该地竣工，且掌握了以下资料：有300套客房，有门庭、餐厅、会议室、游泳池、夜总会、网球场等设施，建设投资为1200万美元。试估算新建项目的建设投资额。（综合调整系数为0.9）

解：根据以上资料，应用单位生产能力指数法进行建设投资的估算，计算式为：

$$C_2 = (C_1/Q_1)Q_2 f = (1200/300) \times 200 \times 0.9 = 720(万美元)$$

2. 生产能力指数法

生产能力指数法又称指数估算法，是指根据已建成的性质相类似的工程或装置的实际投资额和生产能力，按拟建项目的生产能力进行推算其投资额的一种估算方法。计算公式为：

$$C_2 = C_1(Q_2/Q_1)^n f$$

式中：C_1——已建类似项目或装置的投资额；

C_2——拟建类似项目或装置的投资额；

Q_1——已建类似项目或装置的生产能力；

Q_2——拟建类似项目或装置的生产能力；

f——不同时期、不同地点的定额、单价、费用变更等的综合调整系数；

n——生产能力指数。

公式表明，造价与规模（或容量）呈非线性关系，且单位造价随工程规模（或容量）的增大而减小。在正常情况下，$0 \leqslant n \leqslant 1$。不同生产率水平的国家和不同性质的项目中，$n$ 的取值是不相同的。比如化工项目美国取 $n = 0.6$，英国取 $n = 0.66$，日本取 $n = 0.7$。

若已建类似项目的生产规模与拟建项目生产规模相差不大，Q_1 与 Q_2 的比值在 $0.5 \sim 2$ 之间，则指数 n 的取值近似为 1。

若已建类似项目的生产规模与拟建项目生产规模相差不大于 50 倍，且拟建项目生产规模的扩大仅靠增大设备规模来达到时，则 n 的取值约在 $0.6 \sim 0.7$ 之间；若是靠增加相同规格设备的数量达到时，n 的取值约在 $0.8 \sim 0.9$ 之间。

指数法主要应用于拟建装置或项目与用来参考的已知装置或项目的规模不同的场合。

生产能力指数法与单位生产能力估算法相比精确度略高，其误差可控制在 ±20% 以内，尽管估价误差仍较大，但有它独特的好处：即这种估价方法不需要详细的工程设计资料，只知道工艺流程及规模就可以；其次对于总承包工程而言，可作为估价的旁证，在总承包工程报价时，承包商大都采用这种方法估价。

【例 4 - 2】　某地动工兴建一个年产 1.5 亿粒药品的医药厂。已知 2005 年该地生产同样产品的某医药厂，其年产量为 6000 万粒，当时购置的生产工艺设备为 3000 万元，其生产能力指数为 0.7。根据统计资料，该地区近几年总体物价上涨率为 8%，试估算年产 1.5 亿粒药品的医药厂的生产工艺设备购置费。

解： $C_2 = C_1(Q_2/Q_1)^n f = 3000 \times (15000/6000)^{0.7} \times 1.08 = 6153.23$（万元）

答：年产 1.5 亿粒药品的医药厂的生产工艺设备购置估算额为 6153.23 万元。

3. 系数估算法

系数估算法也称为因子估算法，它是以拟建项目的主体工程费或主要设备费为基数，以其他工程费占主体工程费的百分比为系数估算项目总投资的方法。这种方法简单易行，但是精度较低，一般用于项目建议书阶段。系数估算法的种类很多，下面介绍几种主要类型。

（1）设备系数法。以拟建项目的设备费为基数，根据已建成的同类项目的建筑安装费和其他工程费等占设备价值的百分比，求出拟建项目建筑安装工程费和其他工程费，进而求出建设项目总投资。其计算公式如下：

$$C = E(1 + f_1 P_1 + f_2 P_2 + f_3 P_3 + \cdots) + I$$

式中：C——拟建建设项目的投资额；

E——根据拟建项目或装置的设备清单按当时当地价格计算的设备费（包括运杂费）的总额；

I——根据具体情况计算的拟建建设项目其他各项基本建设费用；

P_1、P_2、P_3…——已建建设项目中建筑工程费和安装工程费及其他工程费占设备购置费的百分比；

f_1、f_2、f_3…——由于建设时间地点而产生的定额水平、建筑安装材料价格、费用变更和调整等综合调整系数。

（2）主体专业系数法。以拟建项目中投资比重较大，并与生产能力直接相关的工艺设备投资为基数，根据已建同类项目的有关统计资料，计算出拟建项目各专业工程（总图、土建、采暖、给排水、管道、电气、自控等）占工艺设备投资的百分比，据以求出拟建项目各专业投资，然后加总即为项目总投资。其计算公式为：

$$C = E(1 + f_1 P_1' + f_2 P_2' + f_3 P_3' + \cdots) + I$$

式中：P_1'、P_2'、P_3'…——已建项目中各专业工程费用与工艺设备投资的比重；

其他符号同上述设备系数法计算公式。

（3）朗格系数法。这种方法是以设备购置费为基数，乘以适当系数来推算项目的建设费用（静态投资）。其计算公式为：

$$C = E(1 + \sum K_i) \cdot Kc$$

式中：C—— 总建设费用；

E—— 主要设备费；

K_i—— 管线、仪表、建筑物等项费用的估算系数；

Kc—— 管理费、合同费、应急费等项费用的总估算系数。

总建设费用（或静态投资）与设备费用（即设备购置费）之比为朗格系数 K_L。即：

$$K_L = (1 + \sum K_i) \cdot Kc$$

运用朗格系数法估算投资的步骤如下：

1）计算设备到达现场的费用，包括设备出厂价、陆路运费、海上运输费、装卸费、关税、保险、采购等。

2）根据计算出的设备费乘以 1.43，即得到包括设备基础、绝热工程、油漆工程和设备安装工程的总费用（a）。

3）以上述计算的结果（a）再分别乘以 1.1、1.25、1.6（视不同流程），即可得到包括配管工程在内的费用（b）。

4）以上述计算的结果（b）再乘以 1.5，即得到此装置（或项目）的直接费（c），此时，装置的建筑工程、电气及仪表工程等均含在直接费用中。

5）最后以上述计算结果（c）再分别乘以 1.31、1.35、1.38（视不同流程），即得到工厂的总费用 C。朗格系数包含的内容如表 4 - 2 所示。

表 4 – 2　朗格系数包含的内容

项　目		固体流程	固流流程	流体流程
朗格系数 L		3.1	3.63	4.74
内容	(a)包括设备基础、绝热、油漆及设备安装费	$E \times 1.43$		
	(b)包括上述在内和配管工程费	(a)×1.1	(a)×1.25	(a)×1.6
	(c)装置直接费	(b)×1.5		
	(d)包括上述在内和间接费,总费用(C)	(c)×1.31	(c)×1.35	(c)×1.38

【例 4 – 3】　在北非某地建设一座年产 30 万套汽车轮胎的工厂,已知该工厂的设备到达工地的费用为 2204 万美元。试估算该工厂的静态投资。

解:轮胎工厂的生产流程基本上属于固体流程,因此在采用朗格系数法时,全部数据应采用固体流程的数据。现计算如下:

1. 设备到达现场的费用 2204 万美元。

2. 根据表 4 – 2 计算费用(a)

$$(a) = E \times 1.43 = 2204 \times 1.43 = 3151.72(万美元)$$

则设备基础、绝热、刷油及安装费用为:3151.72 – 2204 = 947.72(万美元)

3. 计算费用(b)

$$(b) = E \times 1.43 \times 1.1 = 2204 \times 1.43 \times 1.1 \approx 3466.89(万美元)$$

则其中配管(管道工程)费用为:3466.89 – 3151.72 = 315.17(万美元)

4. 计算费用(c)即装置直接费

$$(c) = E \times 1.43 \times 1.1 \times 1.5 \approx 5200.34(万美元)$$

则电气、仪表、建筑等工程费用为:5200.34 – 3466.89 = 1733.45(万美元)

5. 计算投资 C

$$C = E \times 1.43 \times 1.1 \times 1.5 \times 1.31 \approx 6812.45(万美元)$$

则间接费用为:6812.45 – 5200.34 = 1612.11(万美元)

由此估算出该工厂的静态投资为 6812.45 万美元,其中间接费用为 1612.11 万美元。

应用朗格系数法进行工程项目或装置估价的精度仍不是很高,其原因主要有:装置规模大小发生变化的影响;不同地区自然地理条件的影响;不同地区经济地理条件的影响;不同地区气候条件的影响;主要设备材质发生变化时,设备费用变化较大而安装费变化不大所产生的影响。

尽管如此,由于朗格系数法是以设备费为计算基础,而设备费用在一项工程中所占的比重对于石油、石化、化工工程而言占 45% ~ 55%,几乎占一半左右,同时一项工程中每台设备所含有的管道、电气、自控仪表、绝热、油漆、建筑等,都有一定的规律。所以,只要对各种不同类型工程的朗格系数掌握得准确,估算精度仍可较高。

【例 4 – 4】　某工业项目采用流体加工系统,其主要设备投资费为 4500 万元,该流体加工系统的估算系数,如表 4 – 3 所示。试估算该工业项目静态建设投资额。

表 4 – 3　某流体加工系统的估算系数

项目	估算系数	项目	估算系数	项目	估算系数
主设备安装人工费	0.15	建筑物	0.07	油漆粉刷	0.08
保温费	0.2	构架	0.05	日常管理、合同费和利息	0.3
管线费	0.7	防火	0.08	工程费	0.13
基础	0.1	电气	0.12	不可预见费	0.13

解：$C = E(1 + \sum K_i)Kc$

$\quad\quad = 4500 \times (1 + 0.15 + 0.2 + 0.7 + 0.1 + 0.07 + 0.05 + 0.08 + 0.12 + 0.08)$

$\quad\quad\quad \times (1 + 0.3 + 0.13 + 0.13)$

$\quad\quad = 17901(万元)$

答：该工业项目静态建设投资额为 17901 万元。

4. 比例估算法

根据统计资料，先求出已有同类企业主要设备投资占项目静态投资的比例，然后再估算出拟建项目的主要设备投资，即可按比例求出拟建项目的静态投资。其表达式为：

$$I = \frac{\sum_{i=1}^{n} Q_i P_i}{K}$$

式中：I—— 拟建项目的静态投资；

$\quad\quad K$—— 已建项目主要设备投资占拟建项目投资的比例；

$\quad\quad n$—— 设备种类数；

$\quad\quad Q_i$—— 第 i 种设备的数量；

$\quad\quad P_i$—— 第 i 种设备的单价（到厂价格）。

5. 估算指标法

这种方法是把建设项目划分为建筑工程、设备安装工程、设备购置费及其他基本建设费等费用项目或单位工程，再根据各种具体的投资估算指标，进行各项费用项目或单位工程投资的估算，在此基础上，可汇总成每一单项工程的投资。另外，再估算工程建设其他费用及预备费，即求得建设项目总投资。

估算指标是一种比概算指标更为扩大的单位工程指标或单项工程指标。

使用估算指标法应根据不同地区、年代进行调整。因为地区、年代不同，设备与材料的价格均有差异，调整方法可以按主要材料消耗量或"工程量"为计算依据；也可以按不同的工程项目的"万元工料消耗定额"而定不同的系数。如果有关部门已颁布了有关定额或材料价差系数（物价指数），也可以据其调整。

使用估算指标法进行投资估算决不能生搬硬套，必须对工艺流程、定额、价格及费用标准进行分析，经过实事求是的调整与换算后，才能提高其精确度。

【例 4 – 5】　已知年产 1250 t 某种紧俏产品的工业项目，主要设备投资额为 2050 万元，其他附属项目投资占主要设备投资比例以及由于建造时间、地点、使用定额等方面的因素，引起拟建项目的综合调价系数，如表 4 – 4 所示。工程建设其他费用占工程费和工程建设其他费之和的 20%。

问题:1. 若拟建 2000 t 生产同类产品的项目,则生产能力指数为 1。试估算该项目静态建设投资(除基本预备费外)。

2. 若拟建项目的基本预备费为 5%,建设期 1 年,建设期物价上涨率 3%,试确定拟建项目建设投资,并编制该项目建设投资估算表。

表 4 - 4 附属项目投资占设备投资比例及综合高价系数表

序号	工程名称	占设备投资比例	综合调价系数	序号	工程名称	占设备投资比例	综合调价系数
一	生产项目			6	电气照明工程	10%	1.1
1	土建工程	30%	1.1	7	自动化仪表	9%	1
2	设备安装工程	10%	1.2	8	主要设备购置	E	1.2
3	工艺管道工程	4%	1.05	9	附属工程	10%	1.1
4	给水排水工程	8%	1.1	二	总体工程	10%	1.3
5	暖通工程	9%	1.1				

解: 1. 应用生产能力指数法,计算拟建项目主要设备投资额 E

$$E = 2050 \times (2000/1250)^1 \times 1.2 = 3936(万元)$$

2. 应用比例估算法,估算拟建项目静态建设投资额(除基本预备费外)

$$C = 3936 \times (1 + 30\% \times 1.1 + 10\% \times 1.2 + 4\% \times 1.05 + 8\% \times 1.1 + 9\% \times 1.1 + 10\% \times 1.1$$
$$+ 9\% \times 1 + 10\% \times 1.1 + 10\% \times 1.3) + 20\% \times C$$

$$C = (3936 \times 2.119)/(1 - 20\%) = 10425.48(万元)$$

3. 计算工程费

土建工程投资 $= 3936 \times 30\% \times 1.1 = 1298.88(万元)$

设备安装工程投资 $= 3936 \times 10\% \times 1.2 = 472.32(万元)$

工艺管道工程投资 $= 3936 \times 4\% \times 1.05 = 165.31(万元)$

给水排水工程投资 $= 3936 \times 8\% \times 1.1 = 346.37(万元)$

暖通工程投资 $= 3936 \times 9\% \times 1.1 = 389.66(万元)$

电气照明工程投资 $= 3936 \times 10\% \times 1.1 = 432.96(万元)$

附属工程投资 $= 3936 \times 10\% \times 1.1 = 432.96(万元)$

总体工程投资 $= 3936 \times 10\% \times 1.3 = 511.68(万元)$

自动化仪表投资 $= 3936 \times 9\% \times 1 = 354.24(万元)$

主要设备投资 $= 3936(万元)$

工程费合计:8340.38(万元)

4. 计算工程建设其他投资

工程建设其他投资 $= 10425.48 \times 20\% = 2085.10(万元)$

5. 计算预备费

基本预备费 = (工程费 + 工程建设其他费) × 5%

$$= (8340.38 + 2085.10) \times 5\%$$

$$= 521.27(万元)$$

价差预备费 $= 8340.38 \times [(1+3\%)^1 - 1]$

$$= 250.21(万元)$$

预备费合计：771.48万元

6. 拟建项目建设投资 = 工程费 + 工程建设其他费 + 预备费

$$= 8340.38 + 2085.10 + 771.48$$

$$= 11196.96(万元)$$

建设投资估算表，如表4-5所示。

表4-5　拟建项目建设投资估算（万元）

序号	工程或费用名称	建筑工程	安装工程	设备购置	其他投资	合计	比例/%
1	工程费用	2243.52	1806.62	4290.24		8340.38	
1.1	建筑工程费	2243.52				2243.52	
1.1.1	土建工程费	1298.88				1298.88	
1.1.2	附属工程费	432.96				432.96	
1.1.3	总体工程费	511.68				511.68	
1.2	安装工程费		1806.62			1806.62	
1.2.1	设备安装工程费		472.32			472.32	
1.2.2	工艺管道工程费		165.31			165.31	
1.2.3	给水排水工程费		346.37			346.37	
1.2.4	暖通工程费		389.66			389.66	
1.2.5	电气照明工程费		432.96			432.96	
1.3	设备购置费			4290.24		4290.24	
1.3.1	主要设备费			3936		3936	
1.3.2	自动化仪表费			354.24		354.24	
2	工程建设其他费用				2085.1	2085.1	18.62
3	预备费				771.48	771.48	6.89
3.1	基本预备费				521.27	521.27	
3.2	价差预备费				250.21	250.21	
4	建设投资合计	2243.52	1806.62	4290.24	2856.58	11196.96	100

（二）动态投资部分的估算方法

建设投资动态部分主要包括价格变动可能增加的投资额、建设期利息两部分内容，如果是涉外项目，还应该计算汇率的影响。动态部分的估算应以基准年静态投资的资金使用计划为基础来计算，而不是以编制的年静态投资为基础计算。

1. 价差预备费的估算

价差预备费的估算可按国家或部门(行业)的具体规定执行,一般按下式计算:

$$PF = \sum_{i=1}^{n} I_t \left[(1+f)^m (1+f)^{0.5} (1+f)^{t-1} - 1 \right]$$

【例4-6】 某建设项目,建筑工程费1000万元,设备、工具购置费700万元,安装工程费为200万元,工程建设其他费用为150万元,基本预备费100万元,该项目建设前期建设年限1年,建设期为2年,第一年计划投资40%,第二年计划投资60%,年价格上涨率为5%。计算该项目的价差预备费。

解: 第一年末的价差预备费为:

$$(1000+700+200) \times 40\% \times \left[(1+0.05)^1 (1+0.05)^{0.5} - 1 \right] = 38(万元)$$

第二年末的价差预备费为:

$$(1000+700+200) \times 60\% \times \left[(1+0.05)(1+0.05)^{0.5}(1+0.05) - 1 \right] = 116.85(万元)$$

$$该项目的价差预备费 = 38 + 116.85 = 154.85(万元)$$

2. 汇率变化对涉外建设项目动态投资的影响及计算方法

(1)外币对人民币升值。项目从国外市场购买设备材料所支付的外币金额不变,但换算成人民币的金额增加;从国外借款,本息所支付的外币金额不变,但换算成人民币的金额增加。

(2)外币对人民币贬值。项目从国外市场购买设备材料所支付的外币金额不变,但换算成人民币的金额减少;从国外借款,本息所支付的外币金额不变,但换算成人民币的金额减少。

估计汇率变化对建设项目投资的影响,是通过预测汇率在项目建设期内的变动程度,以估算年份的投资额为基数,计算求得。

3. 建设期利息的估算

建设期利息是指在建设期内发生的建设单位为工程项目筹措资金的融资费用以及债务资金利息。估算建设期利息,需要根据项目进度计划,提出建设投资分年计划,列出各年投资额,并明确其中的外汇和人民币。

为简化计算,通常假定当年借款按半年计息,以上年度借款按全年计息,每年应计利息的近似计算公式如下:

$$每年应计利息 = (年初贷款本息累计 + 本年贷款额 \div 2) \times 年利息$$

$$年初借款本息累计 = 上一年年初借款本息累计 + 上年借款 + 上年应计利息$$

$$本年借款 = 本年度固定资产投资 - 本年自有资金投入$$

注意:计息周期小于1年时,上述公式中的年利率应为有效年利率,有效年利率的计算公式如下:

$$有效年利率 = (1 + \frac{r}{m})^m - 1$$

式中:r——名义年利率;

m——每年计息次数。

对于有多种借款资金来源,每笔借款的年利率各不相同的项目,既可分别计算每笔借款的利息,也可先计算出各笔借款加权平均的年利率,并以此利率计算全部借款的利息。

【例 4-7】 某工程项目建设期为三年，分年均衡进行贷款，年利率为10%，每月计息一次，第一年贷款300万，第二年贷款400万，第三年贷款200万。

解： 先计算该项贷款的实际利率 $i = \left(1 + \frac{10\%}{12}\right)^{12} - 1 = 10.47\%$；

再根据每年贷款利息计算公式 $q_j = \left(p_{j-1} + \frac{1}{2}A_j\right)i$，有：

建设期第一年贷款利息 $q_1 = \left(0 + \frac{1}{2} \times 300\right) \times 0.1047 = 15.71$（万元）

建设期第二年贷款利息 $q_2 = \left(300 + 15.71 + \frac{1}{2} \times 400\right) \times 0.1047 = 53.99$（万元）

建设期第三年贷款利息 $q_3 = \left(300 + 15.71 + 400 + 53.99 + \frac{1}{2} \times 200\right) \times 0.1047$
$$= 91.06（万元）$$

该项目建设期利息总额 $q = 15.71 + 53.99 + 91.06 = 160.76$（万元）

（三）流动资金估算方法

流动资金估算一般采用分项详细估算法。个别情况或者小型项目可采用扩大指标法。

1. 分项详细估算法

流动资金的显著特点是在生产过程中不断周转，其周转额的大小与生产规模及周转速度直接相关。分项详细估算法是根据周转额与周转速度之间的关系，对构成流动资金的各项流动资产和流动负债分别进行估算。在可行性研究中，为简化计算，仅对存货、现金、应收账款和应付账款四项内容进行估算，计算公式为：

$$流动资金 = 流动资产 - 流动负债$$

$$流动资产 = 应收账款 + 预付账款 + 存货 + 现金$$

$$流动负债 = 应付账款 + 预收账款$$

$$流动资金本年增加额 = 本年流动资金 - 上年流动资金$$

估算的具体步骤，首先计算各类流动资产和流动负债的年周转次数，然后再分项估算占用资金额。

（1）周转次数计算。

周转次数是指流动资金的各个构成项目在一年内完成多少个生产过程。

$$周转次数 = 360 \div 最低周转天数$$

存货、现金、应收账款和应付账款的最低周转天数，可参照同类企业的平均周转天数并结合项目特点确定。又因为：

$$周转次数 = 周转额/各项流动资金平均占用额$$

如果周转次数已知，则：

$$各项流动资金平均占用额 = 周转额/周转次数$$

（2）应收账款估算。

应收账款是指企业对外赊销商品、劳务而占用的资金。应收账款的周转额应为全年赊销销售收入。在可行性研究时，用销售收入代替赊销收入。计算公式为：

$$应收账款 = 年经营成本/应收账款年周转次数$$

（3）存货估算。

存货是企业为销售或者生产耗用而储备的各种物资，主要有原材料、辅助材料、燃料、低值易耗品、维修备件、包装物、在产品、自制半成品和产成品等。为简化计算，仅考虑外购原材料、外购燃料、在产品和产成品，并分项进行计算。计算公式为：

$$存货 = 外购原材料 + 外购燃料 + 其他材料 + 在产品 + 产成品$$

$$外购原材料 = 年外购原材料费用/外购原材料年周转次数$$

$$外购燃料 = 年外购燃料费用/外购燃料年周转次数$$

$$在产品 = \frac{年外购材料、燃料 + 年工资及福利费 + 年修理费 + 年其他制造费}{在产品年周转次数}$$

$$产成品 = （年经营成本 - 年其他营业费用）/产成品年周转次数$$

（4）现金需要量估算。

项目流动资金中的现金是指货币资金，即企业生产运营活动中停留于货币形态的那部分资金，包括企业库存现金和银行存款。计算公式为：

$$现金需要量 = （年工资及福利费 + 年其他费用）/现金年周转次数$$

年其他费用 = 制造费用 + 管理费用 + 销售费用 -（以上三项费用中所含的工资及福利费、折旧费、维简费、摊销费、修理费）

（5）预付账款估算。

预付账款是指企业为购买各类材料、半成品或服务所预先支付的款项。计算公式为：

$$预付款项 = 预付的各类原材料、燃料或服务年费用金额/预付账款年周转次数$$

（6）流动负债估算。

流动负债是指在一年或者超过一年的一个营业周期内，需要偿还的各种债务。在可行性研究中，流动负债的估算只考虑应付账款和预收账款两项。计算公式为：

$$应付账款 = （年外购原材料 + 年外购燃料 + 年其他材料费用）/应付账款年周转次数$$

$$预收账款 = 预收的营业收入年金额/预收账款年周转次数$$

根据流动资金各项估算结果，编制流动资金估算表。

2.扩大指标估算法

扩大指标估算法是根据现有同类企业的实际资料，求得各种流动资金率指标，亦可依据行业或部门给定的参考值或经验确定比率。将各类流动资金率乘以相对应的费用基数来估算流动资金。一般常用的基数有营业收入、经营成本、总成本费用和建设投资等，究竟采用何种基数依行业习惯而定。扩大指标估算法简便易行，但准确度不高，适用于项目建议书阶段的估算。扩大指标估算法计算流动资金的公式为：

$$年流动资金额 = 年费用基数 \times 各类流动资金率（\%）$$

3.铺底流动资金的估算方法

铺底流动资金是保证项目投产后能正常生产经营所需要的最基本的周转资金数额，是项目总投资的一个组成部分。

$$铺底流动资金 = 流动资金 \times 30\%$$

其中项目所需的流动资金可通过扩大指标估算法和分项详细估算法来计算。

4.估算流动资金应注意的问题

（1）在采用分项详细估算法时，应根据项目实际情况分别确定现金、应收账款、存货和应付账款的最低周转天数，并考虑一定的保险系数。

（2）在不同生产负荷下的流动资金，应按不同生产负荷所需的各项费用金额，分别按照上述的计算公式进行估算，而不能直接按照100%生产负荷下的流动资金乘以生产负荷百分比求得。

（3）流动资金属于长期性（永久性）流动资产，流动资金的筹措可通过长期负债和资本金（一般要求占30%）的方式解决。

根据流动资金各项估算的结果再编制流动资金估算表，常用估算表形式如表4-6所示。

表4-6　流动资金估算表　　　　　　　　人民币单位：万元

序号	项目	最低周转天数	周转次数	计算期					
				1	2	3	4	…	n
1	流动资金								
1.1	应收账款								
1.2	存货								
1.2.1	原材料								
1.2.2	×××								
	……								
1.2.3	燃料								
	×××								
	……								
1.2.4	在产品								
1.2.5	产成品								
1.3	现金								
1.4	预付账款								
2	流动负债								
2.1	应付账款								
2.2	预收账款								
3	流动资金（1-2）								
4	流动资金当期增加额								

5. 项目总投资与分年投资计划

（1）项目总投资及其构成。

按上述投资估算内容和估算方法估算各类投资并进行汇总，编制项目总投资估算汇总表，如表4-7所示。

表 4 - 7　项目总投资估算汇总表　　　人民币单位：万元

序号	费用名称	投资额		估算说明
		合计	其中：外汇	
1	建设投资			
1.1	建设投资静态部分			
1.1.1	建筑工程费			
1.1.2	设备及工器具购置费			
1.1.3	安装工程费			
1.1.4	工程建设其他费用			
1.1.5	基本预备费			
1.2	建设投资动态部分			
1.2.1	价差预备费			
2	建设期利息			
3	流动资金			
	项目总投资（1 + 2 + 3）			

（2）分年投资计划。

估算出项目总投资后，应根据项目计划进度的安排，编制分年投资计划表，如表 4 - 8 所示，该表中的分年建设投资可作为安排融资计划、估算建设期利息的基础。

表 4 - 8　分年投资计划表　　　人民币单位：万元

序号	项目	人民币			外币		
		第1年	第2年	…	第1年	第2年	…
	分年计划（%）						
1	建设投资						
2	建设期利息						
3	流动资金						
4	项目投入总资金（1 + 2 + 3）						

【例 4 - 8】　某拟建项目第 4 年开始投产，投产后的年营业收入第 4 年为 5450 万元，第 5 年为 7550 万元，第 6 年及以后各年分别为 7432 万元，年营业费用第 4 年为 1850 万元，第 5 年为 3250 万元，第 6 年及以后各年分别为 3430 万元。总成本费用估算，如表 4 - 9 所示。各项流动资产和流动负债的周转天数，如表 4 - 10 所示。试估算达产期各年流动资金，并编制流动资金估算表。

表 4-9　总成本费用估算表　　　　　　　　　　　　人民币单位：万元

序号	年份 项目	投产期		达产期		
		4	5	6	7	……
1	外购原材料	2055	3475	4125	4125	
2	进口零部件	1087	1208	725	725	
3	外购燃料	13	25	27	27	
4	工资及福利费	213	228	228	228	
5	修理费	15	15	69	69	
6	其他费用	324	441	507	507	
6.1	其中：其他制造费	194	256	304	304	
7	经营成本(1+2+3+4+5+6)	3707	5392	5681	5681	
8	折旧费	224	224	224	224	
9	摊销费	70	70	70	70	
10	利息费	234	196	151	130	
11	总成本费用(7+8+9+10)	4235	5882	6126	6105	

表 4-10　流动资金的最低周转天数（天）

序号	项目	最低周转天数	序号	项目	最低周转天数
1	应收账款	40	3.4	在产品	20
2	预付账款	30	3.5	产成品	10
3	存货	—	4	现金	15
3.1	原材料	50	5	应付账款	40
3.2	进口零部件	90	6	预收账款	30
3.3	燃料	60			

解： 应收账款年周转次数 = 360÷40 = 9（次）

预付账款年周转次数 360÷30 = 12（次）

原材料年周转次数 360÷50 = 7.2（次）

进口零部件年周转次数 = 360÷90 = 4（次）

燃料年周转次数 360÷60 = 6（次）

在产品年周转次数 = 360÷20 = 18（次）

产成品年周转次数 = 360÷10 = 36（次）

现金年周转次数 = 360÷15 = 24（次）

应付账款年周转次数 = 360÷40 = 9（次）

预收账款年周转次数 = 360÷30 = 12（次）

$$应收账款 = \frac{年经营成本}{应收账款年周转次数} = \frac{5681}{9} = 631.22(万元)$$

$$预付账款 = \frac{年外购原材料 + 进口零部件 + 外购燃料}{预付账款年周转次数} = \frac{4125 + 725 + 27}{12} = 406.42(万元)$$

$$外购原材料 = \frac{年外购原材料}{外购原材料年周转次数} = \frac{4125}{7.2} = 572.92(万元)$$

$$外购进口零部件 = \frac{年外购进口零部件}{外购进口零部件年周转次数} = \frac{725}{4} = 181.25(万元)$$

$$外购燃料 = \frac{年外购燃料}{外购燃料年周转次数} = \frac{27}{6} = 4.5(万元)$$

$$在产品 = \frac{年外购原材料 + 年进口零部件 + 年外购燃料 + 年工资福利费 + 年修理费 + 年其他制造费}{在产品年周转次数}$$

$$= \frac{4125 + 725 + 27 + 228 + 69 + 304}{18} = 304.33(万元)$$

$$产成品 = (5681 - 3430)/36 = 62.53(万元)$$

$$存货 = 外购原材料 + 外购进口零部件 + 外购燃料 + 在产品 + 产成品$$

$$= 572.92 + 181.25 + 4.5 + 304.33 + 62.53 = 1125.53(万元)$$

$$现金 = \frac{年工资福利费 + 年其他费用}{现金年周转次数} = \frac{228 + 507}{24} = 30.63(万元)$$

$$应付账款 = \frac{年外购原材料 + 年进口零部件 + 年外购燃料}{应付账款年周转次数} = \frac{4125 + 725 + 27}{9} = 541.89(万元)$$

$$预收账款 = \frac{预收的营业收入年金额}{预收账款年周转次数} = \frac{7432}{12} = 619.33(万元)$$

$$流动资产 = 应收账款 + 预付账款 + 存货 + 现金$$

$$= 631.22 + 406.42 + 1125.53 + 30.63 = 2193.8(万元)$$

$$流动负债 = 应付账款 + 预收账款 = 541.89 + 619.33 = 1161.22(万元)$$

$$流动资金 = 流动资产 - 流动负债$$

$$= 2193.8 - 1161.22 = 1032.58(万元)$$

编制的流动资金估算表,如表 4-11 所示。

表 4-11 流动资金估算表 　　　　　人民币单位:万元

序号	年份项目	投产期		达产期		
		4	5	6	7	...
1	流动资产	1506.89	2184.79	2193.8	2193.8	
1.1	应收账款	411.89	599.11	631.22	631.22	
1.2	预付账款	262.92	392.33	406.42	406.42	
1.3	存货	809.64	1165.47	1125.53	1125.53	
1.3.1	原材料	285.42	482.64	572.92	572.92	
1.3.2	进口零部件	271.75	302	181.25	181.25	

序号	年份项目	投产期		达产期		
		4	5	6	7	...
1.3.3	燃料	2.17	4.17	4.5	4.5	
1.3.4	在产品	198.72	289.28	304.33	304.33	
1.3.5	产成品	51.58	59.50	62.53	62.53	
1.4	现金	22.38	27.88	30.63	30.63	
2	流动负债	804.73	1152.28	1161.22	1161.22	
2.1	应付账款	350.56	523.11	541.89	541.89	
2.2	预收账款	454.17	629.17	619.33	619.33	
3	流动资金(1-2)	702.16	1032.51	1032.58	1032.58	
4	流动资金本年增加额	702.16	330.35	0.07	0	

第四节　财务基础数据测算

财务基础数据测算是指在经过项目建设必要性审查、生产建设条件评估和技术可行性评估之后，并在市场需求调查、销售规划、技术方案和规模经济分析论证的基础上，从项目评价的要求出发，按照现行财务制度规定，对项目有关的成本和收益等财务基础数据进行收集、测算，并编制财务基础数据测算表等的一系列工作。

一、财务基础数据测算的内容

财务基础数据的测算应包括项目计算期内各年经济活动情况及全部财务收支结果。具体应包括以下内容：

（一）项目总投资及其资金来源和筹措

项目总投资是指一次性投入项目的固定资产投资（含建设期利息）和流动资金的总和。投资的测算包括项目总投资和项目建设期间各年度投资支出的测算，并在此基础上制定资金筹措和使用计划，指明资金来源和运用方式、进行筹资方案分析论证。

（二）总成本费用及估算

生产成本费用是企业生产经营过程中发生的各种耗费及其补偿价值。可采用制造成本法或要素分类法进行测算。经营成本是由总成本费用中扣除折旧费、摊销费和利息支出而得。

1. 以制造成本法估算项目总成本费用

（1）直接材料费＝直接材料（燃料、动力）定额消耗量×计划单价

（2）直接工资及福利费＝$\sum$[产品年产量×计件工资率×（1+14%）]

（3）制造费用：

折旧费＝固定资产原值×年综合折旧率

工资及福利费 = 车间管理人员工资 × (1 + 14%)

其他制造费用 = 上述各项费用之和乘以一定百分比

以上三项费用合计为产品制造费用。

(4) 产品制造成本 = 直接材料 + 直接工资与福利费 + 制造费用

(5) 管理费用 = 产品制造成本 × 规定百分比

(6) 财务费用 = 借款利息净支出 + 汇兑净损失 + 银行手续费

其中：借款利息净支出 = 利息支出 - 利息收入

汇兑净损失 = 汇兑损失 - 汇兑收益

(7) 销售费用 = 销售收入 × 综合费率

(8) 期间费用 = 管理费用 + 财务费用 + 销售费用

(9) 总成本费用 = 产品制造成本 + 期间费用

其中：可变成本 = 直接材料费 + 直接工资及福利费

固定成本 = 制造费用 + 期间费用

(10) 经营成本 = 总成本费用 - 折旧费 - 摊销费 - 利息支出

按照制造成本法估算的总成本费用编制"总成本费用估算表"，如表 4 - 9 所示。

2. 以费用要素法估算总成本费用

(1) 外购原材料、燃料动力。

(2) 工资及福利费。职工福利费一般按照工资总额的 14% 提取。

(3) 固定资产折旧费。

(4) 修理费。修理费可按下列公式之一估算：

修理费 = 固定资产原值 × 计提比率(%)

修理费 = 固定资产折旧额 × 计提比率(%)

(5) 摊销费。

(6) 利息支出。

(7) 其他费用。一般按上述费用之和或工资总额的一定比例。

(8) 副产品回收。

副产品回收 = 副产品产量 × 出厂单价

(9) 总成本费用。

总成本费用 = (1) + (2) + (3) + (4) + (5) + (6) + (7) - (8)

投产期各年总成本 = 可变成本 × 生产负荷 + 固定成本

总成本费用的估算结果列入"总成本费用估算表"，如表 4 - 9 所示。

3. 单位产品成本的估算

(1) 如果项目只生产单一产品。可按制造成本法直接计算出该产品的单位成本，或按完全成本法求出总成本，再除以年产量。

(2) 如果项目生产多种产品，则可采用以下两种方法：

第一种方法：先将总成本采用系数法在各种产品之间进行分配，确定各种产品的总成本，然后除以各种产品的年产量，便求得各产品的单位成本。

第二种方法：运用产品制造成本法按各种产品分别测算各车间单位产品生产成本，再逐步结转为各种产品的单位成本。

（三）销售收入、销售税金及附加的估算

销售收入与税金是指在项目生产期的一定时间内，对产品各年的销售收入和税金进行测算。销售收入和税金是测算销售利润的重要依据。

1. 销售收入的估算步骤

（1）明确产品销售市场，根据项目的市场调查和预测分析结果，分别测算出外销和内销的销售量。

（2）确定产品的销售价格。

（3）确定销售收入。

$$销售收入 = 销售量 \times 销售单价$$

2. 销售税金及附加的估算

销售税金及附加的计征依据是项目的销售收入。销售税金及附加中不含有增值税，因为增值税是价外税。建设期的投资中应包含有增值税。

对销售收入和销售税金及附加的估算结果应编制"销售收入和销售税金及附加估算表"

（四）销售利润的形成与分配

销售利润是指项目的销售收入扣除销售税金及附加和总生产成本费用后的盈余，它综合反映了企业生产经营活动的成果，也是贷款还本付息的重要来源。

（五）贷款还本付息测算

贷款还本付息是指项目投产后，按国家规定的资金来源和贷款机构的要求偿还固定资产投资借款本金，而利息支出列入当年的生产总成本费用。固定资产投资贷款还本付息估算主要是测算还款期的利息和偿还贷款的时间，从而观察项目的偿还能力和收益，为财务效益评价和项目决策提供依据。

1. 还款方式及还款顺序

项目贷款的还款方式应根据贷款资金的不同来源所要求的还款条件来确定。

（1）国外（含境外）借款的还款方式。

按照国际惯例，债权人一般对贷款本息的偿还期限均有明确的规定。要求借款方在规定的期限内按规定的数量还清全部贷款的本金和利息。因此，需要利用资本回收系数计算出在规定的期限内每年需归还的本息总额，然后按协议的要求分别采用等额还本付息，或等额还本、利息照付两种方法。

（2）国内借款的还款方式。

目前虽然借贷双方在有关的借贷合同中规定了还款期限，但在实际操作过程中，主要还是根据项目的还款资金来源情况进行测算。一般情况下，先偿还当年所需的外汇借款本金，然后按照先贷先还、后贷后还，利息高的先还，利息低的后还的顺序归还国内借款。

固定资产投资贷款还本付息的计算结果编制"借款还本付息表"。

2. 投资借款还本付息估算

按照会计法规，企业为筹集所需资金而发生的费用称为借款费用，又称财务费用，包括利息支出（减利息收入）、汇兑损失（减汇兑收益）以及相关的手续费等。在大多数项目的财务分析中，通常只考虑利息支出。利息支出的估算包括长期借款利息，流动资金借款利息和短期借款利息三部分，其中长期借款利息通常是由于建设投资借款引起的。

（1）建设投资借款还本付息估算。

建设投资借款还本付息估算主要是测算还款期的利息和偿还贷款的时间，从而观察项目的偿还能力和收益，为财务效益评价和项目决策提供依据。

还本付息的资金来源是根据国家现行财税制度的规定，贷款还本的资金来源主要包括可用于归还借款的利润、固定资产折旧、无形资产和其他资产摊销费和其他还款资金来源。

1）利润。用于归还贷款的利润，一般应是经过利润分配程序后的未分配利润。如果是股份制企业需要向股东支付股利，那么应从未分配利润中扣除分配给投资者的利润，然后用来归还贷款。项目投产初期，如果用规定的资金来源归还贷款的缺口较大，也可暂不提取公积金，但这段时间不宜过长，否则将影响到企业的扩展能力。

2）固定资产折旧。鉴于项目投产初期尚未面临固定资产更新的问题，作为固定资产重置准备金性质的折旧，在被提取以后暂时处于闲置状态。因此，为了有效地利用一切可能的资金来源以缩短还贷期限，加强项目的偿债能力，可以使用部分新增折旧基金作为偿还贷款的来源之一。一般地，投产初期可以利用的折旧占全部折旧的比例较大，随着生产时期的延伸，可利用的折旧比例逐步减小。最终，所有被用于归还贷款的折旧，应由未分配利润归还贷款后的余额垫回，以保证折旧从总体上不被挪作他用，在还清贷款后恢复其原有的经济属性。

3）摊销费。摊销费是按现行的财务制度计入项目的总成本费用，但是项目在提取摊销费后，这笔资金没有具体的用途规定，具有"沉淀"性质，因此可以用来归还贷款。

4）其他还款资金。是指按有关规定可以用减免的营业税金来作为偿还贷款的资金来源。进行预测时，如果没有明确的依据，可以暂不考虑。

项目在建设期借入的建设投资借款本金及其在建设期的借款利息（即资本化利息）两部分构成建设投资借款总额，在项目投产后可由上述资金来源偿还。

在生产期内，建设投资和流动资金的借款利息，按现行的财务制度，均应计入项目总生产成本费用中的财务费用。

（2）还本付息额的计算。

建设投资借款的年度还本付息额计算，可分别采用等额还本付息，或等额还本、利息照付两种还款方法来计算。

1）等额还本付息。这种方法是指在还款期内，每年偿付的本金利息之和是相等的，但每年支付的本金数和利息数均不相等。计算步骤如下：

第一步计算建设期末的累计借款本金与资本化利息之和 I_c。

第二步根据等值计算原理，采用资金回收系数计算每年等值的还本付息额度 A。

$$A = I_c \frac{i(1+i)^n}{(1+i)^n - 1}$$

第三步计算每年应付的利息。

每年应支付的利息 = 年初借款余额 × 年利率

其中：

年初借款余额 = I_c - 本年之前各年偿还的本金累计

第四步计算每年偿还的本金。

本年偿还本金 = A - 每年支付利息

采用等额还本付息法，利息将随偿还本金后欠款的减少逐年减少，而偿还的本金恰好相反，将由于利息减少而逐年加大。此方法适用投产初期效益较差，而后期效益较好的项目。

【例4－9】 已知某项目建设期末贷款本利和累计为1000万元，按照贷款协议，采用等额还本付息的方法分5年还清，已知年利率为6%。求该项目还款期每年的还本额、付息额和还本付息总额。

解：每年的还本付息总额：

$$A = P \frac{i(1+i)^n}{(1+i)^n - 1} = 1000 \times \frac{6\% \times (1+6\%)^5}{(1+6\%)^5 - 1} = 237.40 \text{（万元）}$$

还款期各年的还本额、付息额和还本付息总额如表4－12所示。

表4－12 等额还本付息方式下各年的还款数据 人民币单位：万元

年份	1	2	3	4	5
年初借款余额	1000	822.60	634.56	435.23	223.94
利率	6%	6%	6%	6%	6%
年利息	60	49.36	38.07	26.11	13.46
年还本额	177.40	188.04	199.33	211.29	223.94
年还本付息总额	237.40	237.40	237.40	237.40	237.40
年末借款余额	822.60	634.56	435.23	223.94	0

2）等额还本、利息照付。这种方法是指在还款期内每年等额偿还本金，而利息按年初借款余额和利息率的乘积计算，利息不等，而且每年偿还的本利和不等。计算步骤如下：

第一步计算建设期末的累计借款本金和未付的资本化利息之和 I_c。

第二步计算在指定偿还期内，每年应偿还的本金 A：

$$A = I_c / n$$

其中 n 为贷款的偿还期（不包括建设期）。

第三步计算每年应付的利息额。

年应付利息 = 年初借款余额 × 年利率

第四步计算每年的还本付息额总额。

年还本付息总额 = A + 年应付利息

此方法由于每年偿还的本金是等额的，计算简单，但项目投产初期还本付息的压力大。因此，此法适用于投产初期效益好，有充足现金流的项目。

【例4－10】 仍以【例4－9】为例，求在等额还本、利息照付方式下每年的还本额、付息额和还本付息总额。

解：每年的还本额 $A = 1000 / 5 = 200$（万元）

还款期各年的还本额、付息额和还本付息总额如表4－13所示。

表 4 – 13 　等额还本、利息照付方式下各年的还款数据　　　　人民币单位：万元

年份	1	2	3	4	5
年初借款余额	1000	800	600	400	200
利率	6%	6%	6%	6%	6%
年利息	60	48	36	24	12
年还本额	200	200	200	200	200
年还本付息总额	260	248	236	224	212
年末借款余额	800	600	400	200	0

根据所选定的建设投资借款还本付息的还款方式编制借款还本付息计划表，如表 4 – 14 所示。

表 4 – 14 　借款还本付息计划表　　　　人民币单位：万元

序号	项目	合计	计　算　期					
			1	2	3	4	⋯	n
1	借款 1							
1.1	期初借款余额							
1.2	当期还本付息							
	其中：还本							
	付息							
1.3	期末借款余额							
2	借款 2							
2.1	期初借款余额							
2.2	当期还本付息							
	其中：还本							
	付息							
2.3	期末借款余额							
3	债券							
3.1	期初债务余额							
3.2	当期还本付息							
	其中：还本							
	付息							
3.3	期末债务余额							
4	借款和债券合计							
4.1	期初余额							

序号	项目	合计	计算期					
			1	2	3	4	…	n
4.2	当期还本付息							
	其中：还本							
	付息							
4.3	期末余额							
计算指标	利息备付率(%)							
	偿债备付率(%)							

（3）流动资金借款还本付息估算。

流动资金借款的还本付息方式与建设投资借款的还本付息方式不同，因为流动资金是在企业的生产和销售环节中周转使用，虽然其物质形态不断发生转化，但其价值量具有长期的稳定性，通常不会因为生产经营的延续增加或减少。基于这一原因，流动资金借款在生产经营期内只计算每年所支付的利息，本金通常是在项目寿命期最后一年一次性偿还，也可在建设投资借款偿还后安排。利息计算公式为：

年流动资金借款利息 = 年初流动资金借款余额 × 流动资金借款年利率

（4）短期借款还本付息估算项。

项目财务评价中的短期借款系指运营期间由于资金的临时需要而发生的短期借款，短期借款的数额应在财务计划现金流量表中得到反映，其利息应计入总成本费用表的利息支出中。短期借款利息的计算与流动资金借款利息相同，短期借款本金的偿还按照随借随还的原则处理，即当年借款尽可能于下年偿还。

二、财务基础数据测算表及其相互联系

为满足建设项目财务效益评价的要求，根据以上财务基础数据估算的五个方面内容，必须编制出下列财务基础数据测算表：

第一类，预测项目建设期间的资金流动状况的报表。如：投资使用计划与资金筹措表；固定资产投资估算表。

第二类，预测项目投产后的资金流动状况的报表：如流动资金估算表；总成本费用估算表；外购材料、燃料动力估算表；销售收入和税金及附加估算表；损益表（即销售利润估算表）等。为编制生产总成本费用估算表，还附设了材料、能源成本预测表；固定资产折旧和无形资产与递延资产摊销费估算表。

第三类，预测项目投产后用规定的资金来源归还固定资产借款本息的情况，即固定资产投资借款还本付息表，它反映了项目建设期和生产期内资金流动情况和项目投资的偿还能力与速度。

财务基础数据估算的五个方面内容是连贯的，其中心是将投资成本（包括固定资产投资和流动资金）、产品成本与销售收入的预测数据进行对比，求得项目的销售利润，又在此基础

上测算贷款的还本付息情况。因此，编制上述三类估算表应按一定程序使其相互衔接起来。第一类估算表是根据项目可行性研究报告以及调查收集到的补充资料，经过项目概况的审查、市场和规模分析及技术可行性研究，加以判别调查后计算编制的，并在编制投资使用计划与资金筹措表之前，首先预测固定资产投资和流动资金；第二类的生产总成本费用估算表所需的三张附表，只要能满足财务和国民经济评价对基本数据的需要即可，有的附表也可合并列入生产总成本费用估算表之中，或作简单文字说明，而后根据生产成本费用表和销售收入与税金估算表的数据，综合测算出项目销售利润，列入损益表；第三类估算表是把前两类表中的主要数据经过综合计算，按照国家现行规定，综合编制成项目固定资产投资贷款还本付息表。

第五节　建设项目财务分析

一、财务分析的概念及作用

（一）财务分析的概念

财务分析（即财务评价）是指根据国家现行财税制度和价格体系，在财务效益与费用的估算以及编制财务辅助报表的基础上，分析、计算项目直接发生的财务效益和费用，编制财务报表，计算财务分析指标，考察项目盈利能力、清偿能力以及外汇平衡等财务状况，据以判别项目的财务可行性。财务分析是建设项目经济评价中的微观层次，它主要从微观即投资主体的角度分析项目可以给投资主体带来的效益以及投资风险。作为市场经济微观主体的企业进行投资时，都要进行项目财务分析。

（二）财务分析的作用

1. 衡量竞争性建设项目的盈利能力和清偿能力

我国实行企业（项目）法人责任制后，企业法人要对建设项目的筹划、筹资、建设直至生产经营、归还贷款或债券本息以及资产的保值、增值实行全过程负责，承担投资风险。除需要国家安排资金和外部条件需要统筹安排的，应按规定报批外，凡符合国家产业政策，由企业投资的竞争性项目，其可行性研究报告和初步设计，均由企业法人自主决策。因决策失误或管理不善造成企业法人无力偿还债务的，银行有权依据合同取得抵押资产或由担保人负责偿还债务。因此，企业所有者和经营者对项目盈利水平如何，能否达到行业的基准收益率或企业目标收益率；项目清偿能力如何，是否满足行业基准回收期的要求，能否按银行要求的期限偿还贷款等等，将十分关心。此外，国家和地方各级决策部门、财务部门和贷款部门（如银行）对此也非常关心。为了使项目在财务上能站得住脚，就要进行项目财务分析。

2. 权衡非盈利性项目或微利项目的经济优惠措施

对于非盈利项目或微利项目，如公益性项目和基础性项目，在经过有关部门批准的情况下，可以实行还本付息价格或微利价格，在这类项目决策中，为了权衡项目在多大程度上要由国家或地方财政给以必要的支持，例如进行政策性的补贴或实行减免税等经济优惠措施，同样需要进行财务计算和分析。由于基础性项目大部分属于政策性投融资范围，主要由政府通过经济实体进行投资，并吸引地方、企业参与投资，有的也可吸引外商直接投资，因而这类项目的投融资既要注重社会效益，也要遵循市场规律，讲求经济效益。

3.合营项目谈判签约的重要依据

合同条款是中外合资项目和合作项目双方合作的首要前提，而合同的正式签订又离不开经济效益分析，实际上合同条款的谈判过程就是财务分析的测算过程。

4.项目资金规划的重要依据

建设项目需要多少投资、资金的可能来源、用款计划的安排和筹资方案的选择都是财务分析要解决的问题。为了保证项目所需资金按时到位，投资者(国家、地方、企业和其他投资者)、项目经营者和贷款部门也都要知道拟建项目的投资金额，并据此安排资金计划和国家预算。

二、财务分析的程序

财务分析是在项目市场研究、生产条件及技术研究的基础上进行的，它主要通过有关的基础数据，编制财务报表，计算分析相关经济评价指标，作出评价结论。其程序大致包括如下几个步骤：

(1)选取财务分析的基础数据与参数；

(2)估算各期现金流量；

(3)编制基本财务报表；

(4)计算财务分析指标，进行盈利能力和偿债能力分析；

(5)进行不确定性分析；

(6)得出评价结论。

三、融资前财务分析

(一)融资前分析的含义

融资前分析是指在考虑融资方案前就可以开始进行的财务分析，即不考虑债务融资条件下进行的财务分析。融资前分析排除了融资方案变化的影响，从项目投资总获利能力的角度，考察项目方案设计的合理性。融资前分析计算的相关指标，应作为初步投资决策与融资方案研究的依据和基础。

融资前分析与融资条件无关，其依赖数据少，报表编制简单，其分析结论可满足方案比选和初步投资决策的需要。如果分析结果表明项目效益符合要求，再考虑融资方案，继续进行融资后分析；如果分析结果不能满足要求，可以通过修改方案设计完善项目方案，必要时甚至可据此作出放弃项目的建议。

项目决策可分为投资决策和融资决策两个层次。投资决策重在考察项目净现金流的价值是否大于其投资成本，融资决策重在考察资金筹措方案能否满足要求。严格意义上说，投资决策在先，融资决策在后。根据不同决策的需要，财务分析可分为融资前分析和融资后分析。财务分析一般宜先进行融资前分析，在融资前分析结论满足要求的情况下，初步设定融资方案，再进行融资后分析。融资前分析只进行盈利能力分析，并以投资现金流量分析为主要手段。

融资前项目投资现金流量分析，是从项目投资总获利能力角度，考察项目方案设计的合理性，以动态分析(折现现金流量分析)为主，静态分析(非折现现金流量分析)为辅。根据需要，可从所得税前和(或)所得税后两个角度进行考察，选择计算所得税前和(或)所得税后指标。计算所得税前指标的融资前分析(所得税前分析)是从息前税前角度进行的分析;计算所得税后指标的融资前分析(所得税后分析)是从息前税后角度进行的分析。

(二)正确识别选用现金流量

进行现金流量分析应正确识别和选用现金流量,包括现金流入和现金流出。融资前财务分析的现金流量应与融资方案无关。从该原则出发,融资前项目投资现金流量分析的现金流量主要包括建设投资、营业收入、经营成本、流动资金、营业税金及附加和所得税。

为了体现与融资方案无关的要求,各项现金流量的估算中都需要剔除利息的影响。例如采用不含利息的经营成本作为现今流出,而不是总成本费用;在流动资金估算、经营成本中的修理费和其他费用估算过程中应注意避免利息的影响等。

所得税前和所得税后分析的现金流入完全相同,但现金流出略有不同,所得税前分析不将所得税作为现金流出,所得税后分析视所得税为现金流出。

(三)项目投资现金流量表的编制

融资前动态分析主要考察整个计算期内现金流入和现金流出,编制项目投资现金流量表,如表4-15所示。

表4-15 项目投资现金流量表　　　　　　　　　　　　　人民币单位:万元

序号	项　　目	合计	计算期					
			1	2	3	4	…	n
1	现金流入							
1.1	营业收入							
1.2	补贴收入							
1.3	回收固定资产余值							
1.4	回收流动资金							
2	现金流出							
2.1	建设投资							
2.2	流动资金							
2.3	经营成本							
2.4	营业税金及附加							
2.5	维持运营投资							
3	所得税前净现金流量(1-2)							
4	累计所得税前净现金流量							
5	调整所得税							
6	所得税后净现金流量(3-5)							
7	累计所得税后净现金流量							

计算指标：

项目投资财务内部收益率(所得税前)：%

项目投资财务内部收益率(所得税后)：%

项目投资财务净现值(所得税前)($i_c = \%$)：万元

项目投资财务净现值(所得税后)($i_c = \%$)：万元

项目投资回收期(所得税前)：年

项目投资回收期(所得税后)：年

(1)现金流入主要是营业收入，还可能包括补贴收入，在计算期最后一年，还包括回收固定资产余值及回收流动资金。营业收入的各年数据取自营业收入和营业税金及附加估算表。固定资产余值回收额为固定资产折旧费估算表中最后一年的固定资产期末净值，流动资金回收额为项目正常生产年份流动资金的占用额。

(2)现金流出主要包括有建设投资、流动资金、经营成本、营业税金及附加。固定资产投资和流动资金的数额取自项目总投资使用计划与资金筹措表；流动资金投资为各年流动资金增加额；经营成本取自总成本费用估算表；营业税金及附加包括营业税、消费税、资源税、城市维护建设税和教育费附加，它们取自营业收入、营业税金及附加和增值税估算表；尤其需要注意的是，项目投资现金流量表中的"所得税"应根据息税前利润乘以所得税率计算，称为"调整所得税"。原则上，息税前利润的计算应完全不受融资方案变动的影响，即不受利息多少的影响，包括建设期利息对折旧的影响(因为折旧的变化会对利润总额产生影响，进而影响息税前利润)。但如此将会出现两个折旧和两个息税前利润(用于计算融资前所得税的息税前利润和利润表中的息税前利润)。为简化起见，当建设期利息占总投资比例不是很大时，也可按利润表中的息税前利润计算调整所得税。

(3)项目计算期各年的净现金流量为各年现金流入量减对应年份的现金流出量，各年累计净现金流量为本年及以前各年净现金流量之和。

(4)按所得税前的净现金流量计算的相关指标，即所得税前指标，是投资盈利能力的完整体现，用以考察有项目方案设计本身所决定的财务盈利能力，它不受融资方案和所得税政策变化的影响，仅仅体现项目方案本身的合理性。所得税前指标可以作为初步投资决策的主要指标，用于考察项目是否基本可行，并值得去为之融资。所谓"初步"是相对而言，意指根据该指标投资者可以作出项目实施后能实现投资目标的判断，此后再通过融资方案的比选分析，有了较为满意的融资方案后，投资者才能决定最终出资。所得税前指标应该受到项目有关各方(项目发起人、项目业主、项目投资人、银行和政府管理部门)广泛的关注。所得税前指标还特别适用于建设方案设计中的方案比选。

四、融资后财务分析

融资后分析应以融资前分析和初步的融资方案为基础，考察项目在拟定融资条件下的盈利能力、偿债能力和财务生存能力，判断项目方案在融资条件下的可行性。融资后分析是比选融资方案，进行融资决策和投资者最终决定出资的依据。

在融资前分析结果可以接受的前提下，可以开始考虑融资方案，进行融资后分析。融资后分析包括项目的盈利能力分析、偿债能力分析以及财务生存能力分析，进而判断项目方案在融资条件下的合理性。融资后分析是比选融资方案，进行融资决策和投资者最终决定出资的依据。可行性研究阶段必须进行融资后分析，但只是阶段性的。实践中，在可行性研究报告完成之后，还需要进一步深化融资后分析，才能完成最终融资决策。

融资后的盈利能力分析，包括动态分析(折现现金流量分析)和静态分析(非折现盈利能力分析)。

（一）动态分析

动态分析是通过编制财务现金流量表，根据资金时间价值原理，计算财务内部收益率、财务净现值等指标，分析项目的获利能力。融资后的动态分析可分为下列两个方面：

1.项目资本金现金流量分析

在市场经济条件下，对项目整体获利能力有所判断的基础上，项目资本金盈利能力指标是投资者最终决定是否投资的最重要的指标，也是比较和取舍融资方案的重要依据。

项目资本金现金流量分析，应在拟定的融资方案下，从项目资本金出资者整体的角度，确定其现金流入和现金流出，编制项目资本金现金流量表，如表4-16所示。

表4-16 项目资本金现金流量表 人民币单位：万元

序号	项 目	合计	计算期					
			1	2	3	4	…	n
1	现金流入							
1.1	营业收入							
1.2	补贴收入							
1.3	回收固定资产余值							
1.4	回收流动资金							
2	现金流出							
2.1	项目资本金							
2.2	借款本金偿还							
2.3	借款利息支付							
2.4	经营成本							
2.5	营业税金及附加							
2.6	所得税							
2.7	维持运营投资							
3	净现金流量(1-2)							

计算指标：
　　资本金财务内部收益率(%)

（1）现金流入各项的数据来源与全部投资现金流量表相同。

（2）现金流出项目包括：项目资本金、借款本金偿还、借款利息支付、经营成本及营业税金及附加。其中,项目资本金取自项目总投资计划与资金筹措表中资金筹措项下的自有资金分项。借款本金偿还由两部分组成:一部分为借款还本付息计划表中本年还本额;一部分为流动资金借款本金偿还,一般发生在计算期最后一年。借款利息支付数额来自总成本费用估算表中的利息支出项。现金流出中其他各项与全部投资现金流量表中相同。

(3)项目计算期各年的净现金流量为各年现金流入量减对应年份的现金流出量。

项目资本金现金流量表将各年投入项目的项目资本金作为现金流出,各年交付的所得税和还本付息也作为现金流出。因此,其净现金流量就包容了企业在缴税和还本付息之后所剩余的收益(含投资者应分得的利润),也即企业的净收益,又是投资者的权益性收益。那么根据这种净现金流量计算得到的资本金内部收益率指标应该能反映从投资者整体角度考察盈利能力的要求,也就是从企业角度对盈利能力进行判断的要求。因为企业只是一个经营实体,而所有权是属于全部投资者的。

2. 投资各方现金流量分析

对于某些项目,为了考察投资各方的具体收益,还应从投资各方实际收入和支出的角度,确定其现金流入和现金流出,分别编制投资各方现金流量表(表4-17),计算投资各方的内部收益率指标。

表4-17 投资各方现金流量表　　人民币单位:万元

序号	项　　目	合计	计算期					
			1	2	3	4	…	n
1	现金流入							
1.1	实分利润							
1.2	资产处置收益分配							
1.3	租赁费收入							
1.4	技术转让或使用收入							
1.5	其他现金流入							
2	现金流出							
2.1	实缴资本							
2.2	租赁资产支出							
2.3	其他现金流出							
3	净现金流量(1-2)							

计算指标:

投资各方财务内部收益率(%)

投资各方现金流量表中现金流入是指出资方因该项目的实施将实际获得的各种收入。现金流出是指出资方因该项目的实施将实际投入的各种支出。表中各项应注意的问题包括:

(1)实分利润是指投资者由项目获取的利润。

(2)资产处置收益分配是指对有明确的合营期限或合资期限的项目,在期满时对资产余值按股比或约定比例的分配。

110

（3）租赁费收入是指出资方将自己的资产租赁给项目使用所获得的收入，此时应将资产价值作为现金流出，列为租赁资产支出科目。

（4）技术转让或使用收入是指出资方将专利或专有技术转让或允许该项目使用所获得的收入。

（二）静态分析

除了进行现金流量分析以外，还可以根据项目具体情况进行静态分析，即非折现盈利能力分析，选择计算一些静态指标。静态分析编制的报表是利润和利润分配表。利润与利润分配表中损益栏目反映项目计算期内各年的营业收入、总成本费用支出、利润总额情况；利润分配栏目反映所得税及税后利润的分配情况，如表4-18所示。

表4-18 利润和利润分配表

人民币单位：万元

序号	项　目	合计	计算期					
			1	2	3	4	…	n
1	营业收入							
2	营业税金及附加							
3	总成本费用							
4	补贴收入							
5	利润总额(1-2-3+4)							
6	弥补以前年度亏损							
7	应纳税所得额(5-6)							
8	所得税							
9	净利润(5-8)							
10	期初未分配利润							
11	可供分配的利润(9+10)							
12	提取法定盈余公积金							
13	可供投资者分配的利润(11-12)							
14	应付优先股股利							
15	提取任意盈余公积金							
16	应付普通股股利(13-14-15)							
17	各投资方利润分配　其中：××方　　　　××方							
18	未分配利润(13-14-15-17)							
19	息税前利润(利润总额+利息支出)							
20	息税折旧摊销前利润(息税前利润+折旧+摊销)							

可供投资者分配的利润根据投资方或股东的意见在任意盈余公积金、应付利润和未分配利润之间进行分配。应付利润为向投资者分配的利润或向股东支付的股利，未分配利润主要指用于偿还固定资产投资借款及弥补以前年度亏损的可供分配利润。

（三）融资后偿债能力分析

1. 偿债计划的编制

对筹措了债务资金的项目，偿债能力考察项目按期偿还借款的能力。根据借款还本付息计划表、利润和利润分配表与总成本费用表的有关数据，通过计算利息备付率、偿债备付率指标，判断项目的偿债能力。如果能够得知或根据经验设定所要求的借款偿还期，可以直接计算利息备付率、偿债备付率指标；如果难以设定借款偿还期，也可以先大致估算出借款偿还期，再采用适宜的方法计算出每年需要还本和付息的金额，代入公式计算利息备付率、偿债备付率指标。需要估算借款偿还期时，可按下式估算：

借款偿还期 = 借款偿还后出现盈余的年份 – 开始借款年份 + （当年借款)/（当年可用于还款的资金额）

需要注意的是，该借款偿还期只是为估算利息备付率和偿债备付率指标所用，不应与利息备付率和偿债备付率指标并列。

2. 资产负债表的编制

资产负债表通常按企业范围编制，企业资产负债表是国际上通用的财务报表，表中数据可由其他报表直接引入或经适当计算后列入，以反映企业某一特定日期的财务状况。编制过程中资产负债表的科目可以适当简化，反映的是各年年末的财务状况。如表 4－19 所示。

表 4－19 资产负债表　　　　　　　　　　　　　　　人民币单位：万元

序号	项　目	合计	计算期					
			1	2	3	4	…	n
1	资产							
1.1	流动资产总额							
1.1.1	货币资金							
1.1.2	应收账款							
1.1.3	预付账款							
1.1.4	存货							
1.1.5	其他							
1.2	在建工程							
1.3	固定资产净值							
1.4	无形及其他资产净值							
2	负债及所有者权益(2.4＋2.5)							
2.1	流动负债总额							
2.1.1	短期借款							

序号	项　目	合计	计算期					
			1	2	3	4	…	n
2.1.2	应付账款							
2.1.3	预收账款							
2.1.4	其他							
2.2	建设投资借款							
2.3	流动资金借款							
2.4	负债小计(2.1 + 2.2 + 2.3)							
2.5	所有者权益							
2.5.1	资本金							
2.5.2	资本公积金							
2.5.3	累计盈余公积金							
2.5.4	累计未分配利润							

计算指标：

资产负债率(%)

资产由流动资产、在建工程、固定资产净值、无形及其他资产净值四项组成。

(1)流动资产为货币资金、应收账款、预付账款、存货、其他之和。应收账款、预付账款和存货三项数据来自流动资金估算表；货币资金数据则取自财务计划现金流量表的累计资金盈余与流动资金估算表中现金项之和。

(2)在建工程是指建设投资和建设期利息的年累计额。

(3)固定资产净值和无形及其他资产净值分别从固定资产折旧费估算表和无形及其他资产摊销估算表取得。

负债包括流动负债、建设投资借款和流动资金借款。流动负债中的应付账款、预收账款数据可由流动资金估算表直接取得。后两项需要根据财务计划现金流量表中的对应项及相应的本金偿还项进行计算。

所有者权益包括资本金、资本公积金、累计盈余公积金及累计未分配利润。其中，累计未分配利润可直接来自利润表；累计盈余公积金也可由利润表中盈余公积金项计算各年份的累计值，但应根据是否用盈余公积金弥补亏损或转增资本金的情况进行相应调整；资本金为项目投资中累计自有资金(扣除资本溢价)，当存在由资本公积金或盈余公积金转增资本金的情况时应进行相应调整。资本公积金为累计资本溢价及赠款，转增资本金时进行相应调整。

资产负债表满足等式：

$$资产 = 负债 + 所有者权益$$

(四)财务生存能力分析

财务生存能力旨在分析考察项目(企业)在整个计算期内的资金充裕程度，分析财务可持续性。判断项目在财务上的生存能力，应根据财务计划现金流量表进行。

财务计划现金流量表是国际上通用的财务报表，用于反映计算期内各年的投资活动、融资活动和经营活动所产生的现金流入、现金流出和净现金流量，分析项目是否有足够的净现金流量维持正常运营，是表示财务状况的重要财务报表。为此，财务生存能力分析亦可称为资金平衡分析。财务计划现金流量表如表 4-20 所示，其中绝大部分数据可来自其他表格。

表 4-20　财务计划现金流量表　　　　　　　　　人民币单位：万元

序号	项　　目	合计	计算期					
			1	2	3	4	...	n
1	经营活动净现金流量(1.1-1.2)							
1.1	现金流入							
1.1.1	营业收入							
1.1.2	增值税销项税额							
1.1.3	补贴收入							
1.1.4	其他流入							
1.2	现金流出							
1.2.1	经营成本							
1.2.2	增值税进项税额							
1.2.3	营业税金及附加							
1.2.4	增值税							
1.2.5	所得税							
1.2.6	其他流出							
2	投资活动净现金流量(2.1-2.2)							
2.1	现金流入							
2.2	现金流出							
2.2.1	建设投资							
2.2.2	维持运营投资							
2.2.3	流动资金							
2.2.4	其他流出							
3	筹资活动净现金流量(3.1-3.2)							
3.1	现金流入							
3.1.1	项目资本金投入							
3.1.2	建设投资借款							
3.1.3	流动资金借款							
3.1.4	债券							
3.1.5	短期借款							

序号	项 目	合计	计算期					
			1	2	3	4	…	n
3.1.6	其他流入							
3.2	现金流出							
3.2.1	各种利息支出							
3.2.2	偿还债务本金							
3.2.3	应付利润(股利分配)							
3.2.4	其他流出							
4	净现金流量(1+2+3)							
5	累计盈余资金							

财务生存能力分析应结合偿债能力分析进行,项目的财务生存能力分析可通过以下相辅相成的两个方面进行:

1. 分析是否有足够的净现金流量维持正常运营

(1)在项目(企业)运营期间,只有能够从各项经济活动中得到足够的净现金流量,项目才能持续生存。财务生存能力分析中应根据财务计划现金流量表,考察项目计算期内各年的投资活动、融资活动和经营活动所产生的各项现金流入和流出,计算净现金流量和累积盈余资金,分析项目是否有足够的净现金流量维持正常运营。

(2)拥有足够的经营净现金流量是财务上可持续的基本条件,特别是在运营初期。一个项目具有较大的经营净现金流量,说明项目方案比较合理,实现自身资金平衡的可能性大,不会过分依赖短期融资来维持运营;反之,一个项目不能产生足够的经营净现金流量,说明项目方案缺乏合理性,实现自身资金平衡的可能性小,有可能要靠短期融资来维持运营,有些项目可能需要政府补助来维持运营。

(3)通常运营期前期的还本付息负担较重,故应特别注重运营期前期的财务生存能力分析。如果安排的还款期过短,致使还本付息负担过重,导致为维持资金平衡必须筹借的短期借款过多,可以设法调整还款期,甚至寻求更有利的融资方案,减轻各年还款负担。所以,财务生存能力分析应结合偿债能力分析进行。

2. 各年累计盈余资金不出现负值是财务可持续的必要条件

各年累计盈余资金不出现负值是财务可持续的必要条件。在整个运营期间,允许个别年份的净现金流量出现负值,但不能允许任一年份的累积盈余资金出现负值。一旦出现负值时应适时进行短期融资,该短期融资应体现在财务计划现金流量表中,同时短期融资的利息也应纳入成本费用和其后的计算。较大的或较频繁的短期融资,有可能导致以后的累计盈余资金无法实现正值,致使项目难以持续运营。

第六节　财务评价指标体系与方法

建设项目财务评价方法是与财务评价的目的和内容相联系的。财务评价的主要内容包括：盈利能力评价和清偿能力评价。财务评价的方法有以现金流量表和利润表为基础的动态获利性评价和静态获利性评价，以资产负债表为基础的财务比率分析，以借款还本付息计划表和财务计划现金流量表为基础的偿债能力分析和财务生存能力分析等。

一、建设项目财务评价指标体系

建设项目财务评价指标体系是按照财务评价的内容建立起来的，同时也与编制的财务评价报表密切相关。建设项目财务评价内容、评价报表、评价指标之间的关系如表4-21所示。

表4-21　财务评价指标体系

评价内容	基本报表		评价指标	
			静态指标	动态指标
盈利能力分析	融资前分析	项目投资现金流量表	项目投资回收期	项目投资财务内部收益率 项目投资财务净现值
		项目资本金现金流量表		项目资本金财务内部收益率
	融资后分析	投资各方现金流量表		投资各方财务内部收益率
		利润与利润分配表	总投资收益率 项目资本金 净利润率	
偿债能力分析	借款还本付息计划表		偿债备付率 利息备付率	
	资产负债表		资产负债率 流动比率 速动比率	
财务生存能力分析	财务计划现金流量表		累计盈余资金	
外汇平衡分析	财务外汇平衡表			
不确定性分析	盈亏平衡分析		盈亏平衡产量 盈亏平衡生产能力利用率	
	敏感性分析		灵敏度 不确定因素的临界值	
风险分析	概率分析		$FNPV \geqslant 0$ 的累计概率	
			定性分析	

二、建设项目财务评价方法

(一)财务盈利能力评价

财务盈利能力评价主要考察投资项目投资的盈利水平,是在编制项目投资现金流量表、项目资本金现金流量表、利润和利润分配表等财务报表的基础上,计算财务净现值、财务内部收益率、项目投资回收期、总投资收益率和项目资本金净利润率等指标。

1. 财务净现值(FNPV)

财务净现值是指把项目计算期内各年的财务净现金流量,按照一个设定的标准折现率(基准收益率)折算到建设期初(项目计算期第一年年初)的现值之和。财务净现值是考察项目在其计算期内盈利能力的主要动态评价指标。其表达式为:

$$FNPV = \sum_{t=0}^{n} (CI - CO)_t (1 + i_c)^{-t}$$

式中:$FNPV$——净现值;

CI——现金流入;

CO——现金流出;

n——项目计算期;

i_c——设定的折现率(同基准收益率)。

项目财务净现值是考察项目盈利能力的绝对量指标,它反映项目在满足按设定折现率要求的盈利之外所能获得的超额盈利的现值。如果项目财务净现值等于或大于零,表明项目的盈利能力达到或超过了所要求的盈利水平,项目财务上可行。

【例4-11】 某企业拟开发某种新产品的项目,该新产品的行销期为4年,各年的净现金流量如表4-22所示。设基准收益率为10%,试用净现值判断该项目是否可行。

表4-22 现金流量表

年份	0	1	2	3	4
净流量	-7000	1000	2000	6000	4000

解: 根据 $FNPV = \sum_{t=0}^{n} (CI - CO)_t (1 + i_c)^{-t}$ 有

$FNPV = -7000 + 1000(P/F, 10\%, 1) + 2000(P/F, 10\%, 2) + 6000(P/F, 10\%, 3) + 4000(P/F, 10\%, 4) = 2801.9(万元)$

因为:$FNPV \geq 0$,所以该项目可行。

2. 财务内部收益率(FIRR)

财务内部收益率是指项目在整个计算期内各年财务净现金流量的现值之和等于零时的折现率,也就是使项目的财务净现值等于零时的折现率,其表达式为:

$$\sum_{t=0}^{n} (CI - CO)_t \times (1 + FIRR)^{-t} = 0$$

财务内部收益率是反映项目实际收益率的一个动态指标,该指标越大越好。一般情况下,财务内部收益率大于等于基准收益率时,项目可行。项目财务内部收益率一般通过计算机软件中配置的财务函数计算,若需要手工计算,可根据财务现金流量表中净现金流量,采用试算插值法计算,将求得的财务内部收益率与设定的判别基准 i_c 进行比较,当 $FIRR \geq i_c$ 时,即认为项目的盈利性能够满足要求。公式为:

$$FIRR = i_1 + \frac{FNPV_1}{FNPV_1 - FNPV_2}(i_2 - i_1)$$

式中:i_1—— 较低的试算折现率,使 $FNPV_1 \geq 0$;

i_2—— 较高的试算折现率,使 $FNPV_2 \leq 0$。

$$FNPV_1 = \sum_{t=0}^{n}(CI - CO)_t(1 + i_1)^{-t}$$

$$FNPV_2 = \sum_{t=0}^{n}(CI - CO)_t(1 + i_2)^{-t}$$

根据投资各方财务现金流量表也可以计算内部收益率指标,即投资各方内部收益率。不过应注意的是,投资各方内部收益率实际上是一个相对次要的指标。在普遍按股本比例分配利润和分担亏损和风险的原则下,投资各方的利益是均等的。只有投资者中的各方有股权之外的不对等的利益分配时,投资各方的利益才会有差异,比如其中一方有技术转让方面的收益,或一方有租赁设施的收益,或一方有土地使用权方面的收益时,需要计算投资各方的内部收益率。对于投资各方的内部收益率来说,其最低可接受收益率只能由各投资者自己确定,因为不同的投资者的资本实力和风险承受能力有很大差异,且出于某些原因,可能会对不同项目有不同的收益水平要求。

【例 4 - 12】 已知某项目基准收益率 $i = 16\%$ 时,净现值为 20 万元,$i = 18\%$ 时,净现值为 - 80 万元,试用试算内插法求该项目的财务内部收益率,并判断该项目是否可行。

解:根据公式

$$FIRR = i_1 + \frac{FNPV_1}{FNPV_1 - FNPV_2}(i_2 - i_1)$$

有:

$$FIRR = 16\% + \frac{20}{20 - (-80)}(18\% - 16\%) = 16.4\%$$

因为 $FIRR = 16.4\% < i = 18\%$,所以该方案不可行。

3. 投资回收期

投资回收期按照是否考虑资金时间价值可以分为静态投资回收期和动态投资回收期。

(1)静态投资回收期。静态投资回收期是指以项目每年的净收益回收项目全部投资所需要的时间,是考察项目财务上投资回收能力的重要指标。这里所说的全部投资既包括建设投资,又包括流动资金投资。项目每年的净收益是指税后利润加折旧。静态投资回收期的表达式如下:

$$\sum_{t=0}^{P_t}(CI - CO)_t = 0$$

式中:P_t—— 静态投资回收期。

如果项目建成投产后各年的净收益不相同,则静态投资回收期可根据累计净现金流量用插值法求得。其计算公式为:

P_t = 累计净现金流量开始出现正值的年份 - 1 + (上一年累计现金流量的绝对值／当年净现金流量)

118

当静态投资回收期小于等于基准投资回收期时，项目可行。

【例 4 – 13】 某项目建设期为一年，建设投资 800 万元。第二年末净现金流量为 320 万元，第三年末为 342 万元，第四年末为 366 万元，第五年末为 393 万元，该项目静态投资回收期为几年？

解： 累计净现金流量的计算过程如表 4 – 23 所示：

表 4 – 23　累计净现金流量表　　　　　　　　　　　　　　　　　单位：万元

第 t 年末	0	1	2	3	4	5
净现金流量	– 800	0	320	342	366	393
累计净现金流量	– 800	– 800	– 480	– 138	228	621

根据公式与计算表，则

$$P_1 = 4 - 1 + \frac{|-138|}{366} = 3.38（年）$$

（2）动态投资回收期。动态投资回收期是指在考虑了资金时间价值的情况下，以项目每年的净收益回收项目全部投资所需要的时间。这个指标主要是为了克服静态投资回收期指标没有考虑资金时间价值的缺点而提出的。动态投资回收期的表达式如下：

$$\sum_{t=0}^{P'_t} (CI - CO)_t (1 + i_c)^{-t} = 0$$

式中：P'_t——动态投资回收期。

P'_t 也可以用插值法求出，公式为：

P'_t = 累计净现金流量现值开始出现正值的年份 – 1 + （上一年累计现金流量现值的绝对值／当年净现金流量现值）

动态投资回收期是在考虑了项目合理收益的基础上收回投资的时间，只要在项目寿命期结束之前能够收回投资，就表示项目已经获得了合理的收益。所以，只要动态投资回收期不大于项目寿命期，项目就可行。

【例 4 – 14】 基准利率为 10%，例 4 – 13 资料中项目的动态投资回收期为几年？

解： 累计净现值的计算过程如表 4 – 24 所示：

表 4 – 24　累计净现值表　　　　　　　　　　　　　　　　　　　单位：万元

第 t 年末	0	1	2	3	4	5
净现金流量	– 800	0	320	342	366	393
折现系数	1	0.9091	0.8264	0.7513	0.6830	0.6209
净流量折现值	– 800	0	264.45	256.94	249.98	244.01
累计净现值	– 800	– 800	– 535.55	– 278.61	– 28.63	215.38

根据上述公式计算，则

$$P_1 = 5 - 1 + \frac{|-28.63|}{244.01} = 4.12(\text{年})$$

4. 总投资收益率(ROI)

总投资收益率是指项目达到设计能力后正常年份的年息税前利润或营运期内年平均息税前利润(EBIT)与项目总投资(TI)的比率。其表达式为:

$$ROI = \frac{EBIT}{TI} \times 100\%$$

总投资收益率高于同行业的收益率参考值,表明用总投资收益率表示的盈利能力满足要求。

5. 项目资本金净利润率(ROE)

项目资本金净利润率是指项目达到设计能力后正常年份的年净利润或运营期内平均净利润(NP)与项目资本金(EC)的比率。其表达式为:

$$ROE = \frac{NP}{EC} \times 100\%$$

项目资本金净利润率高于同行业的净利润率参考值,表明用项目资本金净利润率表示的盈利能力满足要求。

(二)清偿能力评价

投资项目的资金构成一般可分为借入资金和自有资金。自有资金可长期使用,而借入资金必须按期偿还。项目的投资者自然要关心项目偿债能力;借入资金的所有者——债权人也非常关心贷款资金能否按期收回本息。因此,偿债分析是财务分析中的一项重要内容。

1. 利息备付率(ICR)

利息备付率是指项目在借款偿还期内的息税前利润(EBIT)与应付利息(PI)的比值,它从付息资金来源的充裕性角度反映项目偿付债务利息的保障程度。利息备付率的含义和计算公式均与财政部对企业绩效评价的"已获利息倍数"指标相同,用于支付利息的息税前利润等于利润总额和当期应付利息之和,当期应付利息是指计入总成本费用的全部利息。利息备付率应按下式计算:

$$ICR = \frac{EBIT}{PI}$$

利息备付率应分年计算。对于正常经营的企业,利息备付率应当大于1,并结合债权人的要求确定。利息备付率高,表明利息偿付的保障程度高,偿债风险小。

2. 偿债备付率(DSCR)

偿债备付率是指项目在借款偿还期内,各年可用于还本付息的资金($EBITDA - T_{AX}$)与当期应还本付息金额(PD)的比值,它表示可用于还本付息的资金偿还借款本息的保障程度,应按下式计算:

$$DSCR = \frac{EBITDA - T_{AX}}{PD}$$

式中:EBITDA——息税前利润加折旧和摊销;

T_{AX}——企业所得税。

偿债备付率可以按年计算,也可以按整个借款期计算。偿债备付率表示可用于还本付息的资金偿还借款本息的保证倍率,正常情况应当大于1,并结合债权人的要求确定。

【例 4 - 15】 某项目与备付率指标有关的数据如表 4 - 25 所示,试计算利息备付率和偿债备付率。

表 4 - 25 某项目与备付率指标有关的数据(单位:万元)

年份 项目	1	2	3	4	5
应还本付息额	97.8	97.8	97.8	97.8	97.8
应付利息额	24.7	20.3	15.7	10.8	5.5
息税前利润	43.0	219.9	219.9	219.9	219.9
折旧	172.4	172.4	172.4	172.4	172.4
所得税	6.0	65.9	67.4	69.0	70.8

解:根据已知数据计算的备付率指标如表 4 - 26 所示:

表 4 - 26 某项目利息备付率与偿债备付率指标

年份 项目	1	2	3	4	5
利息备付率	1.74	10.83	14.00	20.36	39.98
偿债备付率	2.141	3.337	3.322	3.305	3.289

计算结果分析:由于投产后第 1 年负荷低,同时利息负担大,所以利息备付率、偿债备付率都较低,但这种状况投产后第 2 年起就得到了彻底的转变。

3. 资产负债率

资产负债率是反映项目各年所面临的财务风险程度及偿债能力的指标。计算公式为:

$$资产负债率 = (负债合计/资产合计) \times 100\%$$

资产负债率表示企业总资产中有多少是通过负债得来的,是评价企业负债水平的综合指标。适度的资产负债率既能表明企业投资人、债权人的风险较小,又能表明企业经营安全、稳健、有效,具有较强的融资能力。国际上公认的较好的资产负债率指标是 60%。但是难以简单地用资产负债率的高或低来进行判断,因为过高的资产负债率表明企业财务风险太大;过低的资产负债率则表明企业对财务杠杆利用不够。实践表明,行业间资产负债率差异也较大。实际分析时应结合国家总体经济运行状况、行业发展趋势、企业所处竞争环境等具体条件进行判定。

4. 流动比率

流动比率是反映项目各年偿付流动负债能力的指标,计算公式为:

$$流动比率 = (流动资产总额/流动负债总额) \times 100\%$$

流动比率衡量企业资金流动性的大小,考虑流动资产规模与负债规模之间的关系,判断企业短期债务到期前,可以转化为现金用于偿还流动负债的能力。该指标越高,说明偿还流动负债的能力越强。但该指标过高,说明企业资金利用效率低,对企业的运营也不利。国际公认的标准是200%。但行业间流动比率会有很大差异，一般说，若行业生产周期较长，流动比率就应该相应提高；反之，就可以相对降低。

5. 速动比率

速动比率是反映项目各年快速偿付流动负债能力的指标，计算公式为：

$$速动比率 = (流动资产总额 - 存货)/流动负债总额 \times 100\%$$

速动比率指标是对流动比率指标的补充，是将流动比率指标计算公式的分子剔除了流动资产中的变现力最差的存货后，计算企业实际的短期债务偿还能力，较流动比率更为准确。该指标越高，说明偿还流动负债的能力越强。与流动比率一样，该指标过高，说明企业资金利用效率低，对企业的运营也不利。国际公认的标准比率为100%，同样，该指标在行业间也有较大差异，实践中应结合行业特点分析判断。

在项目评价过程中，可行性研究人员应该综合考察以上的盈利能力和偿债能力分析指标，分析项目的财务运营能力能否满足预期的要求和规定的标准要求，从而评价项目的财务可行性。

第七节　建设项目投资方案的比较和选择

方案的比较和选择是项目评价的重要内容。对技术项目方案进行经济评价，一般常遇到两种情况：一种是单方案评价，即投资项目只有一种技术方案或独立的项目方案可供评价；另一种是多方案评价，即投资项目有几种可供选择的技术方案。对单方案的评价，采用前述的经济指标就可以决定项目的取舍。但是，在实践中，由于决策结构的复杂性，往往只有对多方案进行比较评价，才能决策出技术上先进适用、经济上合理有利、社会效益大的最优方案。项目决策过程主要包括两个基本环节：一是探寻多个备选方案，这是一项技术创新活动；二是对多个备选方案进行比较和选择，这是一个经济决策活动，其核心问题就是采用恰当的方法对不同备选方案经济效益进行衡量、比较和选择。

在投资方案的比较和选择过程中，按照方案之间的经济关系可分为互斥方案、独立方案和相关方案。

一、方案的相关性与分类

（一）独立型

作为评价对象的各个方案的现金流量是独立的，不具有相关性，且任一方案的采用与否都不影响其他方案是否采用的决策。即方案之间不具有排斥性，采纳一方案并不要求放弃其他方案。

（二）互斥型

即在多方案中只能选择一个，其余方案必须放弃。方案不能同时存在，方案之间的关系具有互相排斥的性质。

（三）混合型

即在方案群内包括的各个方案之间既有独立关系，又有互斥关系。不同类型方案的评价指标和方法是不同的，但比较的宗旨只有一个：最有效地分配有限的资金，以获得最好的经济效益。

相关关系有正相关和负相关。当一个项目(方案)的执行虽然不排斥其他项目(方案)，但可以使其效益减少，这时项目(方案)之间具有负相关关系，项目(方案)之间的比选可以转化为互斥关系。当一个项目(方案)的执行使其他项目(方案)的效益增加，这时，项目(方案)之间具有正相关关系，项目(方案)之间的比选可以采用独立方案比选方法。

在无约束的条件下，一组独立项目的决策是比较容易的，只要看评价指标是否达到某一评价标准，用净现值、内部收益率等评价指标判别即可；但如果有约束条件(比如受一定资金的限制，只能从中选择一部分项目而淘汰其他项目，这时就出现了资金合理分配的问题，一般通过项目排队(独立项目组合)来优选项目。

二、独立方案的选择

独立方案的采用与否，只取决于方案自身的经济性，即只需检验它们是否能够通过净现值、净年值或内部收益率等绝对效益评价方法。

【例 4 - 16】　两个独立方案 A 和 B，其现金流量如表 4 - 27 所示。试判断其经济可行性($i_c = 12\%$)。

表 4 - 27　独立方案 A、B 的净现金流量　　　　单位：万元

方案＼年份	0	1 ~ 10
A	- 20	5.8
B	- 30	7.8

解：本例为独立方案，可计算方案自身的绝对效果指标——净现值、净年值、内部收益率等，然后根据各指标的判别准则进行绝对效果检验并决定取舍。

1. $NPV_A = -20 + 5.8 \times (P/A, 12\%, 10) = 12.77$ 万元

$NPV_B = -30 + 7.8 \times (P/A, 12\%, 10) = 14.07$ 万元

由于 $NPV_A > 0$，$NPV_B > 0$，根据净现值判别准则，A、B 方案均可予接受。

2. $NAV_A = NPV_A(A/P, 12\%, 10) = 2.26$ 万元

$NAV_B = NPV_B(A/P, 12\%, 10) = 2.49$ 万元

根据净年值判别准则，由于 $NAV_A > 0$，$NAV_B > 0$，A、B 方案均可予接受。

3. 设 A 方案内部收益率 IRR_A，B 方案的内部收益率为 IRR_B，由方程

$$-20 + 5.8 \times (P/A, IRR_A, 10) = 0$$
$$-30 + 7.8 \times (P/A, IRR_B, 10) = 0$$

解得各自的内部收益率为 $IRR_A = 26\%$，$IRR_B = 23\%$，由于 $IRR_A > i_c$，$IRR_B > i_c$ 故 A、B 方案均可予接受。

对于独立方案而言，经济上是否可行的判断根据是其绝对经济效果指标是否优于一定的检验标准。不论采用净现值、净年值和内部收益率当中哪一种评价指标，评价结论都是一样的。

三、互斥方案的比较和选择

在对互斥方案进行评价时，经济效果评价包含了两部分的内容：一是考察各个方案自身

的经济效果，即进行绝对效果检验，用经济效果评价标准（如 NPV_0，NAV_0，$IRRi_0$）检验方案自身的经济性，叫"绝对（经济）效果检验"。凡通过绝对效果检验的方案，就认为它在经济上是可以接受的，否则就应予以拒绝；二是考察哪个方案相对最优，称"相对（经济）效果检验"。一般先用绝对经济效果方法筛选方案，然后以相对经济效果方法优选方案。其步骤如下：

第一步 按项目方案投资额大小将方案排序。

第二步 以投资额最低的方案为临时最优方案，计算此方案的绝对经济效果指标，并与判别标准比较，直至成立。

第三步 依次计算各方案的相对经济效益，并与判别标准，如基准收益率比较，优胜劣汰，最终取胜者，即为最优方案。

在第六节中介绍的投资回收期、净现值、净年值、内部收益率均是绝对经济效益指标。关于相对经济效益指标将在下面作介绍。

互斥型方案进行比较时，必须具备的基本条件是：

（1）被比较方案的费用及效益计算方式一致；

（2）被比较方案在时间上可比；

（3）被比较方案现金流量具有相同的时间特征。

如果以上条件不能满足，各个方案之间不能进行直接比较，必须经过一定转化后方能进行比较。

（一）寿命期相同的互斥方案的选择

对于寿命期相同的互斥方案，计算期通常描述为其寿命周期，这样能满足在时间上的可比性。互斥方案的评价与选择的指标通常采用净现值、净年值和内部收益率，这些方法在前面已讲述过，这里介绍一种新的方法。

1. 增量分析法

先分析一个互斥方案评价的例子。

【例 4 – 17】 方案 A、B 是互斥方案，其各年的现金流量如表 4 – 28 所示，试对方案进行评价选择（$i_c = 10\%$）。

表 4 – 28 互斥方案 A、B 的净现金流量及经济效果指标 单位：万元

年份	0	1 ~ 10	NPV	IRR
A 的净现金流	– 2300	650	1693.6	25.34%
B 的净现金流	– 1500	500	1572	31.22%
增量净现金流 A – B	– 800	150	1021.6	13.6%

解： 首先计算两个方案的绝对经济效果指标 NPV 和 IRR，计算结果示于表 4 – 27。

$$NPV_A = -2300 + 650 \times (P/A, 10\%, 10) = 1693.6（万元）$$

$$NPV_B = -1500 + 500 \times (P/A, 10\%, 10) = 1572（万元）$$

由方程式

$$-2300 + 650 \times (P/A, IRR_A, 10) = 0$$

$$-1500 + 500 \times (P/A, IRR_B, 10) = 0$$

经查表并插值计算可得

$$IRR_A = 25.34\%, \ IRR_B = 31.22\%$$

NPV_A、NPV_B 均大于零，IRR_A、IRR_B 均大于基准收益率，所以方案 A 和方案 B 都能通过绝对经济效果检验，且使用 NPV 指标和使用 IRR 指标进行绝对经济效果检验结论是一致的。

对上例的计算结果进行分析可以看出：由于 $NPV_A > NPV_B$，故按净现值最大准则，方案 A 优于方案 B。但计算结果还表明 $IRR_A < IRR_B$，若以内部收益率最大为比选准则，方案 B 优于方案 A，这与按净现值最大准则比选的结论相矛盾。究竟按哪种准则进行互斥方案比选更合理呢？解决这个问题需要分析投资方案比选的实质。投资额不等的互斥方案比选的实质是判断增量投资（或差额投资）的经济合理性，即投资大的方案相对于投资小的方案多投入的资金能否带来满意的增量收益。显然，若增量投资能够带来满意的增量收益，则投资额大的方案优于投资额小的方案，若增量投资不能带来满意的增量收益，则投资额小的方案优于投资额大的方案。

采用这种通过计算增量净现金流评价增量投资的经济效果，对投资额不等的互斥方案进行比选的方法称为增量分析法或差额分析法。这是互斥方案比选的基本方法。

2. 增量分析指标

净现值、净年值、投资回收期、内部收益率等评价指标都可用于增量分析，下面主要介绍差额净现值。

对于互斥方案，利用两方案的差额净现金流现值来分析，称为差额净现值法。设 A、B 为投资额不等的互斥方案，A 方案比 B 方案投资大，两方案的差额净现值可由下式求出：

$$\begin{aligned}
\Delta NPV_{A-B} &= \sum_{t=0}^{n} \left[(CI_A - CO_A)_t \ (CI_B - CO_B)_t \right] (1 + i_c)^{-t} \\
&= \sum_{t=0}^{n} (CI_A - CO_A)_t (1 + i)^{-t} - \sum_{t=0}^{n} (CI_B - CO_B)_t (1 + i)^{-t} \\
&= NPV_A - NPV_B
\end{aligned}$$

其分析过程是：首先计算两个方案的净现金流量之差，然后分析投资大的方案相对投资小的方案所增加的投资在经济上是否合理，即差额净现值是否大于零。若 $\Delta NPV_{A-B} \geq 0$，即 $NPV_A > NPV_B$ 表明增加的投资在经济上是合理的，投资大的方案优于投资小的方案；反之，则说明投资小的方案是更经济的。

当有多个互斥方案进行比较时，为了选出最优方案，需要对各个方案之间进行两两比较。当方案很多时，这种比较就显得很烦琐。在实际分析中，可采用简化方法来减少不必要的比较过程。对于需要比较的多个互斥方案，首先将它们按投资额的大小顺序排列，然后从小到大进行比较。每比较一次就淘汰一个方案，从而可大大减少比较方案次数。

必须注意的是，差额净现值只能用来检验差额投资的效果，或者说是相对效果。差额净现值大于零只表明增加的投资是合理的，并不表明全部投资是合理的。因此，在采用差额净现值法对方案进行比较时，首先必须确定作为比较基准的方案其绝对效果是好的。

【例 4 – 18】 有三个互斥型的投资方案，寿命期均为 10 年，各方案的初始投资和年净收益如表 4 – 29 所示。试在收益率为 10% 的条件下选择最佳方案。

表 4 - 29 互斥方案 A、B、C 的净现金流量表达式

方 案	初始投资/万元	年净收益/万元
A	-170	44
B	-260	59
C	-300	68
B - A	-90	15
C - B	-40	9

解： 投资方案投资额大小排列顺序是 A、B、C。首先检验 A 方案的绝对效果，可看作是 A 方案与不投资进行比较。

$$NPV_{A-0} = [-170 + 44 \times (P/A, 10\%, 10)] = 100.34(万元)$$

由于 NPV_{A-0} 大于零，说明 A 方案的绝对效果是好的。

$$NPV_{B-A} = [-90 + 15 \times (P/A, 10\%, 10)] = 2.17(万元)$$

NPV_{B-A} 大于零，即方案 B 优于方案 A，淘汰方案 A

$$NPV_{C-B} = [-40 + 9 \times (P/A, 10\%, 10)] = 15.30(万元)$$

NPV_{C-B} 大于零，表明投资大的 C 方案优于投资小的 B 方案。

三个方案的优劣顺序是 C 最优，B 次之，A 最差。

如果用净现值最大原则来比选，可以得到同样的结论。

$$NPV_A = -170 + 44 \times (P/A, 10\%, 10) = 100.34(万元)$$
$$NPV_B = -260 + 59 \times (P/A, 10\%, 10) = 102.51(万元)$$
$$NPV_C = -300 + 68 \times (P/A, 10\%, 10) = 117.81(万元)$$

因为 $NPV_C > NPV_B > NPV_A$，故 C 方案最优，B 次之，A 最差。

因此，实际工作中应根据具体情况选择比较方便的比选方法。当有多个互斥方案时，直接用净现值最大准则选择最优方案比两两比较的增量分析更为简便。分别计算各备选方案的净现值，根据净现值最大准则选择最优方案可以将方案的绝对经济效果检验和相对经济效果检验结合起来，判别准则可表述为：净现值最大且非负的方案为最优方案。

在对互斥方案进行比较选择时，净现值最大准则是正确的，而内部收益率最大准则只在基准收益率大于被比较的两方案的差额内部收益率的前提下成立。也就是说，如果将投资大的方案相对于投资小的方案的增量投资用于其他投资的机会，会获得高于差额内部收益率的盈利率，用内部收益率最大准则进行方案比选的结论就是正确的。但是若基准收益率小于差额内部收益率，用内部收益率最大准则选择方案就会导致错误的决策。由于基准收益率是独立确定的，不依赖于具体待比选方案的差额内部收益率，故用内部收益率最大准则比选方案是不可靠的。

（二）寿命期不等的互斥方案的选择

对于寿命期相等的互斥方案，通常将方案的寿命期设定为共同的分析期（或称计算期），这样，在利用资金等值原理进行经济效果评价时，方案间在时间上就具有可比性。

对寿命期不等的互斥方案进行比选，同样要求方案间具有可比性。满足这一要求需要解决两个方面的问题：一是设定一个合理的共同分析期；二是给寿命期不等于分析期的方案选

择合理的方案持续假定或者残值回收假定。下面结合具体指标来分析。

1. 年值法

年值法是指投资方案在计算期的收入及支出，按一定的收益率换算为等值年值，用以评价或选择方案的一种方法。在对寿命期不等的互斥方案进行评选时，特别是参加比选的方案数目众多时，年值法是最为简便的方法。年值法使用的指标有净年值与费用年值。

设 m 个互斥方案，其寿命期分别为 n_1，n_2，n_3，$\cdots$，n_m，方案 $j(j=1,2,\cdots,m)$ 在其寿命期内的净年值为

$$NAV_j = NPV_j(A/P, i_c, n_j) = \left[\sum_{t=0}^{n_j}(CI_t - CO_j)_t(P/F, i_c, t)\right](A/P, i_c, n_j)$$

净年值最大且非负的方案为最优秀可行方案。

【例 4-19】　现有互斥方案 A、B、C，各方案的现金流量如表 4-30 所示，试在基准收益率为 12% 的条件下选择最优秀方案。

表 4-30　A、B、C 方案的现金流量

方案	投资额/万元	年净收益/万元	寿命期/年
A	204	72	5
B	292	84	6
C	380	112	8

解：计算各方案的净年值

$$NAV_A = -204 \times (A/P, 12\%, 5) + 72 = 15.41(万元)$$
$$NAV_B = -292 \times (A/P, 12\%, 6) + 84 = 12.98(万元)$$
$$NAV_C = -380 \times (A/P, 12\%, 8) + 112 = 35.51(万元)$$

由于 $NAV_C > NAV_A > NAV_B$，故以方案 C 为最优方案。

用年值法进行寿命不等的互斥方案比选，实际上隐含着作出这样一种假定：各备选方案在其寿命结束时均可按原方案重复实施或以与原方案经济效果水平相同的方案接续。因为一个方案无论重复实施多少次，其年值是不变的，所以年值法实际上假定了各方案可以无限多次重复实施。在这一假定前提下，年值法以"年"为时间单位比较各方案的经济效果，从而使寿命不等的互斥方案间具有可比性。

2. 当互斥方案寿命不等时

一般情况下，各方案的现金流在各自寿命期内的现值不具有可比性。如果要使用现值指标进行方案比选，必须设定一个共同的分析期。分析期的设定通常用最小公倍数法。最小公倍数法是以不同方案使用寿命的最小公倍数作为研究周期，在此期间各方案分别考虑以同样规模重复投资多次，据此算出各方案的净现值，然后进行比较选优。

【例 4-20】　某企业技术改造有两个方案可供选择，各方案的有关数据如表 4-31 所示，试在基准收益率 12% 的条件下选择最优方案。

表 4 – 31　A、B 方案的经济数据

方案	投资额(万元)	年净收益(万元)	寿命期(年)
A	800	360	6
B	1200	480	8

解：由于方案的寿命期不同，须先求出两个方案寿命期的最小公倍数，其值为 24 年。两个方案重复后的现金流量图如图 4 – 1 所示。从现金流量图中可以看出，方案 A 重复 4 次，方案 B 重复 3 次。

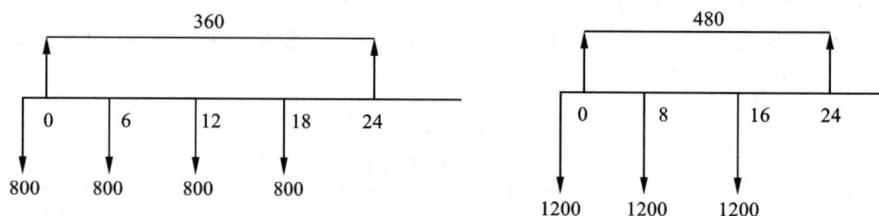

图 4 – 1　现金流量图

$$NPV_A = -800 - 800 \times (P/F, 12\%, 6) - 800 \times (P/F, 12\%, 12)$$
$$-800 \times (P/F, 12\%, 18) + 360 \times (P/A, 12\%, 24) = 1287.77(万元)$$
$$NPV_B = -1200 - 1200 \times (P/F, 12\%, 8) - 1200 \times (P/F, 12\%, 16)$$
$$+480 \times (P/A, 12\%, 24) = 1856.1(万元)$$

由于 $NPV_B > NPV_A$，故方案 B 优于方案 A。

四、混合型方案的选择

当方案组合中既包含有互斥方案，也包含有独立方案时，就构成了混合方案。独立方案或互斥方案的选择，属于单项决策。但在实际情况下，需要考虑各个决策之间的相互关系。混合型方案的特点，就是在分别决策基础上，研究系统内各方案的相互关系，从中选择最优秀的方案组合。

混合型方案选择的程序如下：

(1)按组际间方案互相独立、组内方案互相排斥的原则，形成所有各种可能的方案组合。

(2)以互斥型方案比选的原则筛选组合内方案。

(3)在总的投资限额下，以独立型方案比选原则选择最优秀的方案组合。

混合型方案的评价可综合参考前述两种方案的选择方法，不再赘述。

第八节　建设项目的宏观经济评价

建设项目宏观经济评价即指项目经济费用效益分析，是按合理配置资源的原则，采用影子价格、影子汇率、社会折现率等经济评价参数，分析项目投资的经济效率和对社会福利所作出的贡献，评价项目的经济合理性。对于财务现金流量不能全面、真实地反映其经济价

值，需要效益分析的结论作为项目决策的主要依据之一。

一、经济费用效益分析与财务分析的区别

经济费用效益分析的理论基础是新古典经济学有关资源优化配置的理论。从经济学的角度看，经济活动的目的是通过配置稀缺经济资源用于生产产品和提供服务，尽可能地满足社会需要。当经济体系功能发挥正常，社会消费的价值达到最大时，就认为是取得了"经济效率"。经济费用效益分析与财务分析的区别有以下几点。

（一）分析的角度与基本出发点不同

经济费用效益分析关注从利益群体各方的角度来分析项目，解决项目可持续发展的问题；财务分析是站在项目的层次，从项目的投资者、债权人、经营者的角度，分析项目在财务上能够生存的可能性，分析各方的实际收益和损失，分析投资或贷款的风险及收益。

（二）项目的费用和效益的含义和范围划分不同

经济费用效益分析是对项目所涉及的所有成员或群体的费用和效益做全面分析，考察项目所消耗的有用社会资源和对社会提供的有用产品，不仅考虑直接的费用和效益，还要考虑间接的费用和效益，某些转移支付项目，例如流转税等，应视情况判断是否计入费用和效益；财务分析指根据项目直接发生的财务收支，计算项目的直接费用和效益。

（三）所使用的价格体系不同

经济费用效益分析使用影子价格体系；而财务分析使用预测的财务收支价格。

（四）分析的内容不同

经济费用效益分析通常只有盈利性分析，没有清偿能力分析；而财务分析通常包括盈利能力分析、清偿能力分析和财务生存能力分析等。

二、建设项目经济费用和效益的识别

（一）经济费用

项目的经济费用是指项目耗用社会经济资源的经济价值，即按经济学原理估算出的被耗用经济资源的经济价值。

项目经济费用包括三个层次的内容，即项目实体直接承担的费用，受项目影响的利益群体支付的费用，以及整个社会承担的环境费用。第二、三项一般称为间接费用，但更多地称为外部效果。

（二）经济效益

项目的经济效益是指项目为社会创造的社会福利的经济价值，即按经济学原理估算出的社会福利的经济价值。

与经济费用相同，项目的经济效益也包括三个层次的内容：即项目实体直接获得的效益，受项目影响的利益群体获得的效益，以及项目可能产生的环境效益。

三、建设项目经济费用效益分析的指标

项目经济费用与经济效益估算出来后，可编制经济费用效益流量表，计算经济净现值、经济内部收益率与经济效益费用比等经济费用效益分析指标。

（一）经济费用效益流量表的编制方法

经济费用效益流量表的编制可以在项目投资现金流量表的基础上，按照经济费用效益识别和计算的原则和方法直接进行，也可以在财务分析的基础上将财务现金流量转化为反映真正资源变动状况的经济费用效益流量。具体形式如表4-32所示。

表4-32　经济费用效益流量表

序号	项　　目	合计	计算期					
			1	2	3	4	…	n
1	效益流量							
1.1	项目直接效益							
1.2	资产余值回收							
1.3	项目间接效益							
2	费用流量							
2.1	建设投资							
2.2	维持运营投资							
2.3	流动资金							
2.4	经营费用							
2.5	项目间接费用							
3	净效益流量（1-2）							

计算指标

　　经济内部收益率（%）

　　经济净现值（i_s = %）

1. 直接经济费用效益流量的识别和计算

（1）对于项目的各种投入物，应按照机会成本的原则计算其经济价值。

（2）识别项目产出物可能带来的各种影响效果。

（3）对于具有市场价格的产出物，以市场价格为基础计算其经济价值。

（4）对于没有市场价格的产出效果，应按照支付意愿及接受补偿意愿的原则计算其经济价值。

（5）对于难以进行货币量化的产出效果，应尽可能地采用其他量纲进行量化。难以量化的，进行定性描述，以全面反映项目的产出效果。

2. 在财务分析基础上进行经济费用效益流量的识别和计算

（1）剔除财务现金流量表中的通货膨胀因素，得到以实价表示的财务现金流量。

（2）剔除运营期财务现金流量中不反映真实资源流量变动情况的转移支付因素。

（3）用影子价格和影子汇率调整建设投资各项组成，并提出其费用中的转移支付项目。

（4）调整流动资金，将流动资产和流动负债中不反映实际资源耗费的有关现金、应收、应付、预收、预付款项，从流动资金中剔除。

（5）调整经营费用，用影子价格调整主要原材料、燃料及动力费用、工资及福利费等。

（6）调整营业收入，对于具有市场价格的产出物，以市场价格为基础计算其影子价格；对于没有市场价格的产出效果，以支付意愿或接受补偿意愿的原则计算其影子价格。

（7）对于可货币化的外部效果，应将货币化的外部效果计入经济效益费用流量；对于难以进行货币化的外部效果，应尽可能地采用其他量纲进行量化。难以量化的，进行定性描述，以全面反映项目的产出效果。

（二）费用效益分析主要指标

1. 经济净现值（ENPV）

经济净现值是项目按照社会折现率将计算期内各年的经济净效益流量折现到建设期初的现值之和，是经济费用效益分析的主要评价指标。计算公式为：

$$ENPV = \sum_{i=1}^{n} (B - C)_t (1 + i_s)^{-t}$$

式中：B——经济效益流量；

C——经济费用流量；

$(B - C)_t$——第 t 期的经济净效益流量；

n——项目计算期；

i_s——社会折现率。

社会折现率是用以衡量资金时间经济价值的重要参数，代表资金占用的机会成本，并且用作不同年份之间资金价值换算的折现率。社会折现率应根据经济发展的实际情况、投资效益水平、资金供求状况、资金机会成本、社会成员的费用效益时间偏好以及国家宏观调控目标取向等因素进行综合分析测定。

在经济费用效益分析中，如果经济净现值等于或大于 0，说明项目可以达到社会折现率要求的效率水平，认为该项目从经济资源配置的角度可以被接受。

2. 经济内部收益率（EIRR）

经济内部收益率是项目在计算期内经济净效益流量的现值累计等于 0 时的折现率，是经济费用效益分析的辅助评价指标。计算公式为：

$$\sum_{i=1}^{n} (B - C)_t (1 + EIRR)^{-t} = 0$$

式中：B——经济效益流量；

C——经济费用流量；

$(B - C)_t$——第 t 期的经济净效益流量；

n——项目计算期；

$EIRR$——经济内部收益率。

如果经济内部收益率等于或者大于社会折现率，表明项目资源配置的经济效率达到了可以被接受的水平。

3. 效益费用比（R_{BC}）

效益费用比是项目在计算期内效益流量的现值与费用流量的现值的比率，是经济费用效益分析的辅助评价指标。计算公式为：

$$R_{BC} = \frac{\sum\limits_{t=1}^{n} B_t (1 + i_s)^{-t}}{\sum\limits_{t=1}^{n} C_t (1 + i_s)^{-t}}$$

式中：R_{BC}——效益费用比；

B_t——经济效益流量；

C_t——经济费用流量。

如果效益费用比大于1，表明项目资源配置的经济效率达到了可以被接受的水平。

第九节　案例分析

【案例一】

【背景资料】

某拟建年产30万吨铸钢厂，根据可行性研究报告提供的已建年产25万吨类似工程的主厂房工艺设备投资约2400万元。已建类似项目资料：与设备投资有关的各专业工程投资系数，如表4-33所示。与主厂房投资有关的辅助工程及附属设施投资系数，如表4-34所示。

表4-33　与设备投资有关的各专业工程投资系数

加热炉	汽化冷却	余热锅炉	自动化仪表	起重设备	供电与传动	建安工程
0.12	0.01	0.04	0.02	0.09	0.18	0.40

表4-34　与主厂房投资有关的辅助工程及附属设施投资系数

动力系统	机修系统	总图运输系统	行政及生活福利设施工程	工程建设其他费
0.30	0.12	0.20	0.30	0.20

本项目的资金来源为自有资金和贷款，贷款总额为8000万元，贷款利率8%（按年计息）。建设期3年，第1年投入30%，第2年投入50%，第3年投入20%。预计建设期物价年平均上涨率3%，投资估算到开工的时间按一年考虑，基本预备费率5%。

【问题】

（1）.已知拟建项目建设期与类似项目建设期的综合价格差异系数为1.25，试用生产能力指数估算法估算拟建工程的工艺设备投资额；用系数估算法估算该项目主厂房投资和项目建设的工程费与其他费投资。

（2）估算该项目的建设投资，并编制建设投资估算表。

（3）若单位产量占用流动资金额为33.67元/t，试用扩大指标估算法估算该项目的流动资金，确定该项目的建设总投资。

【分析要点】

本案例所考核的内容涉及了建设项目投资估算类问题的主要内容和基本知识点。投资估算的方法有：单位生产能力估算法、生产能力指数估算法、比例估算法、系数估算法、指标估算法等。本案例是在可行性研究深度不够，尚未提出工艺设备清单的情况下，先运用生产能力指数估算法估算出拟建项目主厂房的工艺设备投资，再运用系数估算法，估算拟建项目建设投资的方法。即：首先，用设备系数估算法估算该项目与工艺设备有关的主厂房投资额；用主体专业系数估算法估算与主厂房有关的辅助工程、附属工程以及工程建设的其他投资。其次，估算拟建项目的基本预备费、价差预备费，得到拟建项目的建设投资。最后，估算建设期利息、并用流动资金的扩大指标估算法，估算出项目的流动资金投资额，得到拟建项目的建设总投资。具体计算步骤如下：

1. 问题一

（1）拟建项目主厂房工艺设备投资。

$$C_2 = C_1 \left(\frac{Q_2}{Q_1} \right)^n \times f$$

式中：C_2——拟建项目主厂房工艺设备投资；

　　　C_1——类似项目主厂房工艺设备投资；

　　　Q_2——拟建项目主厂房生产能力；

　　　Q_1——类似项目主厂房生产能力；

　　　n——生产能力指数，由于 $Q_2/Q_1 < 2$，可取 $n = 1$；

　　　f——综合调整系数。

（2）拟建项目主厂房投资 ＝ 工艺设备投资 × $(1 + \sum K_i)$

式中：K_i——与设备投资有关的各专业工程的投资系数。

　　　　拟建项目工程费与工程建设其他费 ＝ 拟建项目主厂房投资 × $(1 + \sum K_j)$

式中：K_j——与主厂房投资有关的辅助及附属设施投资系数。

2. 问题二

（1）　　　　　　预备费 ＝ 基本预备费 ＋ 价差预备费

式中：　　基本预备费 ＝（工程费 ＋ 工程建设其他费）× 基本预备费率

　　　价差预备费 $P = \sum I_t \left[(1 + f)^m (1 + f)^{0.5} (1 + f)^{t-1} - 1 \right]$

I_t—— 建设期第 t 年的工程费 ＋ 工程建设其他费 ＋ 基本预备费；

f—— 建设期物价年均上涨率；

m—— 建设前期年限。

（2）建设期利息 ＝ $\sum$（年初累计借款 ＋ 本年新增借款 ÷ 2）× 贷款利率

（3）建设投资 ＝ 工程费 ＋ 工程建设其他费 ＋ 基本预备费 ＋ 价差预备费

3. 问题三

流动资金用扩大指标估算法估算：

　　　项目的流动资金 ＝ 拟建项目年产量 × 单位产量占用流动资金的数额

　　　　拟建项目总投资 ＝ 建设投资 ＋ 建设期利息 ＋ 流动资金

【参考答案】

1. 问题一

（1）估算主厂房工艺设备投资：用生产能力指数估算法。

$$主厂房工艺设备投资 = 2400 \times \left(\frac{30}{25}\right)^{1} \times 1.25 = 3600（万元）$$

（2）估算主厂房投资：用设备系数估算法。

$$主厂房投资 = 3600 \times (1 + 12\% + 1\% + 4\% + 2\% + 9\% + 18\% + 40\%)$$
$$= 3600 \times (1 + 0.86) = 6696（万元）$$

其中，
$$建安工程投资 = 3600 \times 0.4 = 1440（万元）$$
$$设备购置投资 = 3600 \times 1.46 = 5256（万元）$$

（3）工程费与工程建设其他费 $= 6696 \times (1 + 30\% + 12\% + 20\% + 30\% + 20\%)$
$$= 6696 \times (1 + 1.12)$$
$$= 14195.52（万元）$$

2. 问题二

（1）基本预备费计算：
$$基本预备费 = 14195.52 \times 5\% = 709.78（万元）$$

由此得：
$$静态投资 = 14195.52 + 709.78 = 14905.30（万元）$$

建设期各年的静态投资额如下：
$$14905.3 \times 30\% = 4471.59（万元）$$
$$14905.3 \times 50\% = 7452.65（万元）$$
$$14905.3 \times 20\% = 2981.06（万元）$$

（2）价差预备费计算：

价差预备费 $= 4471.59 \times [(1 + 3\%)^{1}(1 + 3\%)^{0.5}(1 + 3\%)^{1-1} - 1] + 7452.65$
$$\times [(1 + 3\%)^{1}(1 + 3\%)^{0.5}(1 + 3\%)^{2-1} - 1] + 2981.06$$
$$\times [(1 + 3\%)(1 + 3\%)^{0.5}(1 + 3\%)^{3-1} - 1]$$
$$= 203.23 + 572.46 + 325.29 = 1100.98（万元）$$

由此得：
$$预备费 = 709.78 + 1100.98 = 1810.76（万元）$$

由此得：
$$项目的建设投资 = 14195.52 + 1810.76 = 16006.28（万元）$$

（3）建设期利息计算：

第 1 年贷款利息 $= (0 + 8000 \times 30\% \div 2) \times 8\% = 96（万元）$

第 2 年贷款利息 $= [(8000 \times 30\% + 96) + (8000 \times 50\% \div 2)] \times 8\%$
$$= (2400 + 96 + 4000 \div 2) \times 8\% = 359.68（万元）$$

第 3 年贷款利息 $= [(2400 + 96 + 4000 + 359.68) + (8000 \times 20\% \div 2) \times 8\%$
$$= (6855.68 + 1600 \div 2) \times 8\% = 612.45（万元）$$

建设期利息 $= 96 + 359.68 + 612.45 = 1068.13（万元）$

（4）拟建项目建设投资估算表，如表 4 - 35 所示。

表 4 - 35　拟建项目建设投资估算表　　　　　单位：万元

序号	工程费用名称	系数	建安工程费	设备购置费	工程建设其他费	合计	占建设投资比例(%)
1	工程费		7600.32	5256.00		12856.32	80.32
1.1	主厂房		1440.00	5256.00		6696.00	
1.2	动力系统	0.30	2008.80			2008.80	
1.3	机修系统	0.12	803.52			803.52	
1.4	总图运输系统	0.20	1339.20			1339.20	
1.5	行政、生活福利设施	0.30	2008.80			2008.80	
2	工程建设其他费	0.20			1339.20	1339.20	8.37
	(1 + 2)					14195.52	
3	预备费				1810.76	1810.76	11.31
3.1	基本预备费				709.78	709.78	
3.2	价差预备费				1100.98	1100.98	
项目建设投资合计 = (1 + 2 + 3)			7600.32	5256.00	3149.96	16006.28	100

3. 问题三

解：(1)流动资金 = 30 × 33.67 = 1010.10(万元)

(2)拟建项目总投资 = 建设投资 + 建设期利息 + 流动资金

= 16006.28 + 1068.13 + 1010.10 = 18084.51(万元)

【案例二】

【背景资料】

某建设项目的工程费与工程建设其他费的估算额为 52180 万元，预备费为 5000 万元，建设期 3 年。3 年的投资比例是：第 1 年 20%，第 2 年 55%，第 3 年 25%，第 4 年投产。

该项目固定资产投资来源为自有资金和贷款。贷款的总额为 40000 万元，其中外汇贷款为 2300 万美元。外汇牌价为 1 美元兑换 6.6 元人民币。贷款的人民币部分从中国建设银行获得，年利率为 6%(按季计息)。贷款的外汇部分从中国银行获得，年利率为 8%(按年计息)。

建设项目达到设计生产能力后，全厂定员为 1100 人，工资和福利费按照每人每年 7.20 万元估算；每年其他费用为 860 万元(其中：其他制造费用为 660 万元)；年外购原材料、燃料、动力费估算为 19200 万元；年经营成本为 21000 万元，年销售收入 33000 万元，年修理费占年经营成本 10%；年预付账款为 800 万元；年预收账款为 1200 万元。各项流动资金最低周转天数分别为：应收账款 30 天，现金为 40 天，应付账款为 30 天，存货为 40 天，预付账款为 30 天，预收账款为 30 天。

【问题】

（1）估算建设期利息。

（2）用分项详细估算法估算拟建项目的流动资金，编制流动资金估算表。

（3）估算拟建项目的总投资。

【分析要点】

本案例所考核的内容涉及了建设期利息计算中名义利率和实际利率的概念以及流动资金的分项详细估算法。

（1）由于本案例人民币贷款按季计息，计息期与利率和支付期的时间单位不一致，故所给年利率为名义利率。计算建设期利息前，应先将名义利率换算为实际利率，才能计算。将名义利率换算为实际利率的公式如下：

$$实际利率 = (1 + 名义利率/年计息次数)^{年计息次数} - 1$$

（2）流动资金的估算采用分项详细估算法估算。

（3）要求根据建设项目总投资的构成内容，计算建设项目总投资。

【参考答案】

1. 问题一

解：建设期利息计算：

（1）人民币贷款实际利率计算：

人民币实际利率 = $(1 + 6\% \div 4)^4 - 1 = 6.14\%$

（2）每年投资的贷款部分本金数额计算：

人民币部分：贷款总额为：$40000—2300 \times 6.6 = 24820($万元$)$

第 1 年为：$24820 \times 20\% = 4964($万元$)$

第 2 年为：$24820 \times 55\% = 13651($万元$)$

第 3 年为：$24820 \times 25\% = 6205($万元$)$

美元部分：贷款总额为：$2300($万美元$)$

第 1 年为：$2300 \times 20\% = 460($万美元$)$

第 2 年为：$2300 \times 55\% = 1265($万美元$)$

第 3 年为：$2300 \times 25\% = 575($万美元$)$

（3）每年应计利息计算：

1）人民币贷款利息计算：

第 1 年贷款利息 = $(0 + 4964 \div 2) \times 6.14\% = 152.39($万元$)$

第 2 年贷款利息 = $[(4964 + 152.39) + 13651 \div 2] \times 6.14\% = 733.23($万元$)$

第 3 年贷款利息 = $[(4964 + 152.39 + 13651 + 733.23) + 6205 \div 2] \times 6.14\%$
$= 1387.83($万元$)$

人民币贷款利息合计 = $152.39 + 733.23 + 1387.83 = 2273.45($万元$)$

2）外币贷款利息计算：

第 1 年外币贷款利息 = $(0 + 460 \div 2) \times 8\% = 18.40($万美元$)$

第 2 年外币贷款利息 = $[(460 + 18.40) + 1265 \div 2] \times 8\% = 88.87($万美元$)$

第 3 年外币贷款利息 $= [(460 + 18.40 + 1265 + 88.87) + 575 \div 2] \times 8\%$

$$= 169.58 (万美元)$$

外币贷款利息合计 $= 18.40 + 88.87 + 169.58 = 276.85 (万美元)$

2. 问题二

(1) 用分项详细估算法估算流动资金：

$$流动资金 = 流动资产 - 流动负债$$

式中：

$$流动资产 = 应收账款 + 现金 + 存货 + 预付账款$$

$$流动负债 = 应付账款 + 预收账款$$

1) 应收账款 = 年经营成本 ÷ 年周转次数 = $21000 \div (360 \div 30) = 1750 (万元)$

2) 现金 = (年工资福利费 + 年其他费) ÷ 年周转次数

$$= (1100 \times 7.2 + 860) \div (360 \div 40) = 975.56 (万元)$$

3) 存货：

外购原材料、燃料、动力费 = 年外购原材料、燃料、动力费 ÷ 年周转次数

$$= 19200 \div (360 \div 40) = 2133.33 (万元)$$

$$在产品 = \frac{年工资福利费 + 年其他制造费 + 年外购原料燃料费 + 年修理费}{年周转次数}$$

$$= (1100 \times 7.20 + 660 + 19200 + 21000 \times 10\%) \div (360 \div 40) = 3320.00 (万元)$$

产成品 = 年经营成本 ÷ 年周转次数 = $21000 \div (360 \div 40) = 2333.33 (万元)$

存货 $= 2133.33 + 3320.00 + 2333.33 = 7786.66 (万元)$

4) 预付账款 = 年预付账款 ÷ 年周转次数 = $800 \div (360 \div 30) = 66.67 (万元)$

5) 应付账款 = 外购原材料、燃料、动力费 ÷ 年周转次数 = $19200 \div (360 \div 30)$

$$= 1600.00 (万元)$$

6) 预收账款 = 年预收账款 ÷ 年周转次数 = $1200 \div (360 \div 30) = 100 (万元)$

由此求得：

流动资产 = 应收账款 + 现金 + 存货 + 预付账款

$$= 1750 + 975.56 + 7786.66 + 66.67 = 10578.89 (万元)$$

流动负债 = 应付账款 + 预收账款 = $1600 + 100 = 1700 (万元)$

流动资金 = 流动资产 - 流动负债 = $10578.89 - 1700 = 8878.89 (万元)$

(2) 编制流动资金估算表：如表 4 - 36 所示。

表 4 - 36　流动资金估算表

序号	项目	最低周转天数（天）	周转次数	金额（万元）
1	流动资产			10578.89
1.1	应收账款	30	12	1750.00
1.2	存货			7786.66
1.2.1	外购原材料、燃料、动力费	40	9	2133.33
1.2.2	在产品	40	9	3320.00

序号	项目	最低周转天数(天)	周转次数	金额(万元)
1.2.3	产成品	40	9	2333.33
1.3	现金	40	9	975.56
1.4	预付账款	30	12	66.67
2	流动负债			1700.00
2.1	应付账款	30	12	1600.00
2.2	预收账款	30	12	100
3	流动资金(1-2)			8878.89

3. 问题三

解：根据建设项目总投资的构成内容，计算拟建项目的总投资：

总投资 = 建设投资 + 贷款利息 + 流动资金

$$= 52180 + 5000 + 276.85 \times 6.6 + 2273.45 + 8878.89$$

$$= 57180 + 1827.21 + 2273.45 + 8878.89 = 70159.55(万元)$$

【案例三】

【背景资料】

某企业拟建一个市场急需产品的工业项目。建设期 1 年，运营期 6 年。项目建成当年投产。当地政府决定扶持该产品生产的启动经费 100 万元(免税)。其他基本数据如下：

(1)建设投资 1000 万元。预计全部形成固定资产，固定资产使用年限 10 年，按直线法折旧，期末残值 100 万元。投产当年又投入资本金 200 万元作为运营期的流动资金；

(2)正常年份年营业收入为 800 万元，经营成本 300 万元，产品营业税及附加税率为 6%，所得税率为 25%，行业基准收益率 10%，基准投资回收期 6 年；

(3)投产第 1 年仅达到设计生产能力的 80%，预计这一年的营业收入、经营成本和总成本均按正常年份的 80% 计算。以后各年均达到设计生产能力；

(4)运营 3 年后，预计需更新新型自动控制设备配件购置费 20 万元，才能维持以后的正常运营需要，该维持运营投资按当期费用计入年度总成本。

【问题】

(1)简述项目可行性研究的主要内容和目的。

(2)编制拟建项目投资现金流量表。

(3)计算项目的静态投资回收期。

(4)计算项目的财务净现值。

(5)计算项目的财务内部收益率。

(6)从财务角度分析拟建项目的可行性。

【分析要点】

本案例全面考核建设项目财务评价的主要内容，包括融资前财务分析和融资后财务分析。

融资前财务分析应以动态分析为主,静态财务分析为辅。编制项目投资现金流量表,计算项目财务净现值、投资内部收益率等动态盈利能力分析指标;计算项目静态投资回收期。

融资后财务分析应以融资前分析为基础,考察在拟定融资条件下的盈利能力和偿债能力,判断项目在融资条件下的可行性。它包括动态分析和静态分析两种。动态分析中,应编制项目资本金现金流量表,计算项目资本金财务内部收益率,考察项目资本金的收益水平;静态分析中,应编制项目利润与利润分配表,计算项目资本金净利润率和总投资收益率等静态盈利能力分析指标。

项目财务评价还包括:建设项目的资产负债率和财务比率等清偿能力分析指标的计算和建设项目抗风险能力的不确定性分析等内容。

本案例主要解决以下五个概念性问题:

(1)融资前经财务分析以动态分析为主。并通过编制项目投资现金流量表进行分析。

(2)项目投资现金流量表中,回收固定资产余值的计算,可能出现两种情况:

运营期等于固定资产使用年限,则固定资产余值 = 固定资产残值

运营期小于使用年限,则固定资产余值 = (使用年限 − 运营期) × 年折旧费 + 残值

(3)项目投资现金流量表中调整所得税,是以息税前利润为基础,按以下公式计算:

$$调整所得税 = 息税前利润 × 所得税率$$

式中:息税前利润 = 利润总额 + 利息支出

　或　息税前利润 = 年营业收入 − 营业税及附加 − 息税前总成本(不含利息支出)

$$息税前总成本 = 经营成本 + 折旧费 + 摊销费$$

可见,达产后的息税前总成本、息税前利润都是相等的。

(4)融资前财务分析中,动态盈利能力评价指标的计算方法。

(5)财务内部收益率反映了项目所占用资金的盈利率,是考核项目盈利能力的主要动态指标。在财务评价中,将求出的项目投资或资本金的财务内部收益率 $FIRR$ 与行业基准收益率 i_c 比较。当 $FIRR \geq i_c$ 时,可认为其盈利能力已满足要求,在财务上是可行的。

【参考答案】

1.问题一

解:项目可行性研究的主要内容和目的:

建设项目的可行性研究是在投资决策前,对拟建项目的原料资源可靠、产品市场趋势、所采用技术上的先进性和适用性、经济上的合理性和有效性以及建设必要性和可行性进行全面分析、系统论证、方案比较和综合评价,为项目投资决策提供可靠的科学依据。可行性研究的主要内容可概括为四大部分,此四大部分研究是构成项目可行性研究的四大支柱。即:

(1)市场研究:通过市场研究论证项目拟建的必要性、拟建规模、建厂条件和建厂地点、企业组织、劳动定员、投资估算和资金筹措。

(2)技术研究:主要研究拟建项目技术上的先进性与可行性,从而确定出拟建项目的设计方案、技术工艺和设备选型。

(3)效益研究:根据以上资料对投资项目进行经济评价,分析其经济上的合理性和盈利性。这是决策的主要依据。所以,经济评价是可行性研究的核心内容。

(4)资源研究:通过资源研究了解原材料市场、资金市场、劳动力市场等对项目规模的选择起着程度不同的制约作用。

2. 问题二

解：编制拟建项目投资现金流量表，如表 4 - 37 所示。

编制表 4 - 37 前需要计算以下数据：

（1）计算固定资产折旧费：

固定资产折旧费：$(1000 - 100) \div 10 = 90$（万元）

（2）计算固定资产余值：固定资产使用年限 10 年，运营期末只用了 6 年还有 4 年未折旧。所以，运营期末固定资产余值为：

固定资产余值 = 年固定资产折旧费 × 4 + 残值 = 90 × 4 + 100 = 460（万元）

（3）计算调整所得税：

调整所得税 = （营业收入 - 营业税及附加 - 息税前总成本）× 25%

第 2 年息税前总成本 = 经营成本 + 折旧费 = 240 + 90 = 330（万元）

第 3、4、6、7 年的息税前总成本 = 300 + 90 = 390（万元）

第 5 年息税前总成本 = 经营成本 + 折旧费 + 维持运营投资 = 300 + 90 + 20 = 410（万元）

第 2 年调整所得税 = （640 - 38.40 - 330）× 25% = 67.90（万元）

第 3、4、6、7 年调整所得税 = （800 - 48 - 390）× 25% = 90.50（万元）

第 5 年调整所得税 = （800 - 48 - 410）× 25% = 85.50（万元）

表 4 - 37　项目投资现金流量表

序号	年份 项目	建设期	运营期					
		1	2	3	4	5	6	7
1	现金流入	0	740	800	800	800	800	1460
1.1	营业收入	0	640	800	800	800	800	800
1.2	补贴收入		100					
1.3	回收资产余值							460
1.4	回收流动资金							200
2	现金流出	1000	546.30	438.50	438.50	453.50	438.50	438.50
2.1	建设投资	1000						
2.2	流动资金投资		200					
2.3	经营成本		240	300	300	300	300	300
2.4	营业税及附加		38.40	48.00	48.00	48.00	48.00	48.00
2.5	维持运营投资					20.00		
2.6	调整所得税		67.90	90.50	90.50	85.50	90.50	90.50
3	净现金流量	-1000	193.70	361.50	361.50	346.50	361.50	1021.50
4	累计净现金流量	-1000	-806.30	-444.80	-83.30	263.20	624.70	1646.20
5	折现系数 10%	0.9091	0.8264	0.7513	0.6830	0.6209	0.5645	0.5132
6	折现后净现金流量	-909.10	160.07	271.59	246.90	215.14	204.07	524.23
7	累计折现后净现金流量	-909.10	-749.03	-477.44	-230.54	-15.4	188.67	712.90

3.问题三

解：计算项目的静态投资回收期

静态投资回收期 =（累计净现金流量出现正值年份 - 1）

$$+ \frac{|\text{出现正值年份上年累计净现金流量}|}{\text{出现正值年份当年净现金流量}}$$

$$= (5 - 1) + \frac{83.30}{346.5} = 4 + 0.24 = 4.24（\text{年}）$$

项目静态投资回收期为：4.24 年

4.问题四

解：如表 4 - 37 所示，项目财务净现值就是计算期末的累计折现后净现金流量 712.90 万元。

5.问题五

解：编制项目投资现金流量延长表，如表 4 - 38 所示。

表 4 - 38　净现值计算表

序号	项目＼年份	建设期	运营期					
		1	2	3	4	5	6	7
1	现金流入	0	740	800	800	800	800	1460
2	现金流出	1000	546.30	438.50	438.50	453.50	438.50	438.50
3	净现金流量	-1000	193.70	361.50	361.50	346.50	361.50	1021.50
4	折现系数 28%	0.7813	0.6103	0.4768	0.3725	0.2910	0.2274	0.1776
5	折现后净现金流量	-781.30	118.22	172.36	134.66	100.83	82.21	181.42
6	累计折现后净现金流量	-781.30	-663.08	-490.72	-356.06	-255.23	-173.02	8.40
7	折现系数 30%	0.7692	0.5917	0.4552	0.3501	0.2693	0.2072	0.1594
8	折现后净现金流量	-769.20	114.61	164.55	126.56	93.31	74.90	162.83
9	累计折现后净现金流量	-769.20	-654.59	-490.04	-363.48	-270.17	-195.27	-32.44

首先确定 $i_1 = 28\%$，以 i_1 作为设定的折现率，计算出各年的折现系数。利用现金流量延长表，计算出各年的折现净现金流量和累计折现净现金流量，从而得到财务净现值 $FNPV_1 = 8.4$（万元），如表 4 - 38 所示。

再设定 $i_2 = 30\%$，以 i_2 作为设定的折现率，计算出各年的折现系数。同样，利用现金流量延长表，计算各年的折现净现金流量和累计折现净现金流量，从而得到财务净现值 $FNPV_2 = -32.44$（万元），如表 4 - 38 所示。

试算结果满足：$FNPV_1 > 0$。$FNPV_2 < 0$，且满足精度要求，可采用插值法计算出拟建项目的财务内部收益率 $FIRR$。

由表 4 - 38 可知：

$i_1 = 28\%$ 时，$FNPV_1 = 8.40$ 万元

$i_2 = 30\%$ 时，$FNPV_2 = -32.44$ 万元

用插值法计算拟建项目的内部收益率 $FIRR$。即：

$$FIRR = i_1 + (i_2 - i_1) \times [FNPV_1 \div (|NPV_1| + |FNPV_2|)]$$
$$= 28\% + (30\% - 28\%) \times [8.4 \div (8.4 + |-32.44|)]$$
$$= 28\% + 0.41\% = 28.41\%$$

6. 问题六

本项目的静态投资回收期为 4.24 年，未超过基准投资回收期和计算期；财务净现值为 712.9 万元 >0；财务内部收益率 $FIRR = 28.41\% >$ 行业基准收益率 10%，所以，从财务角度分析该项目投资可行。

思考与练习

一、单选题

1. 合理确定与控制工程造价的基础是项目决策的(   )。

A. 深度   B. 正确性   C. 内容   D. 建设规模

2. 对于铁矿石、大豆等初步加工建设项目，在进行建设地区选择时应遵循的原则是(   )。

A. 靠近大中城市   B. 靠近燃料提供地   C. 靠近产品消费地   D. 靠近原料产地

3. 在国外对投资估算的阶段划分中，项目投资机会研究阶段的投资估算精度要求为误差控制在(   )以内。

A. ±30%   B. ±20%   C. ±10%   D. ±5%

4. 在英、美等国建设项目投资估算的阶段划分中，在粗估阶段编制的估算被称为(   )。

A. 比照估算   B. 认可估算   C. 因素估算   D. 控制估算

5. 我国项目投资估算精度要求在 ±10% 的阶段是(   )。

A. 投资设想   B. 机会研究

C. 初步可行性研究   D. 详细可行性研究

6. 某工程建设项目在项目投资决策过程中进行投资估算，相关人员已经估算完了建设期贷款利息，下一步该进行(   )步骤。

A. 估算涨价预备费   B. 估算工程建设其他费用

C. 估算基本预备费   D. 估算流动资金

7. 关于建设项目财务评价指标，下列说法正确的是(   )。

A. 静态投资回收期是反映项目偿债能力的静态时间性指标

B. 利息备付率是反映项目偿债能力的动态时间性指标

C. 财务净现值是反映项目盈利能力的动态价值性指标

D. 项目资本金净利润率是反映项目盈利能力的动态比率性指标

8. 投资决策阶段，建设项目投资方案选择的重要依据之一是(   )。

A. 工程预算   B. 投资估算   C. 设计概算   D. 工程投标报价

9. 按照我国有关规定，大中型建设项目可行性研究报告，由(   )审批。

A. 国务院   B. 各省、自治区、直辖市政府   C. 国家计委   D. 各主管部门

10. 关于生产能力指数法,以下叙述正确的是( )。

A. 这种方法是指标估算法

B. 这种方法也称为因子估算法

C. 这种方法是指项目的建设投资与其生产能力的关系视为简单的线性关系

D. 这种方法表明,造价与规模呈非线性关系

11. 在编制工业产品生产成本费用估算时,下列项中不属于产品制造成本范围的是( )。

A. 燃料、动力费　　　　　　　　　　　B. 原材料费

C. 销售费　　　　　　　　　　　　　　D. 直接工资及福利费

12. 编制自有资金现金流量表,表中没有反映建设项目投资借款的流入流出,是因为( )。

A. 不发生借款

B. 规定不必列入借款项目

C. 站在不同角度观察项目的现金流入流出情况

D. 流入、流出在同一时点,数额相同,对净现金流量计算无影响

13. 下面各项中,可以反映企业偿债能力的指标是( )。

A. 投资利润率　　　B. 速动比率　　　C. 净现值率　　　D. 内部收益率

14. 某项目建设期一年,建设投资800万元。第二年末净现金流量为220万元,第三年242万元,第四年为266万元,第五年为293万元。该项目静态投资回收期为( )年。

A. 4　　　　　　　B. 4.25　　　　　　C. 4.67　　　　　　D. 5

15. 在经济学中,所谓规模效益是指规模扩大带来的经济效益是由( )引起的。

A. 产量的增大　　　　　　　　　　　　B. 销售收入的增大

C. 单位成本的下降　　　　　　　　　　D. 薄利多销

16. 建设项目可行性研究报告的主要内容是( )。

A. 市场研究、技术研究和风险预测研究　　B. 市场研究、技术研究和效益研究

C. 经济研究、技术研究和综合研究　　　　D. 经济研究、技术研究和资源研究

17. 某新建生产型项目,采用主要车间系数法进行固定资产投资估算,经估算主要生产车间的投资为2800万元,辅助及公用系统投资系数为0.67,行政及生活福利设施投资系数为0.25,其他投资系数为0.38,则该项目的投资额为( )万元。

A. 6440.00　　　　B. 7418.88　　　　C. 7621.88　　　　D. 8066.10

18. 某投资项目,计算期为6年,各年净现金流量如下表所示。该项目的行业基准收益率为10%,则其财务净现值为( )万元。

年 份	1	2	3	4	5	6
净现金流量(万元)	−300	50	100	100	100	100

A. 30.567　　　　　B. 33.624　　　　　C. 62.441　　　　　D. 150.00

19. 某工业项目固定资产投资2850万元,流动资产为1150万元,其中资本金占项目总投资的50%。投产后,销售税金及附加为150万元,平均年利润总额为550万元,则该项目的

平均资本金利润率为：(　　　)。

    A.13.75%   B.13.25%   C.38.60%   D.27.50%

20.关于项目决策与工程造价的关系，下列说法中不正确的是(　　　)

    A.项目决策的深度影响投资估算的精确度

    B.项目决策的深度影响工程造价的控制效果

    C.工程造价合理性是项目决策正确性的前提

    D.项目决策的内容是决定工程造价的基础

21.建设项目可行性研究报告可作为(　　　)的依据。

    A.调整合同价   B.编制标底和投标报价

    C.工程结算   D.项目后评估

22.某项目的一部分建设资金从国外借款，当外币对人民币升值时，本息所支付的(　　　)。

    A.外币金额不变，折算成人民币金额减少

    B.外币金额不变，折算成人民币金额增加

    C.外币金额增加，折算成人民币金额增加

    D.外币金额减少，折算成人民币金额减少

23.按照编制现金流量表的要求，不列入现金流入的项目是(　　　)。

    A.回收流动资金   B.回收固定资产余值   C.利润总额   D.产品销售收入

二、多选题

1.关于建设项目决策与工程造价的关系，说法正确的是(　　　)。

    A.项目决策的正确性是工程造价合理性的前提

    B.项目决策的内容是决定工程造价的基础

    C.造价高低、投资多少对项目决策的影响相对较小

    D.项目决策的深度影响投资估算的精确度

    E.项目决策的深度与工程造价的控制效果无关

2.在建设项目决策阶段，技术方案影响着工程造价，因此，选择技术方案应坚持的基本原则是(　　　)。

    A.先进适用   B.安全可靠   C.经济合理   D.简明适用

    E.平均先进

3.选择工艺流程方案时，需研究的问题有(　　　)。

    A.工艺流程方案对产品质量的保证程度   B.工艺流程各工序间衔接的合理性

    C.拟采用生产方法的技术来源的可得性   D.工艺流程的主要参数

    E.是否有利于厂区合理布置

4.下列哪些是建设投资估算的作用(　　　)。

    A.项目主管部门审批项目建议书的依据之一   B.作为项目资金筹措的依据

    C.项目投资决策的重要依据   D.编制设计概算的依据

    E.对工程设计概算起控制作用

5.进行项目财务评价时，下列说法错误的是(　　　)。

    A.财务内部收益率大于行业的平均投资收益率，项目可行

B.财务净现值不小于0，项目可行

C.动态投资回收期小于项目的基准动态回收期，项目可行

D.动态投资回收期小于项目的基准回收期，项目可行

E.资产负债率越低，则偿债能力越强

6.下列属于项目偿债能力评价指标的是( )。

A.利息备付率 B.借款偿还期 C.速动比率

D.项目投资回收期 E.偿债备付率

7.经济费用效益分析与财务分析的区别有( )。

A.财务分析主要是项目层次的微观分析

B.经济分析中项目的费用不仅包括直接费用还包括间接费用

C.所使用的价格体系不同

D.经济分析不需要进行清偿能力分析

E.经济分析的影子价格不能采用市场价格体系作为计算依据

8.财务评价指标体系中，反映盈利能力的指标有( )。

A.流动比率 B.速动比率

C.财务净现值 D.投资回收期 E.资产负债率

三、问答题

1.简述建设项目总投资的组成内容及我国投资资金的筹措渠道。

1.简述建设项目投资决策与工程造价的关系。

2.简述建设项目投资决策阶段影响工程造价的主要因素。

3.简述投资估算的作用及估算方法。

4.简述财务基础数据测算的含义及内容。

5.简述财务分析的含义与作用。

6.简述建设项目财务评价指标体系及各项财务评价指标的评判标准。

7.简述独立方案、互斥方案、混合方案的含义。

9.简述经济费用效益分析与财务分析的区别。

第五章　工程造价在设计阶段的控制

第一节　工程造价在设计阶段的控制概论

一、建设工程设计概述

（一）工程设计

工程设计是指在工程开始施工之前，设计者根据已批准的设计任务书，为具体实现拟建项目的技术、经济要求，拟定建筑、安装及设备制造等所需的规划、图纸、数据等技术文件的工作。设计是建设项目由计划变为现实具有决定意义的工作阶段。设计文件是建筑安装施工的依据。拟建工程在建设过程中能否保证质量、进度和节约投资，在很大程度上取决于设计质量的优劣。

（二）工程设计的阶段划分

建设项目的设计与计划阶段是决定建筑产品价值形成的关键阶段，它对建设项目的建设工期、工程造价、工程质量以及建成后能否产生较好的经济效益和使用效益，起到决定性的作用。随着建设项目设计阶段工作的展开，各个设计阶段工程造价管理的内容又有所不同，对于各阶段工程造价管理的主要工作内容和程序，工程造价咨询企业应与设计方密切配合，加入到设计体系中去。

1. 设计准备阶段

设计单位在设计之前，要充分了解并掌握各种有关的外部条件和客观情况。如：地形、气候、地质、自然环境等自然条件；城市规划对建筑物的要求；交通、水、电、气、通信等基础设施状况等。设计单位应与工程造价人员密切合作，通过对项目建议书和可行性研究报告内容的分析，了解业主方对设计的总体思路并兼顾项目利益相关者的不同要求。

2. 初步设计阶段

初步设计阶段是设计阶段中的关键性阶段，也是整个设计构思基本形成的阶段。初步设计阶段需要解决的问题是：明确拟建工程和规定期限内进行建设的技术可行性和经济合理性；规定主要技术方案、工程总造价和主要技术经济指标，以利于在项目建设和使用过程中最有效利用土地资源。

3. 技术设计阶段

技术设计阶段是初步设计的具体化，也是各种技术问题的定案阶段。技术设计较之初步设计阶段，需要更详细的勘察资料和技术经济计算加以补充修正。技术设计的详细程度应能满足确定设计方案中重大技术问题和有关实验、设备选择等方面的要求，应能够保证在建设项目采购过程中确定建设项目建设材料采购清单。在这一阶段，工程造价咨询企业应根据技术设计的图纸和说明书及概算定额编制技术设计修正总概算。

4. 施工图设计阶段

该阶段是设计工作和施工工作的桥梁。具体包括建设项目各部分工程的详图和零部件、结构件明细表以及验收标准、方法等。施工图设计的深度应能满足设备材料的选择与确定、非标准设备的设计与加工制作、施工图预算的编制、建筑工程施工和安装的要求。

5. 设计交底和配合施工

施工图发出后根据现场需要，设计单位应派人到施工现场与建设单位、施工单位、监理单位等共同会审施工图，进行技术交底，介绍设计意图和技术要求，修改不符合实际和有错误的图纸。参加试运转和竣工验收，解决试运转过程中的各种技术问题，并检验设计的正误和完善程度。对于大、中型工业项目和大型复杂的民用建设工程项目，应派现场设计代表积极配合现场施工并参加隐蔽工程验收。

上述设计阶段的划分针对的是进行"三阶段设计"的建设项目，对于一些不太复杂的建设项目来说，上述技术设计阶段可以省略，可以把其中的一部分工作纳入初步设计阶段，另一部分可以放在施工图设计阶段进行。

(三)设计阶段控制工程造价的重要意义

工程建成后，能否获得满意的经济效果，除了项目决策之外，设计工作起着决定性的作用。项目设计阶段的产出，一般是用图纸表示的具体设计方案。在这个阶段项目成果的功能、基本实施方案和主要投入要素就基本确定了。这个阶段的产出对总投资的影响，一般工业建设项目的经验数据为20% ~ 30%；对项目使用功能的影响在10% ~ 20%。这表明项目设计阶段对项目投资和使用功能具有重要性影响。

决策和设计阶段工程造价确定与控制的意义主要有：

1. 提高资金利用效率和投资控制效率

决策和设计阶段工程造价的表现形式是投资估算和设计概、预算，通过编制与审核投资估算和设计概、预算，可以了解工程造价的构成，分析资金分配的合理性。在投资决策阶段，进行多方案的技术经济分析比较，选出最佳方案，为合理确定和有效控制工程造价提供良好的前提条件；在项目设计阶段，利用价值工程理论分析项目各个组成部分功能与成本的匹配程度，调整项目功能与成本，使工程造价构成更趋于合理，提高资金利用效率。此外，通过对投资估算和设计概、预算的分析，可以了解工程各组成部分的投资比例，进而将投资比例比较大的部分作为投资控制的重点，提高投资控制效率。

2. 使工程造价确定与控制工作更主动

项目决策阶段确定工程造价，是设定项目投资的一个期望值；项目设计阶段确定工程造价，是实现设定项目投资期望值方案的具体表现；项目施工建设阶段确定工程造价，是实现设定项目投资期望值的具体操作。长期以来，人们把控制理解为目标值与实际值的比较，以及当实际值偏离目标值时分析产生差异的原因，确定下一步对策，这对于批量性生产的制造业而言，是一种有效的管理方法。但是对于建筑业而言，由于建筑产品具有单件性的特点，这种管理方法只能发现差异，不能消除差异，也不能预防差异的发生，而且差异一旦发生，损失往往很大，因此是一种被动的控制方法。我们在项目决策和设计阶段进行工程造价确定与控制，是为了使投资造价管理工作具有预见性和前瞻性，如在设计阶段，可以先按一定的质量标准，提出新建建筑物每一部分或分项的计划支出费用的报表，即造价计划。然后当详细设计制定出来以后，对工程的每一部分或分项的估算造价，对照造价计划中所列的指标进行审核，预先发现差异，主动采取一些控制方法消除差异，使设计更经济。由此，做好项目决策和设计阶段工程造价确定与控制会使整个投资造价管理工作更加主动。

3. 便于技术与经济相结合

由于体制和传统习惯原因，我国的项目建议书、可行性研究报告、初步设计文件、施工图设计等都是由技术人员牵头完成，很容易造成他们在这期间往往更关注的是项目规模大、技术先进、建设标准高等，而忽视了经济因素。如果在项目决策和设计阶段吸收造价人员参与，使项目决策和设计从一开始就建立在投资造价合理、效益最佳的基础之上，进行充分的方案比选和设计优化，会使投资发挥更大的效益，项目建设取得最佳效果。在方案比选和设计优化过程中技术人员和造价人员经过探讨与论证选择最佳方案，既体现技术先进性，又体现经济合理性，做到技术与经济相结合。

4. 在决策和设计阶段控制工程造价效果最显著

工程造价确定与控制贯穿于项目建设全过程，图5-1反映了各阶段影响工程项目投资的一般规律。

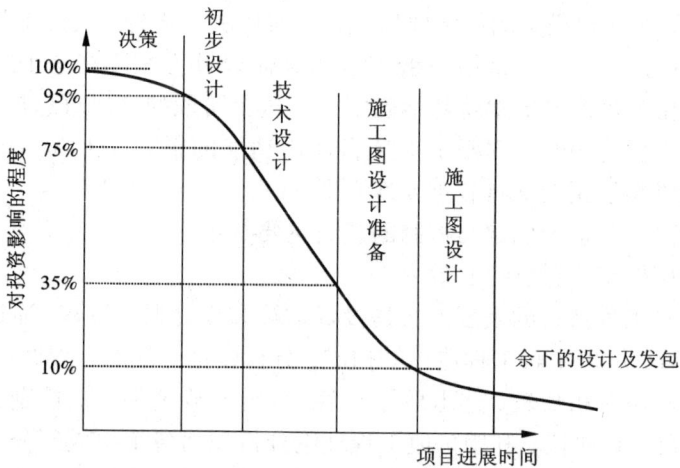

图5-1　工程设计各阶段对投资的影响

二、设计阶段影响工程造价的因素

（一）总平面设计

总平面设计是指总图运输设计和总平面配置。总平面设计主要包括的内容有：厂址方案、占地面积和土地利用情况；总图运输、主要建筑物和构筑物及公用设施的配置；外部运输、水、电、气及其他外部协作条件等。

正确合理的总平面设计可以大大减少建筑工程量，节约建设用地，节省建设投资，降低工程造价和项目运行后的使用维护成本，加快建设进度，并为企业创造良好的生产组织、经营条件和生产环境；还可以为城市建设和工业区创造完美的建筑艺术整体。

总平面设计中影响工程造价的因素主要是现场条件、占地面积、功能分区、运输方案的选择。

148

1. 现场条件

现场条件是制约设计方案的重要因素之一。

1）地质、水文、气象条件对基础类型的选择、基础的埋深（持力层、冻土线）等均会产生影响。

2）地形地貌对于平面布置及室外标高的确定会产生很大的影响。

3）场地大小、邻近建筑物地上附着物等对平面布置、建筑层数、基础类型及埋深等产生影响。

2. 占地面积

在满足建设项目基本使用功能的基础上，应注重对占地面积的控制。一方面运用全过程造价管理的理论，通过控制建设项目占地面积，可以降低征地费用，降低管线布局成本；另一方面，要运用全生命周期造价管理的思想，考虑到占地面积对未来运营成本的影响。比如运营阶段的运输成本，占地的使用成本等。

3. 功能分区

通过对建设项目进行合理的功能分区，既可以使建筑物相互联系、相互制约，充分发挥其作用，又可以使总平面布置紧凑、安全。比如在建设施工阶段可以避免大挖大填，减少土石方量和节约用地，降低工程造价；在建设项目的运营期阶段，可以使生产工艺流程顺畅；考虑到全生命周期造价的影响，可以使得运输简便，降低项目的运输成本。

4. 运输方案的选择

针对不同的建设项目可以选择不同的运输方式，不同的运输方式其运输效率及成本不同。比如有轨运输运量大，运输安全，但需一次性投入大量资金；无轨运输无须一次性大规模投资，但是运量小，运输安全性较差。如果仅仅从降低工程造价的角度，则应尽可能选择无轨运输，以减少占地，节约投资。但是如果考虑到项目运营的需要或者运输量较大的情况，则有轨运输往往比无轨运输成本低。

（二）工艺设计

工艺设计是工程设计的核心，是根据工业企业生产的特点、生产性质和功能来确定的。工艺设计一般包括生产设备的选择、工艺流程设计、工艺定额的制定和生产方法的确定。工艺设计标准高低，不仅直接影响工程建设投资的大小和建设进度，而且还决定着未来企业的产品质量、数量和经营费用。在工艺设计过程中影响工程造价的因素主要包括生产方法、工艺流程和设备选型。在工业建筑中，设备及安装工程投资占有很大的比例，设备的选型不仅影响着工程造价，而且对生产方法及产品质量也有着决定作用。

（三）建筑设计

建筑设计部分，首先要考虑到业主所要求的建筑标准。建筑标准的确定一般应根据建筑物、构筑物的使用性质、使用功能以及业主的经济实力等因素确定。当然对于重要的或标志性的建筑，建筑标准可适当提高。同时在确定建筑标准的时候要运用全生命周期造价管理的思想；设计人员与造价咨询人员不仅要考虑到一次性建设费用，也要考虑在建设项目全生命周期阶段的维护和运营费用，使之在整体上达到最优。其次，设计单位或个人要在考虑施工过程的合理组织和施工条件的基础上，决定工程的立体平面设计和结构方案的工艺要求。针对建筑物和构筑物及公用辅助设施的设计标准，提出建筑工艺方案、暖气通风、给排水等问题的简要说明。

在建筑设计的过程中，要提倡运用建筑集成设计管理的思想。在集成设计过程中，将表面似乎不相关的设计各方面集成起来，达到以较小成本实现较高性能并获得成倍效益的目的。集成设计包括将可持续设计战略与设计标准集成，涉及建筑形式、功能、质量和成本等。实现集成设计的关键是要让各方面专家参与进来，这些专家包括总建筑师、照明和电力设计、内部设计、景观设计等专家。设计过程中通过各方专家对关键问题的集中研究，可以寻找出其他方式无法实现的高效解决方案。例如，在集成设计模式下，机械工程师可以在设计初期就分析出能源消耗和费用，并向设计者建议如何设计建筑朝向、构造、开窗方式、机械系统和照明系统，以达到节能的目的。集成设计最适合于新建工程和重大更新改造工程，若能在建筑规划和设计过程的早期解决关键问题，则集成设计在降低全生命周期成本方面就能发挥更大的作用。

在建筑设计阶段影响工程造价的主要因素有以下四个方面。

1. 平面形状

一般地说，建筑物平面形状越简单，它的单位面积造价就越低。当一座建筑物的平面又长又窄或它的外形做得复杂而不规则时，其周长与建筑面积的比率必将增加，导致室外工程、排水工程、砌的砖工程及屋面工程等复杂化，伴随而来的是较高的单位造价。一般来说，建筑物平面形状越简单，它的单位面积造价就越低，建筑物周长与建筑面积比 $K_周$（即单位建筑面积所占外墙长度）越低，设计越经济。虽然圆形建筑 $K_周$ 最小，但由于施工复杂，施工费用较矩形建筑增加 20%~30%，故其墙体工程量的减少不能使建筑工程造价降低，而且使用面积有效利用率不高和用户使用不便。因此一般都建造矩形和正方形住宅，既有利于施工，又能降低造价、使用方便。在矩形住宅建筑中，又以长：宽 =2：1 为主。一般住宅单元以 3~4 个住宅单元、房屋长度 60~80 m 较为经济。

2. 结构形式

结构形式的选择既要满足安全性、适用性和耐久性的要求，同时又要考虑其经济性。对于大跨度结构，选用钢结构明显优于混凝土结构，对于高层或者超高层结构，框架结构和剪力墙结构比较经济。当然，结构形式的选择不仅与建筑物的特性有关，也与建筑物的地点、环境相关，比如对于抗震要求比较多的地区，混合结构由于整体性差，不宜采用。

3. 流通空间

建筑物中经济平面布置的主要目标之一就是在满足建筑物使用要求的前提下，将流通空间减少到最小。门厅、过道、走廊、楼梯以及电梯井的流通空间都不能为了获利为目的而加以使用，但是需要相当多的采暖、采光、清扫和装饰及其他方面的费用。

4. 空间组合

空间组合包括层高、层数、室内外高差的确定等因素。

（1）在建筑面积不变的情况下，建筑层高增加会引起各项费用的增加：有关粉刷、装饰费用的提高；供暖空间体积增加，导致热源及管道费增加；卫生设备、上下水管道长度增加；楼梯间造价和电梯设备费用的增加；施工垂直运输量增加；如果出于层高增加而导致建筑物总高度增加很多，则还可能需要增加基础造价。层高设计中还需考虑采光与通风问题，层高过低不利于采光及通风，因此民用住宅的层高一般不宜低于 2.8 m。

（2）层数的影响因素。层数不同，则荷载不同，其对于基础的要求也不同，同时也影响着占地面积。一般而言，砖混结构 5~6 层是比较经济的层数；在工业建筑中，多层厂房比单层厂房经济，但不宜超过 4 ~ 5 层。框架结构适合 15 层以下建筑。框架—剪力墙结构一般用于 10 ~ 20 层的建筑。剪力墙结构在 30 m 范围内都适用。简体结构适合于 30 ~ 50 层的建筑。

随着住宅层数的增加，单方造价系数在逐渐降低，即层数越多越经济。但是边际造价系数也在逐渐减小，说明随着层数的增加，单方造价系数下降幅度减缓，当住宅超过 7 层，就要增加电梯费用，需要较多的交通面积(过道、走廊要加宽)和补充设备(供水设备和供电设备等)。特别是高层住宅，要经受较强的风力荷载，需要提高结构强度，改变结构形式，使工程造价大幅度上升。因此，中小城市以建造多层住宅较为经济，大城市可沿主要街道建设一部分高层住宅，以合理利用空间，美化市容。对于土地特别昂贵的地区，为了降低土地费用，中、高层住宅是比较经济的选择。

(3)室内外高差的影响因素。高差过大则建设项目的工程造价提高，高差过小又影响使用以及卫生要求。

(四)其他影响因素

1. 设计单位或个人的知识水平

设计者的知识水平对工程造价的影响是客观存在的。设计单位或个人要能够充分利用现代设计理念，运用科学的设计方法去优化设计成果，而且要善于将技术与经济相结合，运用价值工程理论去优化设计方案，并能够有效兼顾项目利益相关者的不同利益，从而达到通过设计阶段的成果有效降低工程造价的目的。设计单位或个人应及时与造价咨询人员进行沟通，使得造价咨询人员真正参与到设计工作中来，防止只注重技术性，不注重经济效果的情况发生。

2. 建筑材料

建筑材料费用一般占工程造价的 60% 左右。在设计中一般应优先考虑采用当地材料以控制工程造价。当地没有的或不生产的材料在不影响质量安全的条件下，应充分考虑替代材料。建筑材料费用不仅所占比重大，而且是建筑物主要荷载之一。适当采用新材料可以有效降低工程费用，从而进行造价控制。

3. 项目利益相关者

在设计过程中，不能只考虑工程建设项目的造价问题，应对业主、承包商、设计单位、建设单位、施工单位、监管机构等利益相关者的利益也要予以考虑，协调好相关方的关系。

4. 风险因素

设计阶段是确定建设工程总造价的一个重要阶段。该阶段决定着建设项目的总体造价，承担着重大风险，并对后续的工程招投标和工程施工等有着重要的影响。

第二节 建设工程限额设计和标准设计

一、限额设计

(一)限额设计的概念

限额设计是按照批准的可行性研究报告及投资估算控制初步设计，按照批准的初步设计总概算控制技术设计和施工图设计，同时各专业在保证达到使用功能的前提下，按分配的投资限额控制设计，严格控制不合理的变更，保证总投资额不被突破。限额设计的投资额一般是指静态的建筑安装工程费用，在确定投资限额时，要充分考虑不同时间投资额的可比性，即考虑资金的时间价值。

（二）限额设计的关键

推行限额设计的关键是投资限额的确定，而技术与经济结合是控制工程造价最有效的手段。限额设计就是要正确处理工程建设过程中技术与经济的对立统一关系，通过经济目标的设置控制工程设计过程，从而达到控制工程投资的目的。

（三）限额设计的方法

投资分解和工程量控制是实行限额设计的有效途径和方法。投资分解就是把投资限额合理地分配到单项工程、单位工程，甚至是分部工程中去，通过层层限额设计，实现对投资限额的控制与管理。工程量控制是实现限额设计的主要途径，工程量的大小直接影响工程造价，但是工程量的控制应以设计方案的优选为手段，不应牺牲质量和安全。

（四）限额设计的目标设置

限额设计的过程是分阶段的目标设置和控制过程，也是目标分解、执行和反馈的过程。因此，各阶段目标的设置与分解都要遵循科学性、严肃性和客观性的原则，切实做好技术经济分析。具体来讲，投资估算是设计方案选择和进行初步设计的造价控制目标，设计概算或者修正概算是进行施工图设计的造价控制目标。

要先将上一阶段审定的投资额作为下一设计阶段投资控制的目标，再将该项总体限额目标层层分解后，确定各专业、各工程或者各分部分项工程的分项目标。该项工作中，提高投资估算的合理性与准确性是进行限额设计目标设置的关键环节，特别是各专业和各单位工程或分部分项工程如何合理划分、分解到的限额数量的多少、设计指标制定的高低等都将约束项目投资目标的实现，都将对项目的建造标准、使用功能、工程质量等方面产生影响。

限额设计体现了设计标准、规模、原则的合理确定和有关概算基础资料的合理取定，是衡量勘察设计工作质量的综合标志，应将之作为提高设计质量工作的管理目标。

最终实现设计阶段造价（投资）控制的目标，必须对设计工作的各个环节进行多层次的控制和管理，尤其是对设计规模、设计标准、工程量和概算指标等各个方面实现多维控制。

（五）限额设计控制工作的主要内容

限额设计贯穿项目可行性研究、初步设计、技术设计、施工图设计等各个阶段，并且在每一个阶段中贯穿于各个专业的每一项工作。各专业限额设计的实现是限额设计目标得以实现的重要保证。限额设计控制工作包括如下内容。

1.按照批准的投资估算控制初步设计

初步设计主要是解决建设项目的经济和技术问题。首先应该按照核准后的投资估算限额，通过多方案的比较选择，使投资估算进一步具体化。在初步设计开始时，项目总设计师应向设计人员交代各项用于控制控制概算的经济指标，对总图方案、主要建筑物和各种费用指标提出技术经济方案比选，确定出切实可行的设计方案和控制措施，并将任务与规定的投资限额分专业下达到设计者，促使设计者进行多方案比选，避免只画图不算账的现象。在限额设计过程中，各专业设计人员应强化控制工程造价的意识，在先掌握工程的估算造价和工程量的基础上，严格按照限额设计所分解的投资限额和控制工程量进行设计，并经常对照检查本专业的工程费用，力求将造价和工程量控制在限额范围之内。若有突破，及时分析原因并修改设计，不给施工图设计留下超投资限额的隐患。

2.按照批准的设计概算控制施工图设计

对于两阶段设计而言，经审核批准后的设计概算便是下一步施工图设计控制投资的限额依据。施工图是设计单位的最终产品，也是工程现场施工的主要依据。由于我国的工程建设投资限额采用概算审批制，经批准的工程概算投资额是建设工程项目的最高投资限额，所以设计部门要掌握施工图设计造价变化的情况，要求其严格控制在批准的设计概算内，并有所节约。

严格按照批准的设计概算进行施工图设计，这一阶段限额设计的重点应放在工程量控制上。控制工程量采用设定的初步设计工程量，控制工程量一经审定，即作为施工图设计工程量的最高限额，不得突破。但由于初步设计毕竟受外部条件的限制和人们主观认识的局限，随着工程建设实践的不断深入，施工图设计阶段和以后施工过程中的局部修改和变更往往是不可避免的，也将使设计和建设更趋完善。因此，会引起已确认的概算工程量的变化。这种变化在一定范围内是正常的，也是允许发生的，但必须经过核算和调整，以控制施工图设计不突破设计概算限额。

3.加强设计变更管理

一般来说，设计变更是不可避免的，但不同阶段的变更，其对工程造价的影响也不相同，变更发生得越早，影响越小，反之，影响就越大。因此，必须加强对设计变更的管理工作，严格控制变更发生，严禁通过设计变更扩大建设规模、增加建设内容、提高建设标准。对非发生不可的变更，应尽量提前实现，尽可能把变更控制在设计阶段，以减少损失。对影响工程造价的重大设计变更，避免造成重大变更损失。

4.确定研究重点，考虑对限额设计有较大影响的因素

设计方案、结构选型、平面布置、空间组合等都是影响工程造价最为敏感的因素，在设计过程中应该重点研究这些因素。

5.注重新技术、新设备、新工艺的应用

设计理念的落后往往带来工程造价的增加，要促使设计人员进行多方案的比选；尤其要注意运用技术经济比较的方法，使选择的设计方案真正做到技术可行、经济合理。

6.实行限额动态控制

在市场经济条件下，要改变过去造价估算、概算编制习惯于套定额、乘费率、算死账的静态管理做法。要考虑涉及时间变化的因素如价格、汇率、利率、税率等影响，及时调整造价控制标准，加强动态控制，保证限额设计的有效实施。

二、设计标准和标准设计

（一）设计标准的含义

设计标准是国家经济建设的重要技术规范，是进行工程建设勘察、设计、施工及验收的重要依据。正确地理解和运用设计标准是做好设计阶段造价控制工作的前提。

（二）设计标准的基本要求

（1）充分了解工程设计项目的使用对象、规模功能要求，选择相应的设计标准规范作为依据，合理地确定项目等级、面积使用、功能分类以及材料、设备、装修标准和单位面积造价的控制指标。

（2）根据建设地点的自然、地质、地理、物资供应等条件和使用功能，制定合理的设计方案，明确方案应遵循的标准规范。

（3）在进行施工图设计前，应检查工程设计项目是否符合标准规范的规定。

（4）当各层次标准出现矛盾时，应以国家标准或相关的行业标准为准。在使用功能方面应遵守上限标准，在安全、卫生等方面应注意下限标准。

（5）当遇到特殊情况难以执行标准规范，特别是涉及安全、卫生、防火、环境保护等问题时，应取得当地有关管理部门的批准或认可。

（三）标准设计

标准设计，也称通用设计和定型设计，是按照现行的设计标准，对各种建筑、结构和构配件等编制的具有重复使用性质的整套技术文件图纸，经主管部门审查、批准后颁发的在全国、部门或地方通用的设计。建筑工程构配件、零部件，通用的建筑物等，都应该编制标准设计加以推广使用。

（四）标准设计包括的范围

标准设计覆盖范围很广，重复建设的建筑类型及生产能力相同的企业、单独的房屋构筑物均应参考标准设计或通用设计。在设计阶段造价控制工作中，对不同用途和要求的建筑物，应按统一的建筑模数、建筑标准、设计规范、技术规定等进行设计。若房屋或构筑物整体不便定型化时，应将其中重复出现的建筑单元、房间和主要的结构节点构造，在构配件标准化的基础上定型化。建筑物和构筑物的柱网、层高及其他构件参数尺寸应力求统一化，使之在基本满足使用要求和修建条件的情况下尽可能具有通用互换性。

（五）采用设计标准和标准设计的意义和作用

1. 采用设计标准和标准设计的作用

标准规范的技术保障作用主要表现在安全可靠、技术先进、经济合理三个方面。同时，采用标准规范可促进科技成果转化为生产力，实现良性循环。

（1）采用新技术、新方法、使设计技术先进、经济合理。

（2）采用科研新成果，使设计安全可靠，经济合理。

2. 采用设计标准和标准设计的意义

标准设计作为一种通用设计，其推广意义较大。

（1）有利于提高设计效率，减少重复劳动，缩短设计周期，提高设计质量，节约设计费用。

（2）能够使工艺定型，有利于提高工艺水平；便于进行工业化生产，提高劳动生产率，加快建设速度，缩短建设时间。既能保证工程质量，又能降低建安费用。

（3）有利于统一配料，节约建筑材料，使构配件生产成本大幅度降低，从而降低工程造价。

（4）便于贯彻执行各项技术经济政策和各种设计规范及制度，推广和采用行之有效的新技术、新成果。

总之，在明确设计要素对工程造价影响的基础上，采用先进、科学的设计方法进行工程设计，是设计阶段控制项目投资，降低工程造价的有效途径。设计阶段正确处理技术与经济这一对立统一关系，是控制工程造价的关键，只有通过技术比较、经济分析和效果评价，才能达到技术先进，经济合理的目的。因此，在设计阶段要有效地控制工程造价，应从组织、技术、经济、合同和信息管理等多方面采取措施。设计人员和工程造价人员必须密切配合，严格按照可行性研究报告规定的投资估算做好多方案技术经济比较，在批准的设计概算限额内，充分发挥主观能动性，在降低和控制投资上下功夫。特别是工程造价人员，在设计过程中应及时对项目投资进行分析对比，反馈造价信息，能动地影响设计，以保证工程造价控制的有效实施。

第三节　设计方案的评价和比较

一、设计方案评价的概念

建筑工程设计方案评价就是对设计方案进行技术与经济的分析、计算、比较和评价，从而选出技术上先进、结构上坚固耐用、功能上适用、造型上美观、环境上自然协调和经济合理的最优设计方案，为决策提供科学的依据。

建设项目经济评价是项目前期工作的重要内容，对于加强固定资产投资宏观调控，提高投资决策的科学化水平，引导和促进各类资源合理配置，优化投资结构，减少和规避投资风险，充分发挥投资效益，具有重要作用。

国家发展改革委、国家住房与城乡建设部 2006 年发布的《建设项目经济评价方法与参数》(第三版)规定：建设项目经济评价包括财务评价(也称财务分析)和经济效果评价(也称经济分析)。财务评价是在国家现行财税制度和价格体系的前提下，从项目的角度出发，计算项目范围内的财务效益和费用，分析项目的盈利能力和清偿能力，评价项目在财务上的可行性。经济效果评价是在合理配置社会资源的前提下，从国家经济整体利益的角度出发，计算项目对国民经济的贡献，分析项目的经济效率、效果和对社会的影响，评价项目在宏观经济上的合理性。建设项目经济评价内容的选择，应根据项目性质、项目目标、项目投资者、项目财务主体以及项目对经济与社会的影响程度等具体情况确定。对于费用效益计算比较简单，建设期和运营期比较短，不涉及进出口平衡等一般项目，如果财务评价的结论能够满足投资决策需要，可不进行经济效果评价；对于关系公共利益、国家安全和市场不能有效配置资源的经济和社会发展的项目，除应进行财务评价外，还应进行经济效果评价；对于特别重大的建设项目尚应辅以区域经济与宏观经济影响分析方法进行经济效果评价。

二、设计方案优选应遵循的原则

(一)设计方案必须要处理好经济合理性与技术先进性之间的关系

技术先进性与经济合理性有时是一对矛盾，设计时应妥善处理好二者的关系，一般情况下，要在满足使用者要求的前提下，尽可能降低工程造价，或在资金限制范围内，尽可能提高项目的功能水平。

(二)设计方案必须兼顾建设与使用，考虑项目全寿命周期费用

造价水平的变化，可能会影响到项目将来的使用成本。如果单纯为了降低造价而建造质量得不到保障，就会导致使用过程中的维修费用很高，甚至有可能发生重大事故，给社会财产和人民安全带来严重损害。一般情况下，项目技术水平与工程造价及使用成本之间的关系如图 5-2 所示。在设计过程中应兼顾建设过程和使用过程，力求项目寿命周期费用最低。

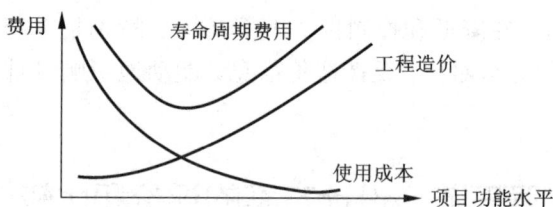

图 5-2 工程造价、使用成本与项目功能水平之间的关系

（三）设计必须兼顾近期与远期的要求

一项工程建设后，往往会在很长的时期内发挥作用。如果仅按照目前的要求设计工程，可能会出现以后由于项目功能水平无法满足需求而重新建造的情况。但是如果按照未来的需要设计工程，又会出现由于功能水平过高而造成资源闲置浪费的现象。所以，设计时要兼顾近期和远期的要求，选择项目合理的功能水平。同时也要根据远景发展需要，适当留有发展余地。

由于工程项目的使用领域不同，功能水平的要求也不同。因此，对建设项目设计方案进行评价所考虑的因素也不一样。

三、工程设计方案评价的内容

不同类型的建筑，使用目的及功能要求不同，评价的重点也不相同。

（一）工业建筑设计评价

工业建筑设计是由总平面设计、工艺设计及建筑设计三部分组成，它们之间是相互关联和制约的。因此分别对各部分设计方案进行技术经济分析与评价，是保证总设计方案经济合理的前提。各部分设计方案侧重点不同，因此评价内容也略有差异。

1. 总平面设计评价

总平面设计是工业建筑项目设计的一个重要组成部分。工业项目总平面设计的目的是在保证生产、满足工艺要求的前提下，根据自然条件、运输要求及城市规划等具体条件，确定建筑物、构筑物、交通线路、地上地下技术管线及绿化美化设施的相互配置；创造符合该企业生产特性的统一建筑整体。在布置总平面时，应该充分考虑到竖向布置、管道、交通线路、人流、物流等是否经济合理。

（1）工业项目总平面设计的要求。

1）总平面设计要注意节约用地，不占或少占农田；

2）总平面设计必须满足生产工艺过程的要求；

3）总平面设计要合理组织厂内外运输，选择方便经济的运输设施和合理的运输线路；

4）总平面布置应适应建设地点的气候、地形、工程水文地质等自然条件；

5）总平面设计必须符合城市规划的要求。

（2）工业项目总平面设计的评价指标。

1）建筑系数（建筑密度）。是指厂区内（一般指厂区围墙内）建筑物、构筑物和各种露天仓库及堆放、操作场地等占地面积与整个厂区建设用地面积之比。它是反映总平面设计用地是否经济合理的指标，建筑系数大，表明布置紧凑，节约用地，又可缩短管线距离，降低工程造价。建筑系数的计算可用下式计算：

$$建筑系数 = 建筑占地面积/厂区占地面积$$

2）土地利用系数。是指厂区内建筑物、构筑物、露天仓库及堆场、操作场地、铁路、道路、广场、排水设施及地上地下管线等所占面积与整个厂区建设用地面积之比，它综合发映出总平面布置的经济合理性和土地利用效率。土地利用系数可用下式计算：

$$土地利用系数 = (建筑占地面积 + 厂区道路占地面积 + 工程管网占地面积)/厂区占地面积$$

3）绿化系数。是指厂区内绿化面积与厂区占地面积之比。它综合反映了厂区的环境质量水平。

4）工程量指标。包括场地平整土石方量、地上及地下管线工程量、防洪设施工程量等，这些指标综合反映了总平面设计中功能分区的合理性及设计方案对地势地形的适应性。

5）经济指标。包括每吨货物运输费用、经营费用等。

2. 工艺设计评价

工艺设计方案要确定企业的技术水平。主要包括建设规模、标准和产品方案；工艺流程和主要设备的选型；主要原材料、能源供应；"三废"治理及环境保护措施，此外还包括生产组织及生产过程中的劳动定员情况等。

（1）工艺设计的原则。

1）先进性。项目应尽可能采用先进技术和高新技术。衡量技术先进性的指标有：产品质量性能、产品使用寿命、单位产品物耗能耗、劳动生产率、装备现代化水平等。

2）适用性。项目所采用的工艺技术应该与国内的资源条件、经济发展水平和管理水平相适应。

3）可靠性。项目所采用的技术和设备质量应该可靠，并且经过生产实践检验，证明是成熟的技术。在引进国外先进技术时，要特别注意技术的可靠性、成熟性和相关条件的配套。

4）安全性。项目所采用的技术在正常使用过程中应能保证生产安全运行。

5）经济合理性。在注重所采用的技术设备先进适用、安全可靠的同时，应着重分析所采用的技术是否经济合理，是否有利于降低投资和产品成本，提高综合经济效益。技术的采用不应为追求先进而先进，要综合考虑技术系统的整体效益，对于影响产品性能质量的关键部分，工艺过程必须严格要求。关键工艺部分，如果专业设备的控制系统国内不能保证供应，则成套引进技术和关键设备就是必要的。

（2）设备选型与设计。

设备选型和设计应注意下列要求：

1）设备选型应该注意标准化、通用化和系列化；

2）采用高效率的先进设备要符合技术先进、稳妥可靠、经济合理的原则；

3）设备的选择应立足国内，对于国内不能生产的关键设备，进口时要注意与工艺流程相适应，并与有关设备配套，不要重复引进；

4）设备选型与设计要考虑建设地点的实际情况和动力、运输、资源等具体条件。

（3）工艺技术方案的评价。

对于工艺技术方案进行比选的内容主要有：技术的先进程度、可靠程度、技术对产品质量性能的保证程度，技术对原料的适应程度，工艺流程的合理性，技术获得的难易程度，对环境的影响程度，技术转让费或专利费等技术经济指标。

3. 建筑设计评价

（1）建筑设计的要求。

工业建筑设计必须为合理生产创造条件。因此，在建筑平面布置和立面形式选择上，应该满足生产工艺要求。在进行建筑设计时，应该熟悉生产工艺资料，掌握生产工艺特性及其对建筑的影响，建筑设计必须采用各种切合实际的先进技术，从建筑形式、材料和结构的选择、结构布置和环境保护等方面采取措施以满足生产工艺对建筑设计的要求。

（2）建筑设计评价指标。

1）单位面积造价。建筑物平面形状、层数、层高、柱网布置、建筑结构及建筑材料等因素都会影响单位面积造价。因此，单位面积造价是一个综合性很强的指标。

2）建筑物周长与建筑面积比。主要使用单位建筑面积所占的外墙长度指标 $K_周$，$K_周$ 越低，设计越经济，$K_周$ 按圆形、正方形、矩形、T 形、L 形的次序依次增大。该指标主要用于评价建筑物平面形状是否经济。该指标越低，平面形状越经济。

3）厂房展开面积。主要用于确定多层厂房的经济层数，展开面积越大，经济层数越可增加。

4）厂房有效面积与建筑面积比。该指标主要用于评价柱网布置是否合理，合理的柱网布置可以提高厂房有效使用面积。

5）工程全寿命成本。工程寿命成本包括工程造价及工程建成后的使用成本，这是评价建筑物功能水平是否合理的综合性指标。一般来讲，功能水平低，工程造价低，但是使用成本高；功能水平高，工程造价高，但是使用成本低。工程全寿命成本最低时，功能水平最合理。

（二）民用建筑设计评价

民用建筑项目设计是根据建筑物的使用功能要求，确定建筑标准、结构形式、建筑物空间与平面布置以及建筑群体的配置等。民用建筑设计包括住宅设计、公共建筑设计以及住宅小区设计。民用建筑一般包括公共建筑和住宅建筑两大类。住宅建筑是民用建筑中最大量、最主要的建筑形式。因此本书主要介绍住宅建筑设计方案的评价。

1. 民用住宅建筑设计影响工程造价的因素

（1）建筑物平面形状和周长系数。

（2）住宅的层高和净高。

（3）住宅的层数与工程造价的关系。

（4）住宅单元组成、户型设计的指标是结构面积系数（住宅结构面积与建筑面积之比），系数越小设计方案越经济。

（5）住宅建筑结构的选择。

2. 民用住宅建筑设计的基本原则

民用建筑设计要坚持"适用、经济、美观"的原则。

（1）平面布置合理，长度和宽度比例适当；

（2）合理确定户型和住户面积；

（3）合理确定层数与层高；

（4）合理选择结构方案。

3. 民用建筑设计的评价指标

（1）平面指标。该指标用来衡量平面布置的紧凑性、合理性。

$$平面系数\ K = 居住面积/建筑面积$$
$$平面系数\ K_1 = 居住面积/有效面积$$
$$平面系数\ K_2 = 辅助面积/有效面积$$
$$平面系数\ K_3 = 结构面积/建筑面积$$

其中，有效面积指建筑平面中可供使用的面积；居住面积 = 有效面积 – 辅助面积；结构面积指建筑平面中结构所占的面积；有效面积 + 结构面积 = 建筑面积。对于民用建筑应尽量减少结构面积比例，增加有效面积。

（2）建筑周长指标。这个指标是墙长与建筑面积之比。居住建筑进深加大，则单元周长缩小，可节约用地，减少墙体积，降低造价。

$$单元周长指标 = 单元周长/单元建筑面积(m/m^2)$$
$$建筑周长指标 = 建筑周长/建筑占地面积(m/m^2)$$

（3）建筑体积指标。是建筑体积与建筑面积之比，是衡量层高的指标。

$$建筑体积指标 = 建筑体积/建筑面积(m^3/m^2)$$

（4）面积定额指标。该指标用于控制设计面积。

$$户均建筑面积 = 建筑总面积/总户数$$
$$户均使用面积 = 使用总面积/总户数$$
$$户均面宽指标 = 建筑物总长度/总户数$$

（5）户型比：指不同居室数的户数占总户数的比例，是评价户型结构是否合理的指标。

（三）居住小区设计评价

小区是城市居住区的一个组成部分，它是组织居民日常生活的比较完整和相对独立的居住单位。小区规划设计是否合理，直接关系到居民的生活环境，同时也关系到建设用地、工程造价及总体建筑艺术效果。小区规划设计的核心问题是提高土地利用率。

1. 住宅小区规划中影响工程造价的主要因素

（1）占地面积。居住小区的占地面积不仅直接决定着征地费的高低，而且影响着小区内道路、工程管线长度和公共设备的多少，而这些费用约占小区建设投资的1/5。因而，用地面积指标在很大程度上影响小区建设的总造价。

（2）建筑群体的布置形式。建筑群体的布置形式对用地的影响不容忽视，通过采取高低搭配、点条结合、前后错列以及局部东西向布置、斜向布置或拐角单元等手法节省用地。在保证小区居住功能的前提下，适当集中公共设施，合理布置道路，充分利用小区的边角用地，有利于提高密度，降低小区的总造价。

2. 在小区规划设计中节约用地的主要措施

（1）适当压缩建筑的间距；

（2）提高住宅层数或高低层搭配；

（3）适当增加房屋长度；

（4）提高公共建筑的层数；

（5）合理布置道路。

3. 居住小区设计方案评价指标

居住小区设计方案评价指标见下列公式：

$$建筑毛密度 = 居住和公共建筑基底面积/居住小区占地总面积 \times 100\%;$$

$$居住建筑净密度 = 居住建筑基底面积/居住建筑占地面积 \times 100\%;$$
$$居住面积密度 = 居住面积/居住建筑占地面积(m^2/公顷);$$
$$居住建筑面积密度 = 居住建筑面积/居住建筑占地面积(m^2/公顷);$$
$$人口毛密度 = 居住人数/居住小区占地总面积(人/公顷);$$
$$人口净密度 = 居住人数/居住建筑占地面积(人/公顷);$$
$$绿化比率 = 居住小区绿化面积/居住小区占地总面积。$$

其中需要注意区别的是居住建筑净密度和居住面积密度。

1)居住建筑净密度是衡量用地经济性和保证居住区必要卫生条件的主要技术经济指标。其数值的大小与建筑层数、房屋间距、层高、房屋排列方式等因素有关。适当提高建筑密度，可节省用地，但应保证日照、通风、防火、交通安全的基本需要。

2)居住面积密度是反映建筑布置、平面设计与用地之间关系的重要指标。影响居住面积密度的主要因素是房屋的层数，增加层数其数值就增大，有利于节约土地和管线费用。

四、设计方案技术经济评价方法

（一）设计方案技术经济评价注意事项

对设计方案进行技术经济分析评价时需注意以下几点：

1. 工期的比较

工程施工工期的长短涉及管理水平、投入劳动力的多少和施工机械的配备情况，故应在相似的施工资源条件下进行工期比较，并考虑施工的季节性。由于工期缩短而工程提前竣工交付使用所带来的经济效益，应纳入分析评价体系。

2. 采用新技术的分析

设计方案采用某项新技术，往往在项目的早期经济效益较差，因为生产率的提高和生产成本的降低需要有一段时间来掌握和熟悉新技术后方可实现。故此进行设计方案技术经济分析评价时应预测其预期的经济效果，不能仅由于当前的经济效益指标较差而限制新技术的采用和发展。

3. 产品功能的可比性

对产品功能的分析评价，是技术经济评价内容中不能缺少而又常常被忽视的一个指标。必须明确评比对象应在相同功能条件下才有可比性。当参与对比的设计方案功能项目和水平不同时，应对之进行可比性换算，使之满足以下四方面的可比条件：需要可比；费用消耗可比；价格可比；时间可比。

（二）多指标评价法

通过对反映建筑产品功能和耗费特点的若干技术经济指标的计算、分析、比较，评价设计方案的经济效果。又可分为多指标对比法和多指标综合评分法。

1. 多指标对比法

这是目前采用比较多的一种方法。它的基本特点是使用一组适用的指标体系，将对比方案的指标值列出，然后一一进行对比分析，根据指标值的高低分析判断方案优劣。

利用这种方法首先需要将指标体系中的各个指标，按其在评价中的重要性，分为主要评价指标和辅助指标。主要指标是能够比较充分地反映工程的技术经济特点的指标，是确定工程项目经济效果的主要依据。辅助指标在技术经济分析中处于次要地位，是主要指标的补充，当主要指标不足以说明方案的技术经济效果优劣时，辅助指标就成为进行技术经济分析的依据。

这种方法的优点是：指标全面、分析确切，可通过各种技术经济指标定性或定量直接反映方案技术经济性能的主要方面。其缺点是：容易出现不同指标的评价结果相悖的情况，这样就使分析工作复杂化。有时，也会因方案的可比性而产生客观标准不统一的现象。因此在进行综合分析时，要特别注意检查对比方案在使用功能和工程质量方面的差异，并分析这些差异对各指标的影响，避免导致错误的结论。

通过综合分析，最后应给出如下结论：

（1）分析对象的主要技术经济特点及适用条件；

（2）现阶段实际达到的经济效果水平；

（3）找出提高经济效果的潜力和途径以及相应采取的主要技术措施；

（4）预期经济效果。

2. 多指标综合评分法

这种方法首先对需要进行分析评价的设计方案设定若干个评价指标，并按其重要程度确定各指标的权重，然后确定评分标准，并就各设计方案对各指标的满足程度打分，最后计算各方案的加权得分，以加权得分高者为最优设计方案。其计算公式为：

$$S = \sum_{i=1}^{n} W_i \cdot S_i$$

式中：S——设计方案总得分；

　　　S_i——某方案在评价指标 i 上的得分；

　　　W_i——评价指标 i 的权重；

　　　n——评价指标数。

这种方法非常类似于价值工程中的加权评分法，区别就在于：价值工程的加权评分法中不将成本作为一个评价指标，而将其单独拿出来计算成本系数；多指标综合评分法则不将成本单独剔除，如果需要，成本也是一个评价指标。

（三）静态经济评价指标

1. 投资回收期法

设计方案的比选往往是比选各个方案的功能水平及成本。功能水平先进的设计方案一般所需的投资较多，方案实施过程中的效益一般也比较好。用方案实施过程中的效益回收投资，即投资回收期反映初始投资补偿速度，衡量设计方案优劣也是非常必要的。投资回收期越短的设计方案越好。

不同设计方案的比选实际上是互斥方案的比选，首先要考虑到方案可比性问题。当相互比较的各设计方案能满足相同的需要时，就只需比较它们的投资和经营成本的大小，用差额投资回收期比较。差额投资回收期是指在不考虑时间价值的情况下，用投资大的方案比投资小的方案所节约的经营成本，回收差额投资所需要的时间。其计算公式为：

$$\Delta P_t = (K_2 - K_1)/(C_1 - C_2)$$

式中：K_2——方案 2 的投资额；

　　　K_1——方案 1 的投资额，且 $K_2 > K_1$；

　　　C_2——方案 2 的年经营成本；

C_1——方案重的年经营成本,且 $C_1 > C_2$;

ΔP_t——差额投资回收期。

当 $\Delta P_t \leqslant P_C$(基准投资回收期)时,投资大的方案优;反之,投资小的方案优。

2. 计算费用法

房屋建筑物和构造物的全寿命是指从勘察、设计、施工、建成后使用直至报废拆除所经历的时间。全寿命费用应包括初始建设费、使用维护费和拆除费。评价设计方案的优劣应考虑工程的全寿命费用。但初始投资和使用维护费是两类不同性质的费用,二者不能直接相加。计算费用法用一种合乎逻辑的方法将二次性投资与经常性的经营成本统一为一种性质的费用。可直接用来评价设计方案的优劣。

1)总计算费用法。总计算费用 $TC = K + P_C C$,其中 K 表示项目总投资,C 表示年经营成本,P_C 表示基准投资回收期。总计算费用最小的方案最优。

2)年计算费用法。年计算费用 $AC = C + R_C K$,R_C 表示基准投资效果系数,年计算费用越小的方案越优。

(四)动态经济评价指标

动态经济评价指标是考虑时间价值的指标。对于寿命期相同的设计方案,可以采用净现值法、净年值法、差额内部收益率法等。寿命期不同的设计方案比选,可以采用净年值法。

(五)设计方案评价、比选应注意的问题

对设计方案进行评价、比选时需注意以下几点:

(1)工期的比较。工程施工工期的长短涉及管理水平、投入劳动力的多少和施工机械的配备情况,故应在相似的施工资源条件下进行工期比较,并应考虑施工的季节性。由于工期缩短而工程提前竣工交付使用所带来的经济效益,应纳入分析评价范围。

(2)采用新技术的分析。设计方案采用某项新技术,往往在项目的早期经济效益较差,因为生产率的提高和生产成本的降低需要有一段时间来掌握和熟悉新技术后方可实现。故此进行设计方案技术经济分析评价时应预测其预期的经济效果,不能仅由于当前的经济效益指标较差而限制新技术的采用和发展。

(3)对产品功能的分析评价。对产品功能的分析评价是技术经济评价内容不能缺少而又常常被忽视的一个指标。必须明确评比对象应在相同功能条件下才有可比性。当参与对比的设计方案功能项目和水平不同时,应对之进行可比性换算,使之满足以下几方面的可比条件:①需要可比;②费用消耗可比;③价格可比;④时间可比。

(六)设计方案评价、比选对工程造价确定和控制的影响

工程建设项目由于受资源、市场、建设条件等因素的限制,拟建项目可能存在建设选址、建设规模、产品方案、所选用的工艺流程等不同的多个整体设计方案,而在一个整体设计方案中亦可存在全厂总平面布置、建筑结构形式等不同的多个设计方案。显然,不同的设计方案工程造价各不相同,必须对多个不同设计方案进行全面的技术经济评价分析,为建设项目投资决策者提供方案比选意见,帮助他们选择最合理的设计方案,才能确保建设项目在经济合理的前提下做到技术先进,从而为合理确定和有效控制工程造价提供前提和条件,最终达到提高工程建设投资效果的目的。此外,对于已经确定的设计方案,造价工作人员也可依据有关技术经济资料对设计方案进行评价,提出优化设计的建议与意见,通过优化设计和深化设计使技术方案更加经济合理,使工程造价能得到合理的确定和有效的控制。

第四节 设计概算的编制与审查

一、设计概算的概念与作用

(一)设计概算的概念

设计概算是以初步设计文件为依据,按照规定的程序、方法和依据,对建设项目总投资及其构成进行的概略计算。设计概算的成果文件称作设计概算书,简称设计概算。设计概算书是设计文件的重要组成部分,在报批设计文件时,必须同时报批设计概算文件。采用两阶段设计的建设项目,初步设计阶段必须编制设计概算;采用三阶段设计的,扩大初步设计阶段必须编制修正概算。设计概算额度控制、审批、调整应遵循国家、各省市地方政府或行业的有关规定。如果设计概算值超过控制额,以至于因概算投资额度变化影响项目的经济效益,使经济效益达不到预定收益目标值时,必须修改设计或重新立项审批。

(二)设计概算的作用

(1)设计概算是编制固定资产投资计划,确定和控制建设项目投资的依据。国家规定,编制年度固定资产投资计划,确定计划投资总额及其构成数额,要以批准的初步设计概算为依据,没有批准的初步设计文件及其概算,建设工程就不能列入年度固定资产投资计划。

(2)设计概算是控制施工图设计和施工图预算的依据。设计单位必须按照批准的初步设计和总概算进行施工图设计,施工图预算不得突破设计概算,如确需突破总概算时,应按规定程序报批。

(3)设计概算是衡量设计方案经济合理性和选择最佳设计方案的依据。设计部门在初步设计阶段要选择最佳设计案,设计概算是从经济角度衡量设计方案经济合理性的重要依据。因此,设计概算是衡量设计方案技术经济合理性和选择最佳设计方案的依据。

(4)设计概算是编制招标控制价(招标标底)和投标报价的依据。以设计概算进行招投标的工程,招标单位以设计概算作为编制招标控制价(标底)及评标定标的依据。承包单位也必须以设计概算为依据,编制投标报价,以合适的投标报价在投标竞争中取胜。

(5)设计概算是签订建设工程施工合同和贷款合同的依据。在国家颁布的《合同法》中明确规定,建设工程合同价款是以设计概、预算价为依据,且总承包合同不得超过设计总概算的投资额。银行贷款或各单项工程的拨款累计总额不能超过设计概算,如果项目投资计划所列支投资额与贷款突破设计概算时,必须查明原因,之后由建设单位报请上级主管部门调整或追加设计概算总投资,凡未批准之前,银行对其超支部分拒不拨付。

(6)设计概算是考核建设项目投资效果的依据。通过设计概算与竣工决算对比,可以分析和考核投资效果,同时还可以验证设计概算的准确性,有利于加强设计概算管理和建设项目的造价管理工作。

二、设计概算编制内容及依据

(一)编制内容

设计概算可分单位工程概算、单项工程综合概算和建设项目总概算三级。各级概算之间的相互关系如图 5-3 所示。

项目分解 | 概算体系 | 费用构成

单位工程 —— 单位工程概算
- 人工、材料、机具费
- 企业管理费
- 利润
- 规费及税金
- 设备及工、器具购置费用

↓ 汇总

单项工程 —— 单项工程综合概算
- 建筑工程费用
- 安装工程费用
- 设备及工器具购置费用

↓ 汇总

建设项目 —— 建设项目总概算
- 建筑工程费用
- 安装工程费用
- 设备及工、器具购置费用
- 工程建设其他费用
- 预备费
- 建设期利息
- 生产或经营性项目铺底流动资金

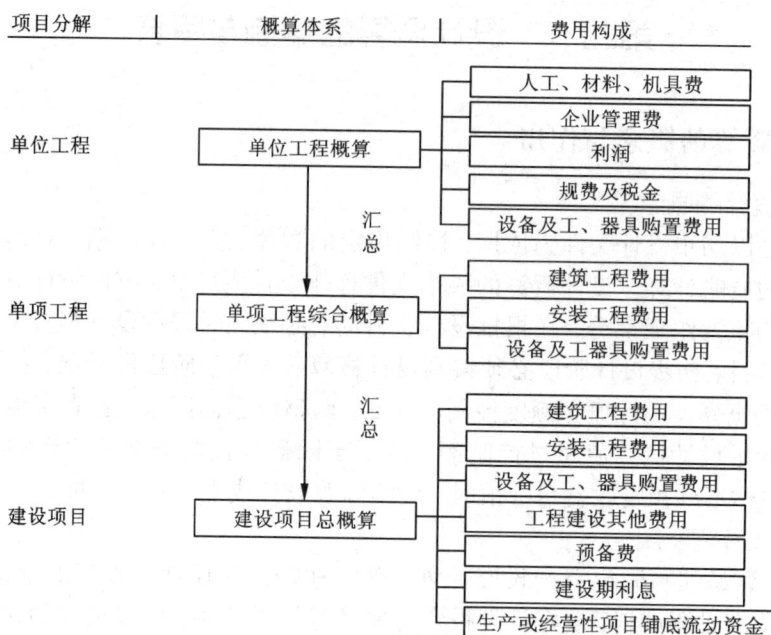

图 5-3　三级概算之间的相互关系和费用构成

1. 单位工程概算

单位工程是指具有独立的设计文件,承包单位可以独立的组织施工,但是建成后不能独立发挥生产能力或者使用效益的工程。是编制单项工程综合概算的基础,是设计概算书的组成部分。单位工程概算分为建筑工程概算、设备及安装工程概算。

建筑工程概算包括土建工程概算,给排水、采暖工程概算,通风、空调工程概算,电气照明工程概算,弱电工程概算,特殊构筑物工程概算等;设备及安装工程概算包括机械设备及安装工程概算,电气设备及安装工程概算,热力设备及安装工程概算,工具、器具及生产家具购置费概算等。

2. 单项工程概算

单项工程是指具有独立的设计文件、承包单位可以独立组织施工、建成后可以独立发挥生产能力或具有使用效益的工程。它是建设项目的组成部分。如生产车间、办公楼、食堂、图书馆、学生宿舍、住宅楼、一个配水厂等。单项工程概算是确定一个单项工程(设计单元)费用的文件,是总概算的组成部分,只包括单项工程的工程费用。单项工程综合概算的组成内容如图 5-4 所示。

3. 建设项目总概算

建设项目视指一个按总体规划或设计进行建设的,由一个或若干个互有内在联系的单项工程组成的工程总和,也可以称为基本建设项目。

建设项目总概算是以初步设计文件为依据,在单项工程综合概算的基础上计算建设项目概算总投资的成果文件。总概算是设计概算书的主要组成部分,主要指总概算表。它是由各单项工程综合概算、工程建设其他费用概算、预备费和建设期利息概算汇总编制而成的,如

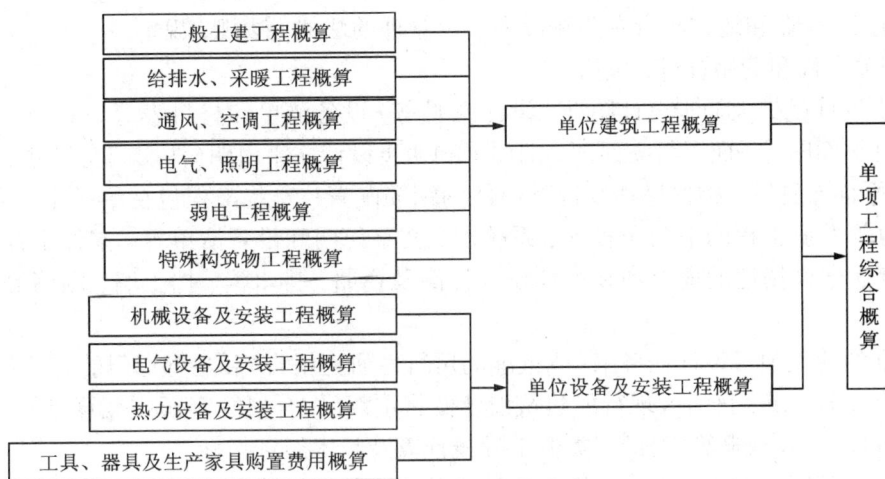

图 5 - 4　单项工程综合概算的组成内容

图 5 - 5 所示。

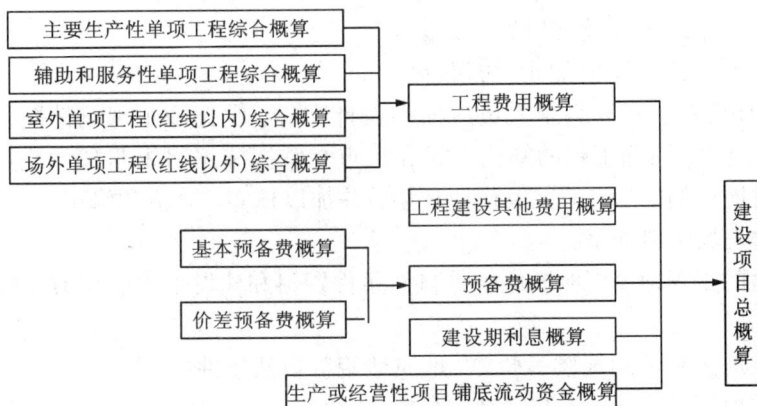

图 5 - 5　建设项目总概算的组成内容

若干个单位工程概算汇总后成为单项工程概算，若干个单项工程概算和工程建设其他费用、预备费、建设期利息等概算文件汇总成为建设项目总概算。单项工程概算和建设项目总概算仅是一种归纳、汇总性文件，因此最基本的计算文件是单位工程概算书。

建设项目若为一个独立单项工程，则建设项目总概算与单项工程综合概算书可合并编制。

（二）编制依据

设计概算编制依据涉及面很广，一般指编制项目概算所需的一切基础资料。对于不同项目，其概算编制依据不尽相同。设计概算文件编制人员应深入现场进行调研，收集编制概算所需的定额、价格、费用标准，以及国家或行业、当地主管部门的规定、办法等资料。投资方（项目业主）也应当主动配合，才能保证设计概算编制依据的完整性、合理性和时效性。一般来说，设计概算编制依据主要包括：

（1）国家、行业和地方政府有关建设和造价管理的法律、法规、规定。

（2）相关文件和费用资料，包括：

1）初步设计或扩大初步设计图纸、设计说明书、设备清单和材料表等。其中，土建工程包括建筑总平面图、平面图与立面图、剖面图和初步设计文字说明（注明门窗尺寸、装修标准等），结构平面布置图、构件尺寸及特殊构件的钢筋配置；安装工程包括给排水、采暖通风、电气、动力等专业工程的平面布置图、系统图、文字说明和设备清单等；室外工程包括平面图、总图专业建设场地的地形图和场地设计标高及道路、排水沟、挡土墙、围墙等构筑物的断面尺寸。

2）批准的建设项目设计任务书（或批准的可行性研究报告）和主管部门的有关规定。

3）国家或省、市、自治区现行的建筑设计概算定额（综合概算定额或概算指标），现行的安装设计概算定额（或概算指标），类似工程概预算及技术经济指标。

4）建设工程所在地区的人工工资标准、材料预算价格、施工机械台班预算价格，标准设备和非标准设备价格资料，现行的设备原价及运杂费率，各类造价信息和指数。

5）国家或省、市、自治区现行的费用定额和有关费用标准。工程所在地区的土地征购、房屋拆迁、青苗补偿等费用和价格资料。

6）资金筹措方式或资金来源。

7）正常的施工组织设计及常规施工方案。

8）项目涉及的有关文件、合同、协议等。

（3）施工现场资料。概算编制人员应熟悉设计文件，掌握施工现场情况，充分了解设计意图，掌握工程全貌，明确工程的结构形式和特点。掌握施工组织与技术应用情况，深入施工现场了解建设地点的地形、地貌及作业环境，并加以核实、分析和修正。

主要包括的现场资料如下：

1）建设场地的工程地质、地形地貌等自然条件资料和建设工程所在地区的有关技术经济条件资料。

2）项目所在地区有关的气候、水文、地质地貌等自然条件。

3）项目所在地区的经济、人文等社会条件。

4）项目的技术复杂程度，以及新工艺、新材料、新技术、新结构、专利使用情况等。

5）建设项目拟定的建设规模、生产能力、工艺流程、设备及技术要求等情况。

6）项目建设的准备情况，包括"三通一平"，施工方式的确定，施工用水、用电的供应等诸多因素。

三、设计概算的编制方法

（一）单位工程概算的编制方法

单位工程概算书是概算文件的基本组成部分，是编制单项工程综合概算（或项目总概算）的依据，应根据单项工程中所属的每个单体按专业分别编制，一般分建筑工程、设备及安装工程两大类。建筑及安装单位工程概算投资由人工费、材料费、施工机具使用费、企业管理费、利润、规费和税金组成。

1. 建筑单位工程概算编制方法

《建设项目设计概算编审规程》规定：建筑工程概算应按构成单位工程的主要分部分项工程编制，根据初步设计工程量按工程所在省、市、自治区颁发的概算定额（指标）或行业概算定额（指标），以及工程费用定额计算。对于通用结构建筑可采用"造价指标"编制概算；对于特殊或重要的工程项目，必须按构成单位工程的主要分部分项工程编制，必要时结合施工组织设计进行详细计算。在实务操作中，可视概算编制时具备的条件选用以下方法：

（1）概算定额法。

概算定额法又叫扩大单价法，是利用概算定额编制单位工程概算的方法。根据设计图纸资料和概算定额的项目划分计算出工程量，然后套用概算定额单价（基价），计算汇总后，再计取有关费用，便可得出单位工程概算造价。

概算定额法适用于设计达到一定深度，建筑结构尺寸比较明确，能按照设计的平面、立面、剖面图纸计算出楼地面、墙身、门窗和屋面等扩大分项工程（或扩大结构构件）工程量的项目。这种方法编制出的概算精度较高，但是编制工作量大，需要大量的人力和物力。

概算定额法编制设计概算的步骤：

1）搜集基础资料、熟悉设计图纸和了解有关施工条件和施工方法；

2）按照概算定额分部分项顺序列出单位工程中分项工程或扩大分项工程的项目名称，并计算其工程量；

3）确定各分部分项工程项目的概算定额单价；

4）计算单位工程人、材、机费；

5）计算企业管理费、利润、规费和税金；

6）计算单位工程概算造价；

7）编写概算编制说明。

【例5-1】　某市拟建一座12000 m^2教学楼，请按给出的扩大单价和工程量表5-1编制出该教学楼土建工程设计概算造价和每平方米造价。各项费率分别为：企业管理费费率为10%，利润率为8%，综合税率为3.413%（以概算定额人材机费为计算基础，本题不考虑规费）。

表5-1　某教学楼土建工程量和扩大单价

分部工程名称	单位	工程量	扩大单价（元）
基础工程	10 m^3	250	2500
混凝土及钢筋混凝土	10 m^3	240	6800
砌筑工程	10 m^3	440	3300
地面工程	100 m^2	60	1100
楼面工程	100 m^2	140	1800
卷材屋面	100 m^2	60	4500
门窗工程	100 m^2	55	5600
脚手架	100 m^2	280	600

解：根据已知条件和表 5-1 数据及扩大单价，求得该教学楼土建工程概算造价如表 5-2 所示。

表 5-2　某教学楼土建工程概算造价计算表

序号	分部工程名称	单位	工程量	单价（元）	合价（元）
1	基础工程	10 m³	250	2500	625000
2	混凝土及钢筋混凝土	10 m³	240	6800	1632000
3	砌筑工程	10 m³	440	3300	1452000
4	地面工程	100 m²	60	1100	66000
5	楼面工程	100 m²	140	1800	252000
6	卷材屋面	100 m²	60	4500	270000
7	门窗工程	100 m²	55	5600	308000
8	脚手架	100 m²	280	600	168000
A	定额人材机费小计	以上 8 项之和			4773000
B	企业管理费	A×10%			477300
C	利润	(A+B)×7%			420024
D	税金	(A+B+C)×3.413%			193528
	概算造价	A+B+C+D			5863852
	平方米造价	5863852/1200			488.65

（2）概算指标法。

概算指标法是利用概算指标编制单位工程概算的方法，是用拟建的厂房、住宅的建筑面积（或体积）乘以工程建设条件相同或基本相同工程的概算指标，得出人工费、材料费、施工机具使用费合计，然后按规定计算出企业管理费、利润和税金等，编制出单位工程概算的方法。

概算指标法的适用范围是设计深度不够，不能准确地计算出工程量，但工程设计技术比较成熟而又有类似工程概算指标可以利用。概算指标法主要适用初步设计概算编制阶段的建设工程土建、给排水、暖通、照明等，以及较为简单或单一的构筑工程这类单位工程编制，计算出的费用精确度不高，往往只起到控制性作用。这是由于拟建工程（设计对象）往往与类似工程的概算指标的技术条件不尽相同，而且概算指标编制年份的设备、材料、人工等价格与拟建工程当时当地的价格也不会一样。如果想要提高精确度，需对指标进行调整。以下列举几种调整方法：

1）设计对象的结构特征与概算指标有局部差异时的调整。

结构变化修正概算指标（元/m²）$= J + Q_1 P_1 - Q_2 P_2$

式中：J——原概算指标；

Q_1——概算指标中换入结构的工程量；

Q_2——概算指标中换出结构的工程量；

P_1——换入结构的单价指标；

P_2——换出结构的单价指标。

或：

结构变化修正概算指标的工、料、机数量＝原概算指标的工、料、机数量＋换入结构件工程量×相应定额工料机消耗量－换出结构件工程量×相应定额工料机消耗量

2）设备、人工、材料机械台班费用的调整

设备、人工、材料机械修正概算费用＝原概算指标的设备、人工、材料、机械费用＋∑（换入设备、人工、材料、机械数量×拟建地区相应单价）－∑（换出设备、人工、材料、机械数量×原概算指标设备、人工、材料、机械单价）

以上两种方法，前者是直接修正结构件指标单价，后者是修正结构件指标人工、材料、机械数量。

【例5-2】 假设新建单身宿舍一座，其建筑面积为3500 m^2，按概算指标和地区材料预算价格等算出单位造价为880元/m^2（其中人、材、机费为650元/m^2），采暖工程65元/m^2，给排水工程46元/m^2，照明工程120元/m^2。但新建单身宿舍设计资料与概算指标相比较，其结构构件有部分变更。设计资料表明，外墙为1.5砖外墙，而概算指标中外墙为1砖墙。根据当地土建工程预算定额，外墙带形毛石基础的预算单价为425.43元/m^2，1砖外墙的预算单价为642.50元/m^3，1.5砖外墙的预算单价为662.74元/m^3；概算指标中每100 m^2中含外墙带形毛石基础为3 m^3，1砖外墙为14.93 m^3。新建工程设计资料表明，每100 m^2中含外墙带形毛石基础为4 m^3，1.5砖外墙为22.7 m^3。请计算调整后的概算单价和该工程的概算造价。

解： 土建工程中对结构构件的变更和单价调整，如表5-3所示。

表5-3 结构变化引起的单价调整

序号	结构名称	单位	数量（每100 m^2含量）	单价（元）	合价（元）
	土建工程单位面积造价				650
	换出部分				
1	外墙带形毛石基础	m^3	0.03	425.43	12.76
2	1砖外墙	m^3	0.1493	642.5	95.93
	换出合计	元			108.69
	换入部分				
3	外墙带形毛石基础	m^3	0.04	425.43	17.02
4	1.5砖外墙	m^3	0.227	662.74	150.44
	换入合计	元			167.46
	单位造价修正系数：650－108.69＋167.46＝708.77元				

其余的单价指标都不变，因此经调整后的概算造价为708.77＋65＋46＋120＝939.77

（元/m²）

$$新建宿舍的概算造价 = 939.77 \times 3500 = 3289195(元)$$

（3）类似工程预算法

类似工程预算法是利用技术条件与设计对象相类似的已完工程或在建工程的工程造价资料来编制拟建工程设计概算的方法。

类似工程预算法适用于拟建工程设计与已完工程或在建工程的设计相类似而又没有可用的概算指标时采用，但必须对建筑结构差异和价差进行调整。建筑结构差异的调整方法与概算指标法的调整方法相同，类似工程造价的价差调整有两种方法：

1）类似工程造价资料有具体的人工、材料、机械台班的用量时，可按照类似工程预算造价资料中的主要材料用量、工日数量、机械台班用量乘以拟建工程所在地的主要材料预算价格、人工单价、机械台班单价，计算出人工费、材料费和施工机具使用费，再乘以当地的综合费率，即得到所需的造价指标。

2）类似工程造价资料只有人工费、材料费、施工机具使用费和企业管理费时，可按下列公式调整

$$D = AK$$

$$K = a\%K_1 + b\%K_2 + c\%K_3 + d\%K_4 + e\%K_5$$

式中：D——拟建工程单方概算造价；

A——类似工程单方预算造价；

K——成本单价综合调整系数；

$a\%$、$b\%$、$c\%$、$d\%$、$e\%$——类似工程预算的人工费、材料费、施工机具使用费、企业管理费占预算造价的比重，如：$a\% = $ 类似工程人工费（或工资标准）/类似工程预算造价 $\times 100\%$，$b\%$、$c\%$、$d\%$、$e\%$类同；

K_1、K_2、K_3、K_4、K_5——拟建工程地区与类似工程预算造价在人工费、材料费、施工机具使用费和企业管理费之间的差异系数，如：$K_1 = $ 拟建工程概算的人工费（或工资标准）/类似工程预算人工费（或地区工资标准），K_2、K_3、K_4、K_5类同。

【例 5 - 3】 新建一幢教学大楼，建筑面积为 6000 m²，根据下列类似工程施工图预算的有关数据，试用类似工程预算编制概算，已知数据如下：

（1）类似工程的建筑面积为 4600 m²，预算成本 2576000 元。

（2）类似工程各种费用占预算成本的权重是：人工费 14%、材料费 61%、机械费 10%、企业管理费 9%、其他费 6%。

（3）拟建工程地区与类似工程地区造价之间的差异系数为 $K_1 = 1.03$、$K_2 = 1.04$、$K_3 = 0.98$、$K_5 = 0.96$、$K_6 = 0.90$。

（4）利润、规费及税金率为 10%。

求拟建工程的概算造价。

解：（1）综合调整系数为：

$$K = 14\% \times 1.03 + 61\% \times 1.04 + 10\% \times 0.98 + 9\% \times 0.96 + 6\% \times 0.90 = 1.017$$

（2）类似工程预算单方成本为：2576000/4600 = 560（元/m²）

（3）拟建教学楼工程单方概算成本为：$560 \times 1.017 = 569.52$（元/m²）

（4）拟建教学楼工程单方概算造价为：$569.52 \times (1 + 10\%) = 626.47$（元/m²）

（5）拟建教学楼工程的概算造价为：$626.47 \times 6000 = 3758820$（元）

2.设备及安装单位工程概算的编制方法

设备及安装工程概算包括设备购置费用概算和设备安装工程费用概算两大部分。

（1）设备购置费概算。

设备购置费是根据初步设计的设备清单计算出设备原价，并汇总求出设备总原价，然后按有关规定的设备运杂费率乘以设备总原价，两项相加即为设备购置费概算。

（2）设备安装工程费概算的编制方法。

《建设项目设计概算编审规程》规定：设备及安装工程概算按构成单位工程的主要分部分项工程编制，根据初步设计工程量按工程所在省、市、自治区颁发的概算定额（指标）或行业概算定额（指标），以及工程费用定额计算。当概算定额或指标不能满足概算编制要求时，应编制"补充单位估价表"。实务操作中，设备安装工程费概算的编制方法应根据初步设计深度和要求所明确的程度而采用，主要编制方法有：

1）预算单价法。

当初步设计较深，有详细的设备清单和满足套用预算定额的项目清单时，可直接按工程预算定额单价编制安装工程概算，或者对于分部分项组成简单的单位工程也可采用工程预算定额单价编制概算，编制程序基本同于施工图预算编制。该方法具有计算比较具体、精确性较高的优点。

2）扩大单价法。

当初步设计深度不够，设备清单不完备，只有主体设备或仅有成套设备重量时，可采用主体设备、成套设备的综合扩大安装单价来编制概算。

上述两种方法的具体操作与建筑工程概算相类似。

3）设备价值百分比法。

设备价值百分比法又叫安装设备百分比法。当设计深度不够，只有设备出厂价而无详细规格、重量时，安装费可按占设备费的百分比计算。其百分比值（即安装费率）由相关管理部门制定或由设计单位根据已完类似工程确定。该法常用于价格波动不大的定型产品和通用设备产品，计算表达式为：

$$设备安装费 = 设备原价 \times 安装费率（\%）$$

4）综合吨位指标法。

当设计文件提供的设备清单有规格和设备重量时，可采用综合吨位指标编制概算，综合吨位指标由主管部门或由设计院根据已完类似工程资料确定。该法常用于设备价格波动较大的非标准设备和引进设备的安装工程概算，或者安装方式不确定，或者没有相关定额及定额指标可以利用时，综合吨位指标法的计算表达式为：

$$设备安装费 = 设备吨重 \times 每吨设备安装费指标（元/t）$$

（二）单项工程综合概算的编制方法

1.单项工程综合概算的含义

单项工程综合概算（以下简称综合概算）是以初步设计文件为依据，在单位工程概算的基础上汇总单项工程工程费用的成果文件。是设计概算书的组成部分。

2.单项工程综合概算的内容

综合概算是以单项工程所属的单位工程概算为基础，采用"综合概算表"（表5-4）进行汇总编制而成。对单一的具有独立生产能力的单项工程建设项目，不需要编制综合概算，可直接编制独立的总概算，按二级编制形式编制。建设项目综合概算表由建筑工程和设备及安装工程两大部分组成。

表5-4 综合概算表

综合概算编号：　　　　工程名称（单项工程）：　　　单位：万元 共 页 第 页

序号	概算编号	工程项目或费用名称	设计规模或主要工程量	建筑工程费	设备购置费	安装工程费	合计	其中：引进部分	
								美元	折合人民币
一		主要工程							
1		×××							
2		×××							
…		……							
二		辅助工程							
1		×××							
2		×××							
…		……							
三		配套工程							
1		×××							
2		×××							
…		……							
		单项工程概算费用合计							

编制人：　　　　　审核人：　　　　　审定人：

（三）建设项目总概算的编制方法

1.建设项目总概算的含义

建设项目总概算是确定一个项目概算总投资的文件（以下简称总概算），是设计阶段对建设项目投资总额度的计算，是概算的主要组成部分。

2.建设项目总概算的内容

设计总概算文件应包括编制说明、总概算表、各单项工程综合概算书、工程建设其他费用概算表、主要建筑安装材料汇总表。独立装订成册的总概算文件还应包括封面、签署页（扉页）和目录。

（1）编制说明。

总概算编制说明一般应包括以下主要内容：

1）项目概况：简述建设项目的建设地点、设计规模、建设性质（新建、扩建或改建）、工

172

程类别、建设期(年限)、主要工程内容、主要工程量、主要工艺设备及数量等。

2)主要技术经济指标：项目概算总投资(有引进的给出所需外汇额度)及主要分项投资、主要技术经济指标(主要单位投资指标)等。

3)资金来源：按资金来源不同渠道分别说明，发生资产租赁的说明租赁方式及租金。

4)编制依据：说明概算主要编制依据。

5)其他需要说明的问题。

6)总说明附表(包括建筑、安装工程工程费用计算程序表、引进设备材料清单及从属费用计算表、具体建设项目概算要求的其他附表及附件)。

编制说明应针对具体项目的独有特征进行阐述，编制依据不应与国家法律法规和各级政府部门、行业颁发的规定制度矛盾，应符合现行的金融、财务、税收制度，应符合国家或项目建设所在地政府经济发展政策和规划；此外还应对概算在编制过程中存在的问题和一些其他与编制概算文件相关的问题进行说明，如不确定因素、没有考虑的外部衔接等问题。

(2)总概算表。

采用三级编制形式的总概算表如表 5-5 所示，采用二级编制形式的总概算表如表 5-6 所示。

表 5-5 总概算表(三级编制形式)

总概算编号： 工程名称： 单位： 万元 共 页 第 页

序号	概算编号	工程项目或费用名称	建筑工程费	设备购置费	安装工程费	其他费用	合计	其中：引进部分		占总投资比例/%
								美元	折合人民币	
一		工程费用								
1		主要工程								
1.1		×××								
…		……								
2		辅助工程								
2.1		×××								
…		……								
3		配套工程								
3.1		×××								
…		……								
二		其他费用								
1		×××								
2		×××								
…		……								
三		预备费								
四		专项工程费用								

序号	概算编号	工程项目或费用名称	建筑工程费	设备购置费	安装工程费	其他费用	合计	其中：引进部分 美元	其中：引进部分 折合人民币	占总投资比例/%
1		×××								
2		×××								
…		……								
		建设工程概算总投资								

编制人：　　　　　　审核人：　　　　　　　审定人：

表5-6　总概算表(二级编制形式)

总概算编号：　　　　　　工程名称：　　　　　　单位：　万元　共　页　第　页

序号	概算编号	工程项目或费用名称	设计规模或主要工程量	建筑工程费	设备购置费	安装工程费	其他费用	合计	其中：引进部分 美元	其中：引进部分 折合人民币	占总投资比例/%
一		工程费用									
1		主要工程									
1.1		×××									
…		……									
2		辅助工程									
2.1		×××									
…		……									
3		配套工程									
3.1		×××									
…		……									
二		其他费用									
1		×××									
2		×××									
…		……									
三		预备费									
四		专项工程费用									
1		×××									
2		×××									
…		……									
		建设工程概算总投资									

编制人：　　　　　　审核人：　　　　　　　审定人：

编制时需注意：

1）工程费用按单项工程综合概算组成编制，采用二级编制的按单位工程概算组成编制。市政民用建设项目一般排列顺序：主体建（构）筑物、辅助建（构）筑物、配套系统；工业建设项目一般排列顺序：主要工艺生产装置、辅助工艺生产装置、公用工程、总图运输、生产管理服务性工程、生活福利工程、厂外工程。

2）其他费用一般按其他费用概算顺序列项。主要包括建设用地费、建设管理费、勘察设计费、可行性研究费、环境影响评价费、劳动安全卫生评价费、场地准备及临时设施费、工程保险费、联合试运转费、生产准备及开办费、特殊设备安全监督检验费、市政公用设施建设及绿化补偿费、引进技术和引进设备材料其他费、专利及专有技术使用费、研究试验费等。

3）预备费包括基本预备费和价差预备费。基本预备费以总概算第一部分"工程费用"和第二部分"其他费用"之和为基数的百分比计算；价差预备费按规定计算。

4）应列入项目概算总投资中的费用一般还应包括建设期利息、铺底流动资金等。

四、设计概算文件的组成

设计概算文件是设计文件的组成部分，概算文件编制成册应与其他设计技术文件统一。目录、表格的填写要求，概算文件的编号应层次分明、方便查找（总页数应编流水号），由分到合、一目了然。概算文件的编制形式，视项目的功能、规模、独立性程度等因素来决定采用三级编制（总概算、综合概算、单位工程概算）还是二级编制（总概算、单位工程概算）形式。对于采用三级编制形式的设计概算文件，一般由封面、签署页及目录、编制说明、总概算表、其他费用计算表、单项工程综合概算表组成总概算册，视情况由封面、单项工程综合概算表、单位工程概算表、附件组成各概算分册；对于采用二级编制形式的设计概算文件，一般由封面、签署页及目录、编制说明、总概算表、其他费用计算表、单位工程概算表组成，可将所有概算文件组成一册。

五、设计概算的审查

（一）审查设计概算的意义

（1）有利于合理分配投资资金、加强投资计划管理，有助于合理确定和有效控制工程造价。设计概算编制偏高或偏低，不仅影响工程造价的控制，也会影响投资计划的真实性，影响投资资金的合理分配。

（2）有利于促进概算编制单位严格执行国家有关概算的编制规定和费用标准，从而提高概算的编制质量。

（3）有利于促进设计的技术先进性与经济合理性。概算中的技术经济指标是概算的综合反映，与同类工程对比，便可看出它的先进与合理程度。

（4）有利于核定建设项目的投资规模，可以使建设项目总投资力求做到准确、完整，防止任意扩大投资规模或出现漏项，从而减少投资缺口，缩小概算与预算之间的差距，避免故意压低概算投资，搞"钓鱼"项目，最后导致实际造价大幅度地突破概算。

（5）有利于为建设项目投资的落实提供可靠的依据。不留缺口，有助于提高建设项目的投资效益。

（二）设计概算的审查内容

1. 审查设计概算的编制依据

（1）审查编制依据的合法性。采用的各种编制依据必须经过国家和授权机关的批准，符合国家有关的编制规定，未经批准的不能采用。不能强调情况特殊，擅自提高概算定额、指标或费用标准。

（2）审查编制依据的时效性。各种依据，如定额、指标、价格、取费标准等都应根据国家有关部门的现行规定进行，注意有无调整和新的规定，如有调整或新的规定，应按新的调整办法和规定执行。

（3）审查编制依据的适用范围。各种编制依据都有规定的适用范围，如各主管部门规定的各种专业定额及其取费标准，只适用于该部门的专业工程；各地区规定的各种定额及其收费标准，只适用于该地区范围内，特别是地区的材料预算价格区域性更强，如某市有该市区的材料预算价格，又编制了郊区内一个矿区的材料预算价格，在编制该矿区某工程概算时，应采用该矿区的材料预算价格。

2. 审查概算编制深度

（1）审查编制说明。审查编制说明可以检查概算的编制方法、深度和编制依据等最大原则问题，若编制说明有差错，具体概算必有差错。

（2）审查概算编制深度。一般大中型项目的设计概算应有完整的编制说明和"三级概算"（即总概算表、单项工程综合概算表、单位工程概算表），并按有关规定的深度进行编制。审查是否有符合规定的"三级概算"，各级概算的编制、核对、审核是否按规定签署，有无随意简化，有无把"三级概算"简化为"二级概算"。

（3）审查概算的编制范围。审查概算编制范围及具体内容是否与主管部门批准的建设项目范围及具体工程内容一致；审查分期建设项目的实施范围及具体工程内容有无重复交叉，是否重复计算或漏算；审查其他费用应列的项目是否符合规定，静态投资、动态投资和经营性项目铺底流动资金是否分别列出等。

3. 审查概算的内容

（1）审查概算的编制是否符合国家的方针、政策，是否根据工程所在地的自然条件编制。

（2）审查建设规模（投资规模、生产能力等）、建设标准（用地指标、建筑标准等）、配套工程、设计定员等是否符合原批准的可行性研究报告或立项批文的标准。对总概算投资超过批准投资估算10%以上的，应查明原因，重新上报审批。

（3）审查编制方法、计价依据和程序是否符合现行规定，包括定额或指标的适用范围和调整方法是否正确；补充定额或指标的项目划分，内容组成、编制原则等是否与现行的定额要求相一致等。

（4）审查工程量是否正确，工程量的计算是否根据初步设计图纸、概算定额、工程量计算规则和施工组织设计的要求进行，有无多算、重算和漏算，尤其对工程量大，造价高的项目要重点审查。

（5）审查材料用量和价格，审查主要材料（钢材、木材、水泥、砖）的用量数据是否正确，材料预算价格是否符合工程所在地的价格水平，材料价差调整是否符合现行规定及其计算是否正确等。

(6)审查设备规格、数量和配置是否符合设计要求,是否与设备清单相一致,设备预算价格是否真实,设备原价和运杂费的计算是否正确,非标准设备原价的计价方法是否符合规定,进口设备的各项费用的组成及其计算程序、方法是否符合国家主管部门的规定。

(7)审查建筑安装工程的各项费用的计取是否符合国家或地方有关部门的现行规定,计算程序和取费标准是否正确。

(8)审查综合概算、总概算的编制内容、方法是否符合现行规定和设计文件的要求,有无设计文件外项目,有无将非生产性项目以生产性项目列入。

(9)审查总概算文件的组成内容,是否完整地包括了建设项目从筹建到竣工投产为止的全部费用组成。

(10)审查工程建设其他费用项目。这部分费用内容多、弹性大,约占项目总投资的15%~25%,要按国家和地区规定逐项审查,不属于总概算范围的费用项目不能列入概算,具体费率或计取标准是否按国家、行业有关部门规定计算,有无随意列项、有无多列、交叉列项和漏项等。

(11)审查项目的"三废"治理。拟建项目必须同时安排"三废"(废水、废气、废渣)的治理方案和投资,对于未作安排或漏项或多算、重算的项目,要按国家有关规定核实投资,以满足"三废"排放达到国家标准。

(12)审查技术经济指标。技术经济指标计算方法和程序是否正确,综合指标和单项指标与同类型工程指标相比是偏高还是偏低,其原因是什么,并予纠正。

(13)审查投资经济效果。设计概算是初步设计经济效果的反映,要按照生产规模、工艺流程、产品品种和质量,从企业的投资效益和投产后的运营效益全面分析是否达到了先进可靠、经济合理的要求。

(三)审查设计概算的方法

1. 对比分析法

对比分析法主要是通过建设规模、标准与立项批文对比,工程数量与设计图纸对比,综合范围、内容与编制方法、规定对比,各项取费与规定标准对比,材料、人工单价与统一信息对比,引进设备、技术投资与报价要求对比,技术经济指标与同类工程对比等,发现设计概算存在的主要问题和偏差。

2. 查询核实法

查询核实法是对一些关键设备和设施、重要装置、引进工程图纸不全、难以核算的较大投资进行多方查询核对,逐项落实的方法。主要设备的市场价向设备采购部门或招标公司查询核实,重要生产装置、设施向同类企业(工程)查询了解,引进设备价格及有关费税向进出口公司调查落实,复杂的建筑安装工程向同类工程的建设、承包、施工单位征求意见,深度不够或不清楚的问题直接同原概算编制人员、设计者询问清楚。

3. 联合会审法

联合会审前,可先采取多种形式分头审查,包括设计单位自审,主管、建设、承包单位初审,工程造价咨询公司评审,邀请同行专家预审,审批部门复审等,经层层审查把关后,由有关单位和专家进行联合会审。在会审大会上，由设计单位介绍概算编制情况及有关问题，各有关单位、专家汇报初审、预审意见。然后进行认真分析、讨论，结合对各专业技术方案的审查意见所产生的投资增减，逐一核实原概算出现的问题。经过充分协商，认真听取设计单位意见后，实事求是地处理和调整。

对审查中发现的问题和偏差，按照单位工程概算、综合概算、总概算的顺序，按设备费、安装费、建筑费和工程建设其他费用分类整理。然后按照静态投资、动态投资和铺底流动资金三大类，汇总核增或核减的项目及其投资额。最后将具体审核数据按照"原编概算"、"增减投资"、"增减幅度"、"调整原因"四栏列表，并按照原总概算表汇总顺序将增减项目逐一列出，相应调整所属项目投资合计，再依次汇总审核后的总投资及增减投资额。对于差错较多、问题较大或不能满足要求的，责成编制单位按审查意见修改后，重新报批。

（四）设计概算的批准

经审查合格后的设计概算提交审批部门复核，复核无误后就可以批准，一般以文件的形式正式下达审批概算。审批部门应具有相应的权限，按照国家、地方政府，或者是行业主管部门规定，不同的部门具有不同的审批权限。

六、设计概算的调整

设计概算批准后，一般不得调整。但由于以下三个原因引起的设计和投资变化可以调整概算，并要严格按照调整概算的有关程序执行。

（1）超出原设计范围的重大变更。凡涉及建设规模、产品方案、总平面布置、主要工艺流程、主要设备型号规格、建筑面积、设计定员等方面的修改，必须由原批准立项单位认可，原设计审批单位复审，经复核批准后方可变更。

（2）超出基本预备费规定范围，不可抗拒的重大自然灾害引起的工程变动或费用增加。

（3）超出工程造价调整预备费，属国家重大政策性变动因素引起的调整。

由于上述原因需要调整概算时，应当由建设单位调查分析变更原因报原概算审批部门，审批同意后，由原设计单位核实编制调整概算，并按有关审批程序报批。由于第一个原因（设计范围的重大变更）而需调整概算时，还需要重新编制可行性研究报告，经论证评审可行审批后，才能调整概算。建设单位（项目业主）自行扩大建设规模、提高建设标准等而增加费用不予调整。

需要调整概算的工程项目，影响工程概算的主要因素已经清楚，工程量完成了一定量后方可进行调整，一个工程只允许调整一次概算。

调整概算编制深度、要求、文件组成及表格形式同原设计概算，调整概算还应对工程概算调整的原因做详尽分析说明，所调整的内容在调整概算总说明中要逐项与原批准概算对比，并编制调整前后概算对比表（表5-7和表5-8），分析主要变更原因；当调整变化内容较多时，调整前后概算对比表，以及主要变更原因分析应单独成册，也可以与设计文件调整原因分析一起编制成册。在上报调整概算时，应同时提供原设计的批准文件、重大设计变更的批准文件、工程已发生的主要影响工程投资的设备和大宗材料采购合同等依据作为调整概算的附件。

表5-7 总概算对比表

总概算编号： 工程名称： 单位：万元 共 页 第 页

序号	工程项目或费用名称	原批准概算（1）					调整概算（2）					差额[2-1]	备注
		建筑工程	安装工程	设备购置	其他费用	合计	建筑工程	安装工程	设备购置	其他费用	合计		
一	工程费用												
1	主要工程												
1.1	×××												
…	……												
2	辅助工程												
2.1	×××												
…	……												
3	配套工程												
3.1	×××												
…	……												
二	其他费用												
1	×××												
…	……												
三	预备费												
四	专项费用												
1	×××												
…	…												
	建设项目概算总投资												

编制人： 审核人： 审定人：

表5-8 综合概算对比表

总概算编号： 工程名称： 单位：万元 共 页 第 页

序号	工程项目或费用名称	原批准概算（1）				调整概算（2）				差额[2-1]	备注
		建筑工程	安装工程	设备购置	合计	建筑工程	安装工程	设备购置	合计		
一	工程费用										
1	主要工程										
1	×××										
…	……										
二	辅助工程										

序号	工程项目或费用名称	原批准概算(1)				调整概算(2)				差额[2-1]	备注
		建筑工程	安装工程	设备购置	合计	建筑工程	安装工程	设备购置	合计		
1	×××										
…	……										
三	配套工程										
1	×××										
…	……										
单项工程费用概算合计											

编制人：　　　　　　　　　　　审核人：　　　　审定人：

第五节　施工图预算的编制与审查

一、施工图预算的概念与作用

（一）施工图预算的概念

施工图预算是以施工图设计文件为依据，按照规定的程序、方法和依据，在工程施工前对工程项目的工程费用进行的预测与计算。施工图预算的成果文件称作施工图预算书，也简称施工图预算。

（二）施工图预算编制的两种模式

1. 传统定额计价模式

我国传统的定额计价模式是采用国家、部门或地区统一的预算定额、单位估价表、取费标准、计价程序进行工程造价计价的模式，通常也称为定额计价模式。由于清单计价模式中也要用到消耗量定额，为避免歧义，此处称为传统定额计价模式，它是我国长期使用的一种施工图预算的编制方法。

在传统的定额计价模式下，国家或地方主管部门颁布工程预算定额，并且规定了相关取费标准，发布有关资源价格信息。建设单位与施工单位均先根据预算定额中规定的工程量计算规则、定额单价计算人材机费，再按照规定的费率和取费程序计取企业管理费、利润、规费和税金，汇总得到工程造价。

即使在预算定额从指令性走向指导性的过程中，虽然预算定额中的一些因素可以按市场变化做一些调整，但其调整（包括人工、材料和机械价格的调整）也都是按由造价管理部门发布的造价信息进行，造价管理部门不可能把握市场价格的随时变化，其公布的造价信息与市场实际价格信息总有一定的滞后与偏离，这就决定了定额计价模式的局限性。

2. 工程量清单计价模式

工程量清单计价模式是招标人按照国家颁发的工程量清单计价规范，相应专业工程工程量计算规范及规定格式的表格，由投标人依据企业自身的条件和市场价格对工程量清单自主报价的工程造价计价模式。

工程量清单计价模式是国际通行的计价方法，为了使我国工程造价管理与国际接轨，逐步向市场化过渡，我国于 2003 年开始实施工程量清单计价，现行的《建设工程工程量清单计价规范》GB 50500—2013 是经两次修订后于 2013 年 7 月 1 日开始实施的。

(三)编制施工图预算的目的和作用

一般的建筑安装工程均是以施工图预算确定的工程造价进行设计方案的确定，进行投资控制，开展招标、投标和结算工程价款的，它对建设工程各方都有着重要的作用。我们应从编制目的的不同方面理解施工图预算的作用。

1. 施工图预算对设计方的目的和作用

对设计单位而言，编制施工图预算的目的是检验工程设计在经济上的合理性。其作用有：

(1)根据施工图预算进行控制投资。根据工程造价的控制要求，工程预算不得超过设计概算，设计单位完成施工图设计后一般要以施工图预算与工程概算对比，突破概算时要决定该设计方案是否实施或需要修正。

(2)根据施工图预算进行优化设计、确定最终设计方案。设计方案确定后一般以施工图预算来辅助进行优化，确定最终设计方案。

2. 施工图预算对投资方的作用

对投资单位而言，施工图预算的目的是控制工程投资、编制招标控制价和控制合同价格。其作用有：

(1)施工图预算是设计阶段控制工程造价的重要环节，是控制施工图设计不突破设计概算的重要措施。

(2)施工图预算是控制造价及资金合理使用的依据。施工图预算确定的预算造价是工程的计划成本，投资方按施工图预算造价筹集建设资金，合理安排建设资金计划，确保建设资金的有效使用，保证项目建设顺利进行。

(3)施工图预算是确定工程招标控制价(或编制标底)的依据。在设置招标控制价(或标底)的情况下，建筑安装工程的招标控制价(或标底)可按照施工图预算来确定。招标控制价(或标底)通常是在施工图预算的基础上考虑工程的特殊施工措施、工程质量要求、目标工期、招标工程范围以及自然条件等因素进行编制的。

(4)施工图预算可以作为确定合同价款、拨付工程进度款及办理工程结算的基础。

3. 施工图预算对施工企业的作用

对施工单位而言，施工图预算的目的是进行工程投标和控制分包工程合同价格。其作用有：

(1)施工图预算是建筑施工企业投标报价的基础。在激烈的建筑市场竞争中，建筑施工企业需要根据施工图预算，结合企业的投标策略，确定投标报价。

(2)施工图预算是建筑工程预算包干的依据和签订施工合同的主要内容。在采用总价合同的情况下，施工单位通过与建设单位协商，可在施工图预算的基础上考虑设计或施工变更后可能发生的费用与其他风险因素，增加一定系数作为工程造价一次性包干价。同样，施工单位与建设单位签订施工合同时，其中工程价款的相关条款也必须以施工图预算为依据。

(3)施工图预算是施工企业安排调配施工力量、组织材料供应的依据。施工企业在施工前，可以根据施工图预算的工、料、机分析，编制资源计划，组织材料、机具、设备和劳动力供应，并编制进度计划，统计完成的工作量，进行经济核算并考核经营成果。

（4）施工图预算是施工企业控制工程成本的依据。根据施工图预算确定的中标价格是施工企业收取工程款的依据，企业只有合理利用各项资源，采取先进的技术和管理方法，将成本控制在施工图预算价格以内，才能获得良好的经济效益。

（5）施工图预算是进行"两算"对比的依据。施工企业可以通过施工图预算和施工预算的对比分析，找出差距，采取必要的措施。

4.施工图预算对其他方面的作用

（1）对于工程咨询单位而言，尽可能客观、准确地为委托方作出施工图预算，不仅体现出其水平、素质和信誉，而且强化了投资方对工程造价的控制，有利于节省投资，提高建设项目的投资效益。

（2）对于工程项目管理、监督等中介服务企业而言，客观准确的施工图预算是为业主方提供投资控制的依据。

（3）对于工程造价管理部门而言，施工图预算是其监督、检查执行定额标准，合理确定工程造价，测算造价指数以及审定工程招标控制价（或标底）的重要依据。

（4）如在履行合同的过程中发生经济纠纷，施工图预算还是有关仲裁、管理、司法机关按照法律程序处理、解决问题的依据。

二、施工图预算的编制内容及依据

（一）编制内容

施工图预算有单位工程预算、单项工程预算和建设项目总预算。单位工程预算是根据施工图设计文件、现行预算定额、单位估价表、费用定额以及人工、材料、设备、机械台班等预算价格资料，以一定方法编制单位工程的施工图预算；然后汇总所有各单位工程施工图预算，成为单项工程施工图预算；再汇总所有单项工程施工图预算，形成最终的建设项目建筑安装工程的总预算。

单位工程预算包括建筑工程预算和设备安装工程预算。建筑工程预算按其工程性质分为一般土建工程预算、装饰装修工程预算、给排水工程预算、采暖通风工程预算、煤气工程预算、电气照明工程预算、弱电工程预算、特殊构筑物如炉窑等工程预算和工业管道工程预算等。设备安装工程预算可分为机械设备安装工程预算、电器设备安装工程预算和热力设备安装工程预算等。

（二）编制依据

施工图预算的编制必须遵循以下依据：

（1）国家、行业和地方政府有关工程建设和造价管理的法律、法规和规定。

（2）经过批准和会审的施工图设计文件，包括设计说明书、标准图、图纸会审纪要、设计变更通知单及经建设主管部门批准的设计概算文件。

（3）施工现场勘察地质、水文、地貌、交通、环境及标高测量资料等。

（4）预算定额（或单位估价表）、地区材料市场价格与预算价格等相关信息以及颁布的材料预算价格、工程造价信息、材料调价通知、取费调整通知等，工程量清单计价规范。

（5）当采用新结构、新材料、新工艺、新设备而定额缺项时，按规定编制的补充预算定额也是编制施工图预算的依据。

（6）合理的施工组织设计和施工方案等文件。

（7）工程量清单、招标文件、工程合同或协议书。它明确了施工单位承包的工程范围，应承担的责任、权利和义务。

（8）项目有关的设备、材料供应合同、价格及相关说明书。

（9）项目的技术复杂程度，以及新技术、专利使用情况等。

（10）项目所在地区有关的气候、水文、地质地貌等的自然条件。

（11）项目所在地区有关的经济、人文等社会条件。

（12）预算工作手册、常用的各种数据、计算公式、材料换算表、常用标准图集及各种必备的工具书。

三、施工图预算的编制方法

施工图预算由单位工程施工图预算、单项工程施工图预算和建设项目施工图预算三级逐级编制、综合汇总而成。由于施工图预算是以单位工程为单位编制的，按单项工程汇总而成，所以施工图预算编制的关键在于编制好单位工程施工图预算。其编制可以采用工料单价法和综合单价法两种计价方法，工料单价法是传统的定额计价模式下的施工图预算编制方法，而综合单价法是适应市场经济条件的工程量清单计价模式下的施工图预算编制方法。

（一）工料单价法

工料单价法是指分部分项工程的单价仅包括完成单位分部分项工程的人、材、机费用，主要做法是以分部分项工程量乘以对应分部分项工程单价汇总后另加企业管理费、利润、税金生成施工图预算造价。

按照分部分项工程单价产生的方法不同，工料单价法又可以分为预算单价法和实物量法。

1.预算单价法

预算单价法又称定额单价法。预算单价法编制施工图预算的基本步骤如下：

（1）编制前的准备工作。编制施工图预算的过程是具体确定建筑安装工程预算造价的过程。编制施工图预算，不仅要严格遵守国家计价法规、政策，严格按图纸计量，而且还要考虑施工现场条件因素，是一项复杂而细致的工作，也是一项政策性和技术性都很强的工作，因此必须事前做好充分准备。准备工作主要包括两大方面：一是组织准备，二是资料的收集和现场情况的调查。

（2）熟悉图纸和预算定额以及单位估价表。图纸是编制施工图预算的基本依据。熟悉图纸不但要弄清图纸的内容，而且要对图纸进行审核：图纸间相关尺寸是否有误，设备与材料表上的规格、数量是否与图示相符；详图、说明、尺寸和其他符号是否正确等。若发现错误应及时纠正。另外，还要熟悉标准图以及设计变更通知（或类似文件），这些都是图纸的组成部分，不可遗漏。通过对图纸的熟悉，要了解工程的性质、系统的组成，设备和材料的规格型号和品种，以及有无新材料、新工艺的采用。

预算定额和单位估价表是编制施工图预算的计价标准，对其适用范围、工程量计算规则及定额系数等都要充分了解，做到心中有数，这样才能使预算编制准确、迅速。

（3）了解施工组织设计和施工现场情况。编制施工图预算前，应了解施工组织设计中影响工程造价的有关内容。例如，各分部分项工程的施工方法，土方工程中余土外运使用的工具、运距，施工平面图对建筑材料、构件等堆放点到施工操作地点的距离等，以便能正确计算工程量和正确套用或确定某些分项工程的单价。这对于正确计算工程造价，提高施工图预算质量具有重要意义。

（4）划分工程项目和计算工程量。

1）划分工程项目。划分的工程项目必须和定额规定的项目一致，这样才能正确地套用定额。不能重复列项计算，也不能漏项少算。

2）计算并整理工程量。必须按定额规定的工程量计算规则进行计算，该扣除部分要扣除，不该扣除的部分不能扣除。当按照工程项目将工程量全部计算完以后，要对工程项目和工程量进行整理，即合并同类项和按序排列，为套用定额，计算人工、材料、施工机具使用费和进行工料分析打下基拙。

（5）套用定额预算单价，计算人、材、机费。核对工程量计算结果后，将定额子项中的基价填于预算表单价栏内，并将单价乘以工程量得出合价，将结果填入合价栏，汇总求出单位工程人工、材料、施工机具使用费。

（6）工料分析。工料分析即按分项工程项目，依据定额或单位估价表，计算人工和各种材料的实物耗量，并将主要材料汇总成表。工料分析的方法是：首先从定额项目表中分别将各分项工程消耗的每项材料和人工的定额消耗量查出；再分别乘以该工程项目的工程量，得到分项工程工料消耗量，最后将各分项工程工料消耗量加以汇总，得出单位工程人工、材料的消耗数量。

（7）计算主材费（未计价材料费）。因为许多定额项目基价为不完全价格，即未包括主材费用在内。计算所在地定额基价费（基价合计）之后，还应计算出主材费，以便计算工程造价。

（8）按费用定额取费。即按有关规定计取措施费，以及按当地费用定额的取费规定计取企业管理费、利润、规费、税金等。

（9）计算汇总工程造价。

将人工费、材料费、施工机具使用费、企业管理费、利润、规费和税金相加即为单位工程预算造价。

施工图预算编制程序如图 5-6 所示。

1）图中双线箭头表示的是施工图预算编制的主要程序。

2）施工图预算编制依据的代号有：A、T、K、L、M、N、P、Q、R。

3）施工图预算编制内容的代号有：B、C、D、E、F、G、H、I、S、J。

2. 实物量法

用实物量法编制单位工程施工图预算，就是根据施工图计算的各分项工程量分别乘以地区定额中人工、材料、施工机械台班的定额消耗量，分类汇总得出该单位工程所需的全部人工、材料、施工机械台班消耗数量，然后再乘以当时当地人工工日单价、各种材料单价、施工机械台班单价，求出相应的人工费、材料费、施工机具使用费。企业管理费、利润、规费及税金等费用计取方法与预算单价法相同。

$$人工费 = 综合工日消耗量 \times 综合工日单价$$

$$材料费 = \sum (各种材料消耗量 \times 相应材料单价)$$

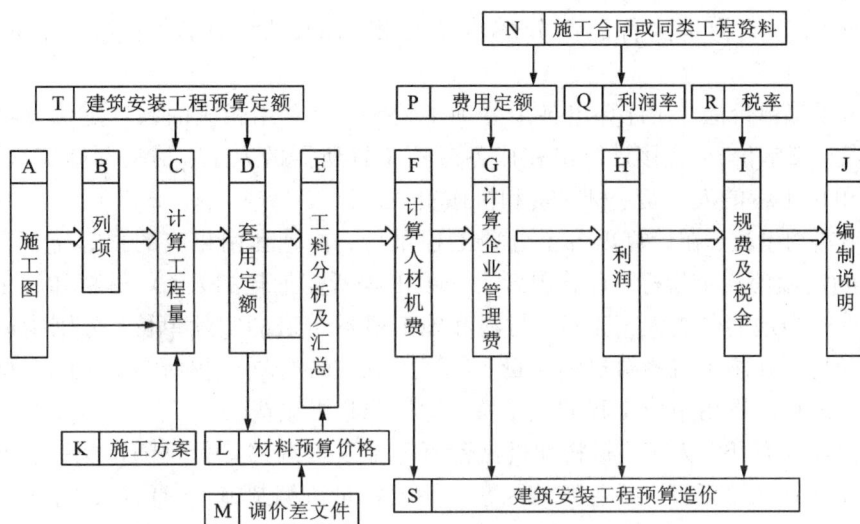

图 5-6 施工图预算编制程序示意图

$$施工机具使用费 = \sum (各种机械消耗量 \times 相应机械台班单价)$$

实物量法的优点是编制施工图预算的过程中能将所需要的人工、材料、机械的当时当地市场单价计入预算造价，不需调价，反映当时当地的工程价格水平。

实物量法编制施工图预算的基本步骤如下：

（1）编制前的准备工作。具体工作内容同预算单价法相应步骤的内容。但此时要全面收集各种人工、材料、机械台班的当时当地的市场价格，应包括不同品种、规格的材料预算单价；不同工种、等级的人工工日单价；不同种类、型号的施工机械台班单价等。要求获得的各种价格应全面、真实、可靠。

（2）熟悉图纸和预算定额。本步骤的内容同预算单价法相应步骤。

（3）了解施工组织设计和施工现场情况。本步骤的内容同预算单价法相应步骤。

（4）划分工程项目和计算工程量。本步骤的内容同预算单价法相应步骤。

（5）套用定额消耗量，计算人工、材料、机械台班消耗量。根据地区定额中人工、材料、施工机械台班的定额消耗量，乘以各分项工程的工程量，分别计算出各分项工程所需的各类人工工日数量、各类材料消耗数量和各类施工机械台班数量。

（6）计算并汇总单位工程的人工费、材料费和施工机具使用费。在计算出各分部分项工程的各类人工工日数量、材料消耗数量和施工机械台班数量后，先按类别相加汇总求出该单位工程所需的各种人工、材料、施工机械台班的消耗数量，再分别乘以当时当地相应人工、材料、施工机械台班的实际市场单价，即可求出单位工程的人工费、材料费、施工机具使用费。

（7）计算其他费用，汇总工程造价。对于企业管理费、利润、规费和税金等费用的计算，可以采用与预算单价法相似的计算程序，只是有关费率是根据当时当地建设市场的供求情况予以确定。将上述人工费、材料费、施工机具使用费、企业管理费、利润、规费和税金等汇总即为单位工程预算造价。

3. 预算单价法与实物量法的异同

预算单价法与实物量法首尾部分的步骤是相同的，所不同的主要是中间的两个步骤，即：

（1）采用预算单价法，在计算出各个分项工程量后，套用相应的预算定额分项工程单位估价表（预算定额基价），直接计算出完成各分项工程所需的人工、材料和施工机具的费用，再汇总得出单位工程的人工费、材料费和机械费。

（2）采用实物量法，在计算出各个分项工程量后，首先套用相应的预算定额人工、材料和施工机具的定额消耗量指标，计算出各个分项工程所需消耗的人工、材料和施工机具的用量，再套用当时当地的各类人工工日、材料和施工机械台班的实际单价，分别乘以相应分项工程的人工、材料和施工机械台班消耗量，计算出完成各分项工程所需的人工、材料和施工机具的费用，汇总后得出单位工程的人工费、材料费和机械费。

在市场经济条件下，人工、材料和机械台班等施工资源的单价是随市场而变化的，而且它们是影响工程造价最活跃、最主要的因素。用实物量法编制施工图预算，能把"量"、"价"分开，计算出量后，不再去套用静态的定额基价，而是套用相应预算定额人工、材料、机械台班的定额单位消耗量，分别汇总得到人工、材料和机械台班的实物量，用这些实物量去乘以该地区当时的人工工日、材料、施工机械台班的实际单价，这样能比较真实地反映工程产品的实际价格水平，工程造价的准确性高。虽然有计算过程比单价法烦琐的问题，但采用相关计价软件进行计算可以得到解决。因此，实物量法是与市场经济体制相适应的预算编制方法。

（二）综合单价法

综合单价法是指分项工程单价综合了人、材、机及以外的多项费用。按照单价综合的内容不同，综合单价法可分为全费用综合单价和清单综合单价。

1. 全费用综合单价

全费用综合单价，即单价中综合了分项工程人工费、材料费、机械费，管理费、利润、规费以及有关文件规定的调价、税金以及一定范围的风险等全部费用。以各分项工程量乘以全费用单价的合价汇总后，再加上措施项目的完全价格，就生成了单位工程施工图预算造价。公式如下：

建筑安装工程预算造价 = $\sum$（分项工程量 × 分项工程全费用单价）+ 措施项目费用

2. 清单综合单价

分部分项工程清单综合单价中综合了人工费、材料费、施工机具使用费，企业管理费、利润，并考虑了一定范围的风险费用，但并未包括措施项目费、规费和税金，因此它是一种不完全综合单价。以各分部分项工程量乘以该综合单价的合价汇总后，再加上措施项目费、规费和税金后，就是单位工程的造价。公式如下：

建筑安装工程预算造价 = $\sum$（分项工程量 × 分项工程不完全综合单价）+ 措施项目费
$$+ 规费 + 税金$$

四、施工图预算的文件组成

施工图预算文件应由封面、签署页及目录、编制说明、总预算表、其他费用计算表、单项工程综合预算表、单位工程预算表等组成。

编制说明应给审核者和竣工结(决)算提供补充依据。一般包括以下几个方面的内容：

（一）编制依据

包括本预算的设计图纸、设计单位，所依据的定额，在计算中所依据的其他文件，施工方案等主要内容。

（二）图纸变更情况

包括施工图中变更部位，因某种原因变更处理的构(部)件，因涉及图纸会审或施工现场所需要说明的有关问题。

（三）执行定额的有关问题

包括按定额要求本预算已考虑和未考虑的有关问题；因定额缺项，本预算所作补充或借用定额情况；甲、乙双方协商的有关问题。

总预算表、其他费用计算表、单项工程综合预算表、单位工程预算表等组成格式可参见设计概算。

五、施工图预算的审查

（一）审查施工图预算的意义

施工图预算编完之后，需要认真进行审查。加强施工图预算的审查，对于提高预算的准确性，正确贯彻党和国家的有关方针政策，合理确定建设水平，降低工程造价都具有重要的现实意义。

（1）有利于合理确定和有效控制工程造价，克服和防止预算超概算现象发生。

（2）有利于加强固定资产投资管理，合理使用建设资金。

（3）有利于施工承包合同价的合理确定和控制。因为它对于招标工程，施工图预算是编制招标控制价的依据；对于不宜招标工程，施工图预算是合同价款结算的基础。

（4）有利于积累和分析各项技术经济指标，不断提高设计水平。通过审查工程预算，核实了预算价值，为积累和分析技术经济指标提供了准确数据，进而通过有关指标的比较，找出设计中的薄弱环节，以便及时改进，不断提高设计水平。

（二）审查施工图预算的内容

审查施工图预算的重点应该放在工程量计算、预算定额套用、设备材料预算价格取定是否正确，各项费用标准是否符合现行规定，采用的标准规范是否合理，施工组织设计及方案是否合理等方面。

1.审查工程量

工程量计算是设计施工图预算的基础，对施工图预算的审查首先从工程量计算开始，然后才能进行后续工作。下面针对建筑工程讲述审查工程量应注意的问题。

（1）土方工程：

1）平整场地、挖地槽、挖地坑、挖土方工程量的计算是否符合现行定额计算规定和施工图纸标注尺寸，土壤类别是否与勘察资料一致，地槽与地坑的放坡以及挡土板是否符合设计或有关规定要求，有无重算和漏算。

2）回填土工程量应注意地槽、地坑回填土的体积是否扣除了基础所占体积，地面和室内填土的厚度是否符合设计要求。

3)土方运输工程量的审查除了注意运距外，还要注意运土数量是否扣除了就地回填的土方量。

（2）打桩工程：

1）注意审查各种不同桩料，必须分别计算，施工方法必须符合设计和有关规范要求。

2）桩长度必须符合设计要求，桩长度如果超过一般桩长度需要接桩时，应注意审查是否正确。

（3）砖石工程：

1）墙基础和墙身的划分是否符合规定。

2）按规定不同厚度的内、外墙是否分别计算，是否扣除了按规定应扣除的门窗洞口及嵌入墙体各种钢构件，钢筋混凝土梁、柱等。

3）不同砂浆强度等级的墙和定额规定按不同计量单位计算的墙有无混淆、错算或漏算。

（4）混凝土及钢筋混凝土工程：

1）现浇与预制构件是否分别计算，有无混淆。

2）现浇柱与梁，主梁与次梁及各种构件计算是否符合规定，有无重算或漏算。

3）含有钢筋的与含有型钢的混凝土构件是否按设计规定分别考虑，有无混淆。

4）钢筋混凝土的含钢量计算是否准确，与预算定额的含钢量发生差异时，是否按规定予以增减调整。

（5）木结构工程：

1）门窗是否分别不同种类，按门、窗"洞口面积"或"樘"计算。

2）木装修的工程量是否按规定分别以"延长米"或"m²"计算。

（6）楼地面工程：

1）楼梯抹面是否按踏步和休息平台部分的水平投影面积计算。

2）细石混凝土地面以及找平层的设计厚度与定额厚度不同时，是否按其厚度进行换算。

（7）屋面工程：

1）卷材屋面工程是否与屋面找平层工程量相等。

2）屋面保温层的工程量是否按屋面层的建筑面积乘以保温层平均厚度计算，不做保温层的挑檐部分是否按规定不作计算。

（8）构筑物工程：当烟囱和水塔定额是以"座"编制时，地下部分已包括在定额内，按规定不能再另行计算。审查是否符合要求，有无重算。

（9）装饰工程：内墙抹灰的工程量是否按墙面的净高和净宽计算，有无重算或漏算。

（10）金属构件制作工程：金属构件制作工程量多数以"吨"为单位，在计算时，型钢按图示尺寸计算长度，再乘以每米的重量；钢板要求计算出面积，再乘以每平方米的重量。审查是否符合规定。

（11）水暖工程：

1）室内外排水管道、暖气管道的划分是否符合规定。

2）各种管道的长度、口径是否按设计规定计算。

3）室内给水管道不应扣除阀门、接头零件所占的长度，但应扣除卫生设备（浴盆、卫生盆、冲洗水箱、淋浴器等）本身及所附带的管道长度，审查是否符合要求，有无重算。

4）室内排水工程采用承插铸铁管，不应扣除异形管及检查口所占长度。审查是否符合要求，有无漏算。

5）室外排水管道是否已扣除了检查井与连接井所占的长度。

6）暖气片的数量是否与设计一致。

（12）电气照明工程：

1）灯具的种类、型号、数量是否与设计图一致。

2）线路的敷设方法、线材品种等是否达到设计标准，工程量计算是否正确。

（13）设备及其安装工程：

1）设备的种类、规格、数量是否与设计相符，工程量计算是否正确。

2）需要安装的设备和不需要安装的设备是否分清，有无把不需安装的设备作为安装的设备计算安装工程费用。

上面施工图预算工程量审查应注意的问题，也是预算编制中工程量计算应注意的问题。

2. 审查设备、材料的预算价格

设备、材料费用是施工图预算造价中所占比重最大的，一般占50%～70%，市场上同种类设备或材料价格差别最大，应当重点审查。

（1）审查设备、材料的预算价格是否符合工程所在地的真实价格及价格水平。若是采用市场价，要核实其真实性，可靠性；若是采用有关部门公布的信息价，要注意信息价的时间、地点是否符合要求，是否要按规定调整等。

（2）设备、材料的原价确定方法是否正确。定做加工的设备或材料在市场上往往没有价格参考，要通过计算确定其价格，因此要审查价格确定方法是否正确，比如对于非标准设备，要对其原价的计价依据、方法是否正确、合理进行审查。

（3）设备、材料的运杂费率及其运杂费的计算是否正确，预算价格的各项费用的计算是否符合规定、正确，引进设备、材料的从属费用计算是否合理正确。

3. 审查预算单价的套用

审查预算单价套用是否正确，应注意以下几个方面：

（1）预算中所列各分部分项工程预算单价是否与现行预算定额的预算单价相符，其名称、规格、计量单位和所包括的工程内容是否与设计中分部分项工程要求一致。

（2）审查换算的单价，首先要审查换算的分项工程是否是定额中允许换算的，其次要审查换算是否正确。

（3）审查补充定额和单位估价表的编制是否符合编制原则，单位估价表计算是否正确。补充定额和单位估价表是预算定额的重要补充，同时最容易产生偏差，因此要加强其审查工作。

4. 审查有关费用项目及其取值

有关费用项目计取的审查要注意以下几个方面：

（1）措施费的计算是否符合有关的规定标准，企业管理费和利润的计取基础是否符合现行规定，有无不能作为计费基础的费用列入计费的基础。

（2）预算外调增的材料差价是否计取了企业管理费。人工费增减后，有关费用是否相应作了调整。

（3）有无巧立名目，乱计费、乱摊费用现象。

（三）审查施工图预算的方法

审查施工图预算方法较多，主要有全面审查法、标准预算审查法、分组计算审查法、对比审查法、筛选审查法、重点抽查法、利用手册审查法和分解对比审查法等八种。

1. 全面审查法

全面审查又叫逐项审查法，就是按预算定额顺序或施工的先后顺序，逐一地全部进行审查的方法。其具体计算方法和审查过程与编制施工图预算基本相同。此方法的优点是全面、细致，经审查的工程预算差错比较少，质量比较高；缺点是工作量大。因而在一些工程量比较小、工艺比较简单的工程，编制工程预算的技术力量又比较薄弱的，采用全面审查的相对较多。

2. 标准预算审查法

对于采用标准图纸或通用图纸施工的工程，先集中力量，编制标准预算，并以此为标准审查预算的方法叫作标准预算审查法。按标准图纸设计或通用图纸施工的工程，预算编制和造价基本相同，可集中力量细审一份预算或编制一份预算，作为这种标准图纸的标准预算，或用这种标准图纸的工程量为标准，对照审查，而对局部不同部分作单独审查即可。这种方法的优点是时间短、效果好；缺点是只适应按标准图纸设计的工程，适用范围小，具有局限性。

3. 分组计算审查法

分组计算审查法是一种加快审查工程量速度的方法，把预算中的项目划分为若干组，并把相邻且有一定内在联系的项目编为一组，审查或计算同一组中某个分项工程量，利用工程量之间具有相同或相似计算基础的关系，判断同组中其他几个分项工程量计算的准确程度的方法。

4. 对比审查法

是用已建成工程的预算或虽未建成但已审查修正的工程预算对比审查拟建的类似工程预算的一种方法。对比审查法一般有以下几种情况，应根据工程不同条件区别对待。

（1）两个工程采用同一个施工图，但基础部分和现场条件不同。其新建工程基础以上部分可采用对比审查法，不同部分可分别采用相应的审查方法进行审查。

（2）两个工程设计相同，但建筑面积不同。根据两个工程建筑面积之比与两个工程分部分项工程量之比基本一致的特点，可审查新建工程各分部分项工程的工程量。或者用两个工程每平方米建筑面积造价以及每平方米建筑面积的各分部分项工程量进行对比审查，如果基本相同时，说明新建工程预算是正确的；反之，说明新建工程预算有问题，找出差错原因，加以更正。

（3）两个工程的面积相同，但设计图纸不完全相同时，可把相同的部分，如厂房中的柱、屋架、屋面、砖墙等进行工程量的对比审查，不能对比的分部分项工程按图纸计算。

5. 筛选审查法

建筑工程虽然有建筑面积和高度的不同，但是它们的各个分部分项工程的工程量、造价、用工量在每个单位面积上的数值变化不大，我们把这些数据加以汇集、优选，归纳为工程量、造价（价值）、用工三个单方基本值表，并注明其适用的建筑标准。这些基本值犹如"筛子孔"，用来筛选各分部分项工程，筛下去的就不审查了，没有筛下去的就意味着此分部分项的单位建筑面积数值不在基本值范围之内，应对该分部分项工程详细审查。

筛选法的优点是简单易懂，便于掌握，审查速度和发现问题快，但解决差错、分析其原因需继续审查。

6.重点抽查法

审查的重点一般是工程量大或造价较高、工程结构复杂的工程，补充单位估价表，计取的各项费用(计费基础、取费标准等)，即抓住工程预算中的重点进行审查。重点抽查法的优点是重点突出，审查时间短、效果好。

7.利用手册审查法

把工程中常用的构件、配件，事先整理成预算手册，按手册对照审查。如工程常用的预制构配件梁板、检查井、化粪池等，几乎每个工程都有，把这些按标准图集计算出工程量，套上单价，编制成预算手册使用，可大大简化预结算的编审工作。

8.分解对比审查法

一个单位工程，按人工费、材料费、施工机具使用费与企业管理费进行分解，然后再把人工费、材料费、施工机具使用费按工种和分部工程进行分解，分别与审定的标准预算进行对比分析的方法叫作分解对比审查法。分解对比审查法一般有三个步骤：

第一步，全面审查某种建筑的定型标准施工图或复用施工图的工程预算，经审定后作为审查其他类似工程预算的对比基础。而且将审定预算按人工费、材料费、施工机具使用费与应取费用分解成两部分，再把人工费、材料费、施工机具使用费分解为各工种工程和分部工程预算。

第二步，把拟审的工程预算与同类型预算单方造价进行对比，若出入不在允许范围以内，再按分部分项工程进行分解，边分解边对比，对出入较大者进一步审查。

第三步，对比审查。

(1)经分析对比，如发现应取费用相差较大，应考虑建设项目的投资来源和工程类别及其取费项目和取费标准是否符合现行规定；材料调价相差较大，则应进一步审查《材料调价统计表》，将各种调价材料的用量、单位差价及其调增数量等进行对比。

(2)经过分解对比，如发现某项工程预算价格出入较大，首先审查差异出现机会较大的项目。然后，再对比其余各个分部工程，发现某一分部工程预算价格相差较大时，再进一步对比各分项工程或工程细目。在对比时，先检查所列工程细目是否正确，预算价格是否一致。发现相差较大者，再进一步审查所套预算单价，最后审查该项工程子目的工程量。

(四)施工预算审查的步骤

1.做好审查前的准备工作

(1)熟悉施工图纸。施工图是编审施工图预算分项数量的重要依据，必须全面熟悉了解，核对所有图纸，清点无误后，依次识读。

(2)了解预算包括的范围。根据施工图预算编制说明，了解施工图预算包括的工程内容。如配套设施、室外管线、道路以及会审图纸后的设计变更等。

(3)熟悉预算采用的单位估价表(预算定额基价)。任何单位估价表或预算定额都有一定的适用范围，应根据工程性质，搜集熟悉相应的单价、定额资料。

2.选择合适的审查方法，按相应内容审查

由于工程规模、繁简程度不同，施工方法和施工企业情况不一样，所编工程预算质量也不同，因此需选择适当的审查方法进行审查。

3.施工图预算调整

综合整理审查资料,并与编制单位交换意见,定案后编制调整后的施工图预算。审查后,需要进行增加或核减的,经与编制单位协商,统一意见后,进行相应的修正。

(五)施工图预算的批准

经审查合格后的施工图预算提交审批部门复核,复核无误后就可以批准,一般以文件的形式正式下达审批预算。与设计概算的审批不同,施工图预算的审批虽然要求审批部门应具有相应的权限,但其严格程度较低些。

思考与练习

一、选择题

1.下列工程设计程序正确的是( )。

A.设计准备—初步设计—技术设计—设计交底—方案设计—施工图设计和配合施工

B.设计准备—初步设计—技术设计—施工图设计—总体设计—设计交底和配合施工

C.设计准备—方案设计—初步设计—技术设计—施工图设计—设计交底和配合施工

D.方案设计—初步设计—施工图设计

2.总平面设计是指总图运输设计和总平面配置,在总平面设计中影响工程造价的主要因素包括( )。

A.占地面积、功能分区、运输方式　　　　　B.占地面积、功能分区、工艺流程

C.占地面积、运输方式、工艺流程　　　　　D.运输方式、功能分区、工艺流程

3.在建筑设计阶段影响工程造价的主要因素是( )。

A.平面形状、结构形式、流通空间、空间组合　B.层高、层数、建筑面积

C.设计单位或个人的知识水平、建筑材料　　D.安全性、适用性、耐久性

4.下列关于限额设计的说法错误的是( )。

A.限额设计应当严格控制不合理的变更,保证总投资额不被突破

B.投资分解和工程量控制是实行限额设计的有效途径和方法

C.限额设计的投资额一般是指动态的建筑安装工程费用

D.各专业限额设计的实现是限额设计目标得以实现的重要保证

5.下列关于标准设计的说法错误的是( )。

A.标准设计有利于提高设计效率

B.标准设计不利于创新

C.标准设计能够使工艺定型,有利于提高工艺水平

D.标准设计有利于统一配料,节约建筑材料,使构配件生产成本大幅度降低

6.工业项目总平面设计的评价指标包括( )。

A.建筑系数、交通线路、绿化系数　　　　　B.工程量指标、方案适用性

C.经济指标、场地自然条件　　　　　　　　D.建筑系数、土地利用系数等

7.建筑设计评价指标包括( )。

A.单位面积造价、建筑占地面积、建筑高度　B.厂房展开面积与建筑面积比

C.单位面积造价、建筑物周长与建筑面积比等 D.建筑物周长与建筑物高度比

8. 采用静态经济评价指标评价设计方案，可采用(　　)。

A. 净年值法、净现值法
B. 投资回收期法、计算费用法
C. 多指标综合评分法
D. 差额内部收益率法

9. 设计概算可分为(　　)。

A. 单位工程概算、单项工程综合概算和建设项目总概算三级
B. 分部工程概算、单位工程概算和单项工程概算三级
C. 单项工程综合概算和建设项目总概算两级
D. 分部工程概算和单位工程概算两级

10. 单位建筑工程概算的编制方法有(　　)。

A. 概算定额法、实物法和单价法
B. 类似工程概算法、对比法
C. 概算定额法、概算指标法和类似工程预算法
D. 直接费法、单价法

11. 设计概算审核的方法有(　　)。

A. 对比分析法、查询核实和联合会审法
B. 全面审查法、定额法
C. 分组计算审查法、直接费法
D. 筛选审查法、标准预算审查法

12. 下列关于施工图预算的作用，错误的是(　　)。

A. 施工图预算是控制造价及资金合理使用的依据
B. 施工图预算是编制设计概算的基础
C. 施工图预算是确定工程招标控制价的依据
D. 施工图预算是企业安排调配施工力量，组织材料供应的依据

13. 施工预算的编制方法有(　　)。

A. 实物法、实物金额法
B. 定额法、清单计价法
C. 预算定额法、实物法
D. 工料单价法、综合单价法

14. 全费用单价综合计算完成分别分项工程所发生的(　　)。

A. 人工费、材料费和机械台班使用费
B. 直接费、间接费
C. 人工费、材料费、机具费、管理费、利润规费和税金
D. 直接费、规费和税金

15. 施工图预算以(　　)为单位编制。

A. 单位工程　　　　B. 分项工程　　　　C. 建设项目　　　　D. 分部工程

二、简答题

1. 简述民用住宅建筑设计影响工程造价的因素。
2. 简述设计概算的编制依据。
3. 简述工料单价法编制施工图预算的计算公式。
4. 简述施工图预算的审核内容。
5. 简述施工图预算的审查方法。

第六章 工程造价在实施阶段的控制

第一节 施工成本管理

建设工程项目施工成本控制应从工程投标报价开始，直至项目竣工结算完成为止，贯穿于项目实施的全过程。成本作为项目管理的一个关键性目标，包括责任成本目标和计划成本目标，它们的性质和作用不同。前者反映组织对施工成本目标的要求，后者是前者的具体化，把施工成本在组织管理层和项目经理部的运行有机地连接起来。

根据成本运行规律，成本管理责任体系应包括组织管理层和项目经理部。组织管理层的成本管理除生产成本以外，还包括经营管理费用；项目管理层应对生产成本进行管理。组织管理层贯穿于项目投标、实施和结算过程，体现效益中心的管理职能；项目管理层则着眼于执行组织管理层确定的施工成本管理目标，发挥现场生产成本控制中心的管理职能。

一、施工成本管理的任务

施工成本是指在建设工程项目的施工过程中所发生的全部生产费用的总和，包括消耗的原材料、辅助材料、构配件等费用，周转材料的摊销费或租赁费，施工机具的使用费或租赁费，支付给生产工人的工资、奖金、工资性质的津贴等，以及进行施工组织与管理所发生的全部费用支出。建设工程项目施工成本由直接成本和间接成本组成。

直接成本是指施工过程中耗费的构成工程实体或有助于工程实体形成的各项费用支出，是可以直接计入工程对象的费用，包括人工费、材料费、施工机具使用费和施工措施费等。

间接成本是指为施工准备、组织和管理施工生产的全部费用的支出，是非直接用于也无法直接计入工程对象，但为进行工程施工所必需发生的费用，包括企业管理费、规费和税金等。

施工成本管理就是要在保证工期和质量满足要求的情况下，采取相应管理措施，包括组织措施、经济措施、技术措施、合同措施把成本控制在计划范围内，并进一步寻求最大程度的成本节约。

施工成本管理的任务和环节主要包括：施工成本预测；施工成本计划；施工成本控制；施工成本核算；施工成本分析；施工成本考核。

（一）施工成本预测

施工成本预测就是根据成本信息和施工项目的具体情况，运用一定的专门方法，对未来的成本水平及其可能发展趋势作出科学的估计，其是在工程施工以前对成本进行的估算。通过成本预测，可以在满足项目业主和本企业要求的前提下，选择成本低、效益好的最佳成本方案，并能够在施工项目成本形成过程中，针对薄弱环节，加强成本控制，克服盲目性，提高预见性。因此，施工成本预测是施工项目成本决策与计划的依据。施工成本预测，通常是对施工项目计划工期内影响其成本变化的各个因素进行分析,比照近期已完施工项目或将完工施工项目的成本(单位成本),预测这些因素对工程成本中有关项目(成本项目)的影响程度,预测出工程的单位成本或总成本。

(二)施工成本计划

施工成本计划是以货币形式编制施工项目在计划期内的生产费用、成本水平、成本降低率以及为降低成本所采取的主要措施和规划的书面方案,它是建立施工项目成本管理责任制、开展成本控制和核算的基础,它是该项目降低成本的指导文件,是设立目标成本的依据。可以说,成本计划是目标成本的一种形式。

1.施工成本计划应满足的要求

(1)合同规定的项目质量和工期要求。

(2)组织对施工成本管理目标的要求。

(3)以经济合理的项目实施方案为基础的要求。

(4)有关定额及市场价格的要求。

2.施工成本计划的具体内容

(1)编制说明。

指对工程的范围、投标竞争过程及合同条件、承包人对项目经理提出的责任成本目标、施工成本计划编制的指导思想和依据等的具体说明。

(2)施工成本计划的指标。

施工成本计划的指标应经过科学的分析预测确定,主要包括成本计划的数量指标、质量指标、效益指标。一般采用对比法、因素分析法等方法来进行测定。

(3)按工程量清单列出的单位工程计划成本汇总表。如表6－1所示。

表6－1　单位工程计划成本汇总表

	清单项目编码	清单项目名称	合同价格	计划成本
1				
2				
...				

(4)按成本性质划分的单位工程成本汇总表,根据清单项目的造价分析,分别对人工费、材料费、机具费、措施费、企业管理费和税费进行汇总,形成单位工程成本计划表。

成本计划应在项目实施方案确定和不断优化的前提下进行编制,因为不同的实施方案将导致直接工程费、措施费和企业管理费的差异。成本计划的编制是施工成本预控的重要手段。因此,应在工程开工前编制完成,以便将计划成本目标分解落实,为各项成本的执行提供明确的目标、控制手段和管理措施。

(三)施工成本控制

施工成本控制是指在施工过程中,对影响施工成本的各种因素加强管理,并采取各种有效措施,将施工中实际发生的各种消耗和支出严格控制在成本计划范围内,随时揭示并及时反馈,严格审查各项费用是否符合标准,计算实际成本和计划成本之间的差异并进行分析,进而采取多种措施，消除施工中的损失浪费现象。

建设工程项目施工成本控制应贯穿于项目从投标阶段开始直至竣工验收的全过程，它是企业全面成本管理的重要环节。施工成本控制可分为事先控制、事中控制(过程控制)和事后控制。在项目的施工过程中，需按动态控制原理对实际施工成本的发生过程进行有效控制。

合同文件和成本计划是成本控制的目标，进度报告和工程变更与索赔资料是成本控制过程中的动态资料。

成本控制的程序体现了动态跟踪控制的原理。成本控制报告可单独编制，也可以根据需要与进度、质量、安全和其他进展报告结合，提出综合进展报告。

成本控制应满足下列要求：

(1)要按照计划成本目标值来控制生产要素的采购价格，并认真做好材料、设备进场数量和质量的检查、验收与保管；

(2)要控制生产要素的利用效率和消耗定额，如任务单管理、限额领料、验收报告审核等，同时要做好不可预见成本风险的分析和预控，包括编制相应的应急措施等；

(3)控制影响效率和消耗量的其他因素(如工程变更等)所引起的成本增加；

(4)把施工成本管理责任制度与对项目管理者的激励机制结合起来，以增强管理人员的成本意识和控制能力；

(5)承包人必须有一套健全的项目财务管理制度，按规定的权限和程序对项目资金的使用和费用的结算支付进行审核、审批，使其成为施工成本控制的一个重要手段。

(四)施工成本核算

施工成本核算包括两个基本环节：一是按照规定的成本开支范围对施工费用进行归集和分配，计算出施工费用的实际发生额；二是根据成本核算对象，采用适当的方法，计算出该施工项目的总成本和单位成本。施工成本管理需要正确及时地核算施工过程中发生的各项费用，计算施工项目的实际成本。施工项目成本核算所提供的各种成本信息，是成本预测、成本计划、成本控制、成本分析和成本考核等各个环节的依据。

施工成本一般以单位工程为成本核算对象，但也可以按照承包工程项目的规模、工期、结构类型、施工组织和施工现场等情况，结合成本管理要求，灵活划分成本核算对象。施工成本核算的基本内容包括：人工费核算、材料费核算、周转材料费核算、结构件费核算、机具使用费核算、措施费核算、分包工程成本核算、间接费核算、项目月度施工成本报告编制。

施工成本核算制是明确施工成本核算的原则、范围、程序、方法、内容、责任及要求的制度。项目管理必须实行施工成本核算制，它和项目经理责任制等共同构成了项目管理的运行机制。组织管理层与项目管理层的经济关系、管理责任关系、管理权限关系，以及项目管理组织所承担的责任成本核算的范围、核算业务流程和要求等，都应以制度的形式作出明确的规定。

项目经理部要建立一系列项目业务核算台账和施工成本会计账户，实施全过程的成本核算，具体可分为定期的成本核算和竣工工程成本核算，如每天、每周、每月的成本核算。定期的成本核算是竣工工程全面成本核算的基础。

形象进度、产值统计、实际成本归集三同步，即三者的取值范围应是一致的。形象进度表达的工程量、统计施工产值的工程量和实际成本归集所依据的工程量均应是相同的数值。

对竣工工程的成本核算，应区分为竣工工程现场成本和竣工工程完全成本，分别由项目经理部和企业财务部门进行核算分析,其目的在于分别考核项目管理绩效和企业经营效益。

(五)施工成本分析

施工成本分析是在施工成本核算的基础上,对成本的形成过程和影响成本升降的因素进行分析,以寻求进一步降低成本的途径,包括有利偏差的挖掘和不利偏差的纠正。施工成本分析贯穿于施工成本管理的全过程,其是在成本的形成过程中,主要利用施工项目的成本核算资料(成本信息),与目标成本、预算成本以及类似的施工项目的实际成本等进行比较,了解成本的变动情况,同时也要分析主要技术经济指标对成本的影响,系统地研究成本变动的因素,检查成本计划的合理性,并通过成本分析,深入揭示成本变动的规律,寻找降低施工项目成本的途径,以便有效地进行成本控制。成本偏差的控制,分析是关键,纠偏是核心,要针对分析得出的偏差发生原因,采取切实措施,加以纠正。

成本偏差分为局部成本偏差和累计成本偏差。局部成本偏差包括项目的月度(或周、天等)核算成本偏差、专业核算成本偏差以及分部分项作业成本偏差等;累计成本偏差是指已完工程在某一时间点上实际总成本与相应的计划总成本的差异。分析成本偏差的原因,应采取定性和定量相结合的方法。

(六)施工成本考核

施工成本考核是指在施工项目完成后,对施工项目成本形成中的各责任者,按施工项目成本目标责任制的有关规定,将成本的实际指标与计划、定额、预算进行对比和考核,评定施工项目成本计划的完成情况和各责任者的业绩,并以此给予相应的奖励和处罚。通过成本考核,做到有奖有惩,赏罚分明,才能有效地调动每一位员工在各自施工岗位上努力完成目标成本的积极性,为降低施工项目成本和增加企业的积累,作出自己的贡献。

施工成本考核是衡量成本降低的实际成果,也是对成本指标完成情况的总结和评价。成本考核制度包括考核的目的、时间、范围、对象、方式、依据、指标、组织领导、评价与奖惩原则等内容。

以施工成本降低额和施工成本降低率作为成本考核的主要指标,要加强组织管理层对项目管理部的指导,并充分依靠技术人员、管理人员和作业人员的经验和智慧,防止项目管理在企业内部异化为靠少数人承担风险的以包代管模式。成本考核也可分别考核组织管理层和项目经理部。

项目管理组织对项目经理部进行考核与奖惩时,既要防止虚赢实亏,也要避免实际成本归集差错等的影响,使施工成本考核真正做到公平、公正、公开,在此基础上兑现施工成本管理责任制的奖惩或激励措施。

施工成本管理的每一个环节都是相互联系和相互作用的。成本预测是成本决策的前提,成本计划是成本决策所确定目标的具体化。成本计划控制则是对成本计划的实施进行控制和监督,保证决策的成本目标的实现,而成本核算又是对成本计划是否实现的最后检验,它所提供的成本信息又对下一个施工项目成本预测和决策提供基础资料。成本考核是实现成本目标责任制的保证和实现决策目标的重要手段。

二、施工成本管理的措施

(一)施工成本管理的基础工作内容

施工成本管理的基础工作内容是多方面的,成本管理责任体系的建立是其中最根本、最重要的基础工作，涉及成本管理的一系列组织制度、工作程序、业务标准和责任制度的建立。除此而外，应从以下诸方面为施工成本管理创造良好的基础条件。

（1）统一组织内部工程项目成本计划的内容和格式。其内容应能反映施工成本的划分、各成本项目的编码及名称、计量单位、单位工程量计划成本及合计金额等。这些成本计划的内容和格式应由各个企业按照自己的管理习惯和需要进行设计。

（2）建立企业内部施工定额并保持其适应性、有效性和相对的先进性，为施工成本计划的编制提供支持。

（3）建立生产资料市场价格信息的收集网络和必要的派出询价网点，做好市场行情预测，保证采购价格信息的及时性和准确性。同时，建立企业的分包商、供应商评审注册名录，稳定发展良好的供方关系，为编制施工成本计划与采购工作提供支持。

（4）建立已完项目的成本资料、报告报表等的归集、整理、保管和使用管理制度。

（5）科学设计施工成本核算账册体系、业务台账、成本报告报表，为施工成本管理的业务操作提供统一的范式。

（二）施工成本管理的措施

为了取得施工成本管理的理想成效，应当从多方面采取措施实施管理，通常可以将这些措施归纳为组织措施、技术措施、经济措施、合同措施。

1. 组织措施

组织措施是从施工成本管理的组织方面采取的措施。施工成本控制是全员的活动，如实行项目经理责任制，落实施工成本管理的组织机构和人员，明确各级施工成本管理人员的任务和职能分工、权利和责任。施工成本管理不仅是专业成本管理人员的工作，各级项目管理人员都负有成本控制责任。

组织措施的另一方面是编制施工成本控制工作计划，确定合理详细的工作流程。要做好施工采购规划，通过生产要素的优化配置、合理使用、动态管理，有效控制实际成本；加强施工定额管理和施工任务单管理，控制活劳动和物化劳动的消耗；加强施工调度，避免因施工计划不周和盲目调度造成窝工损失、机械利用率降低、物料积压等而使施工成本增加。成本控制工作只有建立在科学管理的基础之上，具备合理的管理体制，完善的规章制度，稳定的作业秩序，完整准确的信息传递，才能取得成效。组织措施是其他各类措施的前提和保障，而且一般不需要增加什么费用，运用得当可以收到良好的效果。

2. 技术措施

施工过程中降低成本的技术措施，包括：进行技术经济分析，确定最佳的施工方案；结合施工方法，进行材料使用的比选，在满足功能要求的前提下，通过代用、改变配合比、使用添加剂等方法降低材料消耗的费用；确定最合适的施工机械、设备使用方案。结合项目的施工组织设计及自然地理条件，降低材料的库存成本和运输成本；先进的施工技术的应用，新材料的运用，新开发机械设备的使用等。在实践中，也要避免仅从技术角度选定方案而忽视对其经济效果的分析论证。

技术措施不仅对解决施工成本管理过程中的技术问题是不可缺少的，而且对纠正施工成本管理目标偏差也有相当重要的作用。因此，运用技术纠偏措施的关键，一是要能提出多个不同的技术方案，二是要对不同的技术方案进行技术经济分析。

3. 经济措施

经济措施是最易为人们所接受和采用的措施。管理人员应编制资金使用计划，确定、分解施工成本管理目标。对施工成本管理目标进行风险分析，并制定防范性对策。对各种支出，应认真做好资金的使用计划，并在施工中严格控制各项开支。及时准确地记录、收集、整理、核算实际发生的成本。对各种变更，及时做好增减账，及时落实业主签证，及时结算工程款。通过偏差分析和未完工程预测，可发现一些潜在的问题将引起未完工程施工成本增加，对这些问题应以主动控制为出发点，及时采取预防措施。由此可见，经济措施的运用绝不仅仅是财务人员的事情。

4. 合同措施

采用合同措施控制施工成本，应贯穿整个合同周期，包括从合同谈判开始到合同终结的全过程。首先是选用合适的合同结构，对各种合同结构模式进行分析、比较，在合同谈判时，要争取选用适合于工程规模、性质和特点的合同结构模式。其次，在合同的条款中应仔细考虑一切影响成本和效益的因素，特别是潜在的风险因素。通过对引起成本变动的风险因素的识别和分析，采取必要的风险对策，如通过合理方式，增加承担风险的个体数量，降低损失发生的比例，并最终使这些策略反映在合同的具体条款中。在合同执行期间，合同管理的措施既要密切注视对方合同执行的情况，以寻求合同索赔的机会；同时也要密切关注自己履行合同的情况，以防止被对方索赔。

三、施工成本预测

施工成本预测是工程项目成本计划的依据。预测时，通常是对工程项目计划工期内影响成本的因素进行分析，比照近期已完工程项目或将完工项目的成本（单位成本），预测这些因素对施工成本的影响程度，估算出工程项目的单位成本或总成本。通过成本预测，满足业主和本企业要求的前提下，选择成本低，效益好的最佳方案，加强成本控制，克服盲目性，提高预见性。

施工成本预测的方法可分为定性预测和定量预测两大类。

1. 定性预测。

是指造价管理人员根据专业知识和实践经验，通过调查研究，利用已有资料，对成本费用的发展趋势及可能达到的水平所进行的分析和推断。由于定性预测主要依靠管理人员的素质和判断能力，因而这种方法必须建立在对工程项目成本费用的历史资料、现状及影响因素深刻了解的基础之上。这种方法简便易行，在资料不多、难以进行定量预测时最为适用。最常用的定性预测方法是调查研究判断法，具体方式有：座谈会法和函询调查法。

2. 定量预测。

是利用历史成本费用统计资料以及成本费用与影响因素之间的数量关系，通过建立数学模型来推测、计算未来成本费用的可能结果。在成本费用预测中，常用的定量预测方法有加权平均法、回归分析法等。

四、施工成本计划

（一）施工成本计划的类型

对于一个施工项目而言，其成本计划是一个不断深化的过程。在这一过程的不同阶段形成深度和作用不同的成本计划，按其作用可分为三类。

1. 竞争性成本计划

即工程项目投标及签订合同阶段的估算成本计划。这类成本计划以招标文件中的合同条件、投标者须知、技术规程、设计图纸或工程量清单等为依据，以有关价格条件说明为基础，结合调研和现场考察获得的情况，根据本企业的工料消耗标准、水平、价格资料和费用指标，对本企业完成招标工程所需要支出的全部费用的估算。在投标报价过程中，虽也着力考虑降低成本的途径和措施，但总体上较为粗略。

2. 指导性成本计划

即选派项目经理阶段的预算成本计划，是项目经理的责任成本目标。它以施工合同为依据，按照企业实施项目所选用的定额标准制定的预算成本计划，且一般情况下只是确定责任总成本指标。

3. 实施性计划成本

即项目施工准备阶段的施工预算成本计划，它以项目实施方案为依据，落实项目经理责任目标为出发点，采用企业的施工定额通过施工预算的编制而形成的实施性施工成本计划。

以上三类成本计划互相衔接和不断深化，构成了整个工程施工成本的计划过程。其中，竞争性计划成本带有成本战略的性质，是项目投标阶段商务标书的基础，而有竞争力的商务标书又是以其先进合理的技术标书为支撑的。因此，它奠定了施工成本的基本框架和水平。指导性计划成本和实施性计划成本，都是战略性成本计划的进一步展开和深化，是对战略性成本计划的战术安排。此外，根据项目管理的需要，成本计划又可按施工成本组成、按项目组成、按工程进度分别编制施工成本计划。

（二）施工成本计划的编制依据

施工成本计划是施工项目成本控制的一个重要环节，是实现降低施工成本任务的指导性文件。如果针对施工项目所编制的成本计划达不到目标成本要求时，就必须组织施工项目管理班子的有关人员重新研究寻找降低成本的途径，重新进行编制。同时，编制成本计划的过程也是动员全体施工项目管理人员的过程，是挖掘降低成本潜力的过程，是检验施工技术质量管理、工期管理、物资消耗和劳动力消耗管理等是否落实的过程。

编制施工成本计划，需要广泛收集相关资料并进行整理，以作为施工成本计划编制的依据。在此基础上，根据有关设计文件、工程承包合同、施工组织设计、施工成本预测资料等，按照施工项目应投入的生产要素，结合各种因素的变化和拟采取的各种措施，估算施工项目生产费用支出的总水平，进而提出施工项目的成本计划控制指标，确定目标总成本。目标总成本确定后，应将总目标分解落实到各个机构、班组，及便于进行控制的子项目或工序。最后，通过综合平衡，编制完成施工成本计划。

施工成本计划的编制依据包括：

（1）投标报价文件；

（2）企业定额、施工预算；

（3）施工组织设计或施工方案；

（4）人工、材料、机械台班的市场价；

（5）企业颁布的材料指导价、企业内部机械台班价格、劳动力内部挂牌价格；

（6）周转设备内部租赁价格、摊销损耗标准；

（7）已签订的工程合同、分包合同（或估价书）；

（8）结构件外加工计划和合同；

（9）有关财务成本核算制度和财务历史资料；

（10）施工成本预测资料；

（11）拟采取的降低施工成本的措施；

（12）其他相关资料。

（三）施工成本计划的编制方法

施工成本计划的编制以成本预测为基础，关键是确定目标成本。计划的制定，需结合施工组织设计的编制过程，通过不断地优化施工技术方案和合理配置生产要素，进行工、料、机消耗的分析，制定一系列节约成本和挖潜措施，确定施工成本计划。一般情况下，施工成本计划总额应控制在目标成本的范围内，并使成本计划建立在切实可行的基础上。

施工总成本目标确定之后，还需通过编制详细的实施性施工成本计划把目标成本层层分解，落实到施工过程的每个环节，有效地进行成本控制。施工成本计划的编制方式有：

（1）按施工成本组成编制施工成本计划；

（2）按施工项目组成编制施工成本计划；

（3）按施工进度编制施工成本计划。

以上三种编制施工成本计划的方式并不是相互独立的。在实践中，往往是将这几种方式结合起来使用，从而可以取得扬长避短的效果。例如：将按项目分解总施工成本与按施工成本构成分解总施工成本两种方式相结合，横向按施工成本构成分解，纵向按子项目分解，或相反。这种分解方式有助于检查各分部分项工程施工成本构成是否完整，有无重复计算或漏算；同时还有助于检查各项具体的施工成本支出的对象是否明确或落实，并且可以从数字上校核分解的结果有无错误。或者还可将按子项目分解项目总施工成本计划与按时间分解项目总施工成本计划结合起来，一般纵向按子项目分解，横向按时间分解。

（四）按施工成本组成编制施工成本计划的方法

按照《建设工程工程量清单计价规范》（GB 50500—2013）规定，建筑安装工程费用项目组成由分部分项工程费、措施项目费、其他项目费、规费和税金组成。而施工成本可以按成本构成分解为人工费、材料费、施工机具使用费、措施项目费和企业管理费等（图6-1），编制按施工成本组成分解的施工成本计划。

图 6-1　按施工成本组成分解

（五）按施工项目组成编制施工成本计划的方法

大中型工程项目通常是由若干单项工程构成的，而每个单项工程包括了多个单位工程，每个单位工程又是由若干个分部分项工程所构成。因此，首先要把项目总施工成本分解到单项工程和单位工程中，再进一步分解到分部工程和分项工程中。

在完成施工项目成本目标分解之后，接下来就要具体地分配成本，编制分项工程的成本支出计划，从而得到详细的成本计划表，如表6-2所示。

表6-2　分项工程成本计划表

分项工程编码	工程内容	计量单位	工程数量	计划成本	本分项总计
（1）	（2）	（3）	（4）	（5）	（6）

在编制成本支出计划时，要在项目总的方面考虑总的预备费，也要在主要的分项工程中安排适当的不可预见费，避免在具体编制成本计划时，可能发生的单项（单位）工程以及各分项工程中某项内容的工程量计算出现较大偏差，使原来的成本预算失实，并在项目实施过程中对其尽可能地采取一些措施。

（六）按施工进度编制施工成本计划的方法

编制按施工进度的施工成本计划，通常可利用控制项目进度的网络图进一步扩充而得。即在建立网络图时，一方面确定完成各项工作所需花费的时间，另一方面同时确定完成这一工作的合适的施工成本支出计划。在实践中，将工程项目分解为既能方便地表示时间，又能方便地表示施工成本支出计划的工作是不容易的，通常如果项目分解程度对时间控制合适的话，则对施工成本支出计划可能分解过细，以至于不可能对每项工作确定其施工成本支出计划。反之亦然。因此在编制网络计划时，应在充分考虑进度控制对项目划分要求的同时，还要考虑确定施工成本支出计划对项目划分的要求，做到二者兼顾。

通过对施工成本目标按时间进行分解，在网络计划基础上，可获得项目进度计划的横道图。并在此基础上编制成本计划。其表示方式有两种：一种是在时标网络图上按月编制的成本计划，如图6-2所示；另一种是利用时间-成本累积曲线（S形曲线）表示，如图6-3所示。

时间-成本累积曲线的绘制步骤如下。

（1）确定工程项目进度计划，编制进度计划的横道图。

（2）根据每单位时间内完成的实物工程量或投入的人力、物力和财力，计算单位时间（月或旬）的成本，在时标网络图上按时间编制成本支出计划，如图6-2所示。

（3）计算规定时间t计划累计支出的成本额，其计算方法为：各单位时间计划完成的成本额累加求和，可按下式计算：

$$Q_t = \sum_{n=1}^{t} q_n$$

式中：Q——某时间t内计划累计支出成本额；

$\quad\quad q_n$——单位时间n的计划支出成本额；

$\quad\quad t$——某规定计划时刻。

（4）按各规定时间的Q值，绘制S形曲线，如图6-3所示。

每一条S形曲线都对应某一特定的工程进度计划。因为在进度计划的非关键路线中存在许多有时差的工序或工作，因而S形曲线（成本计划值曲线）必然包络在由全部工作都按最早

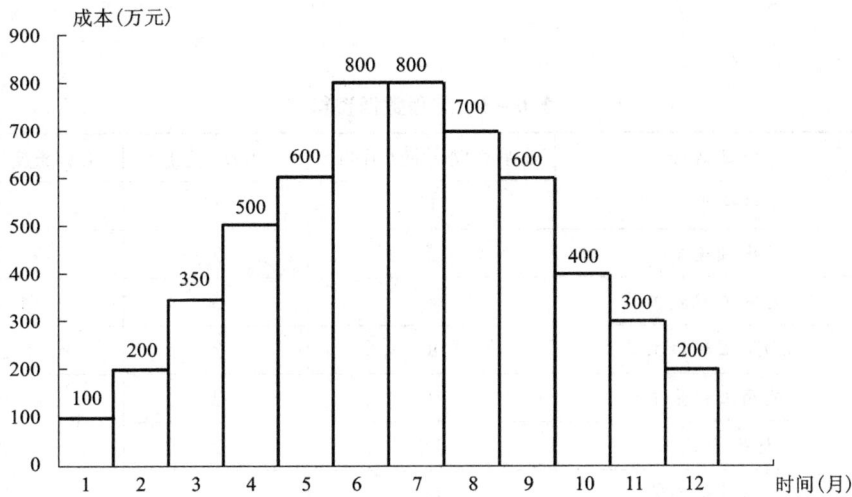

图 6－2　时标网络图上按月编制的成本计划

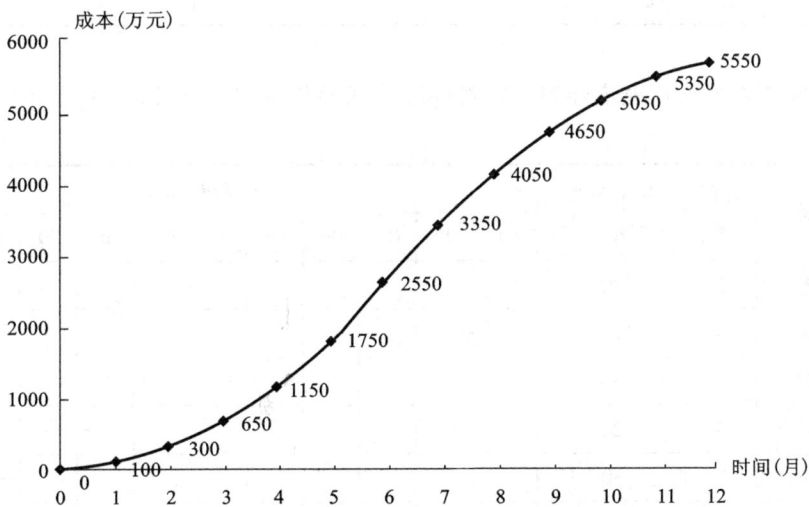

图 6－3　时间－成本累积曲线（S 形曲线）

开始时间开始和全部工作都按最迟必须开始时间开始的曲线所组成的"香蕉图"内。项目经理可根据编制的成本支出计划来合理安排资金，同时项目经理也可以根据筹措的资金来调整 S 形曲线，即通过调整非关键路线上的工序项目的最早或最迟开工时间，力争将实际的成本支出控制在计划的范围内。

一般而言，所有工作都按最迟开始时间开始，对节约资金贷款利息是有利的，但同时，也降低了项目按期竣工的保证率，因此项目经理必须合理地确定成本支出计划，达到既节约成本支出，又能控制项目工期的目的。

【例6-1】 已知某施工项目的数据资料如表6-3所示,绘制该项目的时间-成本累积曲线。

表6-3 工程数据资料

编码	项目名称	最早开始时间(月份)	工期(月)	成本强度(万元/月)
11	场地平整	1	1	20
12	基础施工	2	3	15
13	主体工程施工	4	5	30
14	砌筑工程施工	8	3	20
15	屋面工程施工	10	2	30
16	楼地面施工	11	2	20
17	室内设施安装	11	1	30
18	室内装饰	12	1	20
19	室外装饰	12	1	10
20	其他工程		1	10

解: (1)确定施工项目进度计划,编制进度计划的横道图,如图6-4所示。

编码	项目名称	时间(月)	费用强度(万元/月)	工程进度(月)											
				01	02	03	04	05	06	07	08	09	10	11	12
11	场地平整	1	20												
12	基础施工	3	15												
13	主体工程施工	5	30												
14	砌筑工程施工	3	20												
15	屋面工程施工	2	30												
16	楼地面施工	2	20												
17	室内设施安装	1	30												
18	室内装饰	1	20												
19	室外装饰	1	10												
20	其他工程	1	10												...

图6-4 进度计划横道图

(2)在横道图上按时间编制成本计划,如图6-5所示。

(3)计算规定时间 t 计划累计支出的成本额。

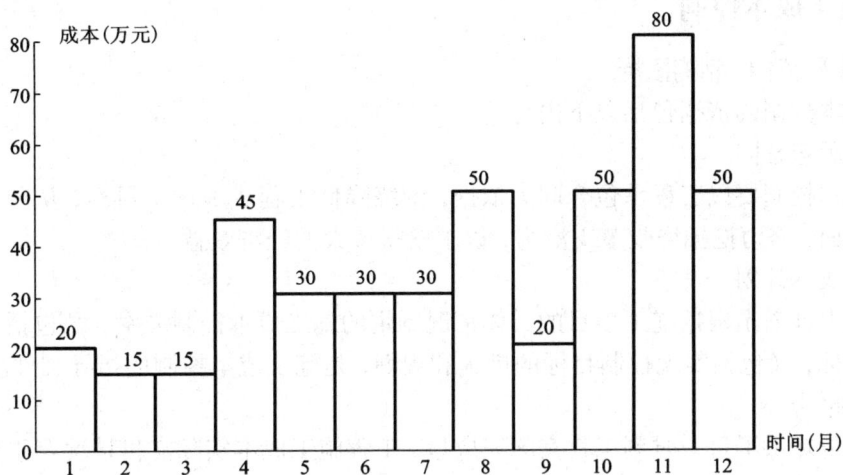

图 6 - 5　横道图上按时间编制的成本计划

根据公式 $Q_t = \sum\limits_{n=1}^{t} q_n$，可得如下结果：

$Q_1 = 20$，$Q_2 = 35$，$Q_3 = 50$，$\cdots$，$Q_{10} = 305$，$Q_{11} = 385$，$Q_{12} = 435$

（4）绘制 S 形曲线，如图 6 - 6 所示。

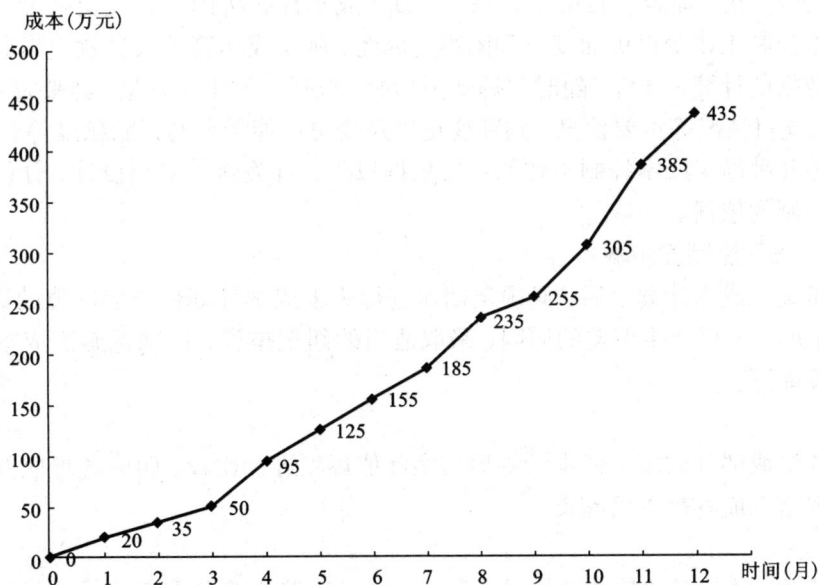

图 6 - 6　时间—成本累积曲线（S 形曲线）

五、施工成本控制

（一）施工成本控制的依据

施工成本控制的依据包括以下内容：

1. 工程承包合同

施工成本控制要以工程承包合同为依据，围绕降低工程成本这个目标，从预算收入和实际成本两方面，努力挖掘增收节支潜力，以求获得最大的经济效益。

2. 施工成本计划

施工成本计划是根据施工项目的具体情况制定的施工成本控制方案，既包括预定的具体成本控制目标，又包括实现控制目标的措施和规划，是施工成本控制的指导文件。

3. 进度报告

进度报告提供了每一时刻工程实际完成量，工程施工成本实际支付情况等重要信息。施工成本控制工作正是通过实际成本支出情况与施工成本计划相比较，找出二者之间的差别，分析偏差产生的原因，从而采取措施改进以后的工作。此外，进度报告还有助于管理者及时发现工程实施中存在的问题，并在事态还未造成重大损失之前采取有效措施进行预防和控制，尽量避免损失或将损失将至最低。

4. 工程变更

在项目的实施过程中，由于各方面的原因，工程变更是很难避免的。工程变更一般包括设计变更、进度计划变更、施工条件变更、技术规范与标准变更、施工次序变更、工程数量变更等。一旦出现变更，原定项目的工程量、工期、成本都必将因工程变更而受到影响，从而使得施工成本控制工作变得更加复杂和困难。因此，施工成本管理人员就应当通过对变更要求当中各类数据的计算、分析，随时掌握变更情况，包括已发生工程量、将要发生工程量、工期是否拖延、支付情况等重要信息，判断变更以及变更可能带来的索赔额度等。

除了上述几种施工成本控制工作的主要依据以外，有关施工组织设计、分包合同等也都是施工成本控制的依据。

（二）施工成本控制的步骤

在确定了施工成本计划之后，必须定期地进行施工成本计划值与实际值的比较，当实际值偏离计划值时，分析产生偏差的原因，采取适当的纠偏措施，以确保施工成本控制目标的实现。其步骤如下。

1. 比较

将项目各组成部分的施工成本计划值与实际值逐项进行比较，明确各组成部分的成本支出情况并发现施工成本是否已超支。

2. 分析

在比较的基础上，对比较的结果进行分析，以确定偏差的严重性及偏差产生的原因。这一步是施工成本控制工作的核心，其主要目的在于找出产生偏差的原因，从而采取有针对性的措施，避免相同原因的再次发生或减少由此造成的损失。

3. 预测

按照完成情况估计完成项目所需的总费用。

4. 纠偏

当工程项目的实际施工成本出现了偏差,应当根据工程的具体情况、偏差分析和预测的结果,采取适当的措施,以期达到使施工成本偏差尽可能小的目的。纠偏是施工成本控制中最具实质性的一步。只有通过纠偏,才能最终达到有效控制施工成本的目的。

对偏差原因进行分析的目的是为了有针对性地采取纠偏措施,从而实现成本的动态控制和主动控制。纠偏首先要确定纠偏的主要对象,偏差原因有些是无法避免和控制的,如客观原因,充其量只能对其中少数原因做到防患于未然,力求减少该原因所产生的经济损失。在确定了纠偏的主要对象之后,就需要采取有针对性的纠偏措施。纠偏可采用组织措施、经济措施、技术措施和合同措施等。

5. 检查

它是指对工程的进展进行跟踪和检查,及时了解工程进展状况以及纠偏措施的执行情况和效果,为今后的工作积累经验。

(三)施工成本控制的方法

1. 施工成本的过程控制方法

施工阶段是控制建设工程项目成本发生的主要阶段,它通过确定成本目标并按计划成本进行施工资源配置,对施工现场发生的各种成本费用进行有效控制,其具体的控制方法如下。

(1)人工费的控制。

人工费的控制实行"量价分离"的方法,将作业用工及零星用工按定额工日的一定比例综合确定用工数量与单价,通过劳务合同进行控制。

(2)材料费的控制。

材料费控制同样按照"量价分离"原则,控制材料用量和材料价格。

材料用量的控制是在保证符合设计要求和质量标准的前提下,合理使用材料,通过定额管理、计量管理等手段有效控制材料物资的消耗。

材料价格主要由材料采购部门控制。由于材料价格是由原价、运杂费、运输中的合理损耗费和采购及保管费组成,因此控制材料价格,主要是通过掌握市场信息,应用招标和询价等方式控制材料、设备的采购价格。

施工项目的材料物资,包括构成工程实体的主要材料和结构件,以及有助于工程实体形成的周转使用材料和低值易耗品。从价值角度看,材料物资的价值,约占建筑安装工程造价的60%~70%以上,其重要程度自然是不言而喻。由于材料物资的供应渠道和管理方式各不相同,所以控制的内容和所采取的控制方法也将有所不同。

(3)施工机具使用费的控制。

合理选择施工机具设备,合理使用施工机具设备对成本控制具有十分重要的意义,尤其是高层建筑施工。据某些工程实例统计,高层建筑地面以上部分的总费用中,垂直运输机械费用约占6%~10%。由于不同的起重运输机械各有不同的用途和特点,因此在选择起重运输机械时,首先应根据工程特点和施工条件确定采取何种不同起重运输机械的组合方式。在确定采用何种组合方式时,首先应满足施工需要,同时还要考虑到费用的高低和综合经济效益。有效控制施工机具使用费支出,主要从台班数量和台班单价两方面进行控制。

(4)施工分包费用的控制。

分包工程价格的高低,必然对项目经理部的施工项目成本产生一定的影响。因此,施工项目成本控制的重要工作之一是对分包价格的控制。项目经理部应在确定施工方案的初期就要确定需要分包的工程范围。决定分包范围的因素主要是施工项目的专业性和项目规模。对分包费用的控制，主要是要做好分包工程的询价、订立平等互利的分包合同、建立稳定的分包关系网络、加强施工验收和分包结算等工作。

2. 赢得值（挣值）法

赢得值法（Earned Value Management，EVM）作为一项先进的项目管理技术，最初是美国国防部于1967年首次确立的。到目前为止国际上先进的工程公司已普遍采用赢得值法进行工程项目的费用、进度综合分析控制。用赢得值法进行费用、进度综合分析控制，基本参数有三项，即已完工作预算费用、计划工作预算费用和已完工作实际费用。

（1）赢得值法的三个基本参数。

1）已完工作预算费用。

已完工作预算费用为BCWP（Budgeted Cost for Work Performed），是指在某一时间已经完成的工作（或部分工作），以批准认可的预算为标准所需要的资金总额，由于业主正是根据这个值为承包人完成的工作量支付相应的费用，也就是承包人获得（挣得）的金额，故称赢得值或挣值。

$$已完工作预算费用（BCWP）= 已完成工作量 \times 预算单价$$

2）计划工作预算费用。

计划工作预算费用，简称BCWS（Budgeted Cost for Work Scheduled），即根据进度计划，在某一时刻应当完成的工作（或部分工作），以预算为标准所需要的资金总额，一般来说，除非合同有变更，BCWS在工程实施过程中应保持不变。

$$计划工作预算费用（BCWS）= 计划工作量 \times 预算单价$$

3）已完工作实际费用。

已完工作实际费用，简称ACWP（Actual Cost for Work Performed），即到某一时刻为止，已完成的工作（或部分工作）所实际花费的总金额。

$$已完工作实际费用（ACWP）= 已完成工作量 \times 实际单价$$

（2）赢得值法的四个评价指标。

在这三个基本参数的基础上，可以确定赢得值法的四个评价指标，它们也都是时间的函数。

1）费用偏差CV（Cost Variance）。

$$费用偏差（CV）= 已完工作预算费用（BCWP）- 已完工作实际费用（ACWP）$$

当费用偏差（CV）为负值时，即表示项目运行超出预算费用；当费用偏差（CV）为正值时，表示项目运行节支，实际费用没有超出预算费用。

2）进度偏差SV（Schedule Variance）。

$$进度偏差（SV）= 已完工作预算费用（BCWP）- 计划工作预算费用（BCWS）$$

当进度偏差（SV）为负值时，表示进度延误，即实际进度落后于计划进度；当进度偏差（SV）为正值时，表示进度提前，即实际进度快于计划进度。

3）费用绩效指数（CPI）。

$$费用绩效指数（CPI）= 已完工作预算费用（BCWP）/ 已完工作实际费用（ACWP）$$

当费用绩效指数$CPI < 1$时，表示超支，即实际费用高于预算费用；当费用绩效指数CPI

> 1 时，表示节支，即实际费用低于预算费用。

4）进度绩效指数（SPI）

进度绩效指数（SPI）＝已完工作预算费用（BCWP）/计划工作预算费用（BCWS）

当进度绩效指数 SPI < 1 时，表示进度延误，即实际进度比计划进度拖后；当进度绩效指数 SPI > 1 时，表示进度提前，即实际进度比计划进度快。

费用（进度）偏差反映的是绝对偏差，结果很直观，有助于费用管理人员了解项目费用出现偏差的绝对数额，并依此采取一定措施，制定或调整费用支出计划和资金筹措计划。但是绝对偏差有其不容忽视的局限性，如同样是 10 万元的投资偏差，对于总投资是 100 万元的项目和总投资是 1000 万元的项目而言，其严重性是显然不同的。因此，投资（进度）偏差仅适用于对同一项目做偏差分析。而投资（进度）绩效指数反映的是相对偏差，它不受项目层次的限制，也不受项目实施时间的限制，因而在同一项目和不同项目比较中均可采用。

【例 6 - 2】　某项目进展到第 10 周后，对前 9 周的工作进行了统计检查，有关统计情况如表 6 - 4 所示。

表 6 - 4　前 9 周成本统计表

工作代号	计划完成预算成本 BCWS/元	已完成工作/%	实际发生成本 ACWP/元	已完成工作的预算成本 BCWP/元
A	420000	100	425200	
B	308000	80	246800	
C	230880	100	254034	
D	280000	100	280000	
9 周末合计	1238880		1206034	

【问题】

1. 计算前 9 周每项工作的 BCWP。

2. 计算 9 周末的费用偏差 CV 与进度偏差 SV，并对其结果含义加以说明。

3. 计算 9 周末的费用绩效指数 CPI 与进度绩效指数 SPI，并结其结果含义加以说明。

解：

1. 计算 A、B、C、D 各项工作的 BCWP

工作 A 的 BCWP ＝ 420000 × 100% ＝ 420000（元）

工作 B 的 BCWP ＝ 308000 × 80% ＝ 246400（元）

工作 C 的 BCWP ＝ 230880 × 100% ＝ 230880（元）

工作 D 的 BCWP ＝ 280000 × 100% ＝ 280000（元）

第 9 周末合计 BCWP ＝ 420000 + 246400 + 230880 + 280000 ＝ 1177280（元）

2. 第 9 周末费用偏差

$$CV = BCWP - ACWP = 1177280 - 1206034 = -28754（元）< 0$$

表示项目实际费用超过预算费用，说明实际费用超支。

第 9 周末进度偏差

$$SV = BCWP - BCWS = 1177280 - 1238880 = -61600(\text{元}) < 0$$

表示项目实际进度落后于计划进度，说明实际进度延误。

3. 第9周末费用绩效指数

$$CPI = BCWP/ACWP = 1177280/1206034 = 0.976 < 1$$

表示项目实际费用超过预算费用，说明已完工作预算费用是实际发生费用的97.6%。

第9周末进度绩效指数

$$SPI = BCWP/BCWS = 1177280/1238880 = 0.950 < 1$$

表示项目实际进度比计划进度拖后，说明已完工作预算费用是计划工作费用的95%。

3. 偏差分析的方法

偏差分析可采用不同的方法，常用的有横道图法、表格法和曲线法。

（1）横道图法。

用横道图法进行费用偏差分析，是用不同的横道标识已完工作预算费用（$BCWP$）、计划工作预算费用（$BCWS$）和已完工作实际费用（$ACWP$），横道的长度与其金额成正比例。如图6-7所示。

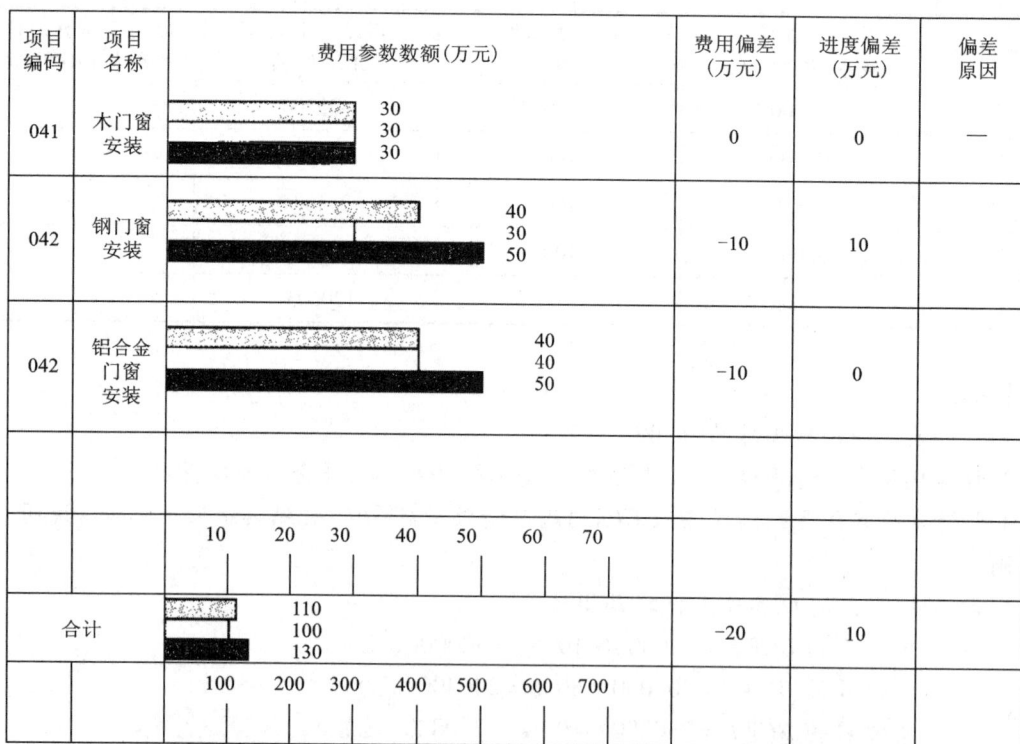

图6-7 费用偏差分析的横道图法

横道图法具有形象、直观、一目了然等优点，它能够准确表达出费用的绝对偏差，而且能一眼感受到偏差的严重性。但这种方法反映的信息量少，一般在项目的较高管理层应用。

（2）表格法。

表格法是进行偏差分析最常用的一种方法。它将项目编号、名称、各费用参数以及费用偏差数综合归纳入一张表格中，并且直接在表格中进行比较。由于各偏差参数都在表中列出，使得费用管理者能够综合地了解并处理这些数据。

用表格法进行偏差分析具有的优点是：灵活、适用性强。可根据实际需要设计表格，进行增减项。因此表格中反映的信息量大，可以反映偏差分析所需的资料，从而有利于费用控制人员及时采取针对性措施，加强控制。此外，表格处理可借助于计算机，从而节约大量数据处理所需的人力，并大大提高速度。如表 6 – 5 所示。

表 6 – 5　费用偏差分析表

项目编码	（1）	041	042	043
项目名称	（2）	木门窗安装	钢门窗安装	铝合金门窗安装
单位	（3）			
预算（计划）单价	（4）			
计划工作量	（5）			
计划工作预算费用（BCWS）	（6）＝（5）×（4）	30	30	40
已完成工作量	（7）			
已完成工作预算费用（BCWP）	（8）＝（7）×（4）	30	40	40
实际单价	（9）			
其他款项	（10）			
已完工作实际费用（ACWP）	（11）＝（7）×（9）＋（10）	30	50	50
费用局部偏差	（12）＝（8）－（11）	0	－ 10	－ 10
费用绩效指数 CPI	（13）＝（8）÷（11）	1	0.8	0.8
费用累计偏差	（14）＝ $\sum$（12）		－ 20	
进度局部偏差	（15）＝（8）－（6）	0	10	0
进度绩效指数 SPI	（16）＝（8）÷（6）	1	1.33	1
进度累计偏差	（17）＝ $\sum$（15）		10	

（3）曲线法。

在项目实施过程中，以上三个参数可以形成三条曲线，即计划工作预算费用（$BCWS$）、已完工作预算费用（$BCWP$）、已完工作实际费用（$ACWP$）曲线。如图 6 – 8 所示。

图中：$CV = BCWP - ACWP$，由于两项参数均以已完工作为计算基准，所以两项参数之差，反映项目进展的费用偏差。

$SV = BCWP - BCWS$，由于两项参数均以预算值（计划值）作为计算基准，所以两者之差，反映项目进展的进度偏差。

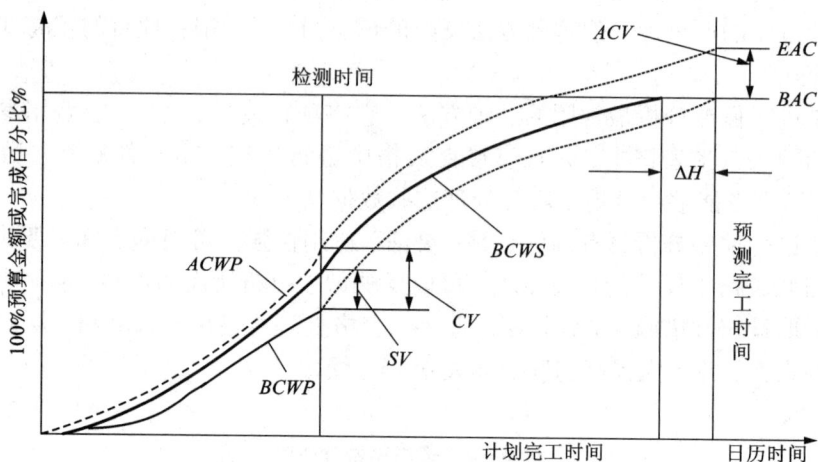

图 6-8 赢得值法评价曲线

采用赢得值法进行费用、进度综合控制，还可以根据当前的进度、费用偏差情况，通过原因分析，对趋势进行预测，预测项目结束时的进度、费用情况。图中：

BAC(*budget at completion*)——项目完工预算，指编计划时预计的项目完工费用。

EAC(*estimate at completion*)——预测的项目完工估算，指计划执行过程中根据当前的进度、费用偏差情况预测的项目完工总费用。

ACV(*at completion variance*)——预测项目完工时的费用偏差；

$$ACV = BAC - EAC$$

【例 6-3】 某工程项目有 2000 m² 缸砖面层地面施工任务，交由某分包商承担，计划于 6 个月内完成，该工程进行了三个月以后，发现某些工作项目实际已完成的工作量及实际单价与原计划有偏差，计划的各工作项目单价和计划完成的工作量如表 6-6 所示

表 6-6 工作量表

工作项目名称	平整场地	室内夯填土	垫层	缸砖面砂浆结合	踢脚
单位	100 m²	100 m²	10 m²	100 m²	100 m²
计划工作量(三个月)	150	20	60	100	13.55
计划单价(元/单位)	16	46	450	1520	1620
已完成工作量(三个月)	150	18	48	70	9.5
实际单价(元/单位)	16	46	450	1800	1650

问题：

1. 试计算出并用表格法列出至第三个月末时各工作的计划工作预算费用(*BCWS*)、已完工作预算费用(*BCWP*)、已完工作实际费用(*ACWP*)，并分析费用局部偏差值、费用绩效指数 *CPI*、进度局部偏差值、进度绩效指数 *SPI*，以及费用累计偏差和进度累计偏差。

212

2. 用曲线法表明该施工任务总的计划和实际进展情况,标明其费用及进度偏差情况(说明:各工作项目在三个月内均是以等速、等值进行的)。

解: 1. 用表格法分析费用偏差,如表 6 – 7 所示。

表 6 – 7　缸砖面层地面施工费用分析表

(1)项目编码		001	002	003	004	005	总计
(2)项目名称	计算方法	平整场地	室内夯填土	垫层	缸砖面结合	踢脚	
(3)单位		100 m²	100 m²	10 m²	100 m²	100 m²	
(4)计划工作量(三个月)	(4)	150	20	60	100	13.55	
(5)计划单价(元/单位)	(5)	16	46	450	1520	1620	
(6)计划工作预算费用(BCWS)	(6) = (5) × (4)	2400	920	27000	152000	21951	204271
(7)已完成工作量(三个月)	(7)	150	18	48	70	9.5	
(8)已完工作预算费用(BCWP)	(8)	2400	828	21600	106400	15390	146618
(9)实际单价(元/单位)	(9)	16	46	450	1800	1650	
(10)已完工作实际费用(ACWP)	(10) = (7) × (9)	2400	828	21600	126000	15675	166503
(11)费用局部偏差	(11) = (8) – (10)	0	0	0	– 19600	– 285	
(12)费用绩效指数 CPI	(12) = (8) ÷ (10)	1.0	1.0	1.0	0.847	0.98	
(13)费用累计偏差	(13) = ∑ (11)			– 19885			
(14)进度局部偏差	(14) = (8) – (6)	0	– 92	– 5400	– 45600	– 6561	
(15)进度绩效指数 SPI	(15) = (8) ÷ (6)	1.0	0.90	0.8	0.70	0.70	
(16)进度累计偏差	(16) = ∑ (14)			– 57653			

2. 用曲线法表明该项施工任务在第三个月末时,其费用及进度的偏差情况如图 6 – 9 所示。由于假定各项工作均是均速进行,故所绘曲线呈直线形。

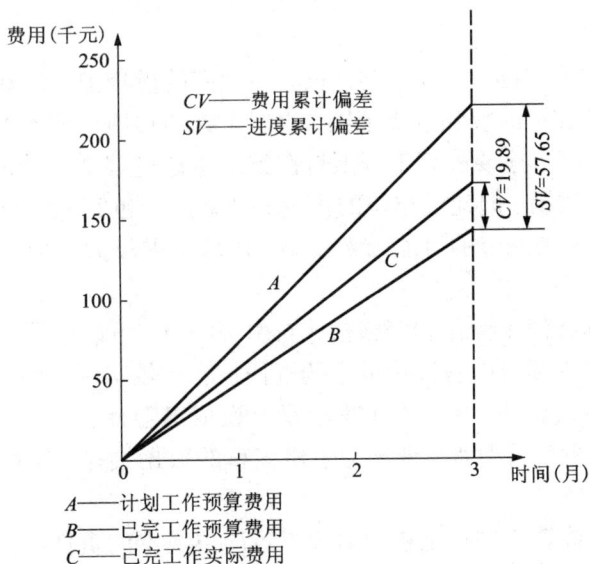

图 6 – 9　费用及进度的偏差情况

六、施工成本核算

成本核算是施工承包单位利用会计核算体系，对工程项目施工过程中所发生的各项费用进行归集，统计其实际发生额，并计算工程项目总成本和单位工程成本的管理工作。工程项目成本核算是施工承包单位成本管理最基础的工作，成本核算所提供的各种信息，是成本预测、成本计划、成本控制和成本考核等的依据。

（一）成本核算的对象和范围

施工项目经理部应建立和健全以单位工程为对象的成本核算账务体系，严格区分企业经营成本和项目生产成本，在工程项目实施阶段不对企业经营成本进行分摊，以正确反映工程项目可控成本的收、支、结、转的状况和成本管理业绩。

施工成本核算应以项目经理责任成本目标为基本核算范围；以项目经理授权范围相对应的可控责任成本为核算对象，进行全过程分月跟踪核算。根据工程当月形象进度，对已完工程实际成本按照分部分项工程进行归集，并与相应范围的计划成本进行比较，分析各分部分项工程成本偏差的原因，并在后续工程中采取有效控制措施并进一步寻找降本挖潜的途径。项目经理部应在每月成本核算的基础上编制当月成本报告，作为工程项目施工月报的组成内容，提交企业生产管理和财务部门审核备案。

（二）成本核算的方法

1. 表格核算法。

是建立在内部各项成本核算基础上，由各要素部门和核算单位定期采集信息，按有关规定填制一系列的表格，完成数据比较、考核和简单的核算，形成工程项目施工成本核算体系，作为支撑工程项目施工成本核算的平台。表格核算法需要依靠众多部门和单位支持，专业性要求不高。其优点是比较简捷明了，直观易懂，易于操作，适时性较好。缺点是覆盖范围较窄，核算债权债务等比较困难；且较难实现科学严密的审核制度，有可能造成数据失实，精度较差。

2. 会计核算法。

是指建立在会计核算基础上，利用会计核算所独有的借贷记账法和收支全面核算的综合特点，按工程项目施工成本内容和收支范围，组织工程项目施工成本的核算。不仅核算工程项目施工的直接成本，而且还要核算工程项目在施工生产过程中出现的债权债务、为施工生产而自购的工具、器具摊销、向建设单位的报量和收款、分包完成和分包付款等。其优点是核算严密、逻辑性强、人为调节的可能因素较小、核算范围较大。但对核算人员的专业水平要求较高。

由于表格核算法具有便于操作和表格格式自由等特点，可以根据企业管理方式和要求设置各种表格。因而对工程项目内各岗位成本的责任核算比较实用。施工承包单位除对整个企业的生产经营进行会计核算外，还应在工程项目上设成本会计，进行工程项目成本核算，减少数据的传递，提高数据的及时性，便于与表格核算的数据接口，这将成为工程项目施工成本核算的发展趋势。

总的说来，用表格核算法进行工程项目施工各岗位成本的责任核算和控制，用会计核算法进行工程项目施工成本核算，两者互补，相得益彰，确保工程项目施工成本核算工作的开展。

（三）成本费用的归集与分配

进行成本核算时，能够直接计入有关成本核算对象的，直接计入；不能直接计入的，采用一定的分配方法分配计入各成本核算对象成本，然后计算出工程项目的实际成本。

1. 人工费。

人工费计入成本的方法，一般应根据企业实行的具体工资制度而定。在实行计件工资制度时，所支付的工资一般能分清受益对象，应根据"工程任务单"和"工资计算汇总表"将归集的工资直接计入成本核算对象的人工费成本项目中。实行计时工资制度时，在只存在一个成本核算对象或者所发生的工资能分清是服务于哪个成本核算对象时，方可将之直接计入，否则，就需将所发生的工资在各个成本核算对象之间进行分配，再分别计入。一般采用实用工时比例或定额工时比例进行分配。计算公式为：

$$工资分配率 = \frac{建筑安装工人工资总额}{各项目实用工时（或定额工时）总和}$$

$$某项工程应分配的人工费 = 该项工程实用工时 \times 工资分配率$$

2. 材料费。

工程项目耗用的材料，应根据限额领料单、退料单、报损报耗单，大堆材料耗用计算单等计入工程项目成本。凡领料时能点清数量、分清成本核算对象的，应在有关领料凭证（如限额领料单）上注明成本核算对象名称，据以计入成本核算对象。领料时虽能点清数量但需集中配料或统一下料的，则由材料管理人员或领用部门，结合材料消耗定额将材料费分配计入各成本核算对象。领料时不能点清数量和分清成本核算对象的，由材料管理人员或施工现场保管员保管，月末实地盘点结存数量，结合月初结存数量和本月购进数量，倒推出本月实际消耗量，再结合材料耗用定额，编制"大堆材料耗用计算表"，据以计入各成本核算对象的成本。工程竣工后的剩余材料，应填写"退料单"据以办理材料退库手续，同时冲减相关成本核算对象的材料费。施工中的残次材料和包装物，应尽量回收再用，冲减工程成本的材料费。

3. 施工机械使用费。

按自有机械和租赁机械分别加以核算。从外单位或本企业内部独立核算的机械站租入施工机械支付的租赁费，直接计入成本核算对象的机械使用费。如租入的机械是为两个或两个以上的工程服务，应以租入机械所服务的各个工程受益对象提供的作业台班数量为基数进行分配，计算公式如下：

$$平均台班租凭费 = \frac{支付的租赁费总额}{租入机械作业总台班数}$$

自有机械费用应按各个成本核算对象实际使用的机械台班数计算所分摊的机械使用费，分别计入不同的成本核算对象成本中。

在施工机械使用费中，占比重最大的往往是施工机械折旧费。按现行财务制度规定，施工承包单位计提折旧一般采用平均年限法和工作量法。技术进步较快或使用寿命受工作环境影响较大的施工机械和运输设备，经国家财政主管部门批准，可采用双倍余额递减法或年数总和法计提折旧。

固定资产折旧从固定资产投入使用月份的次月起，按月计提。停止使用的固定资产，从停用月份的次月起，停止计提折旧。

企业按财务制度的有关规定,有权选择具体折旧方法和折旧年限,在开始实行年度前报主管财政机关备案。折旧年限和折旧方法一经确定,不得随意变更。需要变更的,由企业提出申请,并在变更年度前报主管财政机关批准。

(1)平均年限法。

也称使用年限法,是指按照固定资产的预计使用年限平均分摊固定资产折旧额的方法。这种方法计算的折旧额在各个使用年(月)份都是相等的,折旧的累计额所绘出的图线是直线。因此,这种方法也称直线法。

平均年限法的计算公式为:

$$年折旧率 = \frac{1 - 预计净残值率}{折旧年限} \times 100\%$$

$$年折旧额 = 固定资产原值 \times 年折旧率$$

(2)工作量法。

是指按照固定资产生产经营过程中所完成的工作量计提折旧的一种方法,是由平均年限法派生出来的一种方法。适用于各种时期使用程度不同的专业机械、设备。

工作量法的计算公式为:

1)按照行驶里程计算折旧额时:

$$单位里程折旧额 = \frac{原值 \times (1 - 预计净残值率)}{规定的总行驶里程}$$

$$年折旧额 = 年实际行驶里程 \times 单位里程折旧额$$

2)按照台班计算折旧额时:

$$年台班折旧额 = \frac{原值 \times (1 - 预计净残值率)}{规定的总工作台班}$$

$$年折旧额 = 年实际工作台班 \times 年台班折旧额$$

(3)双倍余额递减法。

是指按照固定资产账面净值和固定的折旧率计算折旧的方法,它属于一种加速折旧的方法。其年折旧率是平均年限法的两倍,并且在计算年折旧率时不考虑预计净残值率。采用这种方法时,折旧率是固定的,但计算基数逐年递减,因此,计提的折旧额逐年递减。

双倍余额递减法的计算公式为:

$$年折旧率 = \frac{2}{折旧年限} \times 100\%$$

$$年折旧额 = 固定资产账面净值 \times 年折旧率$$

实行双倍余额递减法的固定资产,应当在其固定资产折旧年限到期前两年内,将固定资产账面净值扣除预计净残值后的净额平均摊销。

【例6-4】 某项固定资产原价为10000元。预计净残值400元,预计使用年限5年。采用双倍余额递减法计算各年的折旧额。

解:年折旧率 $= 2 \div 5 \times 100\% = 40\%$

第一年折旧额 $= 10000 \times 40\% = 4000(元)$

第二年折旧额 $= (10000 - 4000) \times 40\% = 2400(元)$

第三年折旧额 $= (10000 - 4000 - 2400) \times 40\% = 1440(元)$

第四年折旧额 $= (10000 - 7840 - 400) \div 2 = 880(元)$

第五年折旧额 = (10000 - 7840 - 400) ÷ 2 = 880(元)

(4)年数总和法。也称年数总额法，是指以固定资产原值减去预计净残值后的余额为基数，按照逐年递减的折旧率计提折旧的一种方法。年数总和法也属于一种加速折旧的方法。其折旧率以该项固定资产预计尚可使用的年数(包括当年)做分子，而以逐年可使用年数之和做分母。分母是固定的，而分子逐年递减，因此，折旧率逐年递减，计提的折旧额也逐年递减。

年数总和法的计算公式为：

$$年折旧率 = \frac{折旧年限 - 已使用年限}{折旧年限 \times (折旧年限 + 1) \div 2} \times 100\%$$

$$年折旧额 = (固定资产原值 - 预计净残值) \times 年折旧率$$

【例6-5】　采用【例6-4】的数据，用年数总和法计算各年的折旧额。

解： 计算折旧的基数 = 10000 - 400 = 9600(元)

年数总和 = 5 + 4 + 3 + 2 + 1 = 15(年)

第一年折旧额 = 9600 × 5/15 = 3200(元)

第二年折旧额 = 9600 × 4/15 = 2560(元)

第三年折旧额 = 9600 × 3/15 = 1920(元)

第四年折旧额 = 9600 × 2/15 = 1280(元)

第五年折旧额 = 9600 × 1/15 = 640(元)

4. 措施费。

凡能分清受益对象的，应直接计入受益成本核算对象中。如与若干个成本核算对象有关的，可先归集到措施费总账中，月末再按适当的方法分配计入有关成本核算对象的措施费中。

5. 间接成本。

凡能分清受益对象的间接成本，应直接计入受益成本核算对象中去。否则先在项目"间接成本"总账中进行归集，月末再按一定的分配标准计入受益成本核算对象。分配的方法：土建工程是以实际成本中直接成本为分配依据，安装工程则以人工费为分配依据。计算公式如下：

$$土建(安装)工程间接成本分配率 = \frac{土建(安装)工程分配的间接成本总额}{全部土建工程直接成本(安装工程人工费)总额} \times 100\%$$

某土建(安装)分配的间接成本 = 该土建工程直接成本(安装工程人工费) × 土建(安装)工程间接成本分配率

七、施工成本分析

(一)施工成本分析的依据

施工成本分析，就是根据成本核算提供的资料，对施工成本的形成过程和影响成本升降的因素进行分析，以寻求进一步降低成本的途径；另一方面，通过成本分析，可从账簿、报表反映的成本现象看清成本的实质，从而增强项目成本的透明度和可控性，为加强成本控制，实现项目成本目标创造条件。

(二)施工成本分析的基本方法

施工成本分析的基本方法包括：比较法、因素分析法、差额计算法、比率法等。

1. 比较法

比较法，又称"指标对比分析法"，就是通过技术经济指标的对比，检查目标的完成情况，分析产生差异的原因，进而挖掘内部潜力的方法。这种方法，具有通俗易懂、简单易行、便于掌握的特点，因而得到了广泛的应用，但在应用时必须注意各技术经济指标的可比性。比较法的应用，通常有下列形式。

（1）将实际指标与目标指标对比

以此检查目标完成情况，分析影响目标完成的积极因素和消极因素，以便及时采取措施，保证成本目标的实现。在进行实际指标与目标指标对比时，还应注意目标本身有无问题。如果目标本身出现问题，则应调整目标，重新正确评价实际工作的成绩。

（2）本期实际指标与上期实际指标对比

通过本期实际指标与上期实际指标对比，可以看出各项技术经济指标的变动情况，反映施工管理水平的提高程度。

（3）与本行业平均水平、先进水平对比

通过这种对比，可以反映本项目的技术管理和经济管理与行业的平均水平和先进水平的差距，进而采取措施赶超先进水平。

2. 因素分析法

因素分析法又称连环置换法。这种方法可用来分析各种因素对成本的影响程度。在进行分析时，首先要假定众多因素中的一个因素发生了变化，而其他因素则不变，然后逐个替换，分别比较其计算结果，以确定各个因素的变化对成本的影响程度。因素分析法的计算步骤如下：

（1）确定分析对象，并计算出实际与目标数的差异；

（2）确定该指标是由哪几个因素组成的，并按其相互关系进行排序（排序规则是：先实物量，后价值量；先绝对值，后相对值）；

（3）以目标数为基础，将各因素的目标数相乘，作为分析替代的基数；

（4）将各个因素的实际数按照上面的排列顺序进行替换计算，并将替换后的实际数保留下来；

（5）将每次替换计算所得的结果，与前一次的计算结果相比较，两者的差异即为该因素对成本的影响程度；

（6）各个因素的影响程度之和，应与分析对象的总差异相等。

【例6-6】 商品混凝土目标成本为443040元，实际成本为473697元，比目标成本增加30657元，资料如表6-8所示。分析成本增加的原因。

表6-8 商品混凝土目标成本与实际成本对比表

项 目	单 位	目 标	实 际	差 额
产量	m³	600	630	+30
单价	元	710	730	+20
损耗率	%	4	3	-1
成本	元	443040	473697	+30657

解：

（1）分析对象是商品混凝土的成本，实际成本与目标成本的差额为30657元，该指标是由产量、单价、损耗率三个因素组成的，其影响程度的排序为产量－单价－损耗率。

（2）以目标数443040元（600×710×1.04）为分析替代的基础。

第一次替代产量因素，以630替代600：

630×710×1.04＝465192（元）；

第二次替代单价因素，以730替代710，并保留上次替代后的值：

630×730×1.04＝478296（元）；

第三次替代损耗率因素，以1.03替代1.04，并保留上两次替代后的值：

630×730×1.03＝473697（元）。

（3）计算差额：

第一次替代与目标数的差额＝465192－443040＝22152（元）；

第二次替代与第一次替代的差额＝478296－465192＝13104（元）；

第三次替代与第二次替代的差额＝473697－478296＝－4599（元）。

（4）产量增加使成本增加了22152元，单价提高使成本增加了13104元，而损耗率下降使成本减少了4599元。

（5）各因素的影响程度之和＝22152＋13104－4599＝30657元，与实际成本与目标成本的总差额相等。

为了使用方便，企业也可以通过运用因素分析表来求出各因素变动对实际成本的影响程度，其具体形式如表6－9所示。

表6－9　商品混凝土成本变动因素分析表

顺序	连环替代计算	差异（元）	因素分析
目标数	600×710×1.04		
第一次替代	630×710×1.04	22152	由于产量增加30m³，成本增加22152元
第二次替代	630×730×1.04	13104	由于单价提高20元，成本增加13104元
第三次替代	630×730×1.03	－4599	由于损耗率下降1%，成本减少4599元
合计	55152＋13104－4599＝30657	30657	

3. 差额计算法

差额计算法是因素分析法的一种简化形式，它利用各个因素的目标值与实际值的差额来计算其对成本的影响程度。

4. 比率法

比率法是指用两个以上的指标的比例进行分析的方法。它的基本特点是：先把对比分析的数值变成相对数，再观察其相互之间的关系。常用的比率法有：相关比率法、构成比率法和动态比率法。

（1）相关比率法。

通过将两个性质不同而相关的指标加以对比，求出比率，并以此来考察经营成果的好坏。例如，将成本指标与反映生产、销售等经营成果的产值、销售收入、利润指标相比较，就可以反映项目经济效益的好坏。

（2）构成比率法。

又称比重分析法或结构对比分析法。是通过计算某技术经济指标中各组成部分占总体比重进行数量分析的方法。通过构成比率，可以考察项目成本的构成情况，将不同时期的成本构成比率相比较，可以观察成本构成的变动情况，同时也可看出量、本、利的比例关系（即目标成本、实际成本和降低成本的比例关系），从而为寻求降低成本的途径指明方向。

（3）动态比率法。

是将同类指标不同时期的数值进行对比，求出比率，以分析该项指标的发展方向和发展速度的方法。动态比率的计算通常采用定基指数和环比指数两种方法。

（三）综合成本的分析方法

所谓综合成本，是指涉及多种生产要素，并受多种因素影响的成本费用，如分部分项工程成本、月（季）度成本、年度成本等。由于这些成本都是随着项目施工的进展而逐步形成的，与生产经营有着密切的关系。因此，做好上述成本的分析工作，无疑将促进项目的生产经营管理，提高项目的经济效益。

1. 分部分项工程成本分析

分部分项工程成本分析是施工项目成本分析的基础。分部分项工程成本分析的对象为已完成分部分项工程。分析的方法是：进行预算成本、目标成本和实际成本的"三算"对比，分别计算实际偏差和目标偏差，分析偏差产生的原因，为今后的分部分项工程成本寻求节约途径。

分部分项工程成本分析的资料来源是：预算成本来自投标报价成本，目标成本来自施工预算，实际成本来自施工任务单的实际工程量、实耗人工和限额领料单的实耗材料。

由于施工项目包括很多分部分项工程，不可能也没有必要对每一个分部分项工程都进行成本分析。特别是一些工程量小、成本费用微不足道的零星工程。但是，对于那些主要分部分项工程则必须进行成本分析，而且要做到从开工到竣工进行系统的成本分析。这是一项很有意义的工作，因为通过主要分部分项工程成本的系统分析，可以基本上了解项目成本形成的全过程，为竣工成本分析和今后的项目成本管理提供一份宝贵的参考资料。

分部分项工程成本分析表的格式如表 6 - 10 所示。

2. 月（季）度成本分析

月（季）度成本分析，是施工项目定期的、经常性的中间成本分析。对于具有一次性特点的施工项目来说，有着特别重要的意义。因为通过月（季）度成本分析，可以及时发现问题，以便按照成本目标指定的方向进行监督和控制，保证项目成本目标的实现。

月（季）度成本分析的依据是当月（季）的成本报表。分析的方法，通常有以下几个方面。

（1）通过实际成本与预算成本的对比，分析当月（季）的成本降低水平；通过累计实际成本与累计预算成本的对比，分析累计的成本降低水平，预测实现项目成本目标的前景。

（2）通过实际成本与目标成本的对比，分析目标成本的落实情况，以及目标管理中的问题和不足，进而采取措施，加强成本管理，保证成本目标的落实。

表6-10 分部分项工程成本分析表

单位工程：

分部分项工程名称： 工程量： 施工班组： 施工日期：

工料名称	规格	单位	单价	预算成本		目标成本		实际成本		实际与预算比较		实际与目标比较	
				数量	金额	数量	金额	数量	金额	数量	金额	数量	金额
合计													
实际与预算比较(%)（预算=100）													
实际与计划比较(%)（计划=100）													
节超原因说明													

编制单位： 成本员： 填表日期：

（3）通过对各成本项目的成本分析，可以了解成本总量的构成比例和成本管理的薄弱环节。例如：在成本分析中，发现人工费、机具费和间接费等项目大幅度超支，就应该对这些费用的收支配比关系认真研究，并采取对应的增收节支措施，防止今后再超支。如果是属于规定的"政策性"亏损，则应从控制支出着手，把超支额压缩到最低限度。

（4）通过主要技术经济指标的实际与目标对比，分析产量、工期、质量、"三材"节约率、机械利用率等对成本的影响。

（5）通过对技术组织措施执行效果的分析，寻求更加有效的节约途径。

（6）分析其他有利条件和不利条件对成本的影响。

3. 年度成本分析

企业成本要求一年结算一次，不得将本年成本转入下一年度。而项目成本则以项目的寿命周期为结算期，要求从开工到竣工到保修期结束连续计算，最后结算出成本总量及其盈亏。由于项目的施工周期一般较长，除进行月（季）度成本核算和分析外，还要进行年度成本的核算和分析。这不仅是为了满足企业汇编年度成本报表的需要，同时也是项目成本管理的需要。因为通过年度成本的综合分析，可以分析一年来成本管理的成绩和不足，为今后的成本管理提供经验和教训，从而可对项目成本进行更有效的管理。

年度成本分析的依据是年度成本报表。年度成本分析的内容，除了月（季）度成本分析的六个方面以外，重点是针对下一年度的施工进展情况规划切实可行的成本管理措施，以保证施工项目成本目标的实现。

4.竣工成本的综合分析

凡是有几个单位工程而且是单独进行成本核算（即成本核算对象）的施工项目，其竣工成本分析应以各单位工程竣工成本分析资料为基础，再加上项目经理部的经营效益（如资金调度、对外分包等所产生的效益）进行综合分析。如果施工项目只有一个成本核算对象（单位工程），就以该成本核算对象的竣工成本资料作为成本分析的依据。

单位工程竣工成本分析，应包括以下三方面内容：

(1)竣工成本分析；

(2)主要资源节超对比分析；

(3)主要技术节约措施及经济效果分析。

通过以上分析，可以全面了解单位工程的成本构成和降低成本的来源，对今后同类工程的成本管理很有参考价值。

八、施工成本考核

施工承包单位应建立和健全工程项目成本考核制度，作为工程项目成本管理责任体系的组成部分。考核制度应对考核的目的、时间、范围、对象、方式、依据、指标、组织领导以及结论与奖惩原则等作出明确规定。

（一）成本考核的内容。

施工成本的考核，包括企业对项目成本的考核和企业对项目经理部可控责任成本的考核。企业对项目成本的考核包括对施工成本目标(降低额)。完成情况的考核和成本管理工作业绩的考核。企业对项目经理部可控责任成本的考核包括：

(1)项目成本目标和阶段成本目标完成情况；

(2)建立以项目经理为核心的成本管理责任制的落实情况；

(3)成本计划的编制和落实情况；

(4)对各部门、各施工队和班组责任成本的检查和考核情况；

(5)在成本管理中贯彻责权利相结合原则的执行情况。

除此之外，为层层落实项目成本管理工作，项目经理对所属各部门、各施工队和班组也要进行成本考核，主要考核其责任成本的完成情况。

（二）成本考核指标。

1.企业的项目成本考核指标：

$$项目施工成本降低额 = 项目施工合同成本 - 项目实际施工成本$$

$$施工成本降低率 = \frac{项目施工成本降低额}{项目施工合同成本} \times 100\%$$

2.项目经理部可控责任成本考核指标：

(1)项目经理责任目标总成本降低额和降低率：

$$目标总成本降低额 = 项目经理责任目标总成本 - 项目竣工结算总成本$$

$$目标总成本降低率 = \frac{目标总成本降低额}{项目经理责任目标总成本} \times 100\%$$

（2）施工责任目标成本实际降低额和降低率：

施工责任目标成本实际降低额＝施工责任目标总成本－工程竣工结算总成本

$$施工责任目标成本实际降低率＝\frac{施工责任目标成本实际降低额}{施工责任目标总成本}×100\%$$

（3）施工计划成本实际降低额和降低率：

施工计划成本实际降低额＝施工计划总成本－工程竣工结算总成本

$$施工计划成本实际降低率＝\frac{施工计划成本实际降低额}{施工计划总成本}×100\%$$

施工承包单位应充分利用工程项目成本核算资料和报表，由企业财务审计部门对项目经理部的成本和效益进行全面审核，在此基础上做好工程项目成本效益的考核与评价，并按照项目经理部的绩效，落实成本管理责任制的激励措施。

第二节　工程变更与合同价调整

一、工程变更概述

（一）工程变更的概念

由于工程建设的周期长、涉及的经济关系和法律关系复杂、受自然条件和客观因素的影响大，导致项目的实际情况与项目招标投标时的情况相比会发生一些变化。工程变更包括工程量变更、工程项目的变更（如发包人提出增加或者删减原项目内容）、进度计划的变更、施工条件的变更等。如果按照变更的起因划分，变更的种类有很多，如：发包人的变更指令（包括发包人对工程有了新的要求、发包人修改项目计划、发包人削减预算、发包人对项目进度有了新的要求等）；设计错误，必须对设计图纸作修改；工程环境变化；新的技术和知识，有必要改变原设计、实施方案或实施计划；法律法规或者政府对建设项目有了新的要求等等。当然，这样的分类并不是十分严格的，变更原因也不是相互排斥的。这些变更最终往往表现为设计变更，因为我国要求严格按图施工，因此如果变更影响了原来的设计，则首先应当变更原设计。考虑到设计变更在工程变更中的重要性，往往将工程变更分为设计变更和其他变更两大类。

（二）工程变更的处理要求

（1）如果出现了必须变更的情况，应当尽快变更。变更既已不可避免，不论是停止施工等待变更指令，还是继续施工，无疑都会增加损失。

（2）工程变更后，应当尽快落实变更。工程变更指令发出后，应当迅速落实指令，全面修改相关的各种文件。承包人也应当抓紧落实，如果承包人不能全面落实变更指令，则扩大的损失应当由承包人承担。

（3）对工程变更的影响应当作进一步分析。工程变更的影响往往是多方面的，影响持续的时间也往往较长，对此应当有充分的分析。

二、我国现行合同条款下的工程变更

（一）工程变更的范围和内容

在履行合同中发生以下情形之一的，经发包人同意，监理人可按合同约定的变更程序向

223

承包人发出变更指示：

（1）取消合同中任何一项工作，但被取消的工作不能转由发包人或其他人实施，此项规定是为了维护合同公平，防止某些发包人在签约后擅自取消合同中的工作，转由发包人或其他承包人实施而使本合同承包人蒙受损失。如发包人将取消的工作转由自己或其他人实施，构成违约，按照《合同法》的规定，发包人应赔偿承包人损失。

（2）改变合同中任何一项工作的质量或其他特性。

（3）改变合同工程的基线、标高、位置或尺寸。

（4）改变合同中任何一项工作的施工时间或改变已批准的施工工艺或顺序。

（5）为完成工程需要追加的额外工作。

在履行合同过程中，经发包人同意，监理人可按约定的变更程序向承包人作出变更指示，承包人应遵照执行。没有监理人的变更指示，承包人不得擅自变更。

（二）变更程序

1. 工程设计变更的程序

（1）发包人对原设计进行变更。施工中发包人如果需要对原工程设计进行变更，应提前14天以书面形式向承包人发出变更通知。承包人对于发包人的变更通知没有拒绝的权利，这是合同赋予发包人的一项权利。因为发包人是工程的出资人、所有人和管理者，对将来工程的运行承担主要的责任，只有赋予发包人这样的权利才能减少更大的损失。但是，变更超过原设计标准或批准的建设规模时，发包人应报规划管理部门和其他有关部门重新审查批准，并由原设计单位提供变更的相应图纸和说明。承包人按照工程师发出的变更通知及有关要求变更。

（2）承包人原因对原设计进行变更。施工中承包人不得为了施工方便而要求对原工程设计进行变更，承包人应当严格按照图纸施工，不得随意变更设计。施工中承包人提出的合理化建议涉及对设计图纸或者施工组织设计的更改及对原材料、设备的更换，需经发包人同意。发包人同意变更后，也须经原规划管理部门和其他有关部门审查批准，并由原设计单位提供变更的相应图纸和说明。

未经发包人同意承包人擅自更改或换用，承包人应承担由此发生的费用，并赔偿发包人的有关损失，延误的工期不予顺延。发包人同意采用承包人的合理化建议，所发生费用和获得收益的分担或分享，由发包人和承包人另行约定。

2. 变更的情形

在合同履行过程中，监理人发出变更指示包括下列三种情形：

（1）监理人认为可能要发生变更的情形。

在合同履行过程中，可能发生上述变更情形的，监理人可向承包人发出变更意向书。变更意向书应说明变更的具体内容和发包人对变更的时间要求，并附必要的图纸和相关资料。变更意向书应要求承包人提交包括拟实施变更工作的计划、措施和竣工时间等内容的实施方案。发包人同意承包人根据变更意向书要求提交的变更实施方案的，由监理人发出变更指示。若承包人收到监理人的变更意向书后认为难以实施此项变更，应立即通知监理人，说明原因并附详细依据。监理人与承包人和发包人协商后确定撤销、改变或不改变原变更意向书。

（2）监理人认为发生了变更的情形。

在合同履行过程中，发生合同约定的变更情形的，监理人应向承包人发出变更指示。变更指示应说明变更的目的、范围、变更内容以及变更的工程量及其进度和技术要求，并附有关图纸和文件。承包人收到变更指示后，应按变更指示进行变更工作。

（3）承包人认为可能要发生变更的情形。

承包人收到监理人按合同约定发出的图纸和文件，经检查认为其中存在变更情形的，可向监理人提出书面变更建议。变更建议应阐明要求变更的依据，并附必要的图纸和说明。监理人收到承包人书面建议后，应与发包人共同研究，确认存在变更的，应在收到承包人书面建议后的 14 天内作出变更指示。经研究后不同意作为变更的，应由监理人书面答复承包人。

无论何种情况确认的变更，变更指示只能由监理人发出。变更指示应说明变更的目的、范围、变更内容以及变更的工程量及其进度和技术要求，并附有关图纸和文件。承包人收到变更指示后，应按变更指示进行变更工作。

（三）变更估价

1. 变更估价的程序

（1）承包人应在收到变更指示或变更意向书后的 14 天内，向监理人提交变更报价书，报价内容应根据变更估价原则，详细开列变更工作的价格组成及其依据，并附必要的施工方法说明和有关图纸。变更工作影响工期的，承包人应提出调整工期的具体细节。监理人认为有必要时，可要求承包人提交要求提前或延长工期的施工进度计划及相应施工措施等详细资料。变更的确认、指示和估价的过程如图 6 - 10 所示。

（2）发包人收到承包人变更报价书后的 14 天内，根据变更估价原则，商定或确定变更价格，对承包人的要求予以确认或作出其他答复。发包人无正当理由不确认或答复时，自承包人的报告送达之日起 14 天后，视为变更价款报告已被确认。发包人确认增加的工程变更价款作为追加合同价款，与工程进度款同期支付。

（3）因承包人自身原因导致的工程变更，承包人无权要求追加合同价款。

2. 变更估价的确定方法

依据《建设工程工程量清单计价规范》（2013 版）对于工程变更下的合同价款调整的相关规定：

（1）因工程变更引起已标价工程量清单项目或其工程数量发生变化时，应按照下列规定调整：

1）已标价工程量清单中有适用于变更工程项目的，应采用该项目的单价；但当工程变更导致该清单项目的工程数量发生变化，且工程量偏差超过 15% 时，该项目单价的调整方法为：

对于任一招标工程量清单项目，当因工程量偏差和工程变更等原因导致工程量偏差超过 15% 时，可进行调整。当工程量增加 15% 以上时，增加部分的工程量的综合单价应予调低；当工程量减少 15% 以上时，减少后剩余部分的工程量的综合单价应予调高。

当工程量出现上述的变化，且该变化引起相关措施项目相应发生变化时，按系数或单一总价方式计价的，工程量增加的措施项目费调增，工程量减少的措施项目费调减。

2）已标价工程量清单中没有适用但有类似于变更工程项目的，可在合理范围内参照类似项目的单价。

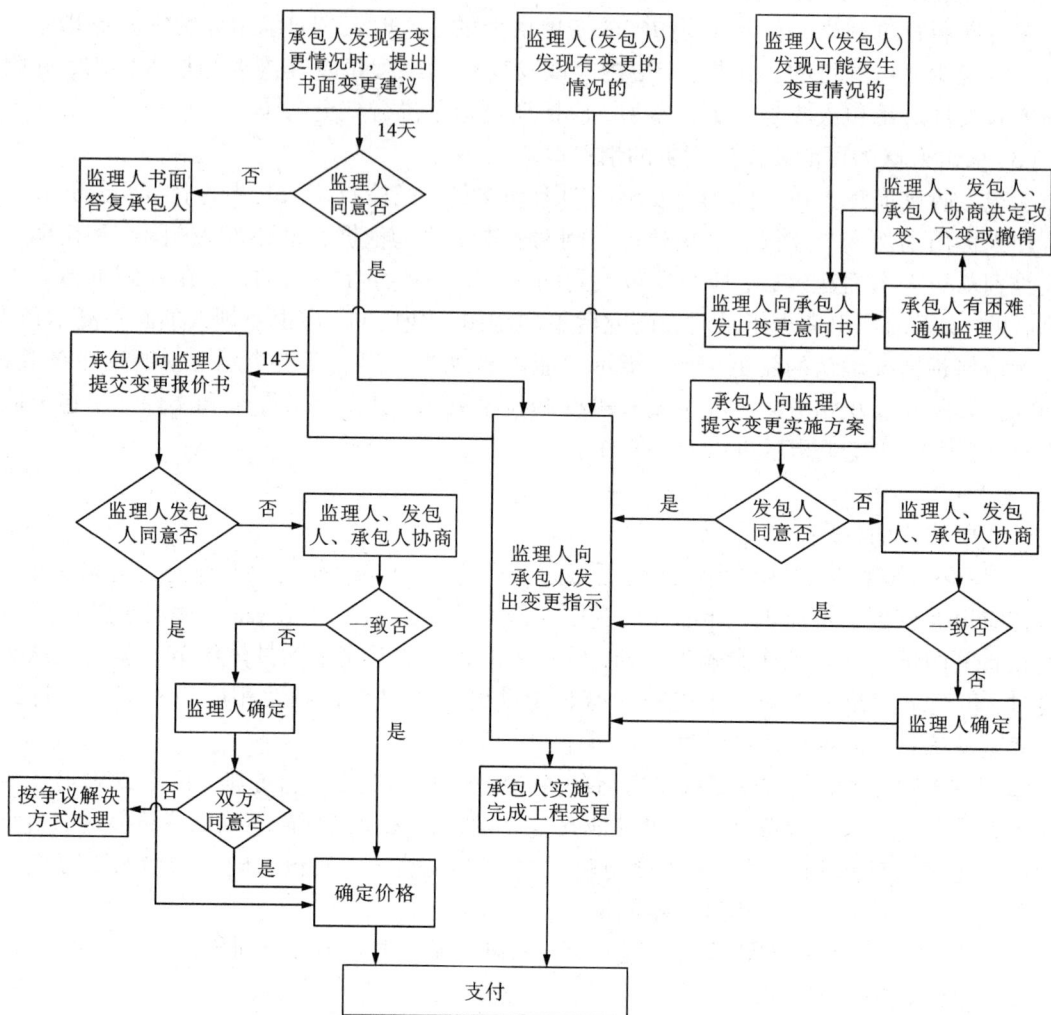

图 6 - 10 变更指示及估价的程序

3)已标价工程量清单中没有适用也没有类似于变更工程项目的,应由承包人根据变更工程资料、计量规则和计价办法、工程造价管理机构发布的信息价格和承包人报价浮动率提出变更工程项目的报价,并应报发包人确认后调整。承包人报价浮动率可按下列公式计算:

招标工程:

$$承包人报价浮动率\ L = (1 - 中标价/招标控制价) \times 100\%$$

非招标工程:

$$承包人报价浮动率\ L = (1 - 报价/施工图预算) \times 100\%$$

4)已标价工程量清单中没有适用也没有类似于变更工程项目,且工程造价管理机构发布的信息价格缺价的,应由承包人根据变更工程资料、计量规则、计价办法和通过市场调查等取得有合法依据的市场价格提出变更工程项目的单价,并应报发包人确认后调整。

(2)工程变更引起施工方案改变并使措施项目发生变化时,承包人提出调整措施项目费

226

的，应事先将拟实施的方案提交发包人确认，并应详细说明与原方案措施项目相比的变化情况。拟实施的方案经发承包双方确认后执行，并应按照下列规定调整措施项目费：

1）安全文明施工费应按照实际发生变化的措施项目依据国家或省级、行业建设主管部门的规定计算，不得作为竞争性费用。

2）采用单价计算的措施项目费，应按照实际发生变化的措施项目，同上述已标价工程量清单项目或其工程数量发生变化时价格调整的规定确定单价。

3）按总价（或系数）计算的措施项目费，按照实际发生变化的措施项目调整，但应考虑承包人报价浮动因素，即调整金额按照实际调整金额乘以上述规定的承包人报价浮动率计算。如果承包人未事先将拟实施的方案提交给发包人确认，则应视为工程变更不引起措施项目费的调整或承包人放弃调整措施项目费的权利。

（3）当发包人提出的工程变更因非承包人原因删减了合同中的某项原定工作或工程，致使承包人发生的费用或（和）得到的收益不能被包括在其他已支付或应支付的项目中，也未被包含在任何替代的工作或工程中时，承包人有权提出并应得到合理的费用及利润补偿。

（4）若施工期内市场价格波动超出一定幅度时，应按合同约定调整工程价款；合同没有约定或约定不明确的，应按省级或行业建设主管部门或其授权的工程造价管理机构的规定调整。

（5）若是因不可抗力事件导致的费用，发、承包双方应按以下原则分别承担并调整工程价款。

1）工程本身的损害、因工程损害导致第三方人员伤亡和财产损失以及运至施工场地用于施工的材料和待安装的设备的损害，由发包人承担；

2）发包人、承包人人员伤亡由其所在单位负责，并承担相应费用；

3）承包人的施工机械设备损坏及停工损失，由承包人承担；

4）停工期间，承包人应发包人要求留在施工场地的必要的管理人员及保卫人员的费用，由发包人承担；

5）工程所需清理、修复费用，由发包人承担。

工程价款调整报告应由受益方在合同约定时间内向合同的另一方提出，经对方确认后调整合同价款。受益方未在合同约定时间内提出工程价款调整报告的，视为不涉及合同价款的调整。

收到工程价款调整报告的一方应在合同约定时间内确认或提出协商意见，否则，视为工程价款调整报告已经确认。经发、承包双方确定调整的工程价款，作为追加（减）合同价款与工程进度款同期支付。

（四）承包人的合理化建议

在履行合同过程中，承包人对发包人提供的图纸、技术要求以及其他方面提出的合理化建议，均应以书面形式提交监理人。合理化建议书的内容应包括建议工作的详细说明、进度计划和效益以及与其他工作的协调等，并附必要的文件。监理人应与发包人协商是否采纳建议。建议被采纳并构成变更的，监理人应向承包人发出变更指示。

承包人提出的合理化建议降低了合同价格、缩短了工期或者提高了工程经济效益的，发包人可按国家有关规定在专用合同条款中约定给予奖励。

（五）暂列金额与计日工

暂列金额只能按照监理人的指示使用，并对合同价格进行相应调整。尽管暂列金额列入合同价格，但并不属于承包人所有，也不必然发生。只有按照合同约定实际发生后，才成为承包人的应得金额，纳入合同结算价款中。扣除实际发生额后的暂列金额余额仍属于发包人所有。

发包人认为有必要时，由监理人通知承包人以计日工方式实施变更的零星工作，其价款按列入已标价工程量清单中的计日工计价子目及其单价进行计算。采用计日工计价的任何一项变更工作，应从暂列金额中支付，承包人应在该项变更的实施过程中，每天提交以下报表和有关凭证报送监理人审批：

（1）工作名称、内容和数量。

（2）投入该工作所有人员的姓名、工种、级别和耗用工时。

（3）投入该工作的材料类别和数量。

（4）投入该工作的施工设备型号、台数和耗用台时。

（5）监理人要求提交的其他资料和凭证。

计日工由承包人汇总后，在每次申请进度款支付时列入进度付款申请单，由监理人复核并经发包人同意后列入进度付款。

（六）暂估价

在工程招标阶段已经确定的材料、工程设备或专业工程项目，但无法在当时确定准确价格，而可能影响招标效果的，可由发包人在工程量清单中给定一个暂估价。确定暂估价实际开支分三种情况：

1. 依法必须招标的材料、工程设备和专业工程

发包人在工程量清单中给定暂估价的材料、工程设备和专业工程属于依法必须招标的范围并达到规定的规模标准的，由发包人和承包人以招标的方式选择供应商或分包人。发包人和承包人的权利义务关系在专用合同条款中约定。中标金额与工程量清单中所列的暂估价的金额差以及相应的税金等其他费用列入合同价格。

2. 依法不需要招标的材料、工程设备

发包人在工程量清单中给定暂估价的材料和工程设备不属于依法必须招标的范围或未达到规定的规模标准的，应由承包人提供。经监理人确认的材料、工程设备的价格与工程量清单中所列的暂估价的金额差以及相应的税金等其他费用列入合同价格。

3. 依法不需要招标的专业工程

发包人在工程量清单中给定暂估价的专业工程不属于依法必须招标的范围或未达到规定的规模标准的，由监理人按照合同约定的变更估价原则进行估价。经估价的专业工程与工程量清单中所列的暂估价的金额差以及相应的税金等其他费用列入合同价格。

三、FIDIC 施工合同条件下的工程变更

（一）工程变更权

根据 FIDIC 施工合同条件（1999 年第一版）的约定，在颁发工程接收证书前的任何时间，工程师可通过发布指示或要求承包人提交建议书的方式，提出变更。

（二）工程变更程序

如果工程师在发出变更指示前要求承包人提出一份建议书,承包人应尽快作出书面回应,或提出他不能照办的理由(如果情况如此),或提交:

(1)对建议要完成的工作的说明,以及实施的进度计划;

(2)根据进度计划和竣工时间的要求,承包人对进度计划作出必要修改的建议书;

(3)承包人对变更估价的建议书。

工程师收到此类建议书后,应尽快给予批准、不批准或提出意见的回复。在等待答复期间,承包人不应延误任何工作。应由工程师向承包人发出执行每项变更并附做好各项费用记录的任何要求的指示,承包人应确认收到该指示。

（三）FIDIC 施工合同条件下工程变更价款的确定方法

1. 工程变更价款确定的一般原则

计算变更工程应采用的费率或价格,可分为三种情况:

(1)变更工作在工程量表中有同种工作内容的单价,应以该费率计算变更工程费用;

(2)工程量表中虽然列有同类工作的单价或价格,但对具体变更工作而言已不适用,则应在原单价和价格的基础上制定合理的新单价或价格;

(3)变更工作的内容在工程量表中没有同类工作的费率和价格,应按照与合同单价水平相一致的原则,确定新的费率或价格。

2. 工程变更采用新费率或价格的情况

FIDIC 施工合同条件(1999 年第一版)约定:在以下情况下宜对有关工作内容采用新的费率或价格。

(1)第一种情况。

1)如果此项工作实际测量的工程量比工程量表或其他报表中规定的工程量的变动大于 10%;

2)工程量的变化与该项工作规定的费率的乘积超过了中标的合同金额的 0.01%;

3)此工程量的变化直接造成该项工作单位成本的变动超过 1%;

4)此项工作不是合同中规定的"固定费率项目"。

(2)第二种情况。

1)此工作是根据变更与调整的指示进行的;

2)合同没有规定此项工作的费率或价格;

3)由于该项工作与合同中的任何工作没有类似的性质或不在类似的条件下进行,故没有一个规定的费率或价格适用。

每种新的费率和价格应考虑以上描述的有关事项对合同中相关费率或价格加以合理调整后得出。如果没有相关的费率或价格可供推算新的费率或价格,应根据实施该工作的合理成本和合理利润,并考虑其他相关事项后得出。

【例 6-7】　某独立土方工程,招标文件中预计工程量 100 万 m^3,合同中规定:土方工程单价 5 元/m^3,当实际工程量超过估计工程量 15% 时,调整单价,单价调为 4 元/m^3。工程完成后实际工程量 130 万 m^3,则该土方工程的结算工程款为多少万元?

解:合同约定范围内的工程款为:

$$100 \times (1 + 15\%) \times 5 = 115 \times 5 = 575(万元)$$

超过 15% 之后部分工程量的工程款为:

$$(130 - 115) \times 4 = 60(万元)$$

土方工程款合计:

$$575 + 60 = 635(万元)$$

【例 6 - 8】 某施工单位对某公寓楼投标中标,建筑面积为 4326 m^2,与招标人签订了合同。合同工期 330 日历天,2005 年 9 月 1 日开工。协议书合同价格为 316 万元。在专用条款中约定,价格的调整,执行通用条款有关规定;单价调整,执行《建设工程工程量清单计价规范》,工程量清单的工程量增减的约定幅度为 10%。在 2005 年 10 月 31 日承包人进行工程量统计时,发现原工程量清单漏项 1 项;工程量比清单项目超过 8% 的和 12% 的各 1 项,当即向工程师提出了变更报告,工程师在 11 月 8 日确认了该两项变更。11 月 18 日向工程师提出了变更工程价款的报告,工程师在 11 月 25 日确认了承包人提出的变更价款的报告。问题:(1)10 月 31 日发现的清单漏项 1 项和工程量比清单超过的 2 项,在进行价格调整时,各用什么单价?(2)承包人提出的变更工程价款的报告和工程师确认工程价款报告,时间是否有效?是否有效的依据是什么?(3)如果工程师批准变更工程价款的报告生效,发包人何时支付该合同价款?

解:

(1)第 1 项漏项的单价,由承包人提出,工程师(或发包人)确认后使用;工程量超过清单工程量 8% 的一项,由于在规定的幅度 10% 以内,故调整合同价格时,使用原清单的综合单价;工程量超过清单工程量 12% 的一项,由于在规定的幅度 10% 以上,故调整合同价格时,综合单价由承包人提出,工程师(或发包人)确认后使用。

(2)承包人提出的变更工程价款的报告,是在工程师确认工程变更后第 11 天,没有超过 14 天的规定,因此有效。工程师确认工程价款报告,是在承包人提出的变更工程价款的报告 8 天后,没有超过 14 天的规定,因此有效。

(3)如果工程师批准变更工程价款的报告生效,发包人作为追加合同价款,与工程款同期支付。

第三节　工程索赔

一、工程索赔的概念和分类

(一)工程索赔的概念

工程索赔是在工程承包合同履行中,当事人一方由于另一方未履行合同所规定的义务或者出现了应当由对方承担的风险而遭受损失时,向另一方提出赔偿要求的行为。在实际工作中,"索赔"是双向的,我国《标准施工招标文件》中通用合同条款中的索赔就是双向的,既包括承包人向发包人的索赔,也包括发包人向承包人的索赔。但在工程实践中,发包人索赔数量较小,而且处理方便。可以通过冲账、扣拨工程款、扣保证金等实现对承包人的索赔;而承包人对发包人的索赔则比较困难一些。所以,通常情况下,工程索赔是指承包人(施工单位)在合同实施过程中,对非自身原因造成的工程延期、费用增加而要求发包人给予补偿损失的一种权利要求。

工程索赔可以概括为如下三个方面：

（1）承包人因非自身原因蒙受损失，而向发包人提出赔偿损失的要求。

（2）发生应由发包人承担责任的特殊风险或遇到不利自然条件等情况，使承包人蒙受较大损失而向发包人提出补偿损失要求。

（3）承包人本应当获得的正当利益，由于没能及时得到监理人的确认和发包人应给予的支付，而以正式函件向发包人索赔。

（二）工程索赔产生的原因

1. 当事人违约

当事人违约常常表现为没有按照合同约定履行自己的义务。发包人违约常常表现为没有为承包人提供合同约定的施工条件、未按照合同约定的期限和数额付款等。监理人和设计单位未能按照合同约定完成工作，如未能及时发出图纸、指令等也视为发包人违约。承包人违约的情况则主要是没有按照合同约定的质量、期限完成施工，或者由于不当行为给发包人造成其他损害。

2. 不可抗力或不利的物质条件

不可抗力又可以分为自然事件和社会事件。自然事件主要是工程施工过程中不可预见、不可避免并不能克服的自然灾害，包括地震、海啸、瘟疫、水灾等；社会事件则包括国家政策、法律、法令的变更，战争、罢工等。不利的物质条件通常是指承包人在施工现场遇到的不可预见的自然物质条件、非自然的物质障碍和污染物，包括地下和水文条件。

3. 合同缺陷

合同缺陷表现为合同文件规定不严谨甚至矛盾、合同中的遗漏或错误。在这种情况下，工程师应当给予解释，如果这种解释将导致成本增加或工期延长，发包人应当给予补偿。

4. 合同变更

合同变更表现为设计变更、施工方法变更、追加或者取消某些工作、合同规定的其他变更等。

5. 监理人指令

监理人指令有时也会产生索赔，如监理人指令承包人加速施工、进行某项工作、更换某些材料、采取某些措施等，并且这些指令不是由于承包人的原因造成的。

6. 其他第三方原因

其他第三方原因常常表现为与工程有关的第三方的问题而引起的对本工程的不利影响。

（三）工程索赔的分类

工程索赔依据不同的标准可以进行不同的分类。

1. 按索赔的合同依据分类

按索赔的合同依据可以将工程索赔分为合同中明示的索赔和合同中默示的索赔。

（1）合同中明示的索赔。合同中明示的索赔是指承包人所提出的索赔要求，在该工程项目的合同文件中有书面依据，承包人可以据此提出索赔要求，并取得经济补偿。这些在合同文件中有书面规定的合同条款，称为明示条款。

（2）合同中默示的索赔。合同中默示的索赔，即承包人的该项索赔要求，虽然在工程项目的合同条款中没有专门的书面叙述，但可以根据该合同的某些条款的含义，推论出承包人有索赔权。这种索赔要求，同样有法律效力，有权得到相应的经济补偿。这种有经济补偿含义的条款，在合同管理工作中被称为"默示条款"或称为"隐含条款"。默示条款是一个广泛的合同概念，它包含合同明示条款中没有写入但符合双方签订合同时设想的愿望和当时环境条件的一切条款。这些默示条款，或者从明示条款所表述的设想愿望中引申出来，或者从合同双方在法律上的合同关系引申出来，经合同双方协商一致，或被法律和法规所指明，都成为合同文件的有效条款，要求合同双方遵照执行。

2. 按索赔目的分类

按索赔目的可以将工程索赔分为工期索赔和费用索赔。

（1）工期索赔。由于非承包人责任的原因而导致施工进程延误，要求批准顺延合同工期的索赔，称之为工期索赔。工期索赔形式上是对权利的要求，以避免在原定合同竣工日不能完工时，被发包人追究拖期违约责任。一旦获得批准合同工期顺延后，承包人不仅免除了承担拖期违约赔偿费的严重风险，而且可能提前竣工得到奖励，最终仍反映在经济收益上。

（2）费用索赔。费用索赔的目的是要求经济补偿。当施工的客观条件改变导致承包人增加开支，要求对超出计划成本的附加开支给予补偿，以挽回不应由他承担的经济损失。

3. 按索赔事件的性质分类

按索赔事件的性质可以将工程索赔分为工程延误索赔、工程变更索赔、合同被迫终止索赔、工程加速索赔、意外风险和不可预见因素索赔和其他索赔。

（1）工程延误索赔。因发包人未按合同要求提供施工条件，如未及时交付设计图纸、施工现场、道路等，或因发包人指令工程暂停或不可抗力事件等原因造成工期拖延的，承包人对此提出索赔。这是工程中常见的一类索赔。

（2）工程变更索赔。由于发包人或监理人指令增加或减少工程量或增加附加工程、修改设计、变更工程顺序等，造成工期延长和费用增加，承包人对此提出索赔。

（3）合同被迫终止的索赔。由于发包人或承包人违约以及不可抗力事件等原因造成合同非正常终止，无责任的受害方因其蒙受经济损失而向对方提出索赔。

（4）工程加速索赔。由于发包人或监理人指令承包人加快施工速度，缩短工期，引起承包人的人、财、物的额外开支而提出的索赔。

（5）意外风险和不可预见因素索赔。在工程实施过程中，因人力不可抗拒的自然灾害、特殊风险以及一个有经验的承包人通常不能合理预见的不利施工条件或外界障碍，如地下水、地质断层、溶洞、地下障碍物等引起的索赔。

（6）其他索赔。如因货币贬值、汇率变化、物价上涨、政策法令变化等原因引起的索赔。

二、工程索赔的处理程序

（一）索赔程序

《建设工程工程量清单计价规范》中规定的索赔程序如下：

1. 索赔的提出

承包人向发包人的索赔应在索赔事件发生后，持证明索赔事件发生的有效证据和依据正当的索赔理由，按合同约定的时间向发包人递交索赔通知。发包人应按合同约定的时间对承包人提出的索赔进行答复和确认。当发、承包双方在合同中对此通知未作具体约定时，可按以下规定办理：

（1）承包人应在确认引起索赔的事件发生后28天内向发包人发出索赔通知，否则，承包人无权获得追加付款,竣工时间不得延长。承包人应在现场或发包人认可的其他地点,保持证明索赔可能需要的记录。发包人收到承包人的索赔通知后,未承认发包人责任前,可检查记录保持情况,并可指示承包人保持进一步的同期记录。

(2)在承包人确认引起索赔的事件后42天内,承包人应向发包人递交一份详细的索赔报告,包括索赔的依据、要求追加付款的全部资料。

(3)如果引起索赔的事件具有连续影响,承包人应按月递交进一步的中间索赔报告,说明累计索赔的金额。承包人应在索赔事件产生的影响结束后28天内,递交一份最终索赔报告。

2. 承包人索赔的处理程序

发包人在收到索赔报告后28天内,应作出回应,表示批准或不批准并附具体意见。还可以要求承包人提供进一步的资料,但仍要在上述期限内对索赔作出回应。发包人在收到最终索赔报告后的28天内,未向承包人作出答复,视为该项索赔报告已经认可。

3. 承包人提出索赔的期限

承包人接受了竣工付款证书后,应被认为已无权再提出在合同工程接收证书颁发前所发生的任何索赔。承包人提交的最终结清申请单中,只限于提出工程接收证书颁发后发生的索赔。提出索赔的期限自接受最终结清证书时终止。

(二)索赔报告的内容

索赔报告的具体内容,随该索赔事件的性质和特点而有所不同。一般来说,完整的索赔报告应包括以下四个部分。

1. 总论部分

一般包括以下内容:序言、索赔事项概述、具体索赔要求、索赔报告编写及审核人员名单。

文中首先应概要地论述索赔事件的发生日期与过程、施工单位为该索赔事件所付出的努力和附加开支、施工单位的具体索赔要求。在总论部分最后,附上索赔报告编写组主要人员及审核人员的名单,注明有关人员的职称、职务及施工经验,以表示该索赔报告的严肃性和权威性。总论部分的阐述要简明扼要,说明问题。

2. 根据部分

本部分主要是说明自己具有的索赔权利,这是索赔能否成立的关键。根据部分的内容主要来自该工程项目的合同文件,并参照有关法律规定。该部分中施工单位应引用合同中的具体条款,说明自己理应获得经济补偿或工期延长。

根据部分的篇幅可能很大,其具体内容随各个索赔事件的情况而不同。一般地说,根据部分应包括以下内容:索赔事件的发生情况、已递交索赔意向书的情况、索赔事件的处理过程、索赔要求的合同根据、所附的证据资料。

在写法结构上,按照索赔事件发生、发展、处理和最终解决的过程编写,并明确全文引用有关的合同条款,使建设单位和监理工程师能历史地、逻辑地了解索赔事件的始末,并充分认识该项索赔的合理性和合法性。

3. 计算部分

该部分是以具体的计算方法和计算过程,说明自己应得经济补偿的款额或延长时间。如果说根据部分的任务是解决索赔能否成立,则计算部分的任务就是决定应得到多少索赔款额和工期。前者是定性的，后者是定量的。

在款额计算部分，施工单位必须阐明下列问题：索赔款的要求总额、各项索赔款的计算，如额外开支的人工费、材料费、管理费和损失利润等、指明各项开支的计算依据及证据资料。施工单位首先，应注意采用合适的计价方法，至于采用哪一种计价法，应根据索赔事件的特点及自己所掌握的证据资料等因素来确定。其次，应注意每项开支款的合理性，并指出相应的证据资料的名称及编号。切忌采用笼统的计价方法和不实的开支款额。

4. 证据部分

证据部分包括该索赔事件所涉及的一切证据资料，以及对这些证据的说明，证据是索赔报告的重要组成部分，没有翔实可靠的证据，索赔是不能成功的。在引用证据时，要注意该证据的效力或可信程度。为此，对重要的证据资料最好附以文字证明或确认件。例如，对一个重要的电话内容，仅附上自己的记录本是不够的，最好附上经过双方签字确认的电话记录；或附上发给对方要求确认该电话记录的函件，即使对方未给复函，亦可说明责任在对方，因为对方未复函确认或修改，按惯例应理解为已默认。

（1）索赔依据的要求。

1）真实性。索赔依据必须是在实施合同过程中确定存在和发生的，必须完全反映实际情况，能经得住推敲。

2）全面性。索赔依据应能说明事件的全过程。索赔报告中涉及的索赔理由、事件过程、影响、索赔数额等都应有相应依据，不能零乱和支离破碎。

3）关联性。索赔依据应当能够相互说明，相互具有关联性，不能互相矛盾。

4）及时性。索赔依据的取得及提出应当及时，符合合同约定。

5）具有法律证明效力。索赔依据必须是书面文件，有关记录、协议、纪要必须是双方签署的；工程中重大事件、特殊情况的记录、统计必须由合同约定的监理人签证认可。

（2）索赔依据的种类。

1）招标文件、工程合同、发包人认可的施工组织设计、工程图纸、技术规范等。

2）工程各项有关的设计交底记录、变更图纸、变更施工指令等。

3）工程各项经发包人或监理人签认的签证。

4）工程各项往来信件、指令、信函、通知、答复等。

5）工程各项会议纪要。

6）施工计划及现场实施情况记录。

7）施工日报及工长工作日志、备忘录。

8）工程送电、送水、道路开通、封闭的日期及数量记录。

9）工程停电、停水和干扰事件影响的日期及恢复施工的日期记录。

10）工程预付款、进度款拨付的数额及日期记录。

11）工程图纸、图纸变更、交底记录的送达份数及日期记录。

12）工程有关施工部位的照片及录像等。

13）工程现场气候记录，如有关天气的温度、风力、雨雪等。

14）工程验收报告及各项技术鉴定报告等。

15）工程材料采购、订货、运输、进场、验收、使用等方面的凭据。

16）国家和省级或行业建设主管部门有关影响工程造价、工期的文件、规定等。

（三）FIDIC 合同条件规定的工程索赔程序

FIDIC 合同条件只对承包商的索赔作出了规定。

1. 承包商发出索赔通知

如果承包商认为有权得到竣工时间的任何延长期和（或）任何追加付款，承包商应当向工程师发出通知，说明索赔的事件或情况。该通知应当尽快在承包商察觉或者应当察觉该事件或情况后 28 天内发出。

2. 承包商未及时发出索赔通知的后果

如果承包商未能在上述 28 天期限内发出索赔通知，则竣工时间不得延长，承包商无权获得追加付款，而业主应免除有关该索赔的全部责任。

3. 承包商递交详细的索赔报告

在承包商察觉或者应当察觉该事件或情况后 42 天内，或在承包商可能建议并经工程师认可的其他期限内，承包商应当向工程师递交一份充分详细的索赔报告，包括索赔的依据、要求延长的时间和（或）追加付款的全部详细资料。

如果引起索赔的事件或者情况具有连续影响，则：

（1）上述充分详细索赔报告应被视为中间的。

（2）承包商应当按月递交进一步的中间索赔报告，说明累计索赔延误时间和（或）金额，以及能说明其合理要求的进一步详细资料。

（3）承包商应当在索赔的事件或者情况产生影响结束后 28 天内，或在承包商可能建议并经工程师认可的其他期限内，递交一份最终索赔报告。

4. 工程师的答复

工程师在收到索赔报告或对过去索赔的任何进一步证明资料后 42 天内，或在工程师可能建议并经承包商认可的其他期限内，作出回应，表示"批准"或"不批准"，或"不批准并附具体意见"等处理意见。工程师应当商定或者确定应给予竣工时间的延长期及承包商有权得到的追加付款。

三、工程索赔的处理原则和计算

（一）工程索赔的处理原则

1. 索赔必须以合同为依据

不论是风险事件的发生，还是当事人不完成合同工作，都必须在合同中找到相应的依据，当然，有些依据可能是合同中隐含的。工程师依据合同和事实对索赔进行处理是其公平性的重要体现。在不同的合同条件下，这些依据很可能是不同的。如因为不可抗力导致的索赔，在国内《标准施工招标文件》的合同条款中，承包人机械设备损坏的损失，是由承包人承担的，不能向发包人索赔；但在 FIDIC 合同条件下，不可抗力事件一般都列为业主承担的风险，损失都应当由业主承担。如果到了具体的合同中，各个合同的协议条款不同，其依据的差别就更大了。

2. 及时、合理地处理索赔

索赔事件发生后，索赔的提出应当及时，索赔的处理也应当及时。索赔处理不及时，对双方都会产生不利的影响，如承包人的索赔长期得不到合理解决，索赔积累的结果会导致其资金困难，同时会影响工程进度，给双方都带来不利影响。处理索赔还必须坚持合理性原则，既考虑到国家的有关规定，也应当考虑到工程的实际情况。如：承包人提出索赔要求，机械停工按照机械台班单价计算损失显然是不合理的，因为机械停工不发生运行费用。

3.加强主动控制，减少工程索赔

对于工程索赔应当加强主动控制，尽量减少索赔。这就要求在工程管理过程中，应当尽量将工作做在前面，减少索赔事件的发生。这样能够使工程更顺利地进行，降低工程投资、减少施工工期。

（二）索赔的计算

1.可索赔的费用

费用内容一般可以包括以下几个方面：

（1）人工费。包括增加工作内容的人工费、停工损失费和工作效率降低的损失费等累计，其中增加工作内容的人工费应按照计日工费计算，而停工损失费和工作效率降低的损失费按窝工费计算，窝工费的标准双方应在合同中约定。

（2）设备费。可采用机械台班费、机械折旧费、设备租赁费等几种形式。当工作内容增加引起的设备费索赔时，设备费的标准按照机械台班费计算。因窝工引起的设备费索赔，当施工机械属于施工企业自有时，按照机械折旧费计算索赔费用；当施工机械是施工企业从外部租赁时，索赔费用的标准按照设备租赁费计算。

（3）材料费。

（4）保函手续费。工程延期时，保函手续费相应增加，反之，取消部分工程且发包人与承包人达成提前竣工协议时，承包人的保函金额相应折减，则计入合同价内的保函手续费也应扣减。

（5）迟延付款利息。发包人未按约定时间进行付款的，应按银行同期贷款利率支付迟延付款的利息。

（6）保险费。

（7）管理费。此项又可分为现场管理费和公司管理费两部分，由于二者的计算方法不一样，所以在审核过程中应区别对待。

（8）利润。在不同的索赔事件中可以索赔的费用是不同的。

2.费用索赔的计算

计算方法有实际费用法、修正总费用法等。

（1）实际费用法。

该方法是按照各索赔事件所引起损失的费用项目分别分析计算索赔值，然后将各费用项目的索赔值汇总，即可得到总索赔费用值。这种方法以承包商为某项索赔工作所支付的实际开支为依据，但仅限于由于索赔事项引起的、超过原计划的费用，故也称额外成本法。在这种计算方法中，需要注意的是不要遗漏费用项目。

【例6-9】 某施工合同约定，施工现场主导施工机械一台，由施工企业租得，台班单价为300元/台班，租赁费为100元/台班，人工工资为40元/工日，窝工补贴为10元/工日，以人工费为基数的综合费率为35%，在施工过程中，发生了如下事件：①出现异常恶劣天气导致工程停工2天，人员窝工30个工日；②因恶劣天气导致场外道路中断，抢修道路用工20工日；③场外大面积停电，停工2天，人员窝工10工日。请问，施工企业可向业主索赔费用为多少？

解：各事件处理结果如下：

1）异常恶劣天气导致的停工通常不能进行费用索赔。

2）抢修道路用工的索赔额 $= 20 \times 40 \times (1 + 35\%) = 1080$（元）

3）停电导致的索赔额 $= 2 \times 100 + 10 \times 10 = 300$（元）

总索赔费用 $= 1080 + 300 = 1380$ 元

（2）修正的总费用法。

这种方法是对总费用法的改进，即在总费用计算的原则上，去掉一些不确定的可能因素，对总费用法进行相应的修改和调整，使其更加合理。①将计算索赔款的时段局限于受到外界影响的时间，而不是整个施工期；②只计算受影响时段内的某项工作所受影响的损失，而不是计算该时段内所有施工工作所受的损失；③与该项工作无关的费用不列入总费用中；④对投标报价费用重新进行核算：按受影响时段内该项工作的实际单价进行核算，乘以实际完成的该项工作的工程量，得出调整后的报价费用。

按修正后的总费用计算索赔金额的公式如下：

索赔金额 = 某项工作调整后的实际总费用 – 该项工作的报价费用

修正的总费用法与总费用法相比，有了实质性的改进，它的准确程度已接近于实际费用法。

【例 6 – 10】 某高速公路项目由于业主高架桥修改设计，监理工程师下令承包商工程暂停一个月。试分析在这种情况下，承包商可索赔哪些费用？

解：可索赔如下费用。

1）人工费：对于不可辞退的工人，索赔人工窝工费，应按人工工日成本计算；对于可以辞退的工人，可索赔人工上涨费。

2）材料费：可索赔超期储存费用或材料价格上涨费。

3）施工机械使用费：可索赔机械窝工费或机械台班上涨费。自有机械窝工费一般按台班折旧费索赔；租赁机械一般按实际租金和调进调出的分摊费计算。

4）分包费用：是指由于工程暂停分包商向总包索赔的费用。总包向业主索赔应包括分包商向总包索赔的费用。

5）现场管理费：由于全面停工，可索赔增加的工地管理费。可按日计算，也可按直接成本的百分比计算。

6）保险费：可索赔延期一个月的保险费，按保险公司保险费率计算。

7）保函手续费：可索赔延期一个月的保函手续费，按银行规定的保函手续费率计算。

8）利息：可索赔延期一个月增加的利息支出，按合同约定的利率计算。

9）总部管理费：由于全面停工，可索赔延期增加的总部管理费，可按总部规定的百分比计算。如果工程只是部分停工，监理工程师可能不同意总部管理费的索赔。

3.工期索赔中应当注意的问题

在工期索赔中特别应当注意以下问题：

（1）划清施工进度拖延的责任。因承包人的原因造成施工进度滞后，属于不可原谅的延期；只有承包人不应承担任何责任的延误，才是可原谅的延期。有时工程延期的原因中可能包含有双方责任，此时监理人应进行详细分析，分清责任比例，只有可原谅延期部分才能批准顺延合同工期。可原谅延期，又可细分为可原谅并给予补偿费用的延期和可原谅、但不给予补偿费用的延期；后者是指非承包人责任的影响并未导致施工成本的额外支出，大多属于发包人应承担风险责任事件的影响，如异常恶劣的气候条件影响的停工等。

（2）被延误的工作应是处于施工进度计划关键线路上的施工内容。只有位于关键线路上工作内容的滞后，才会影响到竣工日期。但有时也应注意，既要看被延误的工作是否在批准进度计划的关键路线上，又要详细分析这一延误对后续工作的可能影响。因为若对非关键路线工作的影响时间较长，超过了该工作可用于自由支配的时间，也会导致进度计划中非关键路线转化为关键路线，其滞后将影响总工期的拖延。此时，应充分考虑该工作的自由时间，给予相应的工期顺延，并要求承包人修改施工进度计划。

4. 工期索赔的计算

工期索赔的计算主要有网络图分析和比例计算法两种。

（1）网络图分析法

网络图分析法是利用进度计划的网络图，分析其关键线路。如果延误的工作为关键工作，则总延误的时间为批准顺延的工期；如果延误的工作为非关键工作，当该工作由于延误超过时差限制而成为关键工作时，可以批准延误时间与时差的差值；若该工作延误后仍为非关键工作，则不存在工期索赔问题。

在实际工程中，影响工期的干扰事件可能会很多，每个干扰事件的影响程度可能都不一样，有的直接在关键线路上，有的不在关键线路上，多个干扰事件的共同影响结果究竟是多少可能引起合同双方很大的争议，采用网络分析方法是比较科学合理的方法，其思路是：假设工程按照双方认可的工程网络计划确定的施工顺序和时间施工，当某个或某几个干扰事件发生后，使网络中的某个工作或某些工作受到影响，使其持续时间延长或开始时间推迟，从而影响总工期，则将这些工作受干扰后的新的持续时间和开始时间等代入网络中，重新进行网络分析和计算，得到的新工期与原工期之间的差值就是干扰事件对总工期的影响，也就是承包商可以提出的工期索赔值。

网络分析方法通过分析干扰事件发生前和发生后网络计划的计算工期之差来计算工期索赔值，可以用于各种干扰事件和多种干扰事件共同作用所引起的工期索赔。

【例6-11】 某工程项目的进度计划如图6-11所示，总工期为32周，在实施过程中发生了延误，工作②～④由原来的6周延至7周，工作③～⑤由原来的4周延至5周，工作④～⑥由原来的5周延至9周，其中工作②～④的延误是因承包商自身原因造成的，其余均由非承包商原因造成。问承包商可以向业主要求延长工期几周？

解： 将延误后的持续时间代入原网络计划，即得到工程实际网络图，如图6-12所示。比较图6-11和图6-12，可以发现实际总工期变为35周，延误了3周，承包商责任造成的延误(1周)不在关键线路上，因此，承包商可以向业主要求延长工期3周。

（2）比例计算法

比例计算法主要应用于工程量有增加时工期索赔的计算，公式为：

工期索赔值＝（额外增加的工程量的价格/原合同总价）×原合同总工期

【例6-12】 某工程原合同规定分两阶段进行施工，土建工程21个月，安装工程12个月。假定以一定量的劳动力需要量为相对单位，则合同规定的土建工程量可折算为310个相对单位，安装工程量折算为70个相对单位。合同规定，在工程量增减10%的范围内，作为承包商的工期风险，不能要求工期补偿。在工程施工过程中，土建和安装的工程量都有较大幅

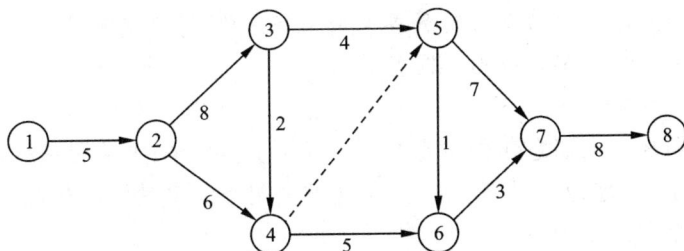

图 6-11 某项目分部工程进度计划网络图

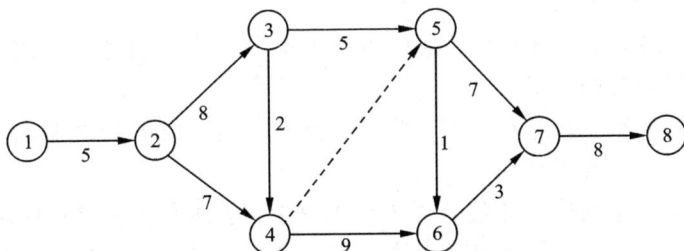

图 6-12 工程实际进度网络图

度的增加。实际土建工程量增加到 430 个相对单位，实际安装工程量增加到 117 个相对单位。求承包商可以提出的工期索赔额。

解： 承包商提出的，工期索赔为：

不索赔的土建工程量的上限为：

$$310 \times 1.1 = 341 \text{ 个相对单位}$$

不索赔的安装工程量的上限为：

$$70 \times 1.1 = 77 \text{ 个相对单位}$$

由于工程量增加而造成的工期延长：

$$\text{土建工程工期延长} = 21 \times [(430/341) - 1] = 5.5 \text{ 个月}$$
$$\text{安装工程工期延长} = 12 \times [(117/77) - 1] = 6.2 \text{ 个月}$$

总工期索赔为：5.5 个月 + 6.2 个月 = 11.7 个月

【例 6-13】 某工程基础施工中出现了意外情况，导致工程量由原来的 2800 m³ 增加到 3500 m³，原定工期是 40 天，则承包商可以提出的工期索赔值是多少？

解：

工期索赔值 = 原工期 × 新增工程量/原工程量
$$= 40 \times (3500 - 2800)/2800 = 10 (\text{天})$$

【例 6-14】 上例中，如果合同规定工程量增减 10% 为承包商应承担的风险，则工期索赔值应该是多少？

解： 工期索赔值 $= 40 \times (3500 - 2800 \times 110\%)/2800 \times 110\% = 6 (\text{天})$

【例 6-15】 某工程合同价为 1200 万元，总工期为 24 个月，施工过程中业主增加额外工程 200 万元,则承包商按照造价的比例进行分析可提出的工期索赔值为多少?

解: 工期索赔值 = 原合同工期 × 附加或新增工程造价/原合同总价

$$= 24 × 200/1200 = 4(月)$$

(三)共同延误的处理

在实际施工过程中,工期拖期很少是只由一方造成的,往往是两三种原因同时发生(或相互作用)而形成的,故称为"共同延误"。在这种情况下,要具体分析哪一种情况延误是有效的,应依据以下原则:

(1)首先判断造成拖期的哪一种原因是最先发生的,即确定"初始延误"者,它应对工程拖期负责。在初始延误发生作用期间,其他并发的延误者不承担拖期责任。

(2)如果初始延误者是发包人原因,则在发包人原因造成的延误期内,承包人既可得到工期延长,又可得到经济补偿。

(3)如果初始延误者是客观原因,则在客观因素发生影响的延误期内,承包人可以得到工期延长,但很难得到费用补偿。

(4)如果初始延误者是承包人原因,则在承包人原因造成的延误期内,承包人既不能得到工期补偿,也不能得到费用补偿。

【例 6-16】 某汽车制造厂建设施工土方工程中,承包商在合同标明有松软石的地方没有遇到松软石,因此工期提前 1 个月。但在合同中另一未标明有坚硬岩石的地方遇到更多的坚硬岩石,开挖工作变得更加困难,由此造成了实际生产率比原计划低得多,经测算影响工期 3 个月。由于施工速度减慢,使得部分施工任务拖到雨季进行,按一般公认标准推算,又影响工期 2 个月。为此承包商准备提出索赔。问题:1. 该项施工索赔能否成立?为什么?2. 在该索赔事件中,应提出的索赔内容包括哪两方面?3. 在工程施工中,通常可以提供的索赔证据有哪些?4. 承包商应提供的索赔文件有哪些?

解:

问题 1:该项施工索赔能成立。施工中在合同未标明有坚硬岩石的地方遇到更多的坚硬岩石,导致施工现场的施工条件与原来的勘察有很大差异,属于甲方的责任范围。

问题 2:本事件使承包商由于意外地质条件造成施工困难,导致工期延长,相应产生额外工程费用,因此,应包括费用索赔和工期索赔。

问题 3:可以提供的索赔证据有:

(1)招标文件、工程合同及附件、业主认可的施工组织设计、工程图纸、地质勘探报告、技术规范等;

(2)工程各项有关设计交底记录,变更图纸,变更施工指令等;

(3)工程各项经业主或监理工程师签认的签证;

(4)工程各项往来信件、指令、信函、通知、答复等;

(5)工程各项会议纪要;

(6)施工计划及现场实施情况记录;

(7)施工日报及工程工作日志、备忘录;

(8)工程送电、送水,道路开通、封闭的日期及数量记录;

(9)工程停水、停电和干扰事件影响的日期及恢复施工的日期;

(10)工程预付款、进度款拨付的数额及日期记录;

（11）工程图纸、图纸变更、交底记录的送达份数及日期记录；

（12）工程有关施工部位的照片及录像等；

（13）工程现场气候记录，有关天气的温度、风力、降雨雪量等；

（14）工程验收报告及各项技术鉴定报告等；

（15）工程材料采购、订货、运输、进场、验收、使用等方面的凭据；

（16）工程会计核算资料；

（17）国家、省、市有关影响工程造价、工期的文件、规定等。

问题4：承包商应提供的索赔文件有：

（1）索赔信；

（2）索赔报告；

（3）索赔证据与详细计算书等附件。

第四节　建筑安装工程费用的结算

一、建筑安装工程费用的结算方法

（一）建筑安装工程费用的主要结算方式

建筑安装工程费用的结算可以根据不同情况采取多种方式。

1. 按月结算

即先预付部分工程款，在施工过程中按月结算工程进度款，竣工后进行竣工结算。

2. 竣工后一次结算

建设工程项目或单项工程全部建筑安装工程建设期在 12 个月以内，或者工程承包合同价值在 100 万元以下的，可以实行工程价款每月月中预支，竣工后一次结算。

3. 分段结算

即当年开工，当年不能竣工的单项工程或单位工程按照工程形象进度，划分不同阶段进行结算。分段结算可以按月预支工程款。

4. 结算双方约定的其他结算方式

针对上述工程结算方式，对于实行竣工后一次结算和分段结算的工程，当年结算的工程款应与分年度的工作量一致，年终不另清算。

（二）工程价款结算的主要内容

根据《建设项目工程结算编审规程》中的有关规定，工程价款结算主要包括竣工结算、分阶段结算、专业分包结算和合同中止结算。

1. 竣工结算

建设项目完工并经验收合格后，对所完成的建设项目进行的全面的工程结算。

2. 分阶段结算

在签订的施工承发包合同中，按工程特征划分为不同阶段实施和结算。该阶段合同工作内容已完成，经发包人或有关机构中间验收合格后，由承包人在原合同分阶段价格的基础上编制调整价格并提交发包人审核签认的工程价格，它是表达该工程不同阶段造价和工程价款结算依据的工程中间结算文件。

3.专业分包结算

在签订的施工承发包合同或由发包人直接签订的分包工程合同中，按工程专业特征分类实施分包和结算。分包合同工作内容已完成，经总包人、发包人或有关机构对专业内容验收合格后，按合同的约定，由分包人在原合同价格基础上编制调整价格并提交总包人、发包人审核签认的工程价格，它是表达该专业分包工程造价和工程价款结算依据的工程分包结算文件。

4.合同中止结算

工程实施过程中合同中止，对施工承发包合同中已完成且经验收合格的工程内容，经发包人、总包人或有关机构点交后，由承包人按原合同价格或合同约定的定价条款，参照有关计价规定编制合同中止价格，提交发包人或总包人审核签认的工程价格，它是表达该工程合同中止后已完成工程内容的造价和工作价款结算依据的工程经济文件。

二、工程合同价款的约定

（一）工程合同价款约定的要求

实行招标的工程合同价款应在中标通知书发出之日起30天内，由发、承包双方依据招标文件和中标人的投标文件在书面合同中约定。不实行招标的工程合同价款，在发、承包双方认可的工程价款基础上，由发、承包双方在合同中约定。

实行招标的工程，合同约定不得违背招、投标文件中关于工期、造价、质量等方面的实质性内容。招标文件与中标人投标文件不一致的地方，以投标文件为准。采用工程量清单计价的工程宜采用单价合同。

（二）工程合同价款约定的内容

发、承包双方应在合同条款中对下列事项进行约定；合同中没有约定或约定不明的，由双方协商确定；协商不能达成一致的，按清单计价规范执行。

（1）预付工程款的数额、支付时限及抵扣方式。

（2）工程进度款的支付方式、数额及时限。

（3）工程施工中发生变更时，工程价款的调整方法、索赔方式、时限要求及金额支付方式。

（4）发生工程价款纠纷的解决方法。

（5）约定承担风险的范围及幅度以及超出约定范围和幅度的调整办法。

（6）工程竣工价款的结算与支付方式、数额及时限。

（7）工程质量保证（保修）金的数额、预扣方式及时限。

（8）安全措施和意外伤害保险费用。

（9）工期及工期提前或延后的奖惩办法。

（10）与履行合同、支付价款相关的担保事项。

三、工程计量与价款支付

（一）工程预付款及计算

施工企业承包工程，一般都实行包工包料，这就需要有一定数量的备料周转金。在工程承包合同条款中，一般要明文规定发包人在开工前拨付给承包人一定限额的工程预付款。预付款是发包人为解决承包人在施工准备阶段资金周转问题提供的协助。按照《建设工程工程量清单计价规范》GB 50500—2013 的规定，工程预付款是指在开工前，发包人按照合同约定，预先支付给承包人用于购买合同工程施工所需的材料、工程设备，以及组织施工机械和人员进场等的款项。从本质上来说，工程预付款是发包人在工程开始初期为了解决承包人的资金压力，支援承包人购买材料，组织人员和施工机械、设备等顺利进场而给予承包人的无息贷款。

1. 工程预付款的支付时间

按照《建设工程工程量清单计价规范》GB 50500—2013 的规定，承包人应在签订合同或向发包人提供与预付款等额的预付款保函后向发包人提交预付款支付申请。发包人应在收到支付申请的 7 天内进行核实，向承包人发出预付款支付证书，并在签发支付证书后的 7 天内向承包人支付预付款。发包人没有按合同约定按时支付预付款的，承包人可催告发包人支付；发包人在预付款期满后的 7 天内仍未支付的，承包人可在付款期满后的第 8 天起暂停施工。发包人应承担由此增加的费用和延误的工期，并应向承包人支付合理利润。

承包人应将预付款专用于合同工程，工程预付款仅用于承包人支付施工开始时与本工程有关的动员费用。如承包人滥用此款，发包人有权立即收回。除专用合同条款另有约定外，承包人应在收到预付款的同时向发包人提交预付款保函，预付款保函的担保金额与预付款金额相同，在发包人全部扣回预付款之前，该银行保函将一直有效。当预付款被发包人扣回时，银行保函金额相应递减。

2. 工程预付款的数额

按合同规定，在工程开工前，建设单位要支付一笔工程材料、预制结构构件的预付款给施工单位。需支付的工程预付款以形成工程实体的材料需用量及其储备的时间长短来计算，其计算公式如下：

工程预付款 =（年度建安工作量 × 主要材料所占比重）/ 年度施工日历天数
　　　　　　　× 材料储备天数

上式中，材料储备天数可以根据当地材料供应情况确定。

【例 6 - 15】 某项目签署合同价为 2000 万元，合同中约定材料价款占合同价款的 60%，材料储备天数为 45 天。求预付款为多少。

解： 预付款 =（2000 × 60% / 365）× 45 = 147.95 万元

在实际工作中，工程预付款的数额，要根据各工程类型、合同工期、承包方式和供应体制等不同条件而定。例如，工业项目中钢结构和管道安装占比重较大的工程，其主要材料所占比重比一般安装工程要高，因而工程预付款数额也要相应提高；工期短的工程比工期长的要高，材料由承包人自购的比由发包人提供材料的要高。

包工包料工程的预付款按合同约定拨付，原则上预付比例不低于合同金额的 10%，不高于合同金额的 30%，对重大工程项目，按年度工程计划逐年预付。计价执行《建设工程工程量清单计价规范》GB 50500—2013 的工程，实体性消耗和非实体性消耗部分应在合同中分别约定预付款比例。

对于只包工不包料的工程项目，则可以不支付预付款。

【例 6 - 18】 某工程承包合同规定，工程预付款按当年工作量的 28% 计算，该工程当年工作量为 254 万元，试计算工程预付款。

解: 工程预付款 $= 254 \times 28\% = 71.12$ 万元

【例 6 – 19】 某项目签署合同价为 2000 万元，合同中约定甲供材料 200 万元，预付比例为 20%。求预付款为多少。

解: 预付款为 $(2000 - 200) \times 20\% = 360$ 万元

3. 工程预付款的扣回

发包单位拨付给承包单位的工程预付款属于预支性质，工程实施后，随着工程所需主要材料储备的逐步减少，应以抵充工程价款的方式陆续扣回，抵扣方式必须在合同中约定。扣款的方法有两种：

（1）可以从未施工工程尚需的主要材料及构件的价值相当于工程预付款数额时起扣，从每次结算工程价款中，按材料比重扣抵工程价款，竣工前全部扣清。其基本表达公式是：

$$T = P - \frac{M}{N}$$

式中：T——起扣点，即工程预付款开始扣回时的累计完成工作量金额；

M——工程预付款限额；

N——主要材料及构件所占比重；

P——承包工程价款总额。

【例 6 – 20】 某工程合同总额 200 万元，工程预付款为 24 万，主要材料、构件所占比重为 60%，问：起扣点为多少万元?

解: 按起扣点计算公式：

$$T = P - M/N = 200 - 24/60\% = 160 \text{ 万元}$$

则当工程完成 160 万元时，本项工程预付款开始起扣。

【例 6 – 21】 某项目合同价 1000 万元，预付比例为 20%，主要材料所占比例为 40%。求预付款是多少? 起扣点是多少?

解: 预付款 $= 1000 \times 20\% = 200$ 万元

起扣点 $= 1000 - 200/40\% = 500$ 万元

（2）承发包双方也可在专用条款中约定不同的扣回方法，例如建设部《招标文件范本》中规定，在承包人完成金额累计达到合同总价的 10% 后，由承包人开始向发包人还款，发包人从每次应付给承包人的金额中扣回工程预付款，发包人至少在合同规定的完工期前三个月将工程预付款的总计金额按逐次分摊的办法扣回。

在实际经济活动中，情况比较复杂，有些工程工期较短，就无须分期扣回。有些工程工期较长，如跨年度施工工程预付款可以不扣或少扣，并于次年按应付工程预付款调整，多退少补。具体地说，跨年度工程，预计次年承包工程价值大于或相当于当年承包工程价值时，可以不扣回当年的工程预付款，如小于当年承包工程价值时，应按实际承包工程价值进行调整，在当年扣回部分工程预付款，并将未扣回部分转入次年，直到竣工年度，再按上述办法扣回。

在颁发工程接收证书前，由于不可抗力或其他原因解除合同时，尚未扣清的预付款余额应作为承包人的到期应付款。

（二）工程进度款的支付（中间结算）

施工企业在施工过程中，按逐月（或形象进度）完成的工程数量计算各项费用，向发包人办理工程进度款的支付(即中间结算)。

1. 已完工程量的计量

根据工程量清单计价规范形成的合同价中包含综合单价和总价包干两种不同形式,应采取不同的计量方法。除专用合同条款另有约定外,综合单价子目已完成工程量按月计算,总价包干子目的计量周期按批准的支付分解报告确定。

(1)综合单价子目的计量。已标价工程量清单中的单价子目工程量为预计工程量。若发现工程清单中出现漏项、工程量计算偏差,以及工程量变更引起的工程量增减,应在工程进度款支付即中间结算时调整,结算工程量是承包人在履行合同义务过程中实际完成,并按合同约定的计量方法进行计量的工程量。

(2)总价包干子目的计量。总价包干子目的计量和支付应以总价为基础。除合同专用条款另有约定外,合同价格不因物价波动引起的价格调整的因素而进行调整。承包人实际完成的工程量,是进行工程目标管理和控制进度支付的依据。承包人在合同约定的每个计量周期内,对已完成的工程进行计量,并提交专用条款约定的合同总价支付分解表所表示的阶段性或分项计量的支持性资料,以及所达到工程形象目标或分阶段需完成的工程量和有关计量资料。总价包干子目的支付分解表形成一般有以下三种方式:

1)对于工期较短的项目,将总价包干子目的价格按合同约定的计量周期平均;

2)对于合同价值不大的项目,按照总价包干子目的价格占签约合同价的百分比,以及各个支付周期内所完成的总价值,以固定百分比方式均摊支付;

3)根据有合同约束力的进度计划、预先确定的里程碑形象进度节点(或者支付周期)、组成总价子目的价格要素的性质(与时间、方法和(或)当期完成合同价值等的关联性)。将组成总价包干子目的价格分解到各个形象进度节点(或者支付周期中),汇总形成支付分解表。实际支付时,经检查核实其实际形象进度,达到支付分解表的要求后,即可支付经批准的每阶段总价包干子目的支付金额。

2. 已完工程量复核

当发、承包双方在合同中未对工程量的复核时间、程序、方法和要求作约定时,按以下规定办理:

(1)承包人应在每个月末或合同约定的工程段完成后向发包人递交上月或上一工程段已完工程量报告;发包人应在接到报告后 7 天内按施工图纸(含设计变更)核对已完工程量,并应在计量前 24 小时通知承包人。承包人应提供条件并按时参加。如承包人收到通知后不参加计量核对,则由发包人核实的计量应认为是对工程量的正确计量。如发包人未在规定的核对时间内通知承包人,致使承包人未能参加计量核对的,则由发包人所作的计量核实结果无效。如发、承包双方均同意计量结果,则双方应签字确认。

(2)如发包人未在规定的核对时间内进行计量核对,承包人提交的工程计量视为发包人已经认可。

(3)对于承包人超出施工图纸范围或因承包人原因造成返工的工程量,发包人不予计量。

(4)如承包人不同意发包人核实的计量结果,承包人应在收到上述结果后 7 天内向发包人提出,申明承包人认为不正确的详细情况。发包人收到后,应在 2 天内重新核对有关工程量的计量,或予以确认,或将其修改。

发、承包双方认可的核对后的计量结果,应作为支付工程进度款的依据。

3. 承包人提交进度款支付申请

按照《建设工程工程量清单计价规范》GB 50500—2013 的规定，承包人应在每个计量周期到期后的 7 天内向发包人提交已完工程进度款支付申请一式四份，详细说明此周期认为有权得到的款额，包括分包人已完工程的价款。支付申请应包括下列内容：

（1）累计已完成的合同价款。

（2）累计已实际支付的合同价款。

（3）本周期合计完成的合同价款。

1）本周期已完成单价项目的金额；

2）本周期应支付的总价项目的金额；

3）本周期已完成的计日工价款；

4）本周期应支付的安全文明施工费；

5）本周期应增加的金额。

（4）本周期合计应扣减的金额。

1）本周期应扣回的预付款；

2）本周期应扣减的金额；

（5）本周期实际应支付的合同价款。

4. 进度款支付时间

发包人应在收到承包人的工程进度款支付申请后 14 天内核对完毕。否则，从第 15 天起承包人递交的工程进度款支付申请视为被批准。发包人应在批准工程进度款支付申请的 14 天内，向承包人按不低于计量工程价款的 60%，不高于计量工程价款的 90% 向承包人支付工程进度款。若发包人未在合同约定时间内支付工程进度款，可按以下规定办理：

（1）发包人超过约定的支付时间不支付工程进度款，承包人应及时向发包人发出要求付款的通知，发包人收到承包人通知后仍不能按要求付款，可与承包人协商签订延期付款协议，经承包人同意后可延期支付，协议应明确延期支付的时间和从付款申请生效后按同期银行贷款利率计算应付工程进度款的利息。

（2）发包人不按合同约定支付工程进度款，双方又未达成延期付款协议，导致施工无法进行，承包人可停止施工，由发包人承担违约责任。

【例 6-22】 某工程上个月末完成建安工作量 250000 元（占年计划工作量的 8%），应扣还的预付款为 100000 元，本月初应向建设单位收进多少工程进度款？

解： 本期工程进度款 = 本期完成工作量 - 应扣还的预付款

本期工程进度款 = 250000 - 100000 = 150000 元

【例 6-23】 某工程合同总金额为 7800000 元，上半年累计完成工作量 3650000 元，本月份完成工作量 710000 元（其中包括材料进入现场金额 2000000 元），试计算本月累计完成工作量和未完工作量及扣除 5% 保留金后应收取的工程进度款。

解： 累计完成工作量 = 3650000 + 710000 = 4360000 元

未完工作量 = 7800000 - 4360000 = 3440000 元

本期应收工程进度款 = 710000 - 710000 × 5% = 674500 元

（三）质量保证金

建设工程质量保证金（以下简称保证金）是指发包人与承包人在建设工程承包合同中约

定，从应付的工程款中预留用以保证承包人在缺陷责任期内对建设工程出现的缺陷进行维修的资金。质量保证金的计算额度不包括预付款的支付、扣回以及价格调整的金额。

1. 保证金的预留和返还

（1）承发包双方的约定。

发包人应当在招标文件中明确保证金预留、返还等内容，并与承包人在合同条款中对涉及保证金的下列事项进行约定：

1）保证金预留、返还方式。

2）保证金预留比例、期限。

3）保证金是否计付利息，如计付利息，利息的计算方式。

4）缺陷责任期的期限及计算方式。

5）保证金预留、返还及工程维修质量、费用等争议的处理程序。

6）缺陷责任期内出现缺陷的索赔方式。

（2）保证金的预留。

从第一个付款周期开始，在发包人的进度付款中。按约定比例扣留质量保证金，直至扣留的质量保证金总额达到专用条款约定的金额或比例为止。全部或者部分使用政府投资的建设项目，按工程价款结算总额5%左右的比例预留保证金。社会投资项目采用预留保证金方式的，预留保证金的比例可参照执行。

（3）保证金的返还。

缺陷责任期内，承包人认真履行合同约定的责任。约定的缺陷责任期满，承包人向发包人申请返还保证金。发包人在接到承包人返还保证金申请后，应于14日内会同承包人按照合同约定的内容进行核实。如无异议，发包人应当在核实后4日内将保证金返还给承包人，逾期支付的，从逾期之日起，按照同期银行贷款利率计付利息，并承担违约责任。发包人在接到承包人返还保证金申请后14日内不予答复，经催告后14日内仍不予答复，视同认可承包人的返还保证金申请。

缺陷责任期满时，承包人没有完成缺陷责任的，发包人有权扣留与未履行责任剩余工作所需金额相应的质量保证金余额，并有权根据约定要求延长缺陷责任期，直至完成剩余工作为止。

2. 保证金的管理及缺陷修复

（1）保证金的管理。

缺陷责任期内，实行国库集中支付的政府投资项目，保证金的管理应按国库集中支付的有关规定执行。其他的政府投资项目，保证金可以预留在财政部门或发包方。缺陷责任期内，如发包人被撤销，保证金随交付使用资产一并移交使用单位管理，由使用单位代行发包人职责。社会投资项目采用预留保证金方式的，发、承包双方可以约定将保证金交由金融机构托管；采用工程质量保证担保、工程质量保险等其他保证方式的，发包人不得再预留保证金，并按照有关规定执行。

（2）缺陷责任期内缺陷责任的承担。

缺陷责任期内，由承包人原因造成的缺陷，承包人应负责维修，并承担鉴定及维修费用。如承包人不维修也不承担费用，发包人可按合同约定扣除保证金，并由承包人承担违约责任。承包人维修并承担相应费用后，不免除对工程的一般损失赔偿责任。由他人原因造成的缺陷，由发包人承担维修费用，并且该维修费用发包人不得从承包人的质量保证金中扣除。

【例 6－24】 某建筑工程合同承包价为 800 万元，预付款占工程价款的 25%，主要材料及预制构件金额占工程价款的 64%，而实际完成工作量和合同价款调整增加额如表 6－11 所示，当保留金为合同价的 5% 时(竣工结算时扣除)求预付款、每月结算工程款、竣工结算工程款、保留金各为多少？

表 6－11　某建筑工程逐月完成工作量和合同价调整增加额表

月　份	1	2	3	4	5	6	7	8	9	合同价调整增加额
完成工作量(万元)	27	45	100	200	180	95	66	54	33	80

解：　(1)预付款

$$800 \times 25\% = 200(万元)$$

(2)计算预付款起扣点

$$预付款起扣点 = 800 - 200/64\% = 487.5(万元)$$

即：当累计结算工程价款为 487.5 万元时，开始扣预付款。

(3)1 月份应结算工程款为 27 万元，累计拨款为 27 万元；

(4)2 月份应结算工程款为 45 万元，累计拨款为 72 万元；

(5)3 月份应结算工程款为 100 万元，累计拨款为 172 万元；

(6)4 月份应结算工程款为 200 万元，累计拨款为 372 万元；

(7)5 月份应结算工程款为 180 万元，累计拨款为 552 万元；

因 5 月份累计拨款已超过 487.5 万元，且 552 － 487.5 ＝ 64.5 万元，所以应从 5 月份的 180 万元工程拨款中扣除一定数额的预付款。因此，5 月份应结算的工程款为：

$$(180 - 64.5) + 64.5 \times (1 - 64\%) = 138.72(万元)$$

故 5 月份的累计拨款应为 372 ＋ 138.72 ＝ 510.72(万元)

(8)6 月份应结算工程款为：95 × (1 － 64%) ＝ 34.20(万元)

六月份累计拨款为 544.92 万元

(9)7 月份应结算工程款为：66 × (1 － 64%) ＝ 23.76(万元)

七月份累计拨款为 568.68 万元

(10)8 月份应结算工程款为：54 × (1 － 64%) ＝ 19.44(万元)

八月份累计拨款为 588.12 万元

(11)9 月份应结算工程款为：33 × (1 － 64%) ＝ 11.88(万元)

9 月份累计拨款为 600 万元，加上预付款 200 万元，共拨款 800 万元，加上合同价调整增加款 80 万元应为 880 万元工程款。

(12)扣除保留金后竣工结算价款：880 － 880 × 5% ＝ 836(万元)

故 9 月份工程竣工交付使用后，应拨付工程价款为：

11.88 ＋ (836 － 800) ＝ 47.88(万元)

保留金 44 万元，等保修期满后再付给承包商。

(四)工程价款调整

1.工程合同价款中综合单价的调整

对实行工程量清单计价的工程，应采用单价合同方式。即合同约定的工程价款中所包含的工程量清单项目综合单价在约定条件内是固定的，不予调整，工程量允许调整。工程量清单项目综合单价在约定的条件外，允许调整。调整方式方法应在合同中约定。若合同未作约定，可参照以下原则办理：

（1）当工程量清单项目工程量的变化幅度在15%以内时，其综合单价不做调整，执行原有综合单价。

（2）当工程量清单项目工程量增加幅度在15%以上时，超过15%以上部分的工程量的综合单价应予调低。

（3）当工程量清单项目工程量减少幅度在15%以上时，减少后剩余部分的工程量的综合单价应予调高。

（4）当工程量清单项目工程量变化幅度在15%以上时，且该变化引起相关措施项目相应发生变化时，按系数或单一总价方式计价的，工程量增加的措施项目费调增，工程量减少的措施项目费调减。

2. 物价波动引起的价格调整

一般情况下，因物价波动引起的价格调整，可采用以下两种方法中的某一种计算。

（1）采用价格指数调整价格差额。

此方式主要适用于使用的材料品种较少，但每种材料使用量较大的土木工程，如公路、水坝等。因人工、材料和设备等价格波动影响合同价格时，根据投标函附录中的价格指数和权重表约定的数据，按以下价格调整公式计算差额并调整合同价格：

$$\Delta P = P_0 \left[A + \left(\left(B_1 \times \frac{F_{t1}}{F_{01}} + B_2 \times \frac{F_{t2}}{F_{02}} + B_3 \times \frac{F_{t3}}{F_{03}} + \cdots + B_n \times \frac{F_{tn}}{F_{0n}} \right) - 1 \right) \right]$$

式中：ΔP——需要调整的价格差额；

P_0——根据进度付款、竣工付款和最终结清等付款证书中，承包人应得到的已完成工程量的金额。此项金额应不包括价格调整、不计质量保证金的扣留和支付、预付款的支付和扣回。变更及其他金额已按现行价格计价的，也不计在内；

A——定值权重（即不调部分的权重）；

B_1，B_2，B_3，$\cdots$，B_n——各可调因子的变值权重（即可调部分的权重）为各可调因子在投标函投标总报价中所占的比例；

F_{t1}，F_{t2}，$F_{t3}\cdots$，F_{tn}——各可调因子的现行价格指数，指根据进度付款、竣工付款和最终结清等约定的付款证书相关周期最后一天的前42天的各可调因子的价格指数；

F_{01}，F_{02}，F_{03}，$\cdots$，F_{0n}——各可调因子的基本价格指数，指基准日期（即投标截止时间前28天）的各可调因子的价格指数。

以上价格调整公式中的各可调因子、定值和变值权重，以及基本价格指数及其来源在投标函附录价格指数和权重表中约定。价格指数应首先采用有关部门提供的价格指数，缺乏上述价格指数时，可采用有关部门提供的价格代替。

在运用这一价格调整公式进行工程价格差额调整中，应注意以下三点：

1）暂时确定调整差额。

在计算调整差额时得不到现行价格指数的，可暂用上一次价格指数计算，并在以后的付款中再按实际价格指数进行调整。

2）权重的调整。

按变更范围和内容所约定的变更，导致原定合同中的权重不合理时，由监理人与承包人和发包人协商后进行调整。

3）承包人工期延误后的价格调整。

由于承包人原因未在约定的工期内竣工的，则对原约定竣工日期后继续施工的工程，在使用价格调整公式时，应采用原约定竣工日期与实际竣工日期的两个价格指数中较低的一个作为现行价格指数。

【例6-25】 某城市某土建工程，合同规定结算款为100万元，合同原始报价日期为2007年3月，工程于2008年2月建成交付使用。根据表6-12中所列工程人工费、材料费构成比例以及有关价格指数，计算需调整的价格差额。

表6-12 工程人工费、材料构成比例及有关造价指数

项　　目	人工费	钢材	水泥	集料	一级红砖	砂	木材	不调值费用
比例（%）	45	11	11	5	6	3	4	15
2007年3月指数	100	100.8	102.0	93.6	100.2	95.4	93.4	
2008年2月指数	110.1	98.0	112.9	95.9	98.9	91.1	117.9	

解：需要调整的价格差额

$\Delta P = 100 \times \{0.15 + (0.45 \times 110.1/100 + 0.11 \times 98.0/100.8 + 0.11 \times 112.9/102.0 + 0.05 \times 95.9/93.6 + 0.06 \times 98.9/100.2 + 0.03 \times 91.1/95.4 + 0.04 \times 117.9/93.4) - 1\} = 100 \times 0.0642 = 6.42$（万元）

总之，通过调整，2008年2月实际结算的工程价款，比原始合同价应多结6.42万元。

【例6-26】 某工程合同总价为1000万元。其组成为：土方工程费100万元占10%，砌体工程费400万元，占40%；钢筋混凝土工程费500万元，占50%。这个组成部分的人工费和材料费占工程价款85%，人工材料费中各项费用比例如下：

1. 土方工程：人工费50%，机具折旧费26%，柴油24%。

2. 砌体工程：人工费53%，钢材5%，水泥20%，骨料5%，空心砖12%，柴油5%。

3. 钢筋混凝土工程：人工费53%，钢材22%，水泥10%，骨料7%，木材4%，柴油4%。

假定该合同的基准日期为2008年1月4日，2008年9月完成的工程价款占合同总价的10%，有关月报的工资、材料物价指数如表6-13所示（注：F_{t1}；F_{t2}；F_{t3}；…；F_{tn}等应采用8月份的物价指数）。求2008年9月实际价款的变化值。

表6-13 工资、物价指数表

费用名称	代号	2008年1月指数	代号	2008年8月指数
人工费	F_{01}	100.0	F_{t1}	116.0
钢材	F_{02}	153.4	F_{t2}	187.6
水泥	F_{03}	154.8	F_{t3}	175.0
骨料	F_{04}	132.6	F_{t4}	169.3

费用名称	代号	2008 年 1 月指数	代号	2008 年 8 月指数
柴油	F_{05}	178.3	F_{t5}	192.8
机具折旧	F_{06}	154.4	F_{t6}	162.5
空心砖	F_{07}	160.1	F_{t7}	162.0
木材	F_{08}	142.7	F_{t8}	159.5

解：该工程其他费用，即不调值的费用占工程价款的15%，计算出各项参加调值的费用占工程价款比例如下：

人工费：（50%×10%+53%×40%+53%×50%）×85%≈45%

钢材：（5%×40%+22%×50%）×85%≈11%

水泥：（20%×40%+10%×50%）×85%≈11%

骨料：（5%×40%+7%×50%）×85%≈5%

柴油：（24%×10%+59%×40%+4%×50%）×85%≈5%

机具折旧：26%×10%×85%≈2%

空心砖：12%×40%×85%≈4%

木材：4%×50%×85%≈2%

不调值费用占工程价款的比例为：15%

根据公式得价款变化值

$$=10\%\times1000\left[0.15+\left(0.45\times\frac{116}{100}+0.11\times\frac{187.6}{153.4}+0.11\times\frac{175.0}{154.8}+0.05\times\frac{169.3}{132.6}\right.\right.$$

$$\left.\left.+0.05\times\frac{192.8}{178.3}+0.02\times\frac{162.5}{154.4}+0.04\times\frac{162.0}{160.1}+0.02\times\frac{159.5}{142.7}\right)-1\right]=10.33\ 万元$$

（2）采用造价信息调整价格差额。

此方式适用于使用的材料品种较多，相对而言每种材料使用量较小的房屋建筑与装饰工程。施工期内，因人工、材料、设备和机械台班价格波动影响合同价格时，人工机械使用费按照国家或省、自治区、直辖市建设行政管理部门、行业建设管理部门或其授权的工程造价管理机构发布的人工成本信息、机械台班单价或机械使用费系数进行调整；需要进行价格调整的材料，其单价和采购数应由监理人复核，监理人确认需调整的材料单价及数量，作为调整工程合同价格差额的依据。

人工单价发生变化时，发、承包双方应按省级或行业建设主管部门或其授权的工程造价管理机构发布的人工成本文件调整工程价款。

材料价格变化超过省级或行业建设主管部门或其授权的工程造价管理机构规定的幅度时应当调整，承包人应在采购材料前就采购数量和新的材料单价报发包人核对，确认用于本合同工程时，发包人应确认采购材料的数量和单价。发包人在收到承包人报送的确认资料后3个工作日内不予答复的视为已经认可，作为调整工程价款的依据。如果承包人未报经发包人核对即自行采购材料，再报发包人确认调整工程价款的，如发包人不同意，则不做调整。

施工机械台班单价或施工机械使用费发生变化超过省级或行业建设主管部门或其授权的工程造价管理机构规定的范围时，按其规定进行调整。

3. 法律、政策变化引起的价格调整

在基准日后，因法律、政策变化导致承包人在合同履行中所需要的工程费用发生增减时，监理人应根据法律、国家或省、自治区、直辖市有关部门的规定，商定或确定需调整的合同价款。

4. 工程价款调整的程序

工程价款调整报告应由受益方在合同约定时间内向合同的另一方提出，经对方确认后调整合同价款。受益方未在合同约定时间内提出工程价款调整报告的，视为不涉及合同价款的调整。当合同未作约定时，可按下列规定办理：

（1）调整因素确定后14天内，由受益方向对方递交调整工程价款报告。受益方在14天内未递交调整工程价款报告的，视为不调整工程价款。

（2）收到调整工程价款报告的一方应在收到之日起14天内予以确认或提出协商意见，如在14天内未作确认也未提出协商意见时，视为调整工程价款报告已被确认。

经发、承包双方确定调整的工程价款，作为追加（减）合同价款，与工程进度款同期支付。

（五）工程竣工结算的编制及其审查

工程竣工结算是指承包人按照合同规定的内容全部完成所承包的工程，经验收质量合格并符合合同要求之后，向发包人进行的最终工程价款结算。工程竣工结算分为单位工程竣工结算、单项工程竣工结算和建设项目竣工总结算，其中单位工程竣工结算和单项工程竣工结算也可看作是分阶段结算。单位工程竣工结算由承包人编制，发包人审查；实行总承包的工程，由具体承包人编制，在总包人审查的基础上，发包人审查。单项工程竣工结算或建设项目竣工总结算由总（承）包人编制，发包人可直接进行审查，也可以委托具有相应资质的工程造价咨询机构进行审查。政府投资项目，由同级财政部门审查。单项工程竣工结算或建设项目竣工总结算经发、承包人签字盖章后有效。

工程竣工结算的编制由承包人或受其委托具有相应资质的工程造价咨询人编制。

1. 工程竣工结算编制的主要依据

综合《建设工程工程量清单计价规范》和《建设项目工程结算编审规程》的规定，工程竣工结算编制的主要依据包括以下内容：

（1）国家有关法律、法规、规章制度和相关的司法解释。

（2）建设工程工程量清单计价规范。

（3）施工承发包合同、专业分包合同及补充合同，有关材料、设备采购合同。

（4）招标投标文件，包括招标答疑文件、投标承诺、中标报价书及其组成内容。

（5）工程竣工图或施工图、施工图会审记录，经批准的施工组织设计，以及设计变更、工程洽商和相关会议纪要。

（6）经批准的开、竣工报告或停、复工报告。

（7）双方确认的工程量。

（8）双方确认追加（减）的工程价款。

（9）双方确认的索赔、现场签证事项及价款。

（10）其他依据。

2. 工程竣工结算的编制内容

在采用工程量清单计价的方式下，工程竣工结算的编制内容应包括工程量清单计价表所包含的各项费用内容：

(1)分部分项工程费应依据双方确认的工程量、合同约定的综合单价计算，如发生调整的，以发、承包双方确认调整的综合单价计算。

(2)措施项目费的计算应遵循以下原则：

1)采用综合单价计价的措施项目，应依据发、承包双方确认的工程量和综合单价计算。

2)明确采用"项"计价的措施项目，应依据合同约定的措施项目和金额或发、承包双方确认调整后的措施项目费金额计算。

3)措施项目费中的安全文明施工费应按照国家或省级、行业建设主管部门的规定计算。施工过程中，国家或省级、行业建设主管部门对安全文明施工费进行了调整的，措施项目费中的安全文明施工费应作相应调整。

(3)其他项目费应按以下规定计算：

1)计日工的费用应按发包人实际签证确认的数量和合同约定的相应项目综合单价计算。

2)暂估价中的材料单价应按发、承包双方最终确认价在综合单价中调整；专业工程暂估价应按中标价或发包人、承包人与分包人最终确认价计算。

3)总承包服务费应依据合同约定金额计算，如发生调整的，以发、承包双方确认调整的金额计算。

4)索赔费用应依据发、承包双方确认的索赔事项和金额计算。

5)现场签证费用应依据发、承包双方签证资料确认的金额计算。

6)暂列金额应减去工程价款调整与索赔、现场签证金额计算，如有余额归发包人。

(4)规费和税金应按照国家或省级、行业建设主管部门对规费和税金的计取标准计算。

3.竣工结算文件的办理

按照《建设工程工程量清单计价规范》GB 50500—2013 的规定，合同工程完工后，承包人应在经发承包双方确认的合同工程期中价款结算的基础上汇总编制完成竣工结算文件，应在提交竣工验收申请的同时向发包人提交竣工结算文件。承包人未在合同约定的时间内提交竣工结算文件，经发包人催告后 14 天内仍未提交或没有明确答复的，发包人有权根据已有资料编制竣工结算文件，作为办理竣工结算和支付结算款的依据，承包人应予以认可。

发包人应在收到承包人提交的竣工结算文件后的 28 天内核对。发包人经核实，认为承包人应进一步补充资料和修改结算文件，应在上述时限内向承包人提出核实意见，承包人在收到核实意见后 28 天内应按照发包人提出的合理要求补充资料，修改竣工结算文件，并应再次提交给发包人复核后批准。

发包人应在收到承包人再次提交的竣工结算文件后的 28 天内予以复核，将复核结果通知承包人，并应遵守下列规定：

(1)发包人、承包人对复核结果无异议的，应在 7 天内在竣工结算文件上签字确认，竣工结算办理完毕；

(2)发包人或承包人对复核结果认为有误的，无异议部分按照上述流程办理不完全竣工结算；有异议部分由发承包双方协商解决；协商不成的，应按照合同约定的争议解决方式处理。

发包人在收到承包人竣工结算文件后的 28 天内，不核对竣工结算或未提出核对意见的，应视为承包人提交的竣工结算文件已被发包人认可,竣工结算办理完毕。承包人在收到发包人提出的核实意见后的 28 天内,不确认也未提出异议的,应视为发包人提出的核实意见已被承包人认可,竣工结算办理完毕。

此外,清单计价规范还规定,经核对后无异议并签名确认的竣工结算文件,除非发承包人能提出具体、详细的不同意见,发承包人都应在竣工结算文件上签名确认,如其中一方拒不签认的,按下列规定办理:

(1)若发包人拒不签认的,承包人可不提供竣工验收备案资料,并有权拒绝与发包人或其上级部门委托的工程造价咨询人重新核对竣工结算文件。

(2)若承包人拒不签认的,发包人要求办理竣工验收备案的,承包人不得拒绝提供竣工验收资料,否则,由此造成的损失,承包人承担相应责任。

发包人对工程质量有异议,拒绝办理工程竣工结算的,已竣工验收或已竣工未验收但实际投入使用的工程,其质量争议应按该工程保修合同执行,竣工结算应按合同约定办理;已竣工未验收且未实际投入使用的工程以及停工、停建工程的质量争议,双方应就有争议的部分委托有资质的检测鉴定机构进行检测,并应根据检测结果确定解决方案,或按工程质量监督机构的处理决定执行后办理竣工结算,无争议部分的竣工结算应按合同约定办理。

4. 竣工计结算款的支付

按照《建设工程工程量清单计价规范》GB 50500—2013 的规定,11.4.1 承包人应根据办理的竣工结算文件向发包人提交竣工结算款支付申请。申请应包括下列内容:

(1)竣工结算合同价款总额;

(2)累计已实际支付的合同价款;

(3)应预留的质量保证金;

(4)实际应支付的竣工结算款金额。

发包人应在收到承包人提交竣工结算款支付申请后 7 天内予以核实,向承包人签发竣工结算支付证书。发包人签发竣工结算支付证书后的 14 天内,应按照竣工结算支付证书列明的金额向承包人支付结算款。

发包人在收到承包人提交的竣工结算款支付申请后 7 天内不予核实,不向承包人签发竣工结算支付证书的,视为承包人的竣工结算款支付申请已被发包人认可;发包人应在收到承包人提交的竣工结算款支付申请 7 天后的 14 天内,按照承包人提交的竣工结算款支付申请列明的金额向承包人支付结算款。

发包人未按照规定支付竣工结算款的,承包人可催告发包人支付,并有权获得延迟支付的利息。发包人在竣工结算支付证书签发后或者在收到承包人提交的竣工结算款支付申请 7 天后的 56 天内仍未支付的,除法律另有规定外,承包人可与发包人协商将该工程折价,也可直接向人民法院申请将该工程依法拍卖。承包人应就该工程折价或拍卖的价款优先受偿。

【例 6-27】 某独立土方工程,招标文件中估计工程量为 100 万 m^3,合同约定:工程款按月支付并同时在该款项中扣留 5% 的工程预付款;土方工程为全费用单价,10 元/m^3,当实际工程量超过估计工程量 10% 时,超过部分调整单价,9 元/m^3。某月施工单位完成土方工程量 25 万 m^3,截至该月累计完成的工程量为 120 万 m^3,则该月应结工程款为多少万元?

解: 在本月完成的 25 万 m^3 中,有 10 万 m^3 已经超过了合同估计工程量的上限(110 万 m^3),因此应采用 9 元/m^3 的单价,其余的 15 万 m^3 采用 10 元/m^3 的单价。

则该月应结工程款 = $(15 \times 10 + 10 \times 9) \times (1 - 5\%) = 228$ 万元。

四、工程计价争议处理方法

(一)计价依据争议的处理

在工程计价中,对工程造价计价依据、办法以及相关政策规定发生争议事项的,由工程造价管理机构负责解释。

(二)质量争议的处理

发包人以对工程质量有异议,拒绝办理工程竣工结算的,已竣工验收或已竣工未验收但实际投入使用的工程,其质量争议按该工程保修合同执行,竣工结算按合同约定办理;已竣工未验收且未实际投入使用的工程以及停工、停建工程的质量争议,双方应就有争议的部分委托有资质的检测鉴定机构进行检测,根据检测结果确定解决方案,或按工程质量监督机构的处理决定执行后办理竣工结算,无争议部分的竣工结算按合同约定办理。

(三)争议的解决办法

发、承包双方发生工程造价合同纠纷时,应通过下列办法解决:

(1)监理或造价工程师暂定;

(2)管理机构的解释或认定;

(3)双方协商和解;

(4)提请调解,工程造价管理机构负责调解工程造价问题;

(5)按合同约定向仲裁机构申请仲裁或向人民法院起诉。

在合同纠纷案件处理中,需作工程造价鉴定的,应委托具有相应资质的工程造价咨询人进行。

1. 监理或造价工程师暂定

若发包人和承包人之间就工程质量、进度、价款支付与扣除、工期延期、索赔、价款调整等发生任何法律上、经济上或技术上的争议,首先应根据已签约合同的规定,提交合同约定职责范围的总监理工程师或造价工程师解决,并应抄送另一方。总监理工程师或造价工程师在收到此提交件后 14 天内应将暂定结果通知发包人和承包人。发承包双方对暂定结果认可的,应以书面形式予以确认,暂定结果成为最终决定。

发承包双方或一方不同意暂定结果的,应以书面形式向总监理工程师或造价工程师提出,说明自己认为正确的结果,同时抄送另一方,此时该暂定结果成为争议。在暂定结果对发承包双方当事人履约不产生实质影响的前提下,发承包双方应实施该结果,直到按照发承包双方认可的争议解决办法被改变为止。

2. 管理机构的解释或认定

合同价款争议发生后,发承包双方可就工程计价依据的争议以书面形式提请工程造价管理机构对争议以书面文件进行解释或认定。工程造价管理机构应在收到申请的 10 个工作日内就发承包双方提请的争议问题进行解释或认定。

发承包双方或一方在收到工程造价管理机构书面解释或认定后仍可按照合同约定的争议解决方式提请仲裁或诉讼。除工程造价管理机构的上级管理部门作出了不同的解释或认定,或在仲裁裁决或法院判决中不予采信的外,工程造价管理机构作出的书面解释或认定应为最终结果,并应对发承包双方均有约束力。

3. 协商

协商是指争议双方的当事人直接进行接触、磋商，自行解决争议的一种方法。协商是一种省时省力又不伤和气的解决方式，在双方互相做出一定的让步的基础上，消除争议达成和解，使问题得以快速解决。对于争议的处理应努力通过友好协商解决。

4. 调解

调解是指没有利益关系的第三方受当事人委托作为调解人，根据法律法规、规章、政策以及惯例等，就双方的争议问题给出客观、公正的解决意见。第三方可以为工程师、法律专家或工程造价机构。一般情况下可由争议双方形成书面材料，各自阐述自己的意见和理由，一同提交当地造价管理机构进行调解。用调解的方法解决争端，一般花费不大解决问题也较快。但由于调解决定需要双方自愿履行，其约束力和强制性均较差。

5. 仲裁

仲裁是指通过仲裁组织，按照仲裁程序，由仲裁员对争议问题作出裁判。对于那些涉及的金额巨大或者后果严重，双方均不愿作出较大让步，经过长时期反复地协商、调解仍无法解决的争端，或一方态度恶劣，无解决问题诚意的争议，可提请仲裁机构进行裁决。

根据仲裁法的有关规定，当事人采用仲裁方式解决纠纷，双方应自愿达成仲裁协议，没有仲裁协议的，仲裁委员会不予受理。

6. 诉讼

诉讼，是指当事人依法请求人民法院行使审判权，审理双方之间发生的合同争议作出由国家强制保证实现其合法权益，从而解决合同纠纷的审判活动。

诉讼不必以当事人的互相同意为依据，只要不存在有效的仲裁协议，任何一方都有权向管辖区的法院起诉。但当事人达成仲裁协议，选择由仲裁机构仲裁的，一方向人民法院起诉的，人民法院不再予受理。

（四）竣工结算争议的处理流程

在竣工结算的审核上，双方会产生很多的分歧和争议，解决这些争议的一般流程如下：

（1）竣工结算办理过程中，对达不成共识的争议问题，审核人员应书面进行整理，争议事项应取得被审核单位的认可；

（2）审核人员与被审核人员就争议事项各自发表意见，找出意见的分歧点，审核人员与被审核人员对争议金额的准确性进行核定，确定争议具体金额；

（3）双方应收集支持自己意见的相关资料，并进行整理；

（4）审核人员应将争议问题及双方的分歧意见进行汇报，集体讨论后确定争议问题的处理原则；

（5）审核人员根据确定的争议处理原则与被审核单位进行沟通协调，并将沟通、协调结果进行汇报；

（6）如沟通、协调不能达成共识，应召集相关单位部门就争议问题进行开会协调会议上各方陈述自己的理由，形成一致意见；

（7）如协调会议依然不能达成一致意见，对相关问题可以进一步采取其他争议解决办法，如形成书面材料双方一同前往造价主管部门进行调解；

（8）调解不成，可以根据合同约定的处理方式进行仲裁或诉讼。

具体的流程图如图6-13所示。

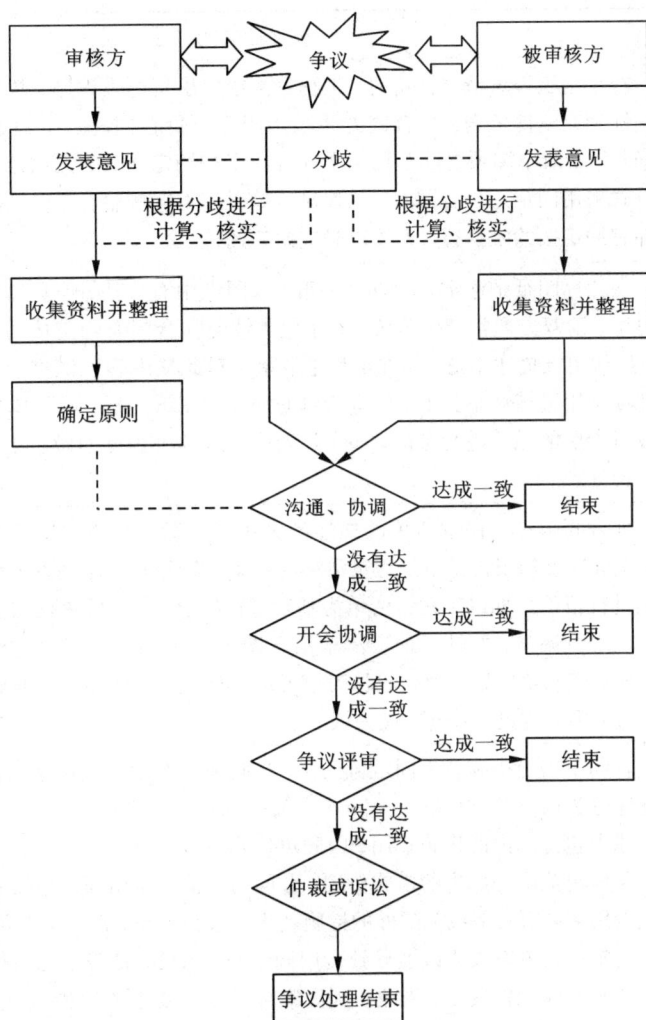

图 6 – 13　竣工结算审核中争议的处理流程

（五）竣工结算常见争议的处理

在工程竣工结算的过程中，由于合同文件中相关条例的矛盾、管理中出现的失误、对定额的理解不一致等，结算方和审计方通常会产生一些争议，争议问题的处理很大程度影响着最后的竣工结算价格，故争议的处理非常重要。

在工程量清单计价模式下常见的争议如表 6 – 14 所示。

表 6 - 14   工程量清单计价模式下常见争议问题处理

常见的争议问题	争议解决的方法
工程量清单误差及漏项	在采用工程量清单计价时,工程量清单应由招标人编制,招标人对工程量清单的准确性和完整性负责,当合同方式采用固定单价合同时。工程量清单误差应据实调整,工程量清单漏项合同及招标文件有约定按约定执行,无约定时应据实调整;当合同方式采用固定总价合同时,工程量清单误差不应调整,工程量清单漏项合同及招标文件有约定按约定执行,无约定时应据实调整。
招标图纸描述不清	在招标图纸中通常会出现某一事项,图纸中有标注,但具体做法描述不清楚,结算时甲、乙双方通常产生争议,对于此类情况如合同有约定按约定执行,如合同无约定,虽然图纸描述不清,但在工程量清单中对此项内容已经进行了细化描述,也不应对此项费用进行调整,如工程量清单的描述与图纸一样,施工单位投标时应按通常做法或可参照的做法进行考虑,如实际做法与这种可预见的做法不一致,结算时可考虑按差价处理。
工程量清单描述与图纸不一致	如合同中对工程量清单的描述与图纸不一致,有约定按约定执行,如无明确约定,应根据投标报价是以工程量清单为基础进行报价,还是以工程量清单结合图纸为基础进行报价。如以工程量清单为基础进行报价,当实际做法与工程量清单描述不一致时应进行调整,如以工程量清单结合图纸为基础进行报价,实际做法如同图纸做法,则不应调整。施工单位投标时应考虑此种风险,但如投标时施工单位对此提出异议,而招标人未进行修正,应另议。
措施费用的调整	合同中约定措施费用固定包死时,措施项目费用调整通常会发生异议,对于此种情况应分为以下几种情况: 原承包范围内的措施费用,因固定包死不应调整费用; 原承包范围外产生的措施费用,合同约定措施费用固定包死应指原承包范围内的措施费用包死,故承包范围外的措施费用应进行调整,调整的单价可参照合同单价; 措施项目方案发生改变导致费用调整的,当投标商务部分与技术部分的措施方案不一致时不应调整费用,当业主提高安全系数而要求改变措施方案时(施工单位措施方案不满足要求除外),费用应考虑调整。
变更后综合单价的组价	由于发生工程变更,原合同综合单价已不适用,需要进行调整,此部分发生争议主要是新增综合单价的组价,新增综合单价的组价原则如合同中有约定按合同约定执行,如合同中无约定,根据清单计价规范的原则。新增综合单价组价的人工、材料、机械费用原投标有的单价应按原单价执行,原投标没有的单价按信息价,信息价没有的甲、乙双方应单独认价,费率应按投标时同专业投标报价时的投标费率执行,消耗量应参考当地的消耗量定。
暂估价调整及暂估价定价不合理	当投标价未按暂估价进行投标报价时,结算时暂估价应按暂估价进行扣除,不应按投标价进行扣减,或只调整暂估价与实际价格的差额部分;当暂估价为直接费单价时。确认的实际价格也应为直接费单价,如确认的实际价格为分包综合单价,调整价格时应按分包综合单价中的直接费单价调整,再计取总包单位的相关管理费用、利润和税金,不应在分包综合单价的基础上计取,避免管理费用、利润、税金重复计取。暂估价未通过招标确认的价格,如严重偏离市场价格,审核时应对此部分价格重新核定,核定的价格依据应充分,核定后应重新办理价格确认书面手续。

续表 6 - 14

常见的争议问题	争议解决的方法
人工、材料、机械价格调整	对于固定价格合同。合同风险范围内的人工、材料、机械价格一般合同中约定不作调整，由于近几年市场价格波动较大，超出了正常风险范围，政府相关部门出台了相关价格调整的指导意见，在处理此部分问题时，应着重于以下几个方面： 部分出台的文件，通常为指导性意见，并非强制执行。甲、乙双方可以参照执行，但并不代表强制执行； 政府部门文件属于部门规章条例，其法律效力不应大于合同，故甲、乙双方如同意调整，应办理补充协议，补充协议的效力大于合同，办理补充协议也与调价文件要求一致； 合同签订时如已明确价格上涨的风险幅度，应按合同执行，不应再作调整； 价格上涨的风险幅度应以招标时的信息价格与施工期的信息价格进行计算，不应以施工期信息价格与投标价格进行计算，工程量应按各阶段实际工程量划分，总工程量不应超过清单工程量； 价格调整部分只计取税金即可。
工期费用索赔及工期奖惩	工期费用索赔主要指由于建设单位要求赶工或手续办理、功能调整引起工程停滞，施工单位对此提出的索赔，此部分费用应给予计算，施工单位应提供相关支撑依据按实际造成的损失计算费用。 合同工期与实际工期产生差异时，应根据合同文件要求或投标书中的承诺进行奖惩，工期延误应有工期延误的相关证明文件，开工日期应按开工报告或施工许可证中载明的时间确定。
合同文件中相关条款出现矛盾	当施工合同与补充协议不一致时，若补充协议已备案应以补充协议为准，若补充协议未备案时应以施工合同为准； 当施工合同与招标文件不一致时，应根据施工合同专用条款中约定的解释顺序，通常约定应以施工合同为准； 当授标文件与招标文件不一致时。应根据施工合同专用条款中约定的解释顺序，业主单位通常在编制时将招标文件的解释顺序放在投标文件之前，此时应以招标文件为准，如合同没有约定清楚应以投标文件为准。

第五节　案例分析

【背景资料】

某施工单位承包了一工程项目。按照合同规定，工程施工从 2003 年 7 月 1 日起至 2003 年 12 月 20 日止，工期共 143 天。在施工合同中，甲乙双方约定：该工程的工程造价为 660 万元人民币，工期五个月，主要材料与构件费占工程造价比重的 60%，预付款为工程造价的 20%，工程实施后，预付款从未施工工程尚需的主要材料及构件的价值相当于预付款数额时起扣，从每次结算工程款中按材料比重扣回，竣工前全部扣清。工程进度款采取按月结算的方式支付，工程保修金为工程造价的 5%，在竣工结算月一次扣留，材料价差按规定上半年上调 10%，在 6 月份一次调增。

双方还约定，乙方必须严格按照施工图纸及相关的技术规定要求施工，工程量由造价工程师负责计量。根据该工程合同的特点，造价工程师提出的工程量计量与工程款支付程序的要点如下：

（1）乙方对已完工的分项工程在 7 天内向监理工程师认证，取得质量认证后，向造价工程师提交计量申请报告。

（2）造价工程师在收到报告后 7 天核实已完工程量，并在计量 24 小时通知乙方，乙方为计量提供便利条件并派人参加。乙方不参加计量，造价工程师可按照规定的计量方法自行计量，结果有效。计量结束后造价工程师签发计量证书。

（3）乙方凭计量认证与计量证书向造价工程师提出付款申请。造价工程师在收到计量申请报告后 7 天内未进行计量，报告中的工程量从第 8 天起自动生效，直接作为工程价款支付的依据。

（4）造价工程师审核申报材料，确定支付款额，向甲方提供付款证明。甲方根据乙方的付款凭证对工程款进行支付或结算。

该工程施工过程中出现的下面几项事件：在土方开挖时遇到了一些工程地质勘探没有探明的孤石，排除孤石拖延了一定的时间；在基础施工过程中遇到了数天的季节性大雨，使得基础施工耽误了部分工期；在基础施工中，乙方为了保证工程质量，在取得在场监理工程师认可的情况下，将垫层范围比施工图纸规定各向外扩大了 10 cm；在整个工程施工过程中，乙方根据监理工程师的指示就部分工程进行了施工变更。

该工程在保修期间内发生屋面漏水，甲方多次催促乙方修理，但是乙方一再拖延，最后甲方只得另请施工单位修理，发生修理费 15000 元。

工程各月实际完成的产值情况如表 6-15 所示。

表 6-15 工程各月实际完成的产值表

月 份	7	8	9	10	11
完成产值/万元	55	110	165	220	110

【问题】

（1）若基础施工完成后，乙方将垫层扩大部分的工程量向造价工程师提出计量要求，造价工程师是否予以批准，为什么？

（2）若乙方就排除孤石和季节性大雨事件向造价工程师提出延长工期与补偿窝工损失的索赔要求，造价工程师是否同意，为什么？

（3）对于施工过程中变更部分的合同价款应按什么原则确定？

（4）工程价款结算的方式有哪几种？竣工结算的前提是什么？

（5）该工程的预付款为多少？预付款起扣点为多少？

（6）若不考虑工程变更与工程索赔，该工程 7 月至 10 月每月应拨付的工程款为多少？11 月底办理竣工结算时甲方应支付的结算款为多少？该工程结算造价为多少？

（7）保修期间屋面漏水发生的 15000 元修理费如何处理？

【知识点】

本案例涉及施工阶段工程造价管理的有关知识点主要为：

（1）预付工程款的概念、计算与起扣点；

（2）工程价款的结算方法、竣工结算的原则与方法；

（3）工程量计量的原则；

（4）工程变更价款的处理原则；

（5）工程索赔的处理原则。

【分析思路与参考答案】

1. 问题一

对于乙方在垫层施工中扩大部分的工程量，造价工程师应不予以计量。因为该部分的工程量超过了施工图纸的要求，也就是超过了施工合同约定的范围，不属于造价工程师计量的范围。

在工程施工中，监理工程师与造价工程师均是受雇于业主，为业主提供服务的，他们只能保证工程质量，在取得在场监理工程师认可的情况下，将垫层范围比施工图纸规定各向外扩大了 10 cm 这一事实，监理工程师认可的是承包商的保证施工质量的技术措施，在业主没有批准追加相应费用的情况下，技术措施费用应由承包商自己承担。

2. 问题二

因为工期延误产生的施工索赔处理原则是：如果导致工程延期的原因是因为业主造成的，承包商可以得到费用补偿与工期补偿；如果导致工程延期的原因是因为不可抗力造成的，承包商仅可以得到工期补偿而得不到费用补偿；导致工程延期的原因是因为承包商自己造成的，承包商将得不到费用与工期的补偿。

关于不可抗力产生后果的承担原则是：事件的发生是不是一个有经验的承包商能够事先估计到的。若事件的发生是一个有经验的承包商应该估计到的，则后果由承包商承担；若事件的发生是一个有经验的承包商无法估计到的，则后果由业主承担。

本案例中对孤石引起的索赔，一是因勘探资料不明导致，二是一个有经验的承包商事先无法估计到的情况，所以造价工程师应该同意。即承包商可以得到延长工期的补偿，并得到处理孤石发生的费用及由此产生窝工的补偿。

本案例中因季节性大雨引起的索赔，因为基础施工发生在 7 月份，而 7 月份阴雨天气属于正常季节性的，这是有经验的承包商预先应该估计的因素，就在合同工期内考虑，因而索赔理由不成立，索赔应予以驳回。

3. 问题三

施工中变更价款的确定原则是：

（1）合同中已有适用于变更工程的价格，按合同已有的价格计算变更合同的价款；

（2）合同中有类似变更工程的价格，可参照类似价格变更合同价款。

（3）合同中没有适用或类似于变更工程的价格，由承包商提出适当的变更价格，造价工程师批准执行，这一批准的变更价格，应与承包商达成一致，否则按合同争议的处理方法解决。

4. 问题四

工程价款结算的方法主要有：

（1）按月结算。即实行旬末或月中预支，月终结算，竣工后清算。

（2）竣工后一次结算。即实行每月月中预支、竣工后一次结算。这种方法主要适用于工期短、造价低的小型工程项目。

（3）分段结算。即按照形象工程进度，划分不同阶段进行结算。该方法用于当年不能竣工的单项或单位工程。

（4）结算双方约定的其他结算方式。

工程竣工结算的前提条件是：承包商按照合同规定内容全部完成所承包的工程，并符合合同要求，经验收质量合格。

5. 问题五

（1）预付款。

根据背景资料知：工程预付款为工程造价的 20% 。由于预付款是在工程开始施工时甲方支付给乙方的，所以计算预付款采用的工程造价应该是合同规定的造价 660 万元，而非实际的工程造价。

$$预付款 = 660 \times 20\% = 132（万元）$$

（2）备料款起扣点。

按照合同规定，工程实施后，预付款从未施工工程尚需的主要构件的价值相当于预付备料款数额时起扣。因此，预付款起扣点可以表述为

预付款起扣点 ＝ 承包工程价款总额 － 预付款/主要材料所占比重

$$= 660 - 132/60\% = 440（万元）$$

6. 问题六

（1）7—10 月每月应拨付的工程款。

若不考虑工程变更与工程索赔，则每月应拨付的工程款按实际完成的产值计算。7—10 月各月拨付的工程款为

1）7 月：应拨付工程款 55 万元，累计拨付工程款 55 万元。

2）8 月：应拨付工程款 110 万元，累计拨付工程款 165 万元。

3）9 月：应拨付工程款 165 万元，累计拨付工程款 330 万元。

4）10 月的工程款为 220 万元，累计拨付工程款 550 万元。550 万元已经大于预付款起扣点 440 万元，因此在 10 月份应该开始扣回预付款。按照合同约定：预付款从每次结算工程款中按材料比重扣回，竣工前全部扣清。则 10 月份应扣回的工程款为

（本月应拨付的工程款 ＋ 以前累计已拨付的工程款 － 预付款起扣点）× 60% ＝（220 + 330 － 440）× 60% ＝ 66（万元）

所以 10 月应拨付的工程款为

220 － 66 ＝ 154（万元）

累计拨付工程款 484 万元。

（2）工程结算总造价。

根据合同约定：材料价差按规定上半年上调 10% ，在 6 月份一次调增。因此

材料价差 ＝ 材料费 × 10% ＝ 660 × 60% × 10% ＝ 39.6（万元）

工程结算总造价 ＝ 合同价 ＋ 材料价差 ＝ 660 ＋ 39.6 ＝ 699.6（万元）

（3）甲方应支付的结算款。

11 月底办理竣工结算时，按合同约定：工程保修金为工程造价的 5% ，在竣工结算月一次扣留。因此甲方应支付的结算款为：

工程结算造价 － 已拨付的工程款 － 工程保修金 － 预付款 ＝ 699.6 － 484 － 699.6 × 5% － 132 ＝ 48.62（万元）

7. 问题七

保修期间出现的质量问题应由施工单位负责修理。在本案例中的屋面漏水属于工程质量问题，由乙方负责修理，但乙方没有履行保修义务，因此发生的 15000 元维修费应从乙方的保修金中扣除。

思考与练习

一、单选题

1. 建设工程项目施工成本管理的组织措施之一是( )。

A. 编制施工成本控制工作流程图

B. 制定施工方案并对其进行分析论证

C. 进行工程风险分析并制定防范性对策

D. 防止和处理施工索赔

2. 施工成本管理的措施中最易为人接受和采用的措施是( )。

A. 组织措施   B. 经济措施

C. 技术措施   D. 合同措施

3. 施工成本管理的目的是( )。

A. 提高劳动生产率   B. 提高施工质量

C. 寻求最大限度的成本节约   D. 减少日常开销

4. 某独立土方工程按《工程量清单计价规范》计价，招标文件中预计工程量 10 万 m^3，合同中规定：土方工程单价 30 元/m^3，当实际工程量超过估计工程量 10% 时，超出部分价格调整为 25 元/m^3。工程完成后实际工程量 12 万 m^3，则该土方工程的结算工程款为( )万元。

A. 355   B. 350   C. 325   D. 300

5. 合同中综合单价因工程量变更需调整时，合同另有约定除外，工程数量有误或设计变更引起的新的工程量增减，属合同约定幅度以内的，其相应综合单价应( )。

A. 执行原有的综合单价   B. 由承包商提出，发包商确认

C. 由工程师提出并确认   D. 由发包商提出，承包商和发包商确认

6. 某工程合同总额 300 万元，合同中约定的工程预付款额度为 15%，主要材料和构配件所占比重为 60%，则该工程预付款的起扣点为( )万元。

A. 135   B. 180   C. 225   D. 255

7. 某工程合同价为 500 万元，合同价的 60% 为可调部分。可调部分中，人工费占 35%，材料费占 55%，其余占 10%。结算时，人工费价格指数增长了 10%，材料费价格指数增长了 20%，其余未发生变化。按调值公式法计算，该工程的结算工程价款为( )万元。

A. 610.00   B. 543.50   C. 511.25   D. 500.00

8. 施工成本控制的步骤中有(1)比较，(2)预测，(3)分析等内容，这三个内容的顺序应该是：

A. (1)—(2)—(3)   B. (2)—(1)—(3)

C. (1)—(3)—(2)   D. (3)—(1)—(2)

9. 在施工成本控制的步骤中，控制工作的核心是（　　）。

A. 预测估计完成项目所需的总费用

B. 分析比较结果以确定偏差的严重性和原因

C. 采取适当措施纠偏

D. 检查纠偏措施的执行情况

10. 某打桩工程合同约定，某月计划完成工程桩120根；单价为1.2万元/根。时值月底，经确认的承包商实际完成的工程桩为110根；实际单价为1.3万元/根，则该工程的计划工作预算费用（$BCWS$）为（　　）万元。

A. 132　　　　　　　　B. 143　　　　　　　　C. 144　　　　　　　　D. 156

11. 项目经理部对竣工工程成本核算的目的是（　　）

A. 考核项目管理绩效　　　　　　　　　　B. 寻求进一步降低成本的途径

C. 考核企业经营效益　　　　　　　　　　D. 分析成本偏差的原因

12. 项目施工准备阶段的成本计划是以项目实施方案为依据，采用（　　）编制而形成的实施性施工成本计划。

A. 概算定额　　　　　B. 单位估价表　　　　　C. 预算定额　　　　　D. 施工定额

13. 施工成本计划通常有三类指标，即（　　）。

A. 拟定工作预算成本指标，已完成工作预算成本指标和成本降低率指标

B. 成本计划的数量指标，质量指标和效益指标

C. 预算成本指标，计划成本指标和实际成本指标

D. 人、财、物成本指标

14. 作为施工企业全面成本管理的重要环节，施工项目成本控制应贯穿于（　　）的全过程。

A. 从项目策划开始到项目开始运营　　　　B. 从项目设计开始到项目开始运营

C. 从项目投标开始到项目竣工验收　　　　D. 从项目施工开始到项目竣工验收

15. 编制施工成本计划时，施工成本可按成本构成分解为人工费、材料费、施工机具使用费（　　）。

A. 措施费和间接费　　　　　　　　　　　B. 直接费和间接费

C. 规费、企业管理费和税金　　　　　　　D. 间接费、利润和税金

16. 某工程施工过程中发生工程变更，合同中有类似变更工程的价格，按施工合同示范文本的规定，则该变更工程可（　　）确定变更价款。

A. 由承包人提出价格，工程师确认后　　　B. 参照合同价格

C. 由承包人提出价格，发包人确认后　　　D. 按合同已有价格

17. 根据《建设工程工程量清单计价规范》，施工过程中如发现图纸设计错误，因修改设计而新增的工程量清单项目，其综合单价应（　　）

A. 由发包人提出，经工程师确认　　　　　B. 由工程师提出，经发包人确认

C. 由承包人提出，经发包人确认　　　　　D. 由发包人提出，经承包人确认

18. 根据《建设工程施工合同（示范文本）》，承包人在工程变更确定后（　　）天内，可提出变更涉及的追加合同价款要求的报告，经工程师确认后相应调整合同价款。

A. 14　　　　　　　　B. 21　　　　　　　　C. 28　　　　　　　　D. 30

19. 施工成本偏差分析可采用不同的表达方法，常用的有(　　)

A. 横道图法、表格法和曲线法 　　B. 网络图法、横道图法和表格法

C. 比较法、因素分析法和差额计算法 　　D. 网络图法、表格法和曲线法

20. 分部分项工程成本分析采用的"三算"对比分析法，其"三算"对比指的是(　　)的比较。

A. 概算成本、预算成本、决算成本 　　B. 预算成本、目标成本、实际成本

C. 月度成本、季度成本、年度成本 　　D. 预算成本、计划成本、目标成本

21. 某工程 10 月份拟完工程计划施工成本 50 万元，已完工程计划施工成本 45 万元，已完工程实际施工成本 48 万元，该工程 10 月底施工成本偏差和进度偏差分别是(　　)。

A. 成本超支 3 万元，进度拖延 5 万元 　　B. 成本超支 3 万元，进度拖延 3 万元

C. 成本节约 2 万元，进度提前 5 万元 　　D. 成本节约 2 万元，进度提前 3 万元

22. 施工成本管理的每一个环节都是相互联系和相互作用的，其中(　　)是成本决策的前提。

A. 成本预测 　　B. 成本计划 　　C. 成本核算 　　D. 成本考核

23. 若按项目组成编制施工成本计划，项目应按(　　)的顺序依次进行分解。

A. 单项工程→单位工程→分部工程→分项工程

B. 单项工程→分部工程→单位工程→分项工程

C. 单位工程→单项工程→分部工程→分项工程

D. 单位工程→单项工程→分项工程→分部工程

24. 某土方工程，计划总工程量为 4800 m³，预算单价为 580 元/m³，计划 6 个月内均衡完成。开工后，实际单价为 600 元/m³。施工至第 3 个月底，累计实际完成工程量 3000 m³。若运用赢得值法分析，则至第 3 个月底的费用偏差为(　　)万元。

A. −34.8 　　B. −6 　　C.6 　　D.34.8

25. 实际费用法是工程费用索赔中最常用的一种计算方法，该方法的计算原则是(　　)。

A. 以承包商为某项索赔工作所支付的实际开支为根据

B. 以承包商为某项索赔工作所支付的含税工程造价为根据

C. 以承包商为某项索赔工作所支付的直接工程费为根据

D. 以承包商为某项索赔工作所支付的直接费为根据

26. 关于建设工程索赔成立的条件说法正确的是(　　)

A. 导致索赔的事件必须是对方的过错，索赔才能成立。

B 只要对方有过错，不管是否造成损失，索赔都成立。

C. 只要索赔事件的事实存在，在合同有效期内任何时候提出索赔都可以成立。

D. 不按照合同规定的程序提交索赔，索赔不能成立。

27. 当发生索赔事件时，按照索赔的程序，承包人首先应(　　)

A. 向政府建设主管部门报告

B. 收集索赔证据、计算经济损失和工期损失

C. 以书面形式向工程师提出索赔意向通知

D. 向工程师提出索赔报告

二、多选题

1. 施工成本控制的依据包括( )
A. 监理规划
B. 监理细则
C. 项目计划
D. 工程承包合同
E. 施工组织设计

2. 常用的建筑安装工程费用的动态结算方法有( )
A. 调值公式法
B. 竣工调价系数法
C. 基期价格调整法
D. 按主材计算价差法
E. 要素比例调价法

3. 施工成本分析的基本方法有( )。
A. 比较法
B. 因素分析法
C. 差额计算法
D. 比率法
E. 曲线法

4. 比率法包括( )
A. 相关比率法
B. 构成比率法
C. 动态比率法
D. 因素比率法
E. 差额比率法

三、案例分析

背景:

某项工程项目业主与承包商签订了工程施工承包合同。合同中估算工程量为 5300 m³,全费用单价为 180 元/m³。合同工期为 6 个月。有关付款条款如下:

(1)开工前业主应向承包商支付估算合同总价 20% 的工程预付款;

(2)业主自第一个月起,从承包商的工程款中,按 5% 的比例扣留质量保证金;

(3)当实际完成工程量增减幅度超过估算工程量的 10% 时,可进行调价,调价系数为 0.9(或 1.1);

(4)每月支付工程款最低金额为 15 万元;

(5)工程预付款从乙方获得累计工程款超过估算合同价的 30% 以后的下一个月起,至第 5 个月均匀扣除。

承包商每月实际完成并经签证确认的工程量如下表所示。

每月实际完成工程量

月 份	1	2	3	4	5	6
完成工程量(m³)	800	1000	1200	1200	1200	500
累计完成工程量(m³)	800	1800	3000	4200	5400	5900

问题:

1. 估算合同总价为多少?

2. 工程预付款为多少? 工程预付款从哪个月起扣留? 每月应扣工程预付款为多少?

3. 每月工程量价款为多少? 业主应支付给承包商的工程款为多少?

266

第七章　工程招标与投标

第一节　工程招标

一、工程招标的概念

工程招标是指招标人在发包工程建设项目之前，依据法定程序，以公开招标或邀请招标的方式鼓励潜在投标人依据招标文件参与竞争，通过评定从中择优选择中标人的一种经济活动。

按照《招标投标法》的规定，这里所指的招标人是提出建设工程招标项目、进行招标的法人或者其他组织。招标人分为两类：一是法人；二是其他组织。需要指出的是《招标投标法》并没有将自然人定义为招标人。法人，是指依法注册登记，具有独立的民事权利能力和民事行为能力，依法享有民事权利和承担民事义务的组织，包括企业法人和机关、事业单位及社会团体法人。其他组织，是指合法成立、有一定组织机构和财产，但又不具备法人资格的组织。如：依法登记领取营业执照的合伙组织、企业的分支机构等。但是并不是所有的法人或者其他组织都是招标人，只有当法人或者其他组织必须具备依法提出招标项目和依法进行招标两个条件后，才能成为招标人。

二、工程招标的条件

按照《招标投标法》第9条规定，"招标项目按照国家有关规定需要履行项目审批手续的，应当先履行审批手续，取得批准。招标人应当有进行招标项目的相应资金或者资金来源已经落实"。按照《招标投标法实施条例》第7条规定，"按照国家有关规定需要履行项目审批、核准手续的依法必须进行招标的项目，其招标范围、招标方式、招标组织形式应当报项目审批、核准部门审批、核准。项目审批、核准部门应当及时将审批、核准确定的招标范围、招标方式、招标组织形式通报有关行政监督部门"。概括来说，即履行项目审批手续和落实资金来源是招标项目进行招标前必须具备的两项基本条件。

（一）履行项目审批手续

对招标项目需要履行审批、核准的规定，包括两个方面：

首先，建设项目本身是否按现行项目审批管理制度办理了手续、取得了批准；招标人和招标代理机构必须按相关主管部门项目审批制度规定，检查招标的项目是否需要或是否已经履行了规定的审核手续，而且得到了批准，否则不得招标。

其次，对依法必须招标项目是否按规定申报了招标事项的核准手续。依法必须招标的工程建设项目，按照工程建设项目审批管理规定，凡应报送项目审批部门审批的，必须在报送项目可行性报告中增加有关招标的内容，这些内容主要包括招标的范围、招标的方式、招标的组织形式和其他相关内容。

（二）资金或资金来源已经落实

招标人应当有进行招标项目的相应的资金或者资金来源已经落实，并在招标文件中如实载明。这里需要特别指出的是资金来源已经落实，并不是说资金已经到位，只要招标人已经有充足的依据来证明工程项目的资金来源已经得到解决即可，如在某工程建设筹备阶段，银行已经承诺贷款，并与招标人签订了贷款协议但是贷款还未发放，这种情况就可以认定为资金来源已经落实。在招标文件中如实载明，是为了投标人了解掌握这方面的真实情况，作为其是否参加投标的决策依据。

具体来说，《工程建设施工招标投标办法》（30 号令）第 8 条规定了依法必须招标的工程建设项目，应当具备下列条件才能进行施工招标：

（1）招标人已经依法成立；

（2）初步设计及概算应当履行审批手续的，已经批准；

（3）有相应资金或资金来源已经落实；

（4）有招标所需的设计图纸及技术资料。

（《工程建设项目货物招标投标办法》（27 号令）第 8 条也规定，依法必须招标的工程建设项目，应当具备下列条件才能进行货物招标：

（1）招标人已经依法成立；

（2）按照国家有关规定应当履行项目审批、核准或者备案手续的，已经审批、核准或者备案；

（3）有相应资金或者资金来源已经落实；

（4）能够提出货物的使用与技术要求。

三、工程招标的范围

（一）工程项目强制招标的范围

按照《招标投标法》第 3 条规定："中华人民共和国境内进行下列工程建设项目包括项目的勘察、设计、施工、监理以及与工程建设有关的重要设备、材料等的采购，必须进行招标：

（1）大型基础设施、公用事业等关系社会公共利益、公众安全的项目；

（2）全部或者部分使用国有资金投资或者国家融资的项目；

（3）使用国际组织或者外国政府贷款、援助资金的项目。

以上项目并不是不分具体情况均必须进行招标，按照《工程建设项目招标范围和规模标准》第 7 条规定，在规定范围内的各类工程建设项目，包括项目的勘察、设计、施工、监理以及与工程建设有关的重要设备、材料等的采购，达到下列标准之一的，必须进行招标：

（1）施工单项合同估算价在 200 万元人民币以上的；

（2）重要设备、材料等货物的采购，单项合同估算价在 100 万元人民币以上的；

（3）勘察、设计、监理等服务的采购，单项合同估算价在 50 万元人民币以上的；

（4）单项合同估算价低于第（1）、（2）、（3）项规定的标准，但项目总投资额在 3000 万元人民币以上的。

需要指出的是，上述标准是工程建设项目强制招标的最低标准，各个地区各部门在制定本地区或者本部门招标标准时可以参照以上标准制定，但是不得低于上述标准，另外，任何单位或者个人不得将依法必须招标的项目化整为零或者以其他任何方式规避招标。

（二）工程项目可以不进行招标的范围

按《工程建设项目施工招标投标办法》第12条规定，依法必须进行施工招标的工程建设项目有下列情形之一的，可以不进行施工招标：

（1）涉及国家安全、国家秘密、抢险救灾或者属于利用扶贫资金实行以工代赈需要使用农民工等特殊情况，不适宜进行招标；

（2）施工主要技术采用不可替代的专利或者专有技术；

（3）已通过招标方式选定的特许经营项目投资人依法能够自行建设；

（4）采购人依法能够自行建设；

（5）在建工程追加的附属小型工程或者主体加层工程，原中标人仍具备承包能力的，并且其他人承担将影响施工或者功能配套要求；

（6）国家规定的其他情形。

对不需要审批但属于依法必须招标的工程建设项目，有上述规定情形之一的，可以不进行施工招标。

四、招标方式

按照《招标投标法》第10条规定：招标分为公开招标和邀请招标。

（一）公开招标

公开招标，是指招标人以招标公告的方式邀请不特定的法人或者其他组织投标。即招标人按照法定程序，在指定的报刊、电子网络和其他媒介上发布招标公告，向社会公众明示其招标项目要求，吸引众多潜在投标人参加投标竞争，招标人按事先规定的程序和办法从中择优选择中标人的招标方式。

公开招标是我国目前采取的最主要的招标方式，其优点包括：

（1）招标人有较大的选择范围；

（2）有助于在建筑市场交易活动中投标人开展全面的竞争；

（3）能最大化地保证工程质量、缩短工期降低工程造价。

同时，招标也有一定的缺点，主要表现在：

（1）招标人工作量大；

（2）招标成本高；

（3）社会成本高。

所以，公开招标也被称之为"无限竞争性招标"，这里所谓的"无限"特指投标人的数量不受限制，即凡是满足招标人各项要求的投标人均可以参加工程项目的投标。

（二）邀请招标

邀请招标，是指招标人以投标邀请书的方式邀请特定的法人或者其他组织投标。即招标人通过市场调查，根据承包商或供应商的资信、业绩等条件，选择一定数量法人或其他组织（不能少于3家），向其发出投标邀请书，邀请其参加投标竞争，招标人按事先规定的程序和办法从中择优选择中标人的招标方式。所以，邀请招标也被称之为"有限竞争性招标"，这里所谓的"有限"特指投标人的数量受到限制，即只有收到招标人发出的投标邀请书并且各项条件均满足招标人要求的投标人方可参加工程项目的投标。

按照《招标投标法》第11条规定："国务院发展计划部门确定的国家重点项目和省、自治区、直辖市人民政府确定的地方重点项目不适宜公开招标的，经国务院发展计划部门或者省、自治区、直辖市人民政府批准，可以进行邀请招标。这条规定表明：重点项目都应当公开招标；不适宜公开招标的，经批准也可采用邀请招标。这说明对于邀请招标的方式并不能随意地使用，国家有关部门根据项目的特点对邀请招标的条件作出了规定：

例如，按《工程建设项目施工招标投标办法》第11条规定，依法必须进行公开招标的项目，有下列情形之一的，可以邀请招标：

（1）项目技术复杂或有特殊要求，或者受自然地域环境限制，只有少量潜在投标人可供选择；

（2）涉及国家安全、国家秘密或者抢险救灾，适宜招标但不宜公开招标；

（3）采用公开招标方式的费用占项目合同金额的比例过大。

有前款第二项所列情形，属于本办法第10条规定的项目，由项目审批、核准部门在审批、核准项目时作出认定；其他项目由招标人申请有关行政监督部门作出认定。

相比较公开招标，采用邀请招标方式具有减少招标人工作量、降低招标组织费用、节约社会成本的优点，但是，由于采用了投标邀请书的方式邀请投标人，所以很有可能排斥了一些招标人未知但实力较强的潜在投标人；由于事先限定了投标人的数量，导致不能够开展全面竞争，招标人选择范围小，进而也很难将质量、工期、造价最优化。所以《中华人民共和国招标投标法实施条例》规定：国有资金占控股或主导地位的依法必须进行招标的项目，应当公开招标。

五、招标的组织形式

招标组织形式分为委托招标和自行招标。依法必须招标的项目经批准后，招标人根据项目实际情况需要和自身条件，可以自主选择招标代理机构进行委托招标；如具备自行招标的能力，按规定向主管部门备案同意后，也可进行自行招标。

（一）委托招标

按照《招标投标法》第12条规定，"招标人有权自行选择招标代理机构，委托其办理招标事宜。任何单位和个人不得以任何方式为招标人指定招标代理机构"。这说明招标人有权自主选择招标代理机构，不受任何单位和个人的影响和干预。任何单位包括招标人的上级主管部门和个人都不得以任何方式，为招标人指定招标代理机构。

（二）自行招标

自行招标，是指招标人依靠自己的能力，依法自行办理和完成招标项目的招标任务。根据《招标投标法》第12条规定"招标人具有编制招标文件和组织评标能力的，可以自行办理招标事宜"。也就是说，招标人自行招标，应当具备法律所规定的编制招标文件和组织评标的能力。《工程建设项目自行招标试行办法》第4条对招标人自行招标的能力作出了具体规定：

（1）具有项目法人资格（或者法人资格）；

（2）具有与招标项目规模和复杂程度相适应的工程技术、概预算、财务和工程管理等方面专业技术力量；

（3）有从事同类工程建设项目招标的经验；

（4）拥有 3 名以上取得招标职业资格的专职招标业务人员；

（5）熟悉和掌握招标投标法及有关法规规章。

六、建设工程项目招标的分类

（一）按招标的对象分类

建设工程招标的对象，是指建设工程招标的客体，即标的物，如：某住宅楼工程的勘察、设计、监理、施工、物资采购等，按照招标对象的不同，建设工程招标可分为五类，即：工程项目开发招标、勘察招标、设计招标、工程监理招标、施工招标和工程建设物资采购招标。这是由建筑产品交易生产过程出于不同阶段所决定的，其中工程施工招标在各类招标中数量大、范围广、价值高、招标过程复杂，是最典型的建设工程招标。

（二）按招标的地域范围分类

按照招标地域范围的不同，通常将建设工程招标分为国内招标和国际招标。

国内招标指在工程采购国范围内招标人制定标的物的条件和要求，公开或邀请国内符合投标条件的投标人参加投标，并按照规定程序从中选择交易对象的一种市场交易行为。中国大陆国内招标项目仅面向我国境内（不包括香港、澳门和台湾）的投标人。

国际招标指在国际相适应的领域范围内公开标的物的条件和要求，国际上符合投标条件的众多投标人均可参加投标，并按照规定程序从中选择交易对象的一种市场交易行为。例如世界银行、亚洲开发银行均规定若采用这些银行的贷款进行工程建设，则招标应面向其所有成员国，国外一些政府也规定若他国采用本国政府贷款进行工程建设，则贷款国招标时不得排斥本国具有相应资质和能力的投标人参与投标。

（三）按工程承包的范围分类

按照工程承包的范围分类，通常将建设工程招标分为工程施工招标和工程总承包招标。

（1）工程施工招标。工程建设项目招标人通过招标选择具有相应工程施工承包资质的企业，按照招标要求对工程建设项目的施工、试运行（竣工验收）等实行承包，并承担工程建设项目施工质量、进度、造价、安全等控制责任和相应的风险责任。

工程施工招标按照招标的内容不同进一步分为施工总承包招标和专项工程承包招标。

工程施工总承包招标是将整个工程的施工看成一个完整的整体而进行发包，不区分各个专业工程项目。中标人作为总承包商负责协调完成整个工程项目的施工工作，专业工程项目可以由总承包人负责进行分包招标，也可由招标人指定分包商，但指定的分包商应征得总承包的同意并由总承包商负责统一管理。这里需要指出的是：按照建设工程相关法规的规定，主体工程必须由总承包商独立施工，不得分包。

专项工程承包招标是指招标人首先在招标开始之前将建设工程项目划分为若干个专项工程分别发包，中标的投标人各自与招标人签订专项工程施工合同，由招标人或招标人聘请的项目管理公司代理招标人进行统一的协调管理。

（2）工程总承包招标。工程建设项目招标人通过招标选择具有相应工程设计或施工承包资质的企业，在其资质等级许可的承包范围内，按照招标要求对工程建设项目的设计、采购、施工、试运行（竣工验收）等实行全部或部分任务的总承包，全面负责工程建设项目建设总体协调、管理，并承担工程建设项目质量、进度、造价、环境、安全等控制责任和相应的风险。工程总承包招标主要以"投标报价竞争的合理性、工程总承包技术管理方案的可行性、工程技术经济和管理能力及信誉可靠性"作为选择中标人的综合评标因素。工程总承包的主要方式有：设计采购施工(EPC)/交钥匙总承包、设计—施工总承包(D+B)等。

七、招标文件

招标文件是招标人向投标人发出的旨在向其提供为编写投标文件所需的资料，并向其通报招标投标将依据的规则、标准、方法和程序等内容的书面文件。按照《招标投标法》第19条规定："招标人应当根据招标项目的特点和需要编制招标文件。招标文件应当包括招标项目的技术要求、对投标人资格审查的标准、投标报价要求和评标标准等所有实质性要求和条件以及拟签订合同的主要条款。"

投标人主要通过招标文件来了解工程项目的具体内容以及招标人对工程项目的要求。并通过对招标文件的研究来制定自己的投标策略。所以，编制好招标文件，直接关系着工程实施过程的成败，编制招标文件是招标人在组织整个招标投标过程中最重要和最关键的工作之一。

由于不同招标工程往往其规模、专业特点、发包的工作范围不同，所以招标文件的内容也不尽相同。为了能使投标人在招标阶段明确自己的义务、合理预见实施阶段的风险而进行投标，按照《工程建设项目施工招标投标办法》的规定，招标文件必须包括以下内容：

(1)招标公告或投标邀请书；

(2)投标人须知(含投标报价和对投标人的各项投标规定与要求)；

(3)拟签订合同主要条款和合同格式；

(4)投标文件格式；

(5)采用工程量清单招标的，应当提供工程量清单；

(6)技术条款(含技术标准、规格、使用要求以及图纸等)；

(7)评标标准和评标方法；

(8)附件和与其他要求投标人提供的材料。

八、招标控制价

招标控制价是《建设工程量清单计价规范》(GB 50500—2013)修订中新增加的专业术语。是指招标人根据国家或省级、行业建设行政主管部门颁发的有关计价依据和办法，按设计施工图纸计算的，对招标工程限定的最高工程造价，也称为拦标价、预算控制价或最高报价。凡是高于招标控制价的投标报价招标人应予以拒绝。

对招标人来说，招标控制价是招标人控制工程造价，保障招标成功的有效手段。对投标人来说，招标控制价是其投标报价的上限，直接关系到投标人采取什么样的报价策略。所以说，招标控制价编制的科学与否，准确与否，直接关系到招投标活动的成败。以致可以影响整个建设项目的成效。

根据《建设工程量清单计价规范》(GB 50500—2013)的规定：国有资金投资的工程建设项目应实行工程量清单招标，并应编制招标控制价。所以，招标控制价的编制采用工程量清单计价法编制，编制的各项内容均应符合《建设工程量清单计价规范》(GB 50500—2013)中关于工程量清单计价的编制要求，一般而言，招标控制价往往由具有编制能力的招标人，或受其委托具有相应资质和能力的工程造价咨询单位编制，并成为工程招标文件的重要组成部分，其编制依据包括：

(1)《建设工程量清单计价规范》(GB 50500—2013)；

(2)国家或省级、行业建设主管部门颁发的计价定额和计价办法；

(3)建设工程设计文件及相关资料；

(4)招标文件中的工程量清单及有关要求；

(5)与建设项目相关的标准规范、技术资料；

(6)工程造价管理机构发布的工程造价信息，工程造价信息没有发布时，参照市场价；

(7)其他相关资料。

招标控制价的构成也与工程量清单计价一致，主要由分部分项工程费、措施项目费、其他项目费、规费和税金组成。投标人获得招标文件后若发现招标控制价未按照工程量清单计价法进行编制，有权向主管工程招标的建设主管部门投诉。

招标控制价一旦作为招标文件的组成部分出售给投标人之后，不允许招标人再对其价格进行上调或下浮，招标人应将招标控制价及有关资料报送工程所在地工程造价管理机构备查。招标控制价超过批准的概算时，招标人应将其报原概算审批部门审核。由于招标控制价是工程最高工程造价，所以投标人的投标报价若高于招标控制价的，其投标应予拒绝。

第二节　工程投标

一、工程投标的概念

工程投标是指具有合法资格和承担工程项目实施的投标人，根据招标文件，在指定期限内填写标书，提出报价并等候开标，决定能否中标的一种经济活动。

按照《招标投标法》规定，上面所指的投标人是指响应招标、参加投标竞争的法人或者其他组织。工程上也不允许自然人作为投标人参与建设工程投标，所以建设工程上投标人也分为两类：一是法人；二是其他组织。同招标人一样，但是并不是所有的法人或者其他组织都是投标人。法人、其他组织必须具备响应招标和参与投标竞争两个条件后，才能成为投标人。

二、投标人的资格条件

法人或者其他组织响应招标、参加投标竞争，是成为投标人的一般条件。要想成为建设工程合格的投标人，《工程建设项目施工招标投标办法》第20条规定了投标人参加工程建设项目施工投标应当具备以下五个条件：

(1)具有独立订立合同的权利。

(2)具有履行合同的能力，包括：投标人专业资质、技术资格和能力，资金和财务状况，设备和其他物质设施状况，组织管理能力，经验、信誉等。

(3)没有处于被责令停业，投标资格被取消，财产被接管或冻结，处于破产状态。

(4)在最近3年内没有骗取中标和严重违约及重大质量问题。

(5)国家规定的其他资格条件。

三、投标文件

投标文件是投标人依据招标文件中招标人的规定和要求，对自己在本工程项目中拟组建的项目管理组织机构、拟投入的资源设备、拟采用的施工方法与措施、完成工程项目所需要的时间及报价等所制定的响应文件。

《工程建设项目施工招标投标办法》第36条规定，投标人应当按照招标文件的要求编制投标文件。投标文件应当对招标文件提出的实质性要求和条件作出响应。这里所指的实质性要求和条件主要包括：工期、质量、费用、技术标准、合同主要条款等，所以，响应招标文件的要求是投标文件编制的基本前提。投标人应在编制投标文件之前认真研究、正确理解招标文件的全部内容，并按要求编制投标文件。

投标文件一般包括下列内容：

（1）投标函；

（2）投标报价；

（3）施工组织设计；

（4）商务和技术偏差表。

投标人根据招标文件载明的项目实际情况，拟在中标后将中标项目的部分非主体、非关键性工作进行分包的，应当在投标文件中载明。

《招标投标法》第27条规定，招标项目属于建设施工的，投标文件的内容应当包括拟派出的项目负责人与主要技术人员的简历、业绩和拟用于完成招标项目的机械设备等。

四、投标的要求与规定

（一）投标函及投标函附录

建设工程投标函及其附录是指投标人按照招标文件的条件和要求，向招标人提交的有关报价、质量目标等承诺和说明的函件，是投标人为响应招标文件相关要求所做的概括性函件，一般位于投标文件的首要部分，其内容、格式必须符合招标文件的规定。

工程投标函包括投标人告知招标人本次所投的项目具体名称和具体标段，以及本次投标的报价、承诺工期和达到的质量目标等。投标函附录一般附于投标函之后，共同构成合同文件的重要组成部分，主要内容是对投标文件中涉及关键性或实质性的内容条款进行说明或强调。投标人填报投标函附录时，在满足招标文件实质性要求的基础上，可以提出比招标文件要求更有利于招标人的承诺。

（二）法定代表人身份证明或其授权委托书

在招标投标活动中，法定代表人代表法人的利益行使职权，全权处理一切民事活动。因此，法定代表人身份证明十分重要，用以证明投标文件签字的有效性和真实性。法定代表人身份证明应加盖投标人的法人印章。

若投标人的法定代表人不能亲自签署投标文件进行投标，则法定代表人需编制法人代表授权委托书，授权代理人全权代表其在投标过程和签订合同中执行一切与此有关的事项。授权委托书一般规定代理人不能再次委托，即代理人无转委托权。法定代表人应在授权委托书上亲笔签名。根据招标项目的特点和需要，也可以要求投标人对授权委托书进行公证。

（三）投标保证金

投标保证金，是指为了避免因投标人投标后随意撤回、撤销其投标文件或随意变更应承担相应的义务给招标人和招标代理机构造成损失而要求投标人提交的担保。

显而易见，招标人规定投标人提交投标保证金是从保护自己的利益角度出发的，招标人需要耗费大量的时间与资金来组织招标，进行开标、评标、定标并与中标人签订合同，若在这个过程中投标人擅自放弃投标，尤其是中标人在签订合同这一最后环节上放弃投标，那么招标人的损失将是巨大的，因此招标人通过规定投标保证金的方法来约束投标人完成整个招标过程直至合同签订完毕。所以投标保证金是投标文件的必需要件，是招标文件的实质性要求，投标保证金不足、无效、迟交、有效期不足或者形式不符合招标文件要求等情形，均将构成实质性不响应而被拒绝。

关于投标保证金的金额，我国相关法律法规也有明确的要求，其中《工程建设项目施工招标投标办法》和《工程建设项目货物招标投标办法》均规定，投标保证金不得超过招标项目估算价的 2%，但最高不得超过 80 万元人民币；《中华人民共和国招标投标法实施条例》规定，投标保证金不得超过招标项目估算价的 2%。

（四）投标准备期与投标有效期

1. 投标准备期

投标准备期是指招标人应当给予投标人购买分析招标文件，详细了解准备招标工程项目的情况，填报投标文件的合理时间。

《招标投标法》第 24 条、《工程建设项目施工招标投标办法》第 31 条规定，招标人应当确定投标人编制投标文件所需要的合理时间；但是，依法必须进行招标的项目，自招标文件开始发出之日起至投标人提交投标文件截止之日止，最短不得少于 20 日。也就是说，对于依法必须招标的项目，投标准备期最少为 20 日。值得说明的是，《招标投标法》第 29 条、《工程建设项目施工招标投标办法》第 39 条规定，"投标人在招标文件要求提交投标文件的截止时间之前，可以补充、修改、替代或者撤回已提交的投标文件，并书面通知招标人。补充、修改的内容为投标文件的组成部分"。这说明在投标准备期内，投标人有权自由决定撤回、修改、变更投标文件甚至放弃工程投标，投标文件对投标人并无法律约束力，招标人不得因此而没收投标人的投标保证金。

2. 投标有效期

所谓投标有效期，是指招标文件中规定一个适当的有效期限，在此期限内投标文件对投标人具有法律约束力。

《工程建设项目施工招标投标办法》第 40 条规定，在提交投标文件截止时间后到招标文件规定的投标有效期终止之前，投标人不得撤销其投标文件。否则招标人可以不退还其投标保证金。《工程建设项目施工招标投标办法》第 29 条第一款规定："招标文件应当规定一个适当的投标有效期，以保证招标人有足够的时间完成评标和与中标人签订合同。"投标有效期从招标文件规定的提交投标文件截止之日起计算。对于建设工程项目，投标有效期一般不低于 30 日。

另外，《工程建设项目施工招标投标办法》第 37 条规定，投标保证金有效期应当与投标有效期一致。招标项目的评标和定标活动应当在投标有效期结束日 30 个工作日前完成，如不能完成则招标人应当通知所有投标人延长投标有效期并要求投标人延长投标保证金有效期。

（五）对投标人参与投标的限制性规定

招标投标活动应当遵循公开、公平、公正和诚实信用的原则。禁止投标人以不正当竞争行为破坏招投标活动的公正性，损害国家、社会及他人的合法权益。根据《招标投标法》的规定，此类行为主要包括：

（1）投标人之间相互串通投标报价，排挤其他投标人的公平竞争，损害招标人或者其他投标人的合法权益；

（2）与招标人串通投标，损害国家利益、社会公共利益或者他人的合法权益；

（3）以向招标人或者评标委员会成员行贿的手段谋取中标；

（4）以低于成本的报价竞标；

（5）以他人名义投标或者以其他方式弄虚作假，骗取中标。

同时，《工程建设项目施工招标投标办法》第35条规定，在工程建设项目施工招标时，招标人的任何不具独立法人资格的附属机构（单位），或者为招标项目的前期准备或者监理工作提供设计、咨询服务的任何法人及其任何附属机构（单位），都无资格参加该招标项目的投标。

五、联合体投标

所谓联合体投标，是由两个或两个以上法人或者其他组织发挥各自优势，联合组成一个投标人参与建设工程项目投标的一种模式。联合体投标是招标投标活动中一种特殊的投标形式，常见于一些大型复杂的项目，这些项目单靠单一投标人的能力不可能独立完成或者能够独立完成的单一投标人数量极少，投标人通常组成联合体形式参与投标，以增强投标竞争力。多名投标人以联合体的名义参与招标，成为填补企业资源和技术缺口，提高企业竞争力以及分散、降低企业经营风险，适应当前市场环境的一种良好方式。

在建设工程投标过程中，为了便于投标和合同执行，联合体所有成员共同签署联合体协议书，指定联合体一方作为联合体的牵头人或代表，并授权牵头人代表所有联合体成员负责投标和合同实施阶段的主办、协调工作。联合体协议书的内容主要包括：联合体成员的数量；牵头人和成员单位名称；联合体协议中牵头人的职责、权利及义务；联合体内部分工；各方签署和盖章。

联合体投标是招标投标活动的一种特殊的投标形式，在实际操作过程中应注意以下几点问题：

（1）联合体对外以一个投标人的身份共同投标，联合体中标的，联合体各方应当共同与招标人签订合同，就中标项目向招标人承担连带责任。

（2）组成联合体投标是联合体各方的自愿行为，招标人不得强制投标人组成联合体共同投标。《工程建设施工招标投标办法》第70条规定，招标人强制要求投标人组成联合体共同投标的，有关行政监督部门责令改正，可处1万元以上5万元以下罚款。

（3）《工程建设施工招标投标办法》第42条第一款规定，联合体各方签订共同投标协议后，不得再以自己的名义单独投标，也不得组成新的联合体或参加其他联合体在同一项目中投标。也就是说，联合体各方在同一招标项目中以自己名义单独投标或者参加其他联合体投标的，相关投标均无效。

（4）《招标投标法实施条例》第37条规定："招标人应当在资格预审公告、招标公告或者投标邀请书中载明是否接受联合体投标。招标人接受联合体投标并进行资格预审的，联合体应当在提交资格预审申请文件前组成。资格预审后联合体增减、更换成员的，其投标无效。

（5）《招标投标法》第31条规定，联合体各方均应当具备承担招标项目的相应能力；国家有关规定或者招标文件对投标人资格条件有规定的，联合体各方均应当具备规定的相应资格条件。由同一专业的单位组成的联合体，按照资质等级较低的单位确定资质等级。

如在三个相同专业的投标人组成的联合体中，有两个是甲级资质等级，有一个是乙级，则这个联合体只能定为乙级。本条之所以这样规定，是促使资质优等的投标人组成联合体，防止出现低资质成员借用高资质成员的资质等级承揽自己无能力实施的工程项目，保证招标质量。

（6）联合体中标，按照联合体协议书所规定的内部分工，各自按资质类别等级的许可范围承担工作，坚决禁止联合体中任何成员以联合体的名义向其他成员转包本应由自己完成的工程内容。

（7）《工程建设施工招标投标办法》第45条规定，联合体投标的，应当以联合体各方或者联合体中牵头人的名义提交投标保证金。以联合体中牵头人名义提交的投标保证金，对联合体各成员具有约束力。

（8）对联合体各方承担项目能力的评审以及资质的认定，要求联合体所有成员均应按照招标文件的相应要求提交各自的资格审查资料。

第三节　工程开标

一、开标的概念

开标是招标投标活动的一项重要组成部分，是指招标人在投标截止时间的同一时间，按照招标文件预先载明的开标时间和开标地点，邀请所有投标人参加，公开宣布全部投标人的名称、投标价格及投标文件中其他主要内容，使招标投标当事人了解各个投标的关键信息，并且将相关情况记录在案的一项公开活动。

招标人应在招标文件中阐明开标的时间和开标的地点，并对投标人参加开标会议的要求和开标的程序进行清晰的表述，招标人在开标前做好周密的组织。所以开标的时间、地点、程序、内容和要求均为招标文件的组成部分，一般不得改变，如特殊原因而需要变更，则应按招标文件的约定，及时以书面的形式发函通知所有参与招标的投标人（潜在投标人）。

二、开标的时间

《工程建设施工招标投标办法》第49条规定："开标应当在招标文件确定的提交投标文件截止时间的同一时间公开进行。开标地点应当为招标文件中确定的地点。投标人对开标有异议的，应当在开标现场提出，招标人应当当场作出答复，并制作记录。"

实际操作过程中，投标人往往在投标有效期即将结束时到达招标文件所规定的开标地点，在投标准备期到期的同时，招标人打开事先已布置完成的开标现场，开标会随即开始。所以如此，是为了杜绝招标人和个别投标人非法串通，在投标文件截止时间之后，视其他投标人的投标情况，修改个别投标人的投标文件，从而损害国家和其他投标人利益。招标人（或招标人委托的招标代理机构）必须按照招标文件中的规定，按时开标，不得擅自提前或拖后开标，更不能不开标就进行评标。

三、开标的主要参与人

《招标投标法》第 35 条规定："开标由招标人主持，邀请所有投标人参加。"所以，开标的主要参与人即为招标人和所有参加投标并向招标人递交投标书的投标人。

开标的主持人为招标人，若建设工程项目采用的是委托招标的招标方式，则开标的主持人为招标人授权的招标代理机构，成功向招标人递交了投标文件的投标人或其授权代表人有权自主决定是否参加开标会。这就是说：招标人邀请所有投标人参加开标是法定的义务，投标人自主决定是否参加开标会是法定的权利。招标人不得以投标人未及时参加开标会而否决投标人的投标，但是若投标人不参加开标会，则视为默认开标结果，投标人事后不得对开标过程和结果提出异议。

除了招标人与投标人之外，为了保证开标的顺利进行及开标的公平公正，根据项目的不同情况，招标人可以邀请除投标人以外的其他方面相关人员参加开标。根据《招标投标法》第 36 条的规定，招标人可以委托公证机构对开标情况进行公证。在实际的招标投标活动中，招标人经常邀请行政监督部门、纪检监察部门等参加开标，对开标程序进行监督。

四、其他注意事项

（1）投标文件密封不符合招标文件要求，招标人不予受理，在截标时间前，应当允许投标人在投标文件接收场地之外自行更正修补。在投标截止时间后递交的投标文件，招标人应当拒绝接收。

（2）《招标投标法实施条例》第 44 条规定，"招标人应当按照招标文件规定的时间、地点开标。投标人少于 3 个的，不得开标；招标人应当重新招标。投标人对开标有异议的，应当在开标现场提出，招标人应当当场作出答复，并制作记录"。

（3）依据投标函及投标函附录（正本）唱标，其中投标报价以大写金额为准。

（4）开标时，开标工作人员应认真核验并如实记录投标文件的密封、标识以及投标报价、投标保证金等开标、唱标情况，发现投标文件存在问题或投标人自己提出异议的，特别是涉及影响评标委员会对投标文件评审结论的，应如实记录在开标记录上。但招标人不应在开标现场对投标文件是否有效做出判断和决定，应递交评标委员会评定。

第四节　工程评标

一、评标的概念

所谓评标，是指按照规定的评标标准和方法，对各投标人的投标文件进行评价比较和分析，从中选出最佳投标人的过程。评标是招标投标活动中十分重要的阶段，评标是否真正做到公平、公正，决定着整个招标投标活动是否公平和公正；评标的质量决定着能否从众多投标竞争者中选出最能满足招标项目各项要求的中标者。

二、评标委员会的组成

评标委员会独立评标，是我国招标投标活动中重要的法律制度。评标委员会不是常设机构，需要在每个具体的招标投标项目中，临时依法组建。招标人是负责组建评标委员会的主体。实际招标投标活动中，也有招标人委托其招标代理机构承办组建评标委员会具体工作的情况。大体来说，主要包括以下人员：

（1）招标人的代表；

（2）相关技术方面的专家；

（3）经济方面的专家。

此外，根据招标项目的不同情况，招标人还可聘请除技术专家和经济专家以外的其他方面的专家参加评标委员会。比如，对一些大型的或国际性的招标项目，还可聘请法律方面的专家参加评标委员会，以对投标文件的合法性进行审查把关。

《评标委员会和评标方法暂行规定》第 8 条规定："评标委员会由招标人负责组建。评标委员会成员名单一般应于开标前确定，评标委员会成员名单在中标结果确定前应当保密。"《评标委员会和评标方法暂行规定》第 9 条规定："评标委员会由招标人或其委托的招标代理机构熟悉相关业务的代表，以及有关技术、经济等方面的专家组成，成员人数为五人以上单数，其中技术、经济等方面的专家不得少于成员总数的三分之二。评标委员会设负责人的，评标委员会负责人由评标委员会成员推举产生或者由招标人确定。评标委员会负责人与评标委员会的其他成员有同等的表决权"。若评标委员会成员人数比出现小数时，技术经济方面专家人数应向上取整，招标人代表应向下取整，如组建 7 人的评标委员会，其中招标人代表不得超过 2 人，专家不少于 5 人。这样以保证各方面专家的人数在评标委员会成员中占绝对多数，充分发挥专家在评标活动中的权威作用，保证评审结论的科学性、合理性。同时，若评标委员会成员人数过少，不利于集思广益，从经济、技术各方面对投标文件进行全面的分析比较，以保证评审结论的科学性、合理性。当然，评标委员会成员人数也不宜过多，否则会影响评审工作效率，增加评审费用。要求评审委员会成员人数须为单数，以便于在各成员评审意见不一致时，可按照多数通过的原则产生评标委员会的评审结论，推荐中标候选人或直接确定中标人。

三、评标专家

（一）评标专家的资格

评标专家应符合《招标投标法》《评标委员会和评标方法暂行规定》和《评标专家和评标专家库管理暂行办法》规定的条件：

（1）从事相关专业领域工作满 8 年并具有高级职称或同等专业水平；

（2）熟悉有关招标投标的法律法规，并具有与招标项目相关的实践经验；

（3）能够认真、公正、诚实、廉洁地履行职责。

（二）评标委员会评标专家的选取方法

《房屋建筑和市政基础设施工程施工招标投标管理办法》第 36 条规定："评标委员会的专家成员，应当由招标人从建设行政主管部门及其他有关政府部门确定的专家名册或者工程招标代理机构的专家库内相关专业的专家名单中确定。"

评标专家的选择方式为：一般招标项目可以采取随机抽取方式，特殊招标项目可以由招标人直接确定。评标委员会的专家名单在中标结果确定前应当保密。对于一般建设工程项目，招标人一般在评标开始前一天从相应专家库中抽取评标专家，并电函所抽中的评标专家准时参加评标，若所抽中的评标专家确实无法参加评标时，招标人应继续抽取评标专家直至满足要求。

此外，并不是只要随机或者由招标人直接确定的评标专家均有资格进入建设工程项目评标委员会，《招标投标法》第37条规定："与投标人有利害关系的人不得进入相关项目的评标委员会；已经进入的应当更换。"对于建设工程项目，根据《评标委员会和评标方法暂行规定》第12条的规定，有下列情形之一的，不得担任评标委员会成员：

（1）投标人或者投标人主要负责人的近亲属；

（2）项目主管部门或者行政监督部门的人员；

（3）与投标人有经济利益关系，可能影响对投标公正评审的；

（4）曾因在招标、评标以及其他与招标投标有关活动中从事违法行为而受过行政处罚或刑事处罚的。

评标委员会成员有以上规定情形之一的，应当主动提出回避。

四、评标的方法

评标方法，是评审和比选投标文件、判断哪些投标更符合招标文件要求的方法。是工程招标文件的重要组成部分。建设工程项目评标方法包括经评审的最低投标价法、综合评估法或者法律、行政法规允许的其他评标方法。

实际上，选择不同的评标方法很有可能会导致评标的最终结果发生变化，如何科学地选择评标方法，将直接影响到投标人在投标过程中的投标决策，即：投标人在投标过程中，主要依据招标文件中明确说明的评标办法来调整投标姿态，确定投标文件的核心和方向，明确提交何种投标价格、技术和其他商务文件。

（一）经评审的最低投标价法

经评审的最低投标价法是指凡是能够满足招标文件的实质性要求，并且经评标委员会评审为最低投标价的投标人，应当推荐为中标候选人。

一般来讲，具有通用技术、性能标准或者招标人对其技术、性能没有特殊要求的工程建设招标项目，由于施工技术较成熟，性能标准较统一，施工难度不大，所以评标更侧重于对投标人报价的评审。因此，只要投标人在其投标文件中所阐述的施工技术、性能标准满足招标文件要求，那么评标委员会则根据招标文件中规定的评标价格调整方法，对所有技术合格的投标人的投标报价以及投标文件的商务部分作价格调整，然后按调整后的价格由低到高推荐中标候选人，而投标文件的技术部分则不作价格折算，这就是工程建设评标过程采用的"经评审的最低投标价法"的大体做法。

例如：某工程建设项目，由于国家有相应成熟的技术标准，并且施工技术也很成熟，所以招标人经报上级建设主管部门的批准，采用经评审的最低投标价法评标，招标控制价为3500万元，最长工期24个月。评标方法规定：基准工期为20个月，投标文件中每增加一个月在评标时报价增加20万元，每减少1个月在评标时报价减少10万元，有A、B、C、D、E五家投标人在其投标文件中所阐述的施工技术、性能标准满足招标文件要求。其他投标情况如表 7-1 所示。

表 7-1 投标人投标情况表

投标人	报价(万元)	工期(月)
A	3300	23
B	3270	25
C	3350	19
D	3650	18
E	3280	24

那么,对于上述投标人,B 投标人虽然报价最低,但是工期超过了招标人要求的最长工期;D 投标人虽然工期最低,但是报价超过了招标控制价;所以 B、D 投标人均视为不响应招标文件的实质性要求,评标委员会应拒绝 B、D 投标人的投标文件。下面计算 A、C、E 三家投标人的评标价:

$$A 投标人评标价 = 3300 + (23 - 20) \times 20 = 3360(万元)$$
$$C 投标人评标价 = 3350 + (19 - 20) \times 10 = 3340(万元)$$
$$E 投标人评标价 = 3270 + (24 - 20) \times 20 = 3350(万元)$$

所以,评标委员会推荐中标候选人的顺序应为投标人 C→投标人 E→投标人 A。

（二）综合评估法

综合评估法要求能够最大限度地满足招标文件中规定的各项综合评价标准的投标,应当推荐为中标候选人。衡量投标文件是否最大限度地满足招标文件中规定的各项评价标准,可以采取折算为货币的方法或打分的方法。需要量化的因素及其权重应当在招标文件中明确规定。

综合评估法中最为常见的是百分法,即投标文件的满分为一百分。这种方法首先确定对标书的评审内容,将评审内容分类后分别赋予不同的权重,评标委员会根据事先的评分标准对各类内容细分的小项进行相应的打分,最后计算各标书的累计分值,该分值反映投标人的综合水平,以得分最高者为最优。

某大型工程施工技术复杂,施工难度大,对承包人的施工技术能力和施工设备要求较高,采用综合评标法进行评标,招标文件确定的评标标准为:施工组织设计及管理机构 30分,投标报价 70 分。技术标评标标准如表 7-2 所示。

报价评分标准为:评标基准价为有效报价的算术平均数。报价等于评标基准价得 70 分,每高于评标基准价 1% 扣 3 分,每低于评标基准价 1% 扣 2 分,不足 1% 按 1% 计取。

若最终有三家投标单位投标报价有效,相关情况如表 7-3 所示。

表 7 - 2 施工组织设计及项目管理机构评标标准

序号	评标因素	评标标准	最高分
1	施工方案与技术措施	分为 ABCD 四个等级进行比较 A 为 9 分, B 为 6 分, C 为 3 分, D 为 0 分	9
2	质量管理措施	分为 ABC 三个等级进行比较 A 为 6 分, B 为 4 分, C 为 2 分	6
3	环境管理措施	分为 ABC 三个等级进行比较 A 为 3 分, B 为 2 分, C 为 1 分	3
4	职业健康安全管理措施	分为 ABC 三个等级进行比较 A 为 2 分, B 为 1 分, C 为 0 分	2
5	施工进度保证措施	分为 ABCD 四个等级进行比较 A 为 6 分, B 为 4 分, C 为 2 分, D 为 0 分	6
6	项目管理机构	分为 ABC 三个等级进行比较 A 为 4 分, B 为 3 分, C 为 2 分	4

表 7 - 3 开标记录表

投标人	报价(万元)	工期(日历天)	质量目标	投标保证金
甲	1250	450	合格	递交
乙	1290	425	合格	递交
丙	1210	480	合格	递交

经过评标委员会对各单位施工组织设计及项目管理机构评审比较, 情况如表 7 - 4 所示。

表 7 - 4 施工组织设计及项目管理机构评审结果表

投标人	施工方案与技术措施	质量管理措施	环境管理措施	职业健康安全管理措施	施工进度保证措施	项目管理机构
甲	B	A	B	B	B	C
乙	A	B	A	B	A	A
丙	B	B	C	A	C	B

则依据综合评标法, 各个投标人得分计算方法和结果如表 7 - 5、表 7 - 6、表 7 - 7 所示。

表 7 - 5 技术标得分计算表

投标人	施工方案与技术措施	质量管理措施	环境管理措施	职业健康安全管理措施	施工进度保证措施	项目管理机构	合计
甲	6	6	2	1	4	2	21
乙	9	4	3	1	6	4	27
丙	6	4	1	2	2	3	18

表7-6　商务标得分计算表

投标人	报价	评标基准价计算（万元）	报价偏差率（%）	扣分	得分
甲	1250		$(1250-1250)/1250=0$	0	70
乙	1290	$(1250+1290+1210)/3=1250$	$(1290-1250)/1250=3.20$	$4\times3=12$	$70-12=58$
丙	1210		$(1210-1250)/1250=-3.20$	$4\times2=8$	$70-8=62$

表7-7　投标人得分汇总表

投标人	技术标得分	商务标得分	综合得分
甲	21	70	91
乙	27	58	85
丙	18	62	80

所以，评标委员会推荐中标候选人的顺序应为投标人甲（91分）→投标人乙（85分）→投标人丙（80分）。

从上面可以看出，确定科学合理的报价折算方法是商务标（投标报价）的评标关键。一般情况下，商务标所占总得分的权重不低于60%，所以投标人能否中标很大程度上取决于其商务标的得分高低。例如在上面的案例中，商务标的权重为70%，投标人甲的技术标得分较投标人乙的技术标得分少了6分，但由于投标人甲的商务标得分又高于投标人乙12分，所以综合下来，虽然投标人乙不论在施工技术还是管理措施上较投标人甲占尽优势，但由于商务标上投标人乙报价偏离评标基准价较多，采用上例的报价折算方法致使投标人乙被扣掉12分，最终总分上反倒输给了投标人甲6分。

但是如果将报价折算方法修改为：每"高于评标基准价1%扣1分，每低于评标基准价1%扣1分，不足1%按1%计取"。那么经过计算不难看出：投标人甲得分仍为91分，投标人乙得分93分，投标人丙得分84分。结果投标人乙将以93分成为第一中标候选人。由此可见，报价折算方法对最终的评标结果有着重大的影响，招标人在制定报价折算方法时一定要科学、严谨没有疏漏。

五、评标过程中其他应注意的事项

（1）《工程建设施工招标投标办法》第52条规定，投标文件不响应招标文件的实质性要求和条件的，招标人应当拒绝，并不允许投标人通过修正或撤销其不符合要求的差异或保留，使之成为具有响应性的投标。

（2）若评标委员会认为投标人报价明显低于其他投标人报价或者明显低于参考标底价时，应要求投标人作出书面说明并提供相关证明材料。如果投标人不能提供相关证明材料证明该报价能够按招标文件规定的质量标准和工期完成招标项目，评标委员会应当认定该投标人低于成本价竞标，其投标文件应被拒绝。

（3）《招标投标法实施条例》第49条规定，评标委员会成员应当依照招标投标法和本条例的规定，按照招标文件规定的评标标准和方法，客观、公正地对投标文件提出评审意见。

招标文件没有规定的评标标准和方法不得作为评标的依据。

（4）若招标人未授权评标委员会直接确定中标人，则评标委员会应根据评标结果向招标人推荐中标候选人，中标候选人一般推荐3人，至少为1人。

（5）评标委员会否决不合格投标后，使有效投标人不足3个时，投标就会明显缺乏竞争，此时评标委员会可以否决所有投标。招标人应当依法重新招标。

（6）《工程建设施工招标投标办法》第51条规定，评标委员会可以书面方式要求投标人对投标文件中含义不明确、对同类问题表述不一致或者有明显文字和计算错误的内容作必要的澄清、说明或补正。评标委员会不得向投标人提出带有暗示性或诱导性的问题，或向其明确投标文件中的遗漏和错误。

（7）《工程建设施工招标投标办法》第55条规定，招标人设有标底的，标底在评标中应当作为参考，但不得作为评标的唯一依据。

第五节 工程定标

一、定标的概念

定标，是指在评标结束后，招标人或招标人授权评标委员会依据中标候选人名单直接确定中标人的环节。这里所指的中标人是指最终所确定的与招标人签订合同的当事人。

二、确定中标人的原则

（一）招标人确定中标人的原则

《招标投标法》第40条规定："招标人根据评标委员会提出的书面评标报告和推荐的中标候选人确定中标人。"《工程建设项目施工招标投标办法》第57条规定，"评标委员会推荐的中标候选人应当限定在一至三人，并标明排列顺序。招标人应当接受评标委员会推荐的中标候选人，不得在评标委员会推荐的中标候选人之外确定中标人"。即在整个评标的过程中，评标委员会的职责是依据招标文件所规定的评标方法和评标标准，对进入开标程序的投标文件进行系统的评审和比较，然后按照要求对投标文件进行评标价由低到高（经评审的最低投标价法）或评分由高到低（综合评估法）进行排序，一般向招标人推选前三名依次为第一、第二和第三中标候选人。但是，评标委员会在未经招标人书面授权的情况下，无权直接确定中标人。因此，在一般情况下，评标委员会只负责推荐合格中标候选人，中标人应当由招标人确定。确定中标人的权利，招标人可以自己直接行使，也可以授权评标委员会直接确定中标人。

（二）招标人确定中标人的权利受限原则

根据《招标投标法》第41条规定：中标人的投标应当符合下列条件之一：

（1）采用综合评估法的，应能够最大限度满足招标文件中规定的各项综合评价标准；

（2）采用经评审的最低投标价法的，应能够满足招标文件的实质性要求，并且经评审的投标价格最低。但中标人的投标价格应不低于其成本价。

对于建设工程项目招标，虽然确定中标人的权利属于招标人，但这种权利受到很大的限制。《中华人民共和国招标投标法实施条例》第55条规定，国有资金占控股或者主导地位的依法必须进行招标的项目，招标人应当确定排名第一的中标候选人为中标人。排名第一的中标候选人放弃中标、因不可抗力不能履行合同、不按照招标文件要求提交履约保证金，或者被查实存在影响中标结果的违法行为等情形，不符合中标条件的，招标人可以按照评标委员会提出的中标候选人名单排序依次确定其他中标候选人为中标人，也可以重新招标。

（三）招标人确定中标人的时限原则

《评标委员会和评标方法暂行规定》第 40 条规定："评标和定标应当在投标有效期内完成。不能在投标有效期内完成评标和定标的，招标人应当通知所有投标人延长投标有效期。拒绝延长投标有效期的投标人有权收回投标保证金。同意延长投标有效期的投标人应当相应延长其投标担保的有效期，但不得修改投标文件的实质性内容。因延长投标有效期造成投标人损失的，招标人应当给予补偿，但因不可抗力需延长投标有效期的除外。"

三、中标结果公示及中标通知书的发出

为了体现招标投标中的公平、公正、公开的原则，且便于社会的监督，确定中标人后，中标结果应当公示或者公告。

建设部《关于加强房屋建筑和市政基础设施工程项目施工招标投标行政监督工作的若干意见》要求："各地应当建立中标候选人的公示制度。采用公开招标的，在中标通知书发出前，要将预中标人的情况在该工程项目招标公告发布的同一信息网络和建设工程交易中心予以公示，公示的时间最短应当不少于 2 个工作日。"

中标通知书是指招标人在确定中标人后向中标人发出的书面文件。建设部发布的《房屋建筑和市政基础设施工程施工招标投标管理办法》第 46 条规定："建设行政主管部门自收到书面报告之日起 5 日内未通知招标人在招标投标活动中有违法行为的，招标人可以向中标人发出中标通知书，并将中标结果通知所有未中标的投标人。"

中标通知书的内容应当简明扼要，通常只需告知投标人招标项目已经中标，并确定签订合同的时间、地点，载明提交履约担保等投标人需注意或完善的事项即可。需要对合同细节进行谈判的，中标通知书上需要载明合同谈判的有关安排。

四、合同谈判及签订合同协议

工程施工合同协议是依据招标人与中标人按照招标文件及中标结果形成的合同关系，为按约定完成招标工程建设项目，明确双方责任、权利、义务关系而签订的合同协议书。

《工程建设项目施工招标投标办法》第 62 条规定，"招标人和中标人应当在投标有效期内并在自中标通知书发出之日起三十日内，按照招标文件和中标人的投标文件订立书面合同。招标人和中标人不得再行订立背离合同实质性内容的其他协议。

招标人要求中标人提供履约保证金或其他形式履约担保的，招标人应当同时向中标人提供工程款支付担保。

招标人不得擅自提高履约保证金，不得强制要求中标人垫付中标项目建设资金。"

签订协议时，双方在不改变招标投标实质性内容的条件下，对非实质性差异的内容可以通过协商取得一致意见。签约时，如果招标文件有规定，中标人应按招标文件约定首先向招标人提交工程施工合同履约担保后才能订立合同。

招标人一般在招标活动正常结束之后，及时返还投标人的投标保证金，但投标人有招标

文件规定投标保证金不予退还的行为除外。《评标委员会和评标方法暂行规定》第 52 条规定，招标人与中标人签订合同后 5 日内，招标人应向中标人和未中标人退还投标保证金。

第六节　建设工程招标投标的原则与程序

一、招标投标的原则

1980 年 10 月，国务院发布了《关于开展和保护社会主义竞争的暂行规定》，第一次在我国建设工程领域提出可以对一些合适的工程建设项目试行招标与投标，1981 年吉林省和深圳市开始建设工程招标投标试点。经过 20 年的发展，1999 年 8 月 30 日，九届全国人大常委会审议通过了《中华人民共和国招标投标法》，这是招标投标行业的核心法律，标志着我国招标与投标制度进入了崭新的新时代，《招标投标法》依据国际惯例的普遍规定，在总则第 5 条明确规定："招标投标活动应当遵循公开、公平、公正和诚实信用的原则。"

（一）公开原则

公开原则是招标投标原则的基础原则，所谓的公开，就是指招标人的要求、招标程序、评标标准、评标方法、中标结果等信息均要对外公开，以便所有投标人都能够准确把握招标项目的内容和要求，同时也将整个招标投标活动置于一个透明的社会环境中，便于投标人和社会各个部门的监督。

（二）公平原则

公平原则要求招标人在整个招标投标过程中对待所有参与投标的投标人要一视同仁，招标人不得以任何方式排斥或歧视投标人，常见的违反公平原则的做法包括：

（1）招标人以各种理由限制本地区以外的投标人参与投标，如强制要求外地企业必须与本地企业组成联合体才能参与投标；要求外地企业在本地区必须有营业场所或纳税满一定年数方可参与投标等。

（2）招标人抬高工程标准，如要求工程建设项目建成后必须获得各种奖项，如必须获得鲁班奖、飞天奖等。

（3）招标人对投标人提出不合理的要求，例如要求参加投标的投标人必须之前获得过各种奖项，如鲁班奖、飞天奖等。

需要说明的是，招标人为了保证工程建设项目达到规定的质量标准并经建设主管部门审批，要求参与招标的投标人必须达到相应的资质等级是合理的，不属于歧视投标人的情况。

（三）公正原则

公正原则要求招标人在招标投标过程中的行为应当公正，招标投标法及其配套规定对招标、投标、开标、评标、中标、签订合同等都规定了具体程序和法定时限，明确了否决投标的情形，评标委员会必须按照招标文件事先确定并公布的评标标准和方法进行评审、打分、推荐中标候选人，招标文件中没有规定的标准和方法不得作为评标和中标的依据。即招标人对任何投标人均应平等对待，拒绝"走后门"等现象的发生。

（四）诚实信用原则

诚实信用原则是民事活动的一项基本原则，要求招标人和所有投标人在招标投标过程中不得发生漏标、串标、故意隐瞒欺骗等现象，即要求当事人不能言而无信甚至背信弃义，在追求自己利益的同时不损害他人利益和社会利益，维持双方的利益平衡，以及自身利益与社会利益的平衡，遵循平等互利原则，从而保证交易安全，促使交易实现。

二、招标投标的程序

在第一节我们知道，工程招标的方式有公开招标和邀请招标两种，本节主要对最常采用的公开招标的程序进行介绍。

（一）招标前的准备工作

工程招标是依法进行的一种市场交易活动，为了保证招标工作的顺利进行，招标人在工程开始招标前应做好一系列的准备。按照《招标投标法》的精神，履行项目审批手续和落实资金来源是招标前最基本的两项准备工作。

（二）发布资格预审公告或招标公告

招标公告与资格预审公告从本质上来看并无明显的差异，一般而言，对于采用资格预审的建设工程项目一般不编制招标公告，而用资格预审公告来替代招标公告。招标公告适用于采用资格后审的工程建设项目，二者主要包括以下内容：

1. 招标条件

列入招标公告或资格预审公告的招标条件包括以下内容：

（1）工程建设项目名称、项目审批、核准或者备案机关名称及批准文件编号；

（2）项目业主名称，即项目审批、核准或者备案文件中载明的项目投资或项目业主；

（3）项目资金来源和出资比例；

（4）招标人名称，即负责项目招标的招标人名称，可以是项目业主或其授权组织实施项目并独立承担民事责任的项目建设管理单位；

（5）阐明该项目已具备招标条件，招标方式为公开招标。

2. 工程建设项目概况与招标范围

这里的招标范围并不是工程强制招标或者不招标的范围，而是招标人所指的本次招标所涉及的工程项目及其工程内容都有哪些，如：招标项目的内容、规模、实施地点和工期等。

3. 资格预审的申请人或资格后审的投标人资格要求

申请人应具备的工程施工资质等级、类似业绩、安全生产许可证、质量认证体系证书，以及对财务、人员、设备、信誉等能力和方面的要求。是否允许联合体申请资格预审（或参加投标）以及相应的要求；申请人申请资格预审（或参加投标）的标段数量或指定的具体标段。

4. 资格预审文件（发布资格预审公告时）/招标文件（发布招标公告时）获取时间、方式、地点、价格

5. 资格预审申请文件（发布资格预审公告时）/投标文件（发布招标公告时）递交的截止时间、地点

6. 公告发布媒体

按照《招标公告发布暂行办法》规定，原国家计委经国务院授权，指定《中国日报》、《中国经济导报》、《中国建设报》、《中国采购与招标网》为发布依法必须招标项目的招标公告的媒介。

建设部规定依法必须进行施工公开招标的工程项目，除了应当在国家或者地方指定的报刊、信息网络或者其他媒介上发布招标公告外，还应同时在中国工程建设和建筑业信息网上

发布招标公告。

按照《招标公告发布暂行办法》第20条关于各地方人民政府依照审批权限审批的依法必须招标的民用建筑项目的招标公告，可在省、自治区、直辖市人民政府发展改革部门指定的媒介发布的规定，各省级政府发展改革部门一般都指定了招标公告的发布媒介。

7. 联系方式

包括招标人和招标代理机构的联系人、地址、邮编、电话、传真、电子邮箱、开户银行和账号等。

（三）编制并发售资格预审文件（采用资格预审时）

资格预审文件是招标人公开告诉潜在投标人参加招标项目投标竞争应具备资格条件的重要文件。工程施工招标项目资格预审文件内容，一般包括：

（1）资格预审公告、申请人须知，包括项目概况、招标范围、资金来源及落实情况、资格预审合格条件、资格预审申请文件的编制要求和提交方式、资格预审结果的通知方式等。

（2）资格要求，包括对投标人的企业资质、业绩、技术装备、财务状况、现场管理和拟派出的项目经理与主要技术人员的简历、业绩等资料和证明材料等方面的要求。

《中华人民共和国招标投标法实施条例》第16条规定："资格预审文件或者招标文件的发售期不得少于5日。"要求持单位介绍信到指定地点购买；采用电子招标投标的，可以直接从网上下载，无须单位介绍信；也可以通过邮购方式获取文件，此时招标人应在公告内明确告知在收到投标人介绍信和邮购款（含手续费）后的约定日期内寄送。应注意，前述约定的日期是指招标人寄送文件的日期，而不是寄达的日期，招标不承担邮件延误或遗失的责任。

招标人编制资格预审文件时，不得与投标申请人相互串通。资格预审文件不得含有以下内容的条款：

（1）以不合理的条件限制或者排斥潜在投标申请人，对潜在投标申请人实行歧视待遇。

（2）对潜在投标申请人提出与招标项目实际要求不相符的、过高的资质等级要求和其他要求。

（3）针对不同地区、不同行业的潜在投标人规定不同的资格标准。

（4）倾向某些特定潜在投标申请人。

（5）其他违反法律法规规章的规定。

（四）资格审查

资格审查是指招标人通过法定程序对参加工程招标的投标人的资格进行审查，从而确保参加招标的投标人满足招标人对其资格条件的要求，以达到保证投标人能够公平地获取投标竞争的机会。

1. 资格审查的方式

资格审查的方法主要包括资格预审和资格后审两种。

（1）资格预审。

资格预审，是指投标前对获取资格预审文件并提交资格预审申请文件的潜在投标人进行资格审查的一种方式。一般适用于潜在投标人较多的工程项目。这里需要指出的是，采用资格预审方式的工程项目，通常将有意向参加工程招标，并按招标人要求递交资格预审申请文件的投标人称为潜在投标人，只有通过了资格审查的潜在投标人才是真正意义的投标人。潜在投标人的资格预审文件应包括资格预审申请函和资格预审文件正文两部分，若潜在投标人的资格预审申请文件是由他人代理申请的，还应提供法人代表授权委托书。按照《标准施工招标资格预审文件》范本的规定，资格预审一般按以下程序进行：

1）编制资格预审文件；

2）发布资格预审公告；

3）出售资格预审文件；

4）资格预审文件的澄清、修改；

5）潜在投标人编制并提交资格预审申请文件；

6）招标人组建资格审查委员会；

7）对资格预审申请文件进行评审，确定资格预审合格的申请人，编写资格评审报告并提交招标人；

8）招标人审核资格评审报告、确定资格预审合格申请人；

9）向通过资格预审的申请人发出投标邀请书（代资格预审合格通知书），并同时向未通过资格预审的申请人发出资格预审结果的书面通知。

其中，编制资格预审文件和组织进行资格预审申请文件的评审，是完成资格预审程序中的两项重要内容。

（2）资格后审。

资格后审，是指在开标后对投标人进行的资格审查。资格后审一般在评标过程中的初步评审开始时进行，作为评标的一项重要工作在组织评标时由评标委员会负责一并进行，审查的内容与资格预审的内容是一致的。按照《工程建设项目施工招标投标办法》第18条"采取资格后审的，招标人应当在招标文件中载明对投标人资格要求的条件、标准和方法"，评标委员会按照招标文件规定的评审标准和方法进行评审。对资格后审不合格的投标人，评标委员会应当拒绝其投标，不再进行详细评审。资格后审一般适用于潜在投标人较少的专业工程建设项目。

2. 资格审查的内容

招标人进行资格审查的目的是了解投标单位的技术和财务实力及施工管理经验，使招标获得比较理想的效果，同时在资格预审的情况下，还能够限制不符合招标人要求的潜在投标人盲目参加投标。《工程建设项目施工招标投标办法》规定："招标人可以根据招标项目本身的特点和需要，要求潜在的投标人提供满足其资格要求的证明文件。"

资格审查应主要审查潜在投标人（资格预审）或投标人（资格后审）的资格条件，从资质、业绩、能力、财务状况等方面作出一些规定，并依此对潜在投标人进行资格审查。投标人必须满足这些要求，才有资格成为合格投标人，否则，招标人有权拒绝其参与投标。《工程建设项目施工招标投标办法》第18条规定，采取资格预审的，招标人应当在资格预审文件中载明资格预审的条件、标准和方法；采取资格后审的，招标人应当在招标文件中载明对投标人的资格要求，以及评审投标人资格的标准和方法。

3. 资格审查过程需注意的问题

（1）资格审查委员会成员人数为5人以上单数，构成中招标人代表不能超过1/3，从政府相关部门组建的专家库确定的技术、经济专家不能少于2/3，招标代理机构的代表参加评审，视同招标人代表。

（2）资格预审申请文件应按资格预审文件中所规定的密封方式，和资格预审文件中规定的日期、地点、方式递送给招标人或招标代理机构。招标人负责检查资格申请文件的密封是否符合资格预审文件的要求。凡是资格预审申请文件密封不符合资格预审文件规定的，以及在资格预审申请截止时间后送达的资格预审申请文件招标人应予拒绝。

（3）资格预审申请人在资格预审文件要求的截止时间前，可以书面方式补充、修改、替代或者撤回已提交的资格预审申请文件。补充、修改、替代的内容为资格预审申请文件的组成部分。在资格预审文件要求的截止时间后，投标申请人补充、修改、替代资格预审申请文件的，招标人或其委托的招标代理机构应当拒收。

（4）潜在投标人所提交的资格预审申请文件中，企业资质、营业执照、管理结构、业绩等必须为申请人自己的相关资料，申请人必须对其所提供的资料的时效性和真实性负责。另外，禁止投标企业采用其子公司或者与其有利益关系的其他方的上述资料作为自己的资料提交申请文件。

（5）《招标投标法实施条例》第18条规定，资格预审应当按照资格预审文件载明的标准和方法进行。

国有资金占控股或者主导地位的依法必须进行招标的项目，招标人应当组建资格审查委员会审查资格预审申请文件。资格审查委员会及其成员应当遵守招标投标法和本条例有关评标委员会及其成员的规定。

（6）资格审查过程中禁止招标人以不合理的条件限制或排斥潜在投标人，以及对潜在投标人实行歧视待遇。如采用抓阄确定投标人、限制资格预审申请人所在地域等。

（7）在资格评审过程中，发现投标申请人有下列情形之一的，不能确定为合格投标人：

1）以他人名义申请投标的。

2）不具有独立法人资格的。

3）为招标项目的前期工作提供了设计、咨询服务的。

4）资格预审申请文件中有关材料弄虚作假的。

5）资格预审申请文件对资格预审文件实质性内容不响应的。

6）与招标项目已确定的监理单位有隶属关系或者其他利害关系的。

7）其他违反法律法规规章规定的情形。

（五）编制并发售招标文件

《工程建设项目施工招标投标办法》第15条规定，"招标人应当按招标公告规定的时间、地点出售招标文件。自招标文件出售之日起至停止出售之日止，最短不得少于五日"。特别注意此处所指的是日历日并不是工作日。

招标人可以通过信息网络或者其他媒介发布招标文件，通过信息网络或者其他媒介发布的招标文件与书面招标文件具有同等法律效力，但出现不一致时以书面招标文件为准。国家另有规定的除外。

对招标文件或者资格预审文件的收费应当仅限于补偿印刷、邮寄的成本支出，不得以盈利为目的。对于所附的设计文件，招标人可以向投标人酌收押金；对于开标后投标人退还设计文件的，招标人应当向投标人退还押金。

招标文件或者资格预审文件售出后，不予退还。除不可抗力原因外，招标人在发布招标公告、发出投标邀请书后或者售出招标文件或资格预审文件后不得终止招标。

（六）现场踏勘，召开投标预备会

建设工程项目现场踏勘是指招标人根据招标项目的特点和招标文件的约定，组织潜在投标人对项目实施现场的地形地质条件、周边和内部环境进行实地踏勘了解，并介绍有关情况。现场踏勘一般在招标文件发售截止日期后 3～5 日由招标人统一组织所有投标人进行，在现场踏勘过程中需要注意以下几点：

（1）参加现场踏勘为投标人的自愿行为，招标人不得以任何理由强制投标人参加。

（2）《工程建设项目施工招标投标办法》第32条规定，招标人根据招标项目的具体情况，可以组织潜在投标人踏勘项目现场，向其介绍工程场地和相关环境的有关情况。潜在投标人依据招标人介绍情况作出的判断和决策，由投标人自行负责。招标人不得单独或者分别组织任何一个投标人进行现场踏勘。

（3）招标人可要求参加投标人在现场踏勘前签到，但签到名单及投标人身份招标人不得向任何投标人或第三人泄露。

（4）现场踏勘过程中，投标人应对其自身的安全负责，若在踏勘过程中因非招标人原因而造成的投标方人员伤亡，招标人不负担任何责任。

现场踏勘完毕后，应及时召开投标预备会。一般情况下，投标预备会在现场踏勘结束后1～2日进行。其目的在于澄清招标文件中的疑问，解答投标单位对阅读招标文件和参加现场踏勘这些过程中所提出的各种疑问。投标预备会在招标管理机构监督下，由招标人组织并主持召开，在预备会上招标人对招标文件和现场情况做介绍或解释，同时对图纸进行交底和解释。主要还要解答投标人提出的疑问，这些疑问包括书面提出的和口头提出的询问。在投标预备会过程中也需要注意以下几点：

（1）所有参加投标预备会的投标单位应签到登记，以证明出席投标预备会，但签到名单及投标人身份招标人不得向任何投标人或第三人泄露。

（2）投标人的疑问必须以书面形式提交给招标人，招标人应及时澄清、解答投标人提出的所有疑问，但应给招标人必要的考虑时间。

（3）按照《工程建设项目施工招标投标办法》第33条规定的精神，不论疑问是否为某个投标人提出，招标人均应将所有的澄清、解答以书面形式发给所有购买招标文件的投标人，并且招标人的所有澄清和解答均构成招标文件的组成部分。

（七）投标人填写并向招标人递交投标文件

1. 投标文件的填写

之所以称为投标文件的填写而不是编制，是因为在投标人所获得的招标文件中，招标人已经制定了投标文件的范本，要求所有投标人按照投标文件的范本和招标文件中关于投标文件的填写要求来填报投标文件，并规定凡是未按照规定的投标文件格式所编制的投标文件，招标人将以"不响应招标文件实质性要求"而拒绝。因此，投标文件在填写过程中必须严格按照招标文件所规定的格式如实填写内容，不得自行编制不符合招标文件规定格式的投标文件。

在填写投标文件的过程中还应注意应对招标文件有关工期、投标有效期、质量要求、技术标准和要求、招标范围等实质性内容作出全面具体的响应。投标文件正本应用不褪色墨水书写或打印，填写有误时不允许修改，即递交给招标人的投标文件不得有修改的痕迹，不得采用铅笔或者易褪色的写字笔填写，以防止被他人恶意篡改。

2. 投标文件的装订

建设工程投标文件主要包括正本和副本，正本与副本应分开装订并不易拆散换页。这就是说，投标人在装订投标文件过程中，应做好以下两点工作：

（1）投标文件正本与副本应分别装订成册，并编制目录，封面上应标记"正本"或"副本"，正本和副本份数应符合招标文件规定。

（2）投标文件正本与副本都不得采用活页夹，并要求主页标注连续页码，否则，招标人对由于投标文件装订松散而造成的丢失或其他后果不承担任何责任。

3. 投标文件的密封、包装

投标文件应该按照招标文件规定密封、包装。对投标文件密封的规范要求有：

（1）投标文件正本与副本应分别包装在内层封套里，投标文件电子文件（如需要）应放置于正本的同一内层封套里，然后统一密封在一个外层封套中，加密封条和盖投标人密封印章。国内招标的投标文件一般采用一层封套。

（2）投标文件内层封套上应清楚标记"正本"或"副本"字样。投标文件内层封套应写明：投标人邮政编码，投标人地址，投标人名称，所投项目名称和标段。投标文件外层封套应写明：招标人地址及名称，所投项目名称和标段，开启时间等。也有些项目对外层封套的标识有特殊要求的，如规定外层封套上不应有任何识别标志。当采用一层封套时，内外层的标记均合并在一层封套上。

未按招标文件规定要求密封和加写标记的投标文件，招标人将拒绝接收。

4. 投标文件的递交与接收

《工程建设项目施工招标投标办法》第38条第一款和第二款规定："投标人应当在招标文件要求提交投标文件的截止时间前，将投标文件密封送达投标地点。招标人收到投标文件后，应当向投标人出具标明签收人和签收时间的凭证，在开标前任何单位和个人不得开启投标文件。在招标文件要求提交投标文件的截止时间后送达的投标文件，为无效的投标文件，招标人应当拒收。"

因此，投标人必须按照招标文件规定地点，在规定时间内送达投标文件。递交投标文件最佳方式是直接或委托代理人送达，以便获得招标人已收到投标文件的回执。如果以邮寄方式送达，投标人必须留出邮寄的时间，保证投标文件能够在投标截止日之前送达招标人指定地点。

招标人收到投标文件后应当签收，并在招标文件规定开标时间前不得开启。同时为了保护投标人的合法权益，招标人必须履行完备规范的签收手续。签收人要记录投标文件递交的日期和地点以及密封状况，签收人签名后应将所有递交的投标文件妥善保存。

《中华人民共和国招标投标法实施条例》第36条规定，拒收投标文件的情形：未通过资格预审的申请人提交的投标文件，以及逾期送达或者不按照招标文件要求密封的投标文件，招标人应当拒收。《工程建设项目施工招标投标办法》第50条第一款规定，投标文件有下列情形之一的，招标人应当拒收：

①逾期送达；②未按招标文件要求密封的。

（八）开标

招标人应按照相关法律法规和招标文件规定的程序开标，一般开标应遵循以下程序：

1. 宣布开标纪律

主持人宣布开标纪律，对参与开标会议的人员提出会场要求，主要是开标过程中不得喧哗；通信工具调整到静音状态；约定的提问方式等。任何人不得干扰正常的开标程序。

2. 确认投标人代表身份

招标人可以按招标文件的约定，当场核验参加开标会议的投标人授权代表的授权委托书和有效身份证件，确认授权代表的有效性，并留存授权委托书和身份证件的复印件。法定代表人出席开标会的要出示其有效证件。

3. 公布在投标截止时间前接收投标文件情况

招标人当场宣布投标截止时间前递交投标文件的投标人名称、时间等。

4. 宣布有关人员名称

开标会主持人介绍招标人代表、招标代理机构代表、监督人代表或公证人员等，依次宣布开标人、唱标人、记录人、监标人等有关人员姓名。

5. 检查投标文件密封情况

依据招标文件约定的方式，组织投标文件的密封检查。可由投标人代表或投标人委托的公证人员检查，其目的在于检查开标现场的投标文件的密封状况是否与招标文件约定和受理时的密封状况一致。如果投标文件未密封，或者存在拆开过的痕迹，则不能进入后续的程序。

6. 宣布投标文件开标顺序

主持人宣布开标顺序。如招标文件未约定开标顺序的，一般按照投标文件递交的顺序或倒序进行唱标。

7. 拆封

当众拆封所有的投标文件。招标人或者其委托的招标代理机构的工作人员，应当对所有在投标文件截止时间之前收到的合格的投标文件，在开标现场当众拆封。

8. 公布标底

招标人设有标底的，予以公布。也可以在唱标后公布标底。

9. 唱标

招标人或者其委托的招标代理机构的工作人员应当根据法律规定和招标文件要求进行唱标，唱标内容一般包括投标函及投标函附录中的报价、备选方案报价（如有）、完成期限、质量目标、投标保证金等。

10. 开标记录签字

开标会议应当做好书面记录，如实记录开标会的全部内容，包括开标时间、地点、程序，出席开标会的单位和代表，开标会程序、唱标记录、公证机构和公证结果（如有）等。投标人代表、招标人代表、监标人、记录人等应在开标记录上签字确认，存档备查。投标人代表对开标记录内容有异议的可以注明。

11. 开标结束

完成开标会议全部程序和内容后，主持人宣布开标会议结束。

（九）评标

招标项目一般在开标后招标人即组织评标委员会评标。根据《评标委员会和评标方法暂行规定》的规定，投标文件评审包括评标的准备、初步评审、详细评审、提交评标报告和推荐中标候选人。

1. 评标的准备

评标的准备工作包括招标人组建评标委员会并向评标委员会提供评标所需的重要信息和数据；评标委员会编制评标用表格、认真研究招标文件，熟悉评标细则，掌握评标标准和评标方法等。

2. 初步评审

初步评审是评标委员会按照招标文件确定的评标标准和方法，对投标文件进行形式、资格、响应性评审，以判断投标文件是否存在重大偏离或保留，是否实质上响应了招标文件的要求。经评审认定投标文件没有重大偏离，实质上响应招标文件要求的，才能进入详细评审。

所以，投标文件的初步评审内容包括形式评审、资格评审、响应性评审。

（1）形式评审。

形式评审主要审查的内容包括：

1）投标文件格式、内容组成（如投标函、法定代表人身份证明、授权委托书等），是否按照招标文件规定的格式和内容填写，字迹是否清晰可辨；

2）投标文件提交的各种证件或证明材料是否齐全、有效和一致，包括营业执照、资质证书、相关许可证、相关人员证书、各种业绩证明材料等；

3）投标人的名称、经营范围等与投标文件中的营业执照、资质证书、相关许可证是否一致有效；

4）投标文件法定代表人身份证明或法定代表人的代理人是否有效，投标文件的签字、盖章是否符合招标文件规定，如有授权委托书，则授权委托书的内容和形式是否符合招标文件规定；

5）如有联合体投标，应审查联合体投标文件的内容是否符合招标文件的规定，包括联合体协议书、牵头人、联合体成员数量等；

6）投标报价是否唯一。一份投标文件只能有一个投标报价，在招标文件没有规定情况下，不得提交选择性报价，如果提交有调价函，则应审查调价函是否符合招标文件规定。

（2）资格评审。

针对于采用资格后审的建设工程招标项目，需要进行资格评审，具体方法在前面已经阐述，这里不再重复介绍。

（3）响应性评审。

响应性评审的内容主要包括：

1）投标内容范围是否符合招标范围和内容，有无实质性偏差；

2）项目完成期限（工期、服务期、供货时间），投标文件载明的完成项目的时间是否符合招标文件规定的时间。并应提供响应时间要求的进度计划安排的图表等；

3）项目质量要求，投标文件是否符合招标文件提出的质量目标、标准要求；

4）投标有效期，投标文件是否承诺招标文件规定的有效期；

5）投标保证金，投标人是否按照招标文件规定的时间、地点、方式、金额及有效期递交投标保证金或银行保函；

6）投标报价，投标人是否按照招标文件规定的内容范围及工程量清单或货物、服务清单数量进行报价，是否存在算术错误，并需要按规定修正。招标文件设有招标控制价的，投标

报价不能超过招标控制价;

7)合同权利和义务。投标文件中是否完全接受并遵守招标文件合同条件约定的权利、义务,是否对招标文件合同条款有重大保留、偏离和不响应内容;

8)技术标准和要求。投标文件的技术标准是否响应招标文件要求。

评标委员会可以书面方式要求投标人对投标文件中含义不明确、对同类问题表述不一致或者有明显文字和计算错误的内容作必要的澄清、说明或者补正。澄清、说明或者补正的应以书面方式进行并不得超出投标文件的范围或者改变投标文件的实质性内容。

投标文件中大写金额和小写金额不一致的,以大写金额为准;总价金额与单价金额不一致的,以单价金额为准,但单价金额小数点有明显错误的除外;对不同文字文本投标文件的解释发生异议的,以中文文本为准。

在评标过程中,评标委员会发现投标人的报价明显低于其他投标报价或者在设有标底时明显低于标底,使得其投标报价可能低于其个别成本的,应当要求该投标人作出书面说明并提供相关证明材料。

3.详细评审

建设工程项目评标详细评审是评标委员会根据招标文件确定的评标方法、因素和标准,对通过初步评审投标文件作进一步的评审、比较。详细评审的方法包括经评审的最低投标价法和综合评估法两种。关于两种评标方法,在第四节已经作了详细的阐述,这里不再重复说明。

4.提交评标报告,推荐中标候选人

《中华人民共和国招标投标法实施条例》第53条规定:"评标完成后,评标委员会应当向招标人提交书面评标报告和中标候选人名单。中标候选人应当不超过3个,并标明排序。"

评标报告应当由评标委员会全体成员签字。对评标结果有不同意见的评标委员会成员应当以书面形式说明其不同意见和理由,评标报告应当注明该不同意见。评标委员会成员拒绝在评标报告上签字又不书面说明其不同意见和理由的,视为同意评标结果。

一般建设工程项目评标委员会向招标人推荐3名中标候选人,招标人按照推荐的中标候选人由高到低选择中标人,也可以经招标人的授权,由评标委员会直接确定中标人。

(十)定标、发出中标通知书并签订合同协议书(参看本章第五节内容)

建设项目施工公开招标程序如图7-1所示。

第七节　案例分析

【案例一】

【背景资料】

某市决定修建一座现代化休闲购物中心,总建筑面积10万 m²,投资2.3亿元人民币。由于此工程项目潜在投标人较多,施工规模较大,招标人将工程项目施工招标委托给了某招标代理公司,并经建设主管部门批准采用资格预审方式公开招标,资格预审文件采用《中华人民共和国标准资格预审文件》(2007年版)编制,资格预审的方式采用合格制审查方法。

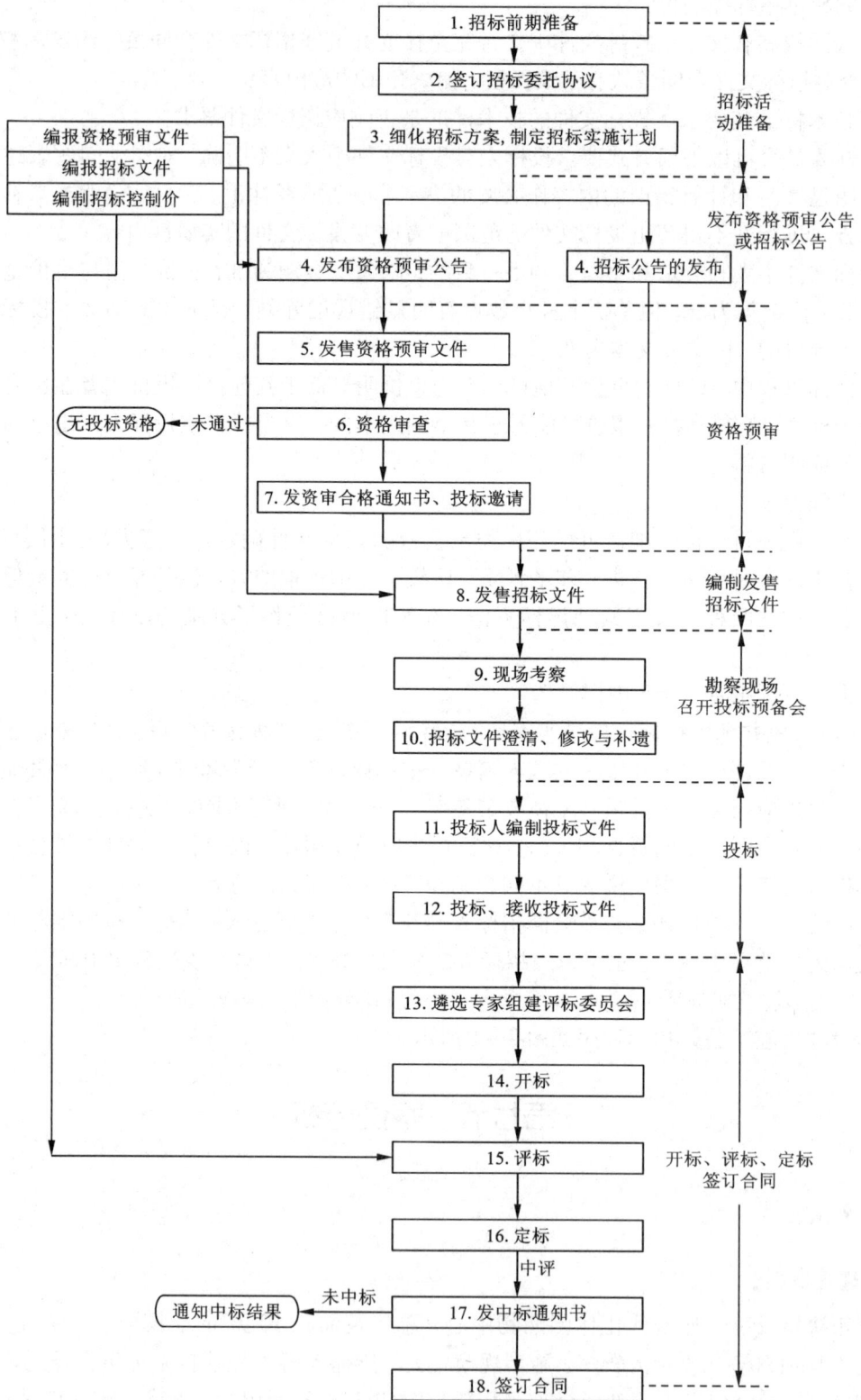

图 7-1　建设项目施工公开招标程序示意图

在驻现场的建设主管部门监督人员的监督下，招标人共收到了 18 份资格预审申请文件，其中 1 份资格申请文件系在资格预审申请截止时间后 2 分钟收到，招标人认为虽然迟交了申请文件，但是由于迟交时间不长，并且申请文件也严格按照资格预审文件的要求密封，招标人在征得现场监督人员的同意后，确认为有效资格预审申请文件。随后招标人按照以下程序组织了资格审查：

（1）组建资格审查委员会，由审查委员会对资格预审申请文件进行评审和比较。审查委员会由 7 人组成，其中招标人代表 2 人，招标代理机构代表 1 人，政府相关部门组建的专家库中抽取技术、经济专家 4 人。

（2）资格审查委员会对资格预审申请文件外封装进行检查，在审查过程中发现有一份申请文件虽然按照资格预审文件的要求在封口处加盖了企业印章，但是没有密封；还有一份申请文件虽然密封完好但是封口处未加盖企业印章。资格预审委员会认为第一份申请文件由于未密封已无法验证申请文件的准确性，否决了申请文件；第二份申请文件密封完好，资格预审委员会打电话给申请人，申请人确认了是因提交的时间紧，自己忘记在封口处加盖企业印章，因此委员会确认为有效申请文件。

（3）对资格预审申请文件进行初步审查。发现有 1 家申请人使用的施工资质为其子公司资质，还有 1 家联合体申请人，其中 1 个成员又单独提交了 1 份资格预审申请文件。审查委员会认为这 3 家申请人不符合相关规定，不能通过初步审查。

（4）审查委员会经过上述审查程序，确认了 15 份资格预审申请文件通过了审查，并向招标人提交了资格预审书面审查报告。招标人认为 15 份申请文件太多，全部通过会大大增加招标投标过程的工作量，所以招标人临时将合格制审查改为有限数量制审查方法，将投标人数量限定为 10 人，并将评分标准以书面形式发送给了这 15 名申请人，要求这 15 名申请人在 3 日之内按评分标准补充申请资料。招标人收到申请人的补充申请资料后，通知资格预审委员会对这 15 名投标人进行打分。最后按照得分的高低从高到低选定了前 10 名的申请人为资格预审合格投标人，确定了通过资格审查的申请人名单。

问题：试分析本案例中招标人组织进行资格审查各个环节中所存在的不妥之处并阐述原因。

【分析思路与参考答案】

对那一份资格预审申请截止时间后送达的申请文件评审为有效申请文件的结论不符合市场交易中的诚信原则，也不符合《中华人民共和国标准施工招标资格预审文件》（2007 年版）的精神。按照规定，申请人在资格预审申请文件截止日期后送达招标人的申请文件，招标人应与拒绝。所以在本案例中，迟交的这份资格预审申请文件，不论其是否密封合格，均不得视为有效资格预审申请文件，招标人应向此申请人阐明原因后拒绝其申请文件。

在资格审查第（1）步中，资格审查委员会的构成比例不符合招标人代表不能超过 1/3、政府相关部门组建的专家库确定的技术、经济专家不能少于 2/3 的规定，因为招标代理机构的代表参加评审，视同招标人代表。应为招标人代表和招标代理机构的代表总共不超过 2 人，技术经济方面的专家应不低于 5 人。

资格审查的第（2）步不妥。首先审查资格预审申请文件的密封属于招标人或其代理人的权利范畴，不属于资格预审委员会的权利。资格预审委员会审查资格预审申请文件的密封属于越权行为。其次，按照规定，凡是资格预审申请文件未按照资格预审文件的要求密封的

（包括未密封和封口处未加盖申请人企业印章的情况），招标人均应拒绝，所以在第（2）步中的两个申请人的申请文件均不得视为有效资格预审申请文件，招标人同样应向这两个申请人阐明原因后拒绝其申请文件。

资格审查的第（3）步，资格预审委员会的做法是正确的，特别是其中对母公司采用其子公司资质参加资格预审的判定。这里，母公司采用子公司资质证书进行资格预审申请，表明该母公司不具备施工招标项目需要的资质条件，当然不能通过资格审查。

资格审查的第（4）步招标人和评标委员会的做法不妥。依据《工程建设项目施工招标投标办法》第20条的规定，资格预审的方法只有两种，一种是合格制，另一种是有限数量制。不论采用哪种审查方法，招标人均应在资格预审文件中指明。在提交资格预审申请截止日期后，招标人不得以任何理由改变资格审查的方法、标准和审查内容。资格预审委员会必须按照资格预审文件中所规定的评审标准和方法对潜在投标人的投标资格进行评审，资格预审文件中未规定的资格审查方法和标准不得作为资格审查的依据。本案例中招标人临时改变审查的方法违反了招标投标相关法律法规的规定，也违背了市场交易过程中的诚信原则，招标人应按资格预审文件的要求采用合格制审查方法，判定其余的12位申请人为资格预审合格投标人。

【案例二】

【背景资料】

某企业投资3500万元人民币，兴建一座新办公楼，建筑面积为11000 m^2，地下一层，地上六层。工程基础垫层面标高 −4.26 m，檐口底标高21.18 m，为全现浇框架结构。并经建设主管部门批准采用资格预审公开招标方式确定工程施工承包人。

经过资格预审，总共有12个合格资格预审申请人被确定为资格预审合格投标人，其中，有两个合格申请人为外地施工企业，还有两个申请人为联合体。

招标人在确定合格申请人后立即通过电子邮件向12个资格预审合格申请人发出了资格预审合格通知书电子版，随后第二天以快递的形式发出了资格预审合格通知书纸质版，并电话通知了合格申请人。在资格预审合格通知书中，招标人明确说明招标文件的发售时间为2011年10月13日（周四）上午8点至10月16日（周一）下午5点，每套招标文件售价8000元人民币，过期不予发售。其中一名外地投标人因路途遥远要求招标人寄送招标文件，招标人以工作很忙为由拒绝了此投标人的要求。此投标人只好派人于10月12日提前购买了招标文件。招标文件中部分内容如下：

1. 招标控制价为3200万元人民币，招标控制价以本地区定额基价为基础采用单价法编制。

2. 投标保证金金额为人民币80万元，可采用银行保函或者现金的形式缴纳，以银行保函形式缴纳的投标保证金，保函期限必须超出投标有效期30天。

3. 投标截止日期为2011年10月31日中午12点整。

4. 现场踏勘时间为2011年10月20日早上9点至12点，投标人应于早上8点在招标人指定的地点集合，由招标人统一组织踏勘，下午2点至5点召开投标预备会。

10月20日，除一名外地投标人代表因路途遥远未到达现场之外，其余11名投标人代表均准时参加了现场踏勘，招标人在开始踏勘前要求投标人代表相互传递签到表进行签到，随后进行了点名。现场踏勘过程中一名投标人代表被现场裸露的旧钢筋扎伤，招标人立即将其送往医院治疗，并电话通知了此投标代表所在单位，投标单位认为招标人应做好现场防护工作，投标人代表在踏勘现场受伤属于招标人管理失责，要求招标人承担医药费及其他损失，被招标人拒绝。

在下午召开的投标预备会中，招标人现场口头解答了投标人代表提出的各项疑问，其中有两名投标人的疑问招标人表示需要再次查证后方可回答，招标人于第二天查证后将解答以回函的形式分别发送给了相应的投标人。另一名未能及时参加现场踏勘的外地的投标人希望招标人单独带领其进行现场踏勘，被招标人回绝。

在投标过程中，有一名投标人于 10 月 27 日提交了投标文件，10 月 30 日下午此投标人发现投标文件中存在疏漏，要求招标人退回其投标文件以便进行修改，招标人考虑到此时撤回投标文件时间太紧，会使招标人增加额外工作量，拒绝了投标人的要求。

一名外地投标人于 10 月 31 日中午 12 点 05 分赶到了招标人处，并出具了机票等证明文件证明迟交投标文件的原因是飞机延误所造成，招标人经查实此投标人确实是因飞机延误造成迟交投标文件，属于不可抗力事件，且迟交时间不长，因此招标人接受了此投标人的投标文件。

问题：试分析本案例中招标人组织工程招标投标相应环节中存在的不妥之处并阐述原因。

【分析思路与参考答案】

1. 资格预审结果通知不全

按照法律规定，招标人确定合格资格预审申请人后，应向资格预审合格申请人发送资格预审合格通知书，同时还应向资格预审不合格的潜在投标人发出资格预审结果通知书并书面说明不合格的原因。本例中仅向资审合格申请人发送资格预审合格通知书是不全面的。

2. 招标文件的发售日期、发售费用和程序不符合规定

(1) 按照相关规定，招标文件应满足发售时间不少于 5 日的要求，而本例中 10 月 13 日上午 8 点至 16 日下午 5 点，不满足 5 日发售要求，因此截止日期应为 17 日下午 5 点。

(2) 招标文件发售的费用为 8000 元明显不合理，按照相关规定，招标文件的售价只能为编制和印刷招标文件的成本费用，招标人发售招标文件不得以盈利为目的，也不得以任何理由擅自抬高招标文件的售价，更不能将工程建设项目招标控制价金额作为确定招标文件售价的依据。

(3) 招标人拒绝投标人要求邮寄招标文件的做法不妥，按照相关规定，投标人有要求招标人邮寄招标文件的权利。需要邮寄招标文件的，投标人应首先同招标人联系，并将购买招标文件的费用连同邮费电汇给招标人，招标人收到汇款后应立即按照投标人的要求邮寄招标文件，但是因邮寄过程而产生的风险由投标人承担。此外，按照招标投标原则，招标人不得擅自提前发售招标文件，本例中招标人提前向投标人发售招标文件属于违反公平交易的行为。

3. 招标文件的内容有部分不妥

(1) 按照《工程量清单计价规范》2013 版的要求，招标控制价应按照工程量清单计价方式编制，本例中招标控制价招标人按单价法编制是违规的。

（2）投标保证金数额偏高，按照规定，工程施工投标保证金应为投标人投标报价的2%且不超过80万元。参看本例，由于招标控制价为3200万元，所以投标人提交的投标保证金最高为3200×2%＝64万元，而不是80万元。

（3）投标准备期不符合规定。按照相关规定，招标文件自发售截止之日起至投标人提交投标文件截止之日止，最短不得少于20日。即投标准备期最少为20日。而本例中投标准备期仅为14日，不满足规定。

4. 现场踏勘及召开投标预备会的部分做法不妥

（1）按照规定，招标人为了防止日后发生不必要的纠纷，可要求参加投标人在现场踏勘前签到，但签到名单及投标人身份招标人不得向任何投标人或第三人泄露。本例中招标人先要求投标人代表相互传递签到表进行签到，随后进行点名，明显会泄露各个投标人的身份，这是违反招标投标公平原则的。

（2）按照《招标投标法》相关规定，投标人的疑问必须以书面形式提交给招标人，招标人应及时澄清、解答投标人提出的所有疑问，但应给招标人必要的考虑时间。不论疑问是否为某个投标人提出，招标人均应将所有的澄清、解答以书面形式发给所有购买招标文件的投标人，并且招标人的所有澄清和解答均构成招标文件的组成部分。本例中，投标人现场提问，招标人口头回答提问，而均未采用书面的形式是不能够产生法律效力的。此外招标人对于另外两位投标人代表的提问以回函的形式分别发送给了相应的投标人也是违背公平原则的，是不合法的行为。

5. 招标人接收投标文件的行为不妥

（1）在投标准备期内，投标人有权自由决定撤回、修改、变更投标文件甚至放弃工程投标，投标文件对投标人并无法律约束力，招标人不得拒绝投标人的要求。所以在本例中，招标人在投标准备期内以会使招标人增加额外工作量拒绝投标人要求撤回投标文件的做法是不符合规定的。

（2）按照法律规定，凡是超过投标文件规定的截止日期而提交的投标文件，招标人应于拒绝。本例中招标人应拒绝此外地投标人的投标文件，接受次投标文件是不合法的。

此外，需要引起关注的是，现场踏勘过程中，招标人的一些做法是正确的，如：

（1）按照法律规定，现场踏勘应由招标人统一组织所有投标人参加，若投标人未按时参加或未参加，不得以任何理由要求招标人单独对其组织现场踏勘。本例中招标人拒绝了外地投标人要求单独进行现场踏勘的要求是正确的。

（2）按照法律规定。在现场踏勘过程中，投标人应对其自身的安全负责，若在踏勘过程中因非招标人原因而造成的投标方人员伤亡，招标人不负担任何责任。本例中彻底清除踏勘现场的旧钢筋并非招标人应做的现场防护义务，招标人拒绝赔偿投标人代表在现场踏勘过程中发生的受伤也是合理的。

思考与练习

一、单选题

1. 按照《工程建设项目招标范围和规模标准》规定，下列选项中关于工程项目强制招标的范围说法正确的是(　　)。

  A. 施工单项合同估算价在 200 万元人民币以上的

  B. 重要设备、材料等货物的采购，单项合同估算价在 150 万元人民币以上的

  C. 勘察、设计、监理等服务的采购，单项合同估算价在 100 万元人民币以上的

  D. 项目总投资额在 2000 万人民币以上的

  2. 按《工程建设项目施工招标投标办法》的规定，下列选项中，属于工程项目需要进行招标的是(　　)。

  A. 属于利用扶贫资金实行以工代赈需要使用农民工的

  B. 施工主要技术采用特定的专利或者专有技术的

  C. 承包商、供应商或者服务提供者仅仅只有五家的

  D. 在建工程追加的附属小型工程或者主体加层工程，原中标人仍具备承包能力的，并且其他人承担将影响施工或者功能配套要求

  3. 按照《工程建设项目施工招标投标办法》的有关规定，投标人参加工程建设项目施工投标应当在最近(　　)年内没有骗取中标和严重违约及重大质量问题。

  A. 2   B. 3   C. 4   D. 5

  4. 关于投标保证金的金额，按照《工程建设项目施工招标投标办法》规定，若某工程建设项目某投标人投标价为 5000 万人民币，其应提交的投标保证金应为(　　)万元。

  A. 400   B. 200   C. 100   D. 80

  5. 关于工程项目投标，下列说法正确的是(　　)。

  A. 投标文件为投标人集体行为，投标文件上应加盖企业公章但不需要企业法人印章

  B. 所谓的投标有效期，是指招标人应当给予投标人购买分析招标文件，详细了解准备招标工程项目的情况，填报投标文件的合理时间

  C. 为了更好的参与工程竞争，必要时投标人可以采用低于成本的报价竞标

  D. 对于建设工程项目，投标有效期一般不低于 30 日

  6. 下列关于联合体投标，说法错误的是(　　)。

  A. 组成联合体投标是联合体各方的自愿行为，招标人不得强制投标人组成联合体共同投标

  B. 联合体各方签订共同投标协议后，为了获得更多的中标机会，除联合体牵头人以外，其余各方均可以以自己的名义单独投标

  C. 投标保证金的提交可以由联合体共同提交，也可以由联合体的牵头人提交。投标保证金对联合体所有成员均具有法律约束力

  D. 投标文件中必须附上联合体协议。联合体投标未在投标文件中附上联合体协议的，招标人可以不予受理

  7. 下列关于开标，说法正确的是(　　)。

  A. 开标由招标人主持，邀请所有投标人参加，但投标人有权利决定是否参加开标会议

  B. 开标应当在招标文件确定的提交投标文件截止时间后两个工作日内进行

  C. 招标人依据投标函及投标函附录(正本)唱标，其中投标报价以小写金额为准

  D. 至投标截止时间提交投标文件的投标人少于 5 家的，不得开标

  8. 某工程项目评标委员会规定由 5 人组成，下列关于成员组成说法正确的是(　　)。

A. 技术经济方面的专家 3 人，招标人代表 1 人，项目主管人员 1 人

B. 技术经济方面的专家 3 人，招标人代表 2 人

C. 技术经济方面的专家 2 人，招标人代表 2 人，项目主管人员 1 人

D. 技术经济方面的专家 4 人，招标人代表 1 人

9. 在评标过程中，若评标委员会评审后发现有效投标人只有 2 人，应(　　)。

A. 直接在两人中决定中标人　　　　　　　　B. 提交招标人，由招标人决定中标人

C. 否决所有投标，招标人重新招标　　　　　D. 交由主管部门决定处理方式

10. 关于工程定标，下列说法错误的是(　　)。

A. 确定中标人的权利，招标人可以自己直接行使，也可以授权评标委员会直接确定

B. 依法必须招标的施工项目，招标人应当确定排名第一的中标候选人为中标人

C. 评标和定标应当在投标有效期结束日 30 个工作日前完成

D. 招标人要求延长投标有效期而被某投标人拒绝，那么招标人有权没收其投标保证金

11. 某项目在国内公开招标，招标要求外地企业若要参与工程投标必须首先取得准入资格证，并必须与本地企业组成联合体方可投标。招标人的这一规定违反了招标投标的(　　)。

A. 公开原则　　　　　　B. 公平原则　　　　　　C. 公正原则　　　　　　D. 诚实信用原则

12. 某项目在国内公开招标，招标人在招标文件中明确采用经评审的投标价法评标，同时详细规定了投标文件的递交截止时间、开标时间与开标程序等，这体现了招标投标的(　　)。

A. 公开原则　　　　　　B. 公平原则　　　　　　C. 公正原则　　　　　　D. 诚实信用原则

13. 对于资格审查过程需注意的问题，下列说法中错误的是(　　)。

A. 资格审查委员会成员人数应为 5 人以上单数

B. 招标人负责检查资格申请文件的密封是否符合资格预审文件的要求

C. 资格预审委员会在资格审查过程中应根据申请人的情况灵活调整评审标准和方法

D. 与招标项目已确定的监理单位有隶属关系的申请人不能通过资格审查

14. 下列关于招标文件的发售，说法正确的是(　　)。

A. 招标文件应满足发售时间不少于 5 个工作日

B. 招标文件不能通过邮购的方式购买

C. 招标文件售出后，未中标的投标人可以折价退还招标文件

D. 招标文件的售价应当合理，招标人不得以盈利为目的

15. 下列关于现场踏勘说法错误的是(　　)。

A. 参加现场踏勘为投标人的自愿行为，招标人不得以任何理由强制投标人参加

B. 现场踏勘应由招标人统一组织所有投标人参加

C. 招标人可要求参加投标人在现场踏勘前签到

D. 现场踏勘过程中，招标人应对投标人代表的安全负责

16. 下列关于召开投标预备会说法错误的是(　　)。

A. 为了更加明确现场踏勘的要点，投标预备会应于招标人组织现场踏勘前 1～2 日召开

B. 所有参加投标预备会的投标单位应签到登记，以证明出席投标预备会

C. 投标人的疑问必须以书面形式提交给招标人

D. 招标人应将所有的澄清、解答以书面形式发给所有购买招标文件的投标人

17. 下列关于投标文件的填下与提交，说法正确的是( )。

A. 投标人应按照需要自行确定投标文件的格式及内容

B. 未按招标文件规定要求密封和加写标记的投标文件，招标人将拒绝接收

C. 若采用邮寄方式提交投标文件的，应在提交投标文件的截止时间前邮寄投标文件

D. 招标人签收投标文件后，应立刻拆封，验证投标文件的完整性

18. 在开标过程中，投标文件查封前应由( )检查投标文件的密封情况。

A. 招标人或招标代理机构负责人　　　　B. 投标人代表或投标人委托的公证人员

C. 工程项目主管部门负责人　　　　　　D. 开标现场监标人

19. 工程项目评标过程中，响应性评审不包括( )。

A. 投标内容范围是否符合招标范围和内容，有无实质性偏差

B. 投标文件载明的完成项目的时间是否符合招标文件规定的时间

C. 投标文件是否符合招标文件提出的质量目标、标准要求

D. 投标文件格式、内容是否按照招标文件规定的格式和内容填写，字迹是否清晰可辨

20. 对于工程评标的做法，下列选项说法错误的是( )。

A. 投标文件中大写金额和小写金额不一致的，以大写金额为准

B. 总价金额与单价金额不一致的，以单价金额为准，单价金额小数点有明显错误的除外

C. 中文文本与英文文本投标文件的解释发生异议的，以英文文本为准

D. 评标委员会可以要求投标人对投标文件含义不清部分进行必要的澄清补正

二、简答题

1. 公开招标与邀请招标各自的优缺点是什么？

2. 什么条件下招标人可以自行组织招标？

3. 招标控制价的编制要求有哪些？其编制依据是什么？

4. 建设工程项目投标文件一般应由哪些内容构成？

5. 公开招标方式下建设工程项目招标投标的程序是什么？

第八章　合同管理

第一节　合同及建设工程合同管理概述

一、合同概述

（一）合同的概念与特点

1. 合同的概念及构成

合同又称"契约"，是平等主体的自然人、法人或其他组织之间设立、变更、终止民事权利义务关系的协议，也就是说，合同是发生在当事人之间设立、变更、终止民事权利义务的一种法律关系，由合同的主体、内容、客体三个基本要素构成。

（1）合同关系的主体。

合同关系的主体即为合同的当事人，也就是合同法中所指的债权人和债务人，债权人按照合同的规定向债务人行使合同所赋予的权利，债务人按照合同的规定向债权人履行合同所规定的义务。

（2）合同关系的内容。

合同关系的内容是指合同当事人所签署的合同协议中所明确的权利和义务，也就是合同法所指的合同债权和合同债务。

（3）合同关系的客体。

合同关系的客体是指合同当事人之间权利与义务所指向的对象。

2. 合同的特征

一般情况下，合同具有以下三个基本特征：

（1）合同是一种民事法律行为。

民事法律行为，是指以意思表示为要素，依其意思表示的内容而引起民事法律关系设立、变更和终止的行为。而合同是合同当事人意思表示的结果，是以设立、变更、终止民事权利义务为目的，且合同的内容即合同当事人之间的权利义务是由意思表示的内容来确定的。因而，合同是一种民事法律行为。

（2）合同是一种双方或多方或共同的民事法律行为。

合同是两个或两个以上的民事主体在平等自愿的基础上互相或平行作出意思表示，且意思表示一致而达成的协议。

（3）合同是以在当事人之间设立、变更、终止财产性的民事权利义务关系为目的。

首先，合同当事人签订合同的目的，在于各自的经济利益或共同的经济利益，因而合同的内容为当事人之间产生民事权利义务；其次，合同当事人为了实现或保证各自的经济利益或共同的经济利益，以合同的方式来设立、变更、终止财产性的民事权利义务关系。

（二）合同的分类

合同的分类方法多种多样，按照不同的标准可以进行不同的分类，进而形成不同种类的合同，我国合同法将合同分为了15类，包括买卖合同、供用电、水、气、热力合同、赠与合同、借款合同、租赁合同、融资租赁合同、承揽合同、建设工程合同、运输合同、技术合同、保管合同、仓储合同、委托合同、行纪合同、居间合同。为了更有效地指引当事人订立和履行合同，我们按照签订合同的形式及合同的特点进行如下分类：

1. 单务合同和双务合同

单务合同是指合同当事人一方只行使合同所赋予的权利，而另一方只承担合同所规定的义务的合同，最典型的单务合同如赠与合同；双务合同是指合同当事人相互行使合同所赋予的权利，承担合同所规定的义务的合同，是一般情况下最常见的合同形式。

2. 有偿合同和无偿合同

有偿合同，是指一方通过履行合同规定的义务而给对方某种利益，对方要得到该利益必须为此支付相应代价的合同。有偿合同是商品交换最典型的法律形式。在实践中，绝大多数反映交易关系的合同都是有偿的。无偿合同，是指一方给付某种利益，对方取得该利益时并不支付任何报酬的合同。无偿合同并不是反映交易关系的典型形式，但由于一方无偿地为另一方履行某种义务，或者另一方取得某种财产利益都是根据双方的合意而产生的，因此，无偿合同也是一种合同类型，并应受到合同法调整。在无偿合同中，一方当事人也要承担义务，如借用人无偿借用他人物品，还负有正当使用和按期返还的义务。一般情况下，有偿合同都是双务合同，无偿合同多为单务合同。

3. 有名合同和无名合同

有名合同又称为"典型合同"，是指法律上已经确定相应名称、规则甚至格式的合同，上面所说的我国合同法所规定15类合同均为有名合同；无名合同又称"非典型合同"，是指法律上尚未确定名称、规则和格式的合同。

4. 诺成合同和实践合同

诺成合同是指当事人意思表示一致即告成立且生效的合同。实践合同是指除当事人意思表示一致外，须以实际交付标的物才能生效的合同。区分诺成合同和实践合同的法律意义在于：诺成合同与实践合同的生效要件不同。诺成合同是双方当事人意思表示一致，合同即发生效力，双方当事人即受合同的约束。而实践合同在交付标的物前，合同成立而未生效、对当事人不具有约束力。

5. 要式合同和不要式合同

要式合同，就是说合同的成立，以法律规定的某些要件为条件，必须采用法律所规定的方式方可成立的合同，如"采取书面形式"等，即如果不是按规定订立，则合同是不成立的。不要式合同就是指只要双方当事人意思表示一致、真实等，满足合同成立的基本条件而并不需采取特定形式，不要式合同可采用书面形式，也可采用口头形式订立。

（三）订立合同应遵循的基本原则

在市场经济社会里，合同无所不在。作为一个具有法人资格的公司，其开展经营活动，更离不开各类合同的订立和履行。然而订立的各类合同是否合法有效必然关系到当事人双方能否正确、认真地履行各自的义务，行使各自的权利。因此，订立合同应遵循平等、自愿、公平、诚实信用和合法性等基本原则。

1. 当事人之间地位平等原则

合同当事人之间的法律地位是平等的，一方不得将自己的意见强加给对方。当事人之间平等地享有权利与承担义务，合同当事人的合法权益受法律的保护。

2. 自愿原则

合同的签订是当事人之间相互协商，共同明确各自权利和义务的法律结果，要求当事人之间自由确定双方的权利和义务，任何单位和个人均不得非法干预。

3. 公平原则

无论是什么合同，都会在合同中约定合同当事人的权利、义务。权利、义务是相对应的，即应遵循公平。如果合同显失公平，将受法律的制约。

4. 诚实信用原则

合同的内容是当事人意思表示的反映，一方的意思表示是建立在对方的诚信基础上的。因此，签订合同，要求各方都要有诚信。合同当事人只有遵循诚实信用原则，才能使合同顺利履行，达到合同的目的。一方当事人如果欺诈，将要受到法律的制裁。

5. 合法性原则

为了规范市场经济，国家和政府制订了许多法律和行政法规，这些法律、法规规定了某些行为不可为，因此，签订合同时必须要遵守。如果违反了法律、法规的强制性规定，合同无效，不仅不能达到签订合同的目的，还有可能受到法律的制裁，甚至被刑事追究。

二、建设工程合同

（一）建设工程合同的概念

建设工程合同是合同法所规定的 15 类合同中的一种，主要用于约束建设工程领域买卖双方或多方的建设行为，明确买卖双方或多方的权利和义务，为建设工程市场的正常运转提供法律保障。

建设工程合同是指工程建设项目组织方（即发包人或称业主）与工程建设项目承包方（如施工单位、监理单位、勘察单位、设计单位等）为完成工程建设项目组织方指定工程建设项目的目标或内容而达成的明确相互权利和义务具有法律效力的文件。

从合同的组成来看，建设工程合同同样由主体、内容和客体三部分组成，所谓建设工程合同的主体，是指建设工程合同订立的当事人，一般情况下为业主（投资方、招标人）和通过招标投标过程所确定的建设工程项目承包人；建设工程合同的内容即为合同主体经过协商谈判所最终确定的主体双方的权利和义务关系；建设工程合同的客体即为建设工程招标投标的标的物，是当事人双方权利和义务所指的对象，如建筑施工合同的施工对象；勘察、设计合同的勘察、设计对象以及监理合同的监理对象等。

（二）建设工程合同的分类

1. 按照项目实施的专业分类

与建设工程相关的合同按照项目实施的专业可以大体分为以下几类：

（1）工程勘察、设计合同。

即发包人与勘察、设计单位签订的合同，合同项目的客体一般为某建设工程的地质勘察和工程设计工作，合同项目的内容为明确业主或投资方与勘察、设计单位之间关于勘察、设计工作相互的权利和义务。

（2）工程招标代理合同。

即若招标人需要由招标代理单位代理其完成建设项目招标工作，而与具有相应资质的招标咨询单位所签订的明确招标过程中双方权利和义务的合同。

（3）工程造价咨询合同。

即发包人需要编制建设工程造价文件而与有相应资质的工程造价咨询单位所签订的明确编制工程造价文件的过程中双方权利和义务的合同。

（4）工程监理合同。

即发包人与具有相应资质的工程监理单位所签订的明确建设工程工程监理过程中（包括可行性研究、勘察、设计、招标和施工阶段）双方权利和义务的合同。

（5）工程物资采购合同。

即工程物资采购人（业主或承包人）与工程物资材料供应方所签订的工程物资材料供应环节当事人双方的权利和义务的合同。

（6）工程施工承包合同。

即建筑安装工程承包合同，是发包人和承包人为完成商定的建筑安装工程，明确相互权利和义务关系的合同。施工合同是所有建设工程合同中价值最高、涉及内容最广、关系最为复杂的合同，也是建设工程合同中最典型的合同，本章后面主要介绍建设工程施工合同管理。

（7）其他相关合同。

如：与银行签订的工程贷款合同、与律师事务所签订的法律顾问合同等。

这里需要注意的是，以上合同并不全是建设工程合同，按照合同法的规定：属于建设工程合同的是工程勘察合同、设计合同和施工承包合同；工程招标代理合同、造价咨询合同等属于委托合同；工程物资采购合同是买卖合同。

2. 按照合同计价方式分类

建设工程施工合同根据合同计价方式的不同，一般情况下分为三大类型，即总价合同、单价合同和成本加酬金合同。

（1）总价合同。

所谓总价合同是指支付承包方的款项在合同中是一个"规定的金额"，即总价。总价合同的主要特征：一是价格根据确定的由承包方实施的全部任务，按承包方在投标报价中提出的总价确定；二是待实施的工程性质和工程量应在事先明确商定。总价合同又可分可为固定总价合同和可调值总价合同两种形式。

固定总价合同的价格计算是以图纸及规定、规范为基础，承发包双方就施工项目协商一个固定的总价，由承包方一笔包死，不能变化。采用这种合同，合同总价只有在设计和工程范围有所变更的情况下才能随之做相应的变更，除此之外，合同总价是不能变动的。因此，作为合同价格计算依据的图纸及规定、规范应对工程作出详尽的描述，一般在施工图设计阶段，施工详图已完成的情况下。采用固定总价合同，承包方要承担实物工程量、工程单价、地质条件、气候和其他一切客观因素造成亏损的风险。因此，这种形式的合同适用于工期较短（一般不超过一年），对最终产品的要求又非常明确的工程项目，这就要求项目的内涵清楚，项目设计图纸完整齐全，项目工作范围及工程量计算依据确切。

可调值总价合同的总价一般也是以图纸及规定、规范为计算基础，但它是按"时价"进行计算的，这是一种相对固定的价格。在合同执行过程中，由于通货膨胀而使所用的工料成本增加，因而对合同总价进行相应的调值，即合同总价依然不变，只是增加调值条款。因此可调值总价合同均明确列出有关调值的特定条款，往往是在合同专用条款中列明。调值工作必须按照这些特定的调值条款进行。这种合同与固定总价合同不同在于，它对合同实施中出现的风险作了分摊，发包方承担了通货膨胀这一不可预测费用因素的风险，而承包方承担了实施中实物工程量成本和工期等因素的风险。可调值总价合同适用于工程内容和技术经济指标规定很明确的项目，由于合同中列明调值条款，所以在工期一年以上的项目较适于采用这种合同形式。

（2）单价合同。

在施工图不完整或当准备发包的工程项目内容、技术经济指标一时还不能明确、具体地予以规定时，往往要采用单价合同形式。这样在不能比较精确地计算工程量的情况下，可以避免凭运气而使发包方或承包方任何一方承担过大的风险。工程单价合同可细分为估算工程量单价合同和纯单价合同两种不同形式。

估算工程量单价合同是以工程量清单和工程单价表为基础和依据来计算合同价格的。目前国内推行的工程量清单计价所形成的合同就是典型的估算工程量单价合同。即：发包方承担由于工程量计算不准确而产生的风险，承包方承担由于各个分项工程所填报单价不准确而产生的风险。采用估算工程量单价合同可以使承包方对其投标的工程范围有一个明确的概念。这种合同一般适用于工程性质比较清楚，但任务及其要求标准不能完全确定的情况。采用这种合同时，工程量是统一计算出来的，承包方只要填上适当的单价就可以了，承担风险比较小。因此，估算工程量单价合同在实际中运用较多，实施这种合同的标的工程施工时要求施工过程中及时计量并建立月份明细账目，以便确定实际工程量。

纯单价合同是发包方只向承包方给出发包工程的有关分部分项工程以及工程范围，不需对工程量作任何规定。承包方在投标时只需要对这种给定范围的分部分项工程作出报价即可，而工程量则按实际完成的数量结算。这种合同形式主要适用于没有施工图、工程量不明，却急需开工的紧迫工程。

（3）成本加酬金合同。

成本加酬金合同，是由发包人向承包人支付工程项目的实际成本，并按事先约定的某一种方式支付酬金的合同类型。这里的成本主要包括完成工程建设项目的直接成本和间接成本两类，酬金是指完成工程建设项目发包人按照合同约定应支付给承包人酬劳。在这类合同中，业主需承担项目实际发生的一切费用，因此也就承担了项目的全部风险。而承包单位由于无风险，其报酬往往也较低。成本加酬金合同在实践中主要有三种具体类型：

1）成本加固定酬金合同，这类合同是在谈判中明确若正常完成工程建设项目，在计取工程成本之后，发包人另支付给承包人固定数额的酬金。

2）成本加百分比酬金合同，这类合同是在谈判中明确若正常完成工程建设项目，在计取工程成本之后，发包人按照成本的数额乘以事先约定好的比例另支付给承包人相应的酬金。这种合同由于成本越高则酬金越高，容易造成承包人故意浪费材料、额外增加工程成本等现象的发生，所以一般不予采用。

3）成本加浮动酬金合同，这类合同往往发包人给承包人有一定的成本约束范围，若实际成本低于约束范围的下限，承包人不仅能获得成本和酬金，还可获得额外的奖励；若实际成本在成本约束范围之内，承包人可以获得成本和事先规定的酬金；若实际成本高于约束范围的上限，则承包人只能获得完成工程的成本，过高还有可能被发包人没收一部分成本作为罚金。

总体来说，成本加酬金合同较单价合同和总价合同，其缺点是业主对工程总造价不易控制，承包商也往往不注意降低项目成本。这类合同主要适用于以下项目：

1）需要立即开展工作的项目，如震后的救灾工作；

2）新型的工程项目，或对项目工程内容及技术经济指标未确定；

3）风险很大，承包人不愿意承担风险的项目。

3. 按照建设工程项目的承包方式分类

按照工程项目的承包方式，建设工程合同分为工程总承包合同、专项总承包合同和专业工程承包合同。

（1）工程总承包合同。

工程总承包合同是指发包人将整个工程项目的实施发包给一个承包人，实施的内容不仅仅包括建设工程项目的施工，还包括工程的可行性研究、工程勘察、工程设计、工程招标等内容，所以工程总承包合同是工程全方位一揽子承包合同。

在工程总承包合同中，承包人往往不是一个单独的施工单位，或者一个设计单位，由于工程项目承包专业内容多，承包人必须具有全方位、全专业的管理能力，所以承包人往往是一个单独的项目管理公司。项目管理公司与发包人签订工程总承包合同，获得工程建设项目的全方位管理权，实际操作过程中项目管理公司再以发包人的身份将各个专业工程发包给相应专业公司实施。国内最常见的工程总承包合同是设计采购建造合同（EPC 合同），近年来，国际上常采用的工程项目管理承包合同（MC 合同）也在我国有了一定的发展。

（2）专项总承包合同。

专项总承包合同是指发包人先将工程建设项目分成若干个专业项目，如划分为勘察、设计、监理、造价咨询、招标代理、工程监理、工程施工等专业，然后分别就各个专业进行发包并分别与各个专业的承包商签订实施合同。

专项总承包合同最具有代表性的是施工总承包合同，即发包人就工程建设项目的施工与一个总承包人签订实施合同，总承包人按照合同约定将施工项目进行分包，工程分包由总承包人统一协调管理，若分包工程出现事故，总承包人对发包人负责，分包人对总承包人负连带责任。专项总承包合同是我国目前最常采用的建设工程合同模式。

（3）专业工程承包合同。

专业工程承包合同是指发包人将工程建设项目划分为若干个专业工程，如将施工项目划分为土石方工程施工、主体施工、装饰装修施工等，然后将划分的专业工程项目发包给专业的施工单位负责实施。专业工程承包合同最常采用于工程建设施工的分包合同中。

（三）建设工程合同的特点

在建设工程合同中，发包人委托承包人进行建设工程的勘察、设计、施工，承包人接受委托并完成建设工程的勘察、设计、施工任务，发包人为此向承包人支付价款。由此可以看出，建设工程合同实质上就是一种承揽合同，或者说是承揽合同的一种特殊类型。建设工程合同具有以下几个特征：

1. 建设工程合同的标的物具有特殊性

建设工程合同是从承揽合同中分化出来的，也属于一种完成工作的合同。与承揽合同不同的是，建设工程合同的标的为不动产建设项目。也正由于此，使得建设工程合同又具有内容复杂，履行期限长，投资规模大，风险较大等特点。

2. 建设工程合同的当事人具有特定性

建设工程合同的当事人包括发包人和承包人，发包人一般是一个独立的法人或社会组织，而作为建设工程合同当事人一方的承包人，一般情况下只能是具有从事勘察、设计、施工资格的法人。这是由建设工程合同的复杂性所决定的。建设工程合同的当事人不允许是自然人。

3. 建设工程合同具有较强的国家管理性

由于建设工程合同与国民经济建设和人民群众生活都有着密切的关系，因此该合同的订立和履行，必须符合国家基本建设计划的要求，并接受有关政府部门的管理和监督。《建设工程施工合同(示范文本)》就是国家建设主管部门为了规范建设行业合同订立方法，促进建设行业积极健康发展所订立的规范的合同范本。

4. 建设工程合同是要式合同

建设工程合同应当采用书面形式。《建设工程施工合同(示范文本)》对建设工程合同的内容和形式作了详细的规定，不允许当事人另列与《建设工程施工合同(示范文本)》不一致的合同，当相关法律、行政法规规定合同应当办理有关手续的，还应当符合有关规定的要求。

5. 与承揽合同一样，建设工程合同也是双务合同、有偿合同和诺成合同

(四)建设工程施工承包合同

综上所述，建设工程施工合同是建设工程合同价值最高、涉及内容最广、关系最为复杂的合同，也是建设工程合同中最典型的合同，掌握建设工程施工承包合同的管理有助于全面把握建设工程合同的管理。

1. 建设工程施工合同的特点

(1)合同标的物的特殊性。

建设工程施工合同的标的物是各类建筑产品，而建筑产品是发包人的不动产，在建造过程中，容易受多种因素的共同干扰，如气候条件、水文地质条件和社会环境均会对建筑产品的建造产生较大的干扰。

(2)施工承包合同履行的长期性。

建筑产品往往结构复杂、体积较大、采用的建筑材料类型广泛、施工工程量大，所以完成建筑产品的工期往往较长，少则几个月，多则几年。

(3)施工承包合同风险大。

建筑产品由于受多种因素的影响，同时由于履行期限长，所以受外界影响较大。合同在履行过程中往往受到较多的未知因素干扰，如发生不可抗力、物价上涨、法律法规政策变化等均会造成建筑产品的内容和成本发生变化，所以建筑施工当事人要在合同履行过程中承担较大的风险。

2. 建设工程施工合同示范文本组成

《建设工程施工合同(示范文本)》由三个部分和合同附件组成。

(1)合同协议书。

合同协议书包括十项内容，分别是：

1）工程概况：工程名称，工程地点，工程内容，工程立项批准文号，资金来源。

2）工程承包范围：承包人的工作范围和内容。

3）合同工期：开工日期，竣工日期。合同工期应该写总日历天数。

4）质量标准：质量必须达到国家规定的合格标准，双方也可以约定比国家标准更为严格的质量标准。

5）合同价款。合同价款应该填写双方确定的合同金额。

6）组成合同的文件。包括中标通知书，投标书及其附件，专用条款，通用条款，图纸，工程量清单，技术标准和文件等。

7）本协议书中有关词语含意。与本合同通用条款中分别赋予它们的定义相同。

8）承包人向发包人承诺按照合同约定进行施工、竣工并在质量保修期内承担工程质量保修责任。

9）发包人向承包人承诺按照合同约定的期限和方式支付合同价款及其他应当支付的款项。

10）合同的生效。

（2）合同通用条款。

合同通用条款是根据法律、行政法规规定及建设工程施工的需要订立，通用于建设工程施工的条款，包括十一项内容，分别是：

1）词语定义及合同条件，包括词语定义和合同文件及解释顺序；

2）双方一般权利和义务；

3）施工组织设计和工期；

4）质量与检验；

5）安全施工；

6）合同价款与支付；

7）材料设备供应；

8）工程变更；

9）竣工验收与结算；

10）违约、索赔和争议。

11）其他

（3）合同专用条款。

合同专用条款与通用条款的作用相同，合同专用条款是发包人与承包人根据法律、行政法规规定，结合具体工程实际，经协商达成一致意见的条款，是对通用条款的具体化和补充。专用条款的序号应与通用条款对应，应对照理解和使用，两者规定不一致的，专用条款的解释优先于通用条款。

（4）合同附件。

合同附件包括：附件一：承包人承揽工程项目一览表；附件二：发包人供应材料设备一览表；附件三：房屋建筑工程质量保修书。

三、建设工程合同管理概述

(一)建设工程合同管理的概念

在工程项目管理中,合同管理是一个较新的管理职能。在国外,从20世纪70年代初开始,随着工程项目管理理论研究和实际经验的积累,人们越来越重视对合同管理的研究。在发达国家,80年代前人们较多地从法律方面研究合同;在80年代,人们较多地研究合同事务管理(contract administration);从80年代中期以后,人们开始更多地从项目管理的角度研究合同管理问题。近十几年来,合同管理已成为工程项目管理的一个重要的分支领域和研究的热点。它将项目管理的理论研究和实际应用推向新阶段。

建设工程企业的经济往来,主要是通过合同形式进行的。一个企业的经营成败与合同管理有密切关系。建设工程合同管理是指建设工程企业对以自身为当事人所与发包人订立的合同依法进行订立、履行、变更、解除、转让、终止以及审查、监督、控制等一系列行为的总称。其中订立、履行、变更、解除、转让、终止是合同管理的内容;审查、监督、控制是合同管理的手段。

(二)建设工程项目合同管理的工作程序

建设工程项目的合同管理工作贯穿招投标采购和项目建造的全过程,合同管理过程分为合同制定阶段的管理和合同履行阶段的管理。具体程序如图8-1所示。

合同制定阶段的管理,主要包括从承包商资格预审、编制投标文件、投标、评标、合同谈判到确定承包商的整个过程中涉及合同条件和内容准备的相关管理活动。可能涉及投标人清单的编制和批准、合同条款、投标人须知的编制、开标、评标、合同授予、移交文件等内容和程序。

合同履行阶段的管理,是指合同签订以后对合同执行情况进行管理,以确保合同当事人的工作是按合同约定的范围、计划、支付条款等程序和规则完成的,同时也包括双方对合同交底、履行及变更的管理,直至合同终止。

(三)建设工程合同管理的依据和基本原则

1.合同管理的主要依据

(1)建设工程项目合同。

(2)工作结果。如:已经完成的交付物(产品),未完成的产品,已发生的费用和将要发生的成本等。

(3)变更申请。包括对合同条款的修改,或对将被提供的产品或服务说明书的修改。

2.合同管理的基本原则

合同管理的基本原则是保证当事人双方履行合同的基础,主要有:全面管理原则,预防为主原则,分类管理原则,流程管理原则。

(1)全面管理原则。

成功的建设工程合同管理,不能仅仅侧重于实施阶段的合同管理,应首先在订立合同前对合同的内容、形式、主要合同条款进行策划,把握合同侧重的主方向,基本明确合同的主要内容;其次在合同订立过程中应准备合同谈判的内容,明确合同谈判的重点和当事人的权利和义务;最后在合同实施阶段建立合同履行的保证体系,控制合同履行过程中的变更、索赔等。同时,建设工程合同管理不仅仅要抓紧施工合同的管理,勘察设计合同、监理合同等

准备投标人资格预审文件提纲

↓

编制资格预审文件

↓

接受潜在投标人资格预审文件并评审

↓

进行潜在投标人调查

↓

评价确定的潜在投标人名单

↓

准备详细的招标计划和进度安排

↓

编制并出售招标文件

↓

接受潜在投标人投标文件

↓

确定合格投标人名单

↓

开标、评标并确定中标人

↓

进行合同谈判，签订承包合同

合同的制定

↓

承包人指定详细实施计划报发包人审批

↓

现场准备，履行合同

↓

合同变更及索赔控制

↓

合同关闭

合同的履行

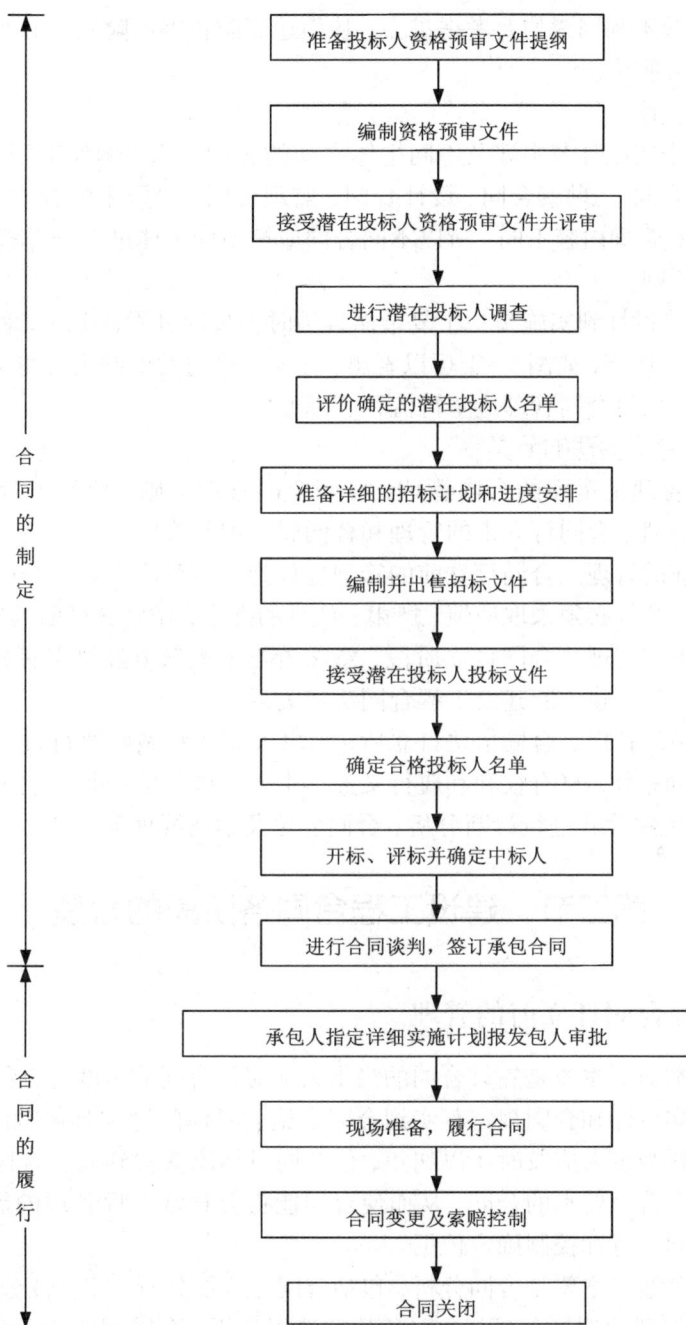

图 8 – 1　建设工程项目合同管理的流程

都构成了建设工程合同的基本体系。所以，合同管理应从全面管理的角度入手，全方位把握不同合同在各个阶段的管理重点。

（2）预防为主原则。

签订合同的主要目的是为了明确当事人之间的权利和义务，防止纠纷的产生而给当事人带来不必要的损失。所以在进行合同策划、合同谈判并订立合同的整个过程中当事人应将所有可能预见的风险等不利因素均要考虑进去，从而达到防止因风险发生时当事人责任不明确而产生额外的纠纷和损失。

（3）分类管理原则。

建设工程在整个实施环节中涉及不同主体之间的合同关系，例如工程咨询合同（招标代理合同和造价咨询合同）、勘察合同、设计合同、监理合同、物资采购合同、施工合同等，不同合同的主体不同，管理内容不同，所以不同合同应按不同主体进行分类管理，防止混淆。

（4）流程管理原则。

建设工程项目自设计到实施是一个复杂而且历时较长的过程，建设工程项目合同管理贯穿于项目管理的各个环节，如图8-1可以看出，任何一个过程的缺失都将会导致项目实施受阻，因此，建设工程项目合同管理应坚持流程管理原则。

（四）建设工程合同管理的分类

建设工程合同管理是全面的合同管理，按照全面管理原则，建设工程合同管理具体分为：合同订立前的管理、合同订立中的管理和合同履行中的管理

（1）合同订立前的管理。合同订立前的管理也称为合同总体策划。合同签订意味着合同生效和全面履行，所以，必须采取谨慎、严肃、认真的态度，做好签订前的准备工作。

（2）合同订立中的管理。合同订立阶段，意味着当事人双方经过工程招标投标活动，充分酝酿、协商一致，从而建立起建设工程合同法律关系。

（3）合同实施中的管理。合同依法订立后，当事人应认真做好履行过程中的组织和管理工作，严格按照合同条款，享有权利和履行义务。主要工作包括：建立合同实施的保证体系、对合同实施情况实施跟踪并进行诊断分析、合同变更及索赔管理等。

第二节　建设工程合同各阶段的管理

一、建设工程合同订立前的管理

合同订立前的管理，主要是签订合同的当事人从履行合同的角度对合同文件进行全面的审查和分析，将合同目标和合同规定落实到合同实施的具体问题和具体时间上，用以指导具体工作，如发现问题当事人应及时予以纠正，使合同目标能落实到履行合同的具体事件和工作上，最终形成一个符合要求的合同，从而使合同能符合日常工程管理的需要，使工程按合同要求实施，为合同执行和控制确定依据。

合同订立前的管理，主要是合同分析，包括合同合法性分析、完备性分析、公平性分析、整体性分析、合同类型的选择分析、合同条款的选用分析、合同间的协调分析、合同应变性分析和合同文字唯一性和准确性分析。

（一）合同合法性分析

建设工程合同合法性分析，主要是指分析研究建设工程合同中各个合同条款是否满足法律法规所规定的内容和要求，是否存在法律不允许的内容和条款，合同合法性分析的主要内容包括：

（1）合同当事人的资格合法。

（2）项目具备招标和签订合同的全部条件。

（3）合同的内容和所指的行为符合合同订立的原则。

（4）有些需经公证或官方批准方可生效的合同，是否已办妥了这方面手续，获得了证明或批准。

（二）合同完备性分析

合同的完备性包括合同文件完备性和合同条款完备性两个方面：

1. 合同所包括的各种文件齐全

《建设工程施工合同(示范文本)》一般包括合同协议书、合同通用条款、合同专用条款三部分组成，此外，构成施工合同文件的组成部分，除了这三部分之外，一般还应包括中标通知书、投标书及其附件、有关的标准、规范及技术文件、施工图图纸、工程量清单、工程报价单或预算书。

2. 对各有关问题进行规定的条款要齐全

若采用标准合同文件，如《建设工程施工合同(示范文本)》中的条款，虽然其通用条款部分条款齐全，对于一般的工程而言，内容已较完整，但对于某一特定的工程，根据工程具体情况和合同双方的特殊要求，还必须补充合同专用条款。若未采用标准合同文本，则应以标准文本作样本，对照所签合同，寻找缺陷，补齐必需的条款。若尚无标准合同文本，如联合体协议、劳务合同，则须收集实践中的同类合同文本，并作相互补充，以保证所签合同的完备性。

（三）合同公平性分析

合同公平性分析主要是指合同所规定的双方的权利和义务的对等、平衡和制约问题，可以从以下几个方面进行具体分析：

（1）双方的权利和义务应该是对等的、公平合理的。某些显失公平或免责条款，显然违反了公平原则，应予以删除或修改。

（2）合同规定一方的权利，则同时应考虑到这一方行使该权利应如何制约，分析这一方行使该权利有无滥用该项权利的可能，以及行使该权力应承担的义务和责任等。

（3）合同规定一方一项义务，则也应规定其有完成该项义务所必需的相应权利，或由此义务所引申出的权利。

（4）合同规定一方一项义务，还应分析承担这一项义务的前提条件，若此前提由对方提供，则应同时规定为对方的一项义务。

（四）合同整体性分析

合同条款是一个整体，各条款之间有着一定的内在联系和逻辑关系。一个合同事件，往往会涉及若干条款，如关于合同价格就涉及工程计量、计价方式、支付程序、调价条件和方法、暂定金额的使用等条款，必须认真仔细地分析这些条款在时间上和空间上、技术上和管理上、权利义务的平衡和制约上的顺序关系和相互依赖关系。各条款间不能出现缺陷、矛盾或逻辑上的不足。

（五）合同类型的选择分析

合同按其计价方式主要有单价合同、固定总价合同和成本加酬金合同等。各种类型合同有其适用条件，合同双方有不同的权利与责任分配，承担不同的风险。工程实践中应根据具体情况选择合同类型，有时一个项目的不同分项有不同的计价方式。如一个建设工程项目若施工目标明确、施工技术成熟、施工方法统一，则往往选用总价合同；若工程项目内容、技术经济指标一时还不能明确、具体地予以规定时，往往要采用单价合同形式；若工程项目要求紧迫、风险很大、技术指标不确定时，可以考虑成本加酬金合同。

（六）合同条款的选用分析

合同条款和合同协议书是合同文件最重要的组成部分。发包人应在保证履行招标承诺的基础上，根据需要选择拟订合同条款，可以选用标准的合同条款，也可以根据需要对标准的文本作出修改限定或补充。选用合同条款时，应注意以下几个问题：

（1）应尽可能使用标准的合同条款。

（2）合同条款应与双方的管理水平匹配，否则执行时有困难。

（3）选用的合同条款双方都较熟悉，既利于业主管理工作，又利于承包商对条款的执行，可减少争执和索赔。

（4）选用合同条款还应考虑到各方面的制约。

（七）合同间的协调分析

从建设工程合同的分类和合同管理的分类原则可以看出，一套完整的建设工程合同包括若干个环节和多专业类别，如：勘察、设计合同、招标代理合同、造价咨询合同、监理合同、工程物资采购合同、施工合同、贷款合同等。在合同体系中，相关的同级合同之间，主合同与分合同之间关系复杂，必须对此作出周密分析和协调，其中既有整体的合同策划，又有具体的合同管理问题。合同间的协调分析具体分为合同体系工作内容的完整性分析和各个合同经济技术间的协调分析。

（八）合同应变性分析

由于建设工程项目具有建设周期长、工程造价高、建设环境复杂等特点，所以在合同履行的过程中，往往会遇到一些事先无法预见的事件发生。为了适应这些突发性事件对建设工程项目和当事人的影响，就要求合同状态要随之调整，以适应工程项目环境的变化。

所谓合同状态是指合同各方面要素的综合，它包括合同价格、合同条件、合同实施方案和工程环境四方面。这四个方面相互联系、相互影响、相互制约，综合成一个合同状态。一旦合同状态的某一方面因外界未知因素发生变化，即打破了合同状态的"平衡"。合同应事先规定对这些变化的处理原则和措施，并以此来调整合同状态，这就是合同的应变性。合同应变性可从合同文件变化、工程环境变化和实施方案变化等方面加以分析。

（九）合同文字唯一性和准确性分析

对合同文件解释的基本原则是"诚实信用"，所有合同都应按其文字所表达的意思准确而正当地予以履行，在订立合同过程中，要仔细研究合同条款的用语的准确性，避免出现模棱两可和具有歧义的语句。例如，在某供应合同中，付款条款对付款期的定义是"货到全付款"，而该供应是分批进行的。在合同执行中，供应方认为，合同解释为"货到，全付款"，即只要第一批货到，购买方即"全付款"。而购买方认为，合同解释应为"货到全，付款"，即货全到后，再付款。从字面上看，两种解释都可以。双方争执不下，各不让步，最终法院判定本合同无效，不予执行。

二、建设工程合同订立中的管理

合同订立中的管理，主要是合同当事人就建设工程项目通过招标、投标后进行合同谈判，进而订立合同这一过程的管理。合同订立中的管理主要包括合同谈判管理和合同订立流程管理。

（一）合同谈判管理

项目合同谈判是指合同双方在合同签订前进行认真仔细的会谈和商讨，将双方在招投标过程中达成的协议具体化或做某些增补与删改，对价格和所有合同条款进行法律认证，最终订立一份对双方都有法律约束力的合同文件的过程。

1. 合同谈判的程序

（1）合同谈判前的准备。

合同谈判是业主与承包商面对面的直接较量，谈判的结果直接关系到合同条款的订立是否于己有利，因此，在合同正式谈判开始前，无论是业主还是承包商，必须深入细致地做好充分的思想准备、组织准备、资料准备等，做到知己知彼，心中有数。

（2）一般讨论。

谈判开始阶段通常都是先广泛交换意见，各方提出自己的设想方案，探讨各种可能性，经过商讨逐步将双方意见综合并统一起来，形成共同的问题和目标，为下一步详细谈判做好准备。

（3）技术谈判。

在一般讨论之后，就要进入技术谈判阶段。主要对原合同中技术方面的条款进行讨论，包括工程范围、技术规范、标准、施工条件、施工方案、施工进度、质量检查、竣工验收等。

（4）商务谈判。

主要对合同中商务方面的条款进行讨论，包括工程合同价款支付条件、支付方式、预付款、履约保证、保留金、货币风险的防范、合同价格的调整等。技术条款与商务条款往往是密不可分的，在进行谈判时，不能将两者分割开来。

（5）合同拟定。

谈判进行到一定阶段后，在双方都已表明了观点、对原则问题双方意见基本一致的情况下，可由一方起草并经商讨由另一方确认后形成；或者由双方各起草一份协议，经双方综合讨论，交换意见或各自协议稿件并逐条商定。

（6）签约。

在合同当事人双方交换意见或原始合同稿件后，必须就双方一致同意的条件制定明确、具体的书面协议，以明确双方的权利和义务，最后制定双方一致同意的合同并签订合同。

2. 合同谈判应注意的问题

谈判是通过不断讨论、争执、让步确定各方权利、义务的过程，实质上是双方各自说服对方和被对方说服的过程。

任何一项谈判都有其主要目标和主要内容。在整个项目的谈判过程中，要注意抓住主要的实质性问题，如工程预付款支付条件、工程结算方式、工程验收及违约责任等来谈。要防止对方转移视线，回避主要问题，或避实就虚，在主要问题上打马虎眼，而故意在无关紧要的问题上兜圈子。

在建设工程合同谈判过程中，需要重点强调的是，由于招标人已经将实质性条款在招标文件中作了明确说明，投标人也是在满足招标人实质性条款的前提下提出报价，已中标的投标文件肯定满足招标文件的实质性要求，且为合同的重要组成部分。因此谈判双方只能对合同文件的非实质性内容进行谈判，如：工程预付款的金额和具体支付时间；工程款的结算时间和结算方法；发包人应提供的条件；承包人的进度安排；工程缺陷责任期和保留金的数额及退回时限；工程保修期限；解决争议的方法等。合同谈判双方禁止对工程实质性内容（如：工期、造价、质量标准、工程内容）进行谈判。此外，为了保证合同的法律效益，便于行政主管部门和社会的监督检查，《招标投标法》第46条规定：招标人和中标人应当按照招标文件和中标人的投标文件订立书面合同。招标人和中标人不得再行订立背离合同实质性内容的其他协议。

（二）合同订立流程管理

与一般合同的订立过程一样，工程建设项目合同双方当事人也采取要约、承诺的方式达成一致意见，订立合同。当事人双方意思表示真实一致时，合同即可成立。

1. 要约

要约是一种定约行为，即"要与他人约定"，所以要约是希望和他人订立合同的意思表示。发出要约一方称为要约人，接受要约的一方成为受要约人。

（1）要约成立的必需条件。

《合同法》第14条中对于要约的性质及其构成要件作出了明确的规定，主要可从几个方面理解：

1）要约是由具有签约能力的特定人作出的意思表示；

2）要约必须向要约人希望与之订立合同的受要约人发出，且必须到达受要约人；

3）要约的内容应当具体确定；

4）要约必须具有订立合同的意图。

（2）要约的法律效力。

1）要约的生效。

我国合同法对要约的生效时间采用"到达主义"的方式。即：要约到达受要约人时生效。同时《合同法》还规定，采用数据电文形式订立合同，收件人指定特定系统接收数据电文的，该数据电文进入该特定系统的时间，视为到达时间，未指定特定系统的，该数据电文进入收件人的任何系统的首次时间，视为到达时间。

2）要约的法定约束力。

要约的法定约束效力分别表现为要约人和受要约人的拘束力。要约对要约人的约束力表现在要约一经到达受要约人，要约即生效。此时要约人不得随意撤销要约或对要约随意变更内容。要约对受要约人的约束力表现在受要约人若同意要约中的内容，应按要求及时承诺，超出规定时间除非要约人认同，受要约人的承诺无效。

（3）要约的撤回与撤销。

1）要约的撤回。

要约的撤回，是指要约人在发出要约后，在要约到达受要约人之前取消其要约的行为。《合同法》第17条规定，要约可以撤回。但是撤回要约的通知必须在要约到达受要约人之前或者与要约同时到达受要约人。可以理解为，在此情况下，被撤回的要约实际上是尚未生效的要约，撤回要约也不会影响到受要约人的利益。倘若撤回要约的通知于要约到达后到达，则在此情况下，由于要约一旦到达受要约人即视为生效，根据诚实信用原则，要约人一般不能随意撤回。

2）要约的撤销。

要约的撤销是指要约人在要约生效后，取消要约，使之失去法律效力的行为。要约的撤回发生在要约生效之前，而要约的撤销发生在要约生效之后。《合同法》第18条规定，要约可以撤销，撤销要约的通知应当在受要约人发出承诺通知之前到达受要约人。第19条规定，如有下列情形之一，要约则不能撤销：

第一，要约人确定了承诺期限或者以其他形式明示要约不可撤销。在这种情况下，可以理解为受要约人是在要约人规定的期限内正积极准备作出承诺，这个时期内受要约人为了承诺已经投入了资源，如果撤销要约，则有可能违反公平原则。

第二，尽管没有明示要约不可撤销，但是受要约人有理由认为要约是不可撤销的，并且已经为履行合同做了准备工作。

（4）建设工程合同订立过程中的要约。

在建设工程合同订立的过程中，投标人的投标文件是投标人向招标人做出的想与招标人订立合同的意思表示，投标文件对招标文件中的具体内容做出了响应，并且一旦投标文件被招标人接受，进入投标有效期，投标人即受投标文件的约束，不得随意撤回或者更改投标文件。因此，在建设工程合同订立过程中，投标人的投标文件即为要约。

2. 承诺

承诺是一种诺成行为，即"许诺与要约人签订合同"，所以承诺是受要约人同意要约的意思表示。

（1）承诺成立必须具备的条件。

根据《合同法》的规定，承诺的成立必须具备以下条件：

1）承诺的主体必须为受要约人。

2）承诺必须与要约的内容完全一致，即承诺必须是无条件地接受要约的所有条件。

3）承诺必须在有效期限内向要约人发出。承诺应当在要约期限内到达要约人。

所谓有效期限，是指要约规定有答复期限的，规定的答复期限内即为有效时间；

要约没有确定承诺有效期限的，如果要约以对话方式作出的，应当场及时作出承诺的意思表示，但当事人另有约定的除外；如果要约以其他方式作出，承诺应当在合理期限内到达要约人。

据此，凡是第三者对要约人所作的"承诺"；凡是内容与要约不相一致的承诺；凡是超过规定时间的承诺都不是有效的承诺，而是一项新要约或反要约，必须经原要约人承诺后才能成立合同。

（2）承诺的法律效力。

承诺生效时合同即为成立。对于合同的生效时间，《合同法》第26条规定：承诺通知到达要约人时生效。承诺不需要通知的，根据交易习惯或者要约的要求作出承诺的行为时生效。采用数据电文形式订立合同的，收件人指定特定系统接收数据电文的，该数据电文进入该特定系统的时间，视为到达时间；未指定特定系统的，该数据电文进入收件人的任何系统的首次时间，视为到达时间。

（3）承诺的撤回与延迟。

承诺的撤回，是指受要约人在其作出承诺生效之前将其撤回的行为。承诺一经撤回，即不发生承诺的效力，阻碍了合同的成立。《合同法》第27条规定，撤回承诺的通知应当在承诺通知到达要约人之前或者与承诺通知同时到达要约人。规定承诺必须以明示的通知方式作出，且此通知应当在一定时间之内作出。

同时，为了维护要约人的合法权利，承诺只可撤回，不可撤销。

（4）建设工程合同订立过程中的承诺。

在建设工程合同订立的过程中，招标人的中标通知书是招标人同意投标人投标文件的意思表示。中标通知书的发出主体为招标人，《招标投标法》规定中标通知书应在确定中标人之后的30天内发出并签订合同，中标通知书的发出条件是招标人同意中标人投标文件中的所有实质性内容，投标文件为合同的重要组成部分。所以，在建设工程合同订立过程中，招标人的中标通知书即为承诺。

3. 要约邀请

要约邀请是一种期望行为，即"邀请他人向自己发出要约"，所以要约邀请是希望他人向自己发出要约的意思表示。

要约邀请是当事人订立合同的预备行为，只是诱导他人发出要约，不能因相对人的赞同而成立合同。在发出要约邀请以后，要约邀请人撤回其邀请，只要没给善意相对人造成信赖利益的损失，要约邀请人一般不承担责任。

如何区分要约与要约邀请？重点是看两个方面：

（1）发出人的意思表示是以和对方订立合同为目的还是以邀请对方向自己发出要约为目的。

（2）发出人的意思表示中合同的必要条款是否齐备。

例如，在某次交易洽谈会中，某建筑施工单位对外公开发布希望采购一批材料的公告，希望出售此种材料的供应商与之联系。就此看来，此建筑施工单位虽然发出了采购材料的意思表示（即采购公告），但并未明确对采购材料的具体要求以及双方的权利义务，仅仅是邀请有意向出售材料的供应商前来联系，所以此建筑施工单位的采购公告可定义为要约邀请。若某供应商获得了此消息后与建筑施工单位取得了联系，并就材料的类型、价格、供货方式、收获方式、货款支付方式做了明确的说明，那么此供应商的行为既可以理解为希望与建筑施工单位订立合同，而且合同必要条款齐全，则此材料供应商的行为即构成了要约。

《合同法》第15条规定："要约邀请是希望他人向自己发出要约的意思表示。寄送的价目表、拍卖公告、招标公告、招股说明书、商业广告等为要约邀请。商业广告的内容符合要约规定的，视为要约。"

4. 合同的成立与生效

在我国合同法制定以前，我国的法律体系并未明确区分合同的成立与生效，如《保险法》只规定合同的成立，《技术引进合同管理条例》只规定合同的生效。在合同法制定之后，合同的成立与生效才区分开来。

（1）合同的成立。

承诺生效时合同成立，承诺生效的时间即为合同成立的时间。也就是说，当订立合同的当事人双方意思表示一致时合同即成立。合同成立的地点有如下规定：

1）承诺生效的地点为合同成立的地点；

2）采用数据电文形式订立合同的，收件人的主营业地点为合同成立的地点；没有主营业地点的；其经常居住地为合同成立的地点；

3）当事人采用合同形式订立合同的，双方当事人签字或盖章的地点为合同成立的地点；

4）当事人约定了合同成立地点的，约定的地点为合同成立的地点。

（2）合同的生效。

合同成立并不表示合同就具有法律效力，合同生效是指已经成立的合同具有法律约束力，合同是否生效，取决于是否符合法律规定的有效条件。合同生效的实质条件包括：

1）当事人在缔约时具有相应的民事行为能力；

2）当事人意思表示真实；

3）合同条款中不存在有违反法律或社会公共利益的行为；

4）对于附条件和附期限的合同，应满足前提条件和期限的要求。

（3）无效合同。

无效合同是相对于有效合同而言，凡不符合法律规定的要件的合同，不能产生合同的法律效力，都属于无效合同。所以无效合同是指合同虽然成立，但因其违反法律、法规、社会公共利益，被确认为无效。可见，无效合同是已经成立的合同，是欠缺生效要件，不具有法律约束力的合同，不受国家法律保护。无效合同的特点包括：

1）合同具有违法性。

所谓违法性，是指违反了法律和法规的强制性规定和社会公共利益。

2）合同具有不履行性。

不履行性是指当事人在订立无效合同后，不得依据合同实际履行，也不承担不履行合同的违约责任。

3）合同自始无效。

无效合同自始无效，合同一旦被确认无效，就产生溯及既往的效力，即自合同成立时起不具有法律的约束力，以后也不能转化为有效合同。无论当事人已经履行，或者已经履行完毕，都不能改变合同无效的状态。

4）合同当然无效。

无效合同是当然无效。由于无效合同是违反国家法律、法规和社会公共利益的合同，因而它为法律上的当然无效，即其无效，无须当事人主张即产生无效的法律后果。

无效合同的确认最根本的标准是合同的内容不合法，根据《合同法》的规定，对无效合同应从表8-1中几个方面加以确认。

（4）可撤销合同。

可撤销合同是民法中可变更和可撤销的民事行为的一种。可撤销合同主要是订立合同的当事人意思表示不真实的合同。《民法通则》第59条规定："行为人对行为内容有重大误解的和显失公平的民事行为，一方当事人有权请求人民法院或者仲裁机关予以变更或者撤销。"也就是说，对于可撤销合同，若履行中发生纠纷，当事人有权请求仲裁机构或人民法院对合同予以变更或撤销，合同被变更后，应按变更后的合同执行；合同整体被撤销后，原合同从签订时起即告无效。

（5）无效免责合同及部分无效合同。

无效免责条款是指没有法律约束力的，当事人约定免除或者限制其未来责任的合同条款。这些条款有：

表 8 - 1　无效合同的认定条件

序号	主体不合法	内容不合法	代理不合法	程序和形式不合法
1	不具备法人资格的社会团体组织，以法人名义签订合同的	合同条款违反国家法律和法规	代理人未经授权、超越代理权限或者代理权消灭后签订合同，未经被代理人追认的	合同的订立程序违反法定的订立程序，合同的订立形式不符合法定形式
2	未经核准登记以及未领取营业执照，以个体工商户名义签订合同的	合同标的为国家明令禁止买卖的物或未经许可经营的物或法律、法规所不允许的行为	代理人以被代理人的名义同自己签订合同的	
3	国家法律限制行为能力的人签订合同的	当事人的意思表示不真实，或采取胁迫、欺诈等手段签订合同的	代理人以被代理人的名义同自己代理的其他人签订合同的	
4		当事人有意回避法律，损害国家利益、社会公共利益和他人利益而签订合同的	代理人与对方通谋签订损害被代理人利益的	

1）造成对方人身伤害的免责条款；

2）因故意或者重大过失造成对方财产损失的免责条款；

3）提供格式条款一方免除自身责任、加重对方责任、排除对方主要权利的合同条款。

部分无效合同是指无论是无效合同还是可撤销合同，如果其无效或者被撤销而宣告无效只涉及合同的部分内容，不影响其他部分效力的，则其他部分仍然有效。部分无效的合同须具备以下条件：

1）合同内容是可分的；

2）合同无效或者被撤销的部分不影响其他部分的效力。

三、建设工程合同实施中的管理

建设工程施工合同订立后，即进入合同的实施阶段。合同的履行是指合同依法成立以后，当事人按照约定的内容和约定的履行期限、地点和方式，全面完成各自所承担的合同义务，从而使该合同所产生的合同法律关系得以全部实现，当事人的经济目的得以达到的整个行为过程。

在建设工程合同实施阶段的管理过程中，发包人与承包人首先应明确双方的权利和义务；其次建立建设工程企业合同管理制度；再按照建设工程合同约定的内容和约定的履行期限、地点和方式，全面完成各自所承担的合同义务；在工程建设过程中发生工程变更和工程索赔时，严格控制并按照合同的约定处理工程变更和工程索赔；工程建设过程中合同发生争议与纠纷时，按照合同约定和法律规定处理争议与纠纷等。

（一）承发包人双方的权利和义务

1. 发包人的权利

发包人的权利包括签订合同的权利和检查承包人合同实施的权利。

（1）签订合同的权利。

发包人可以与工程项目总承包人订立建设工程合同，由工程项目总承包人全面负责建设工程的实施，也可以分别与勘察人、设计人、监理人、施工人分别订立勘察合同、设计合同、监理合同和施工合同。

（2）检查承包人合同实施的权利。

发包人在不妨碍承包人正常作业的情况下，有权利随时对承包人的作业进度、工程质量进行检查。

2. 发包人的义务

（1）办理正式工程和临时设施范围内的土地征用、租用、申请施工许可证和占道、爆破以及临时铁道专用线接岔等的许可证。

（2）确定建筑物（或构筑物）、道路、线路、上下道的定位标桩、水准点和坐标控制点。

（3）开工前，接通施工现场水源、电源和运输道路，拆迁现场内民房和障碍物。这也可委托承包人承担。如委托承包人承担，双方在合同中应该明确发包人向承包人支付的费用。

（4）发包人应及时向施工单位提供施工现场及毗邻区域内供水、排水、供电、供气、供热、通信、广播电视等地下管线资料，气象和水文观测资料，相邻建筑物和构筑物、地下工程的有关资料，并对所提供材料的真实性负责。

（5）按照双方协议约定的范围，供应材料和设备。双方一般应在合同中明确约定发包人供应的材料和设备的名称、规格型号、数量、供应的时间和送达的地点。

（6）向经办银行提交拨款所需的文件（实行贷款或自筹的工程要保证资金供应），按时办理拨款和结算。

（7）组织有关单位对施工图等技术资料进行审定，按照合同规定的时间和份数交付给承包人。同时，双方应该明确会审图纸和设计交底的时间。

（8）派驻工地代表，对工程进度、工程质量进行监督，检查隐蔽工程，办理中间交工工程验收手续，负责签订、解决应由发包人解决的问题以及其他事宜。在签订合同时，发包人应明确其驻工地代表，并在合同中写明其姓名及职责。发包人驻工地代表是发包人在现场的总代表人和负责人。

（9）负责组织设计单位、施工单位共同审定施工组织设计、工程价款和竣工结算，负责组织工程竣工验收。

3. 承包人的权利

（1）在经发包人批准后，承包人可以将非主体工程之外的专业工程部分进行分包。

（2）当发生非承包人原因造成承包人损失，向发包人主张赔偿停工、窝工损失和实际费用的权利。

（3）当发包人未按约定支付价款，有催告发包人在合理期限内支付价款的权利。

4. 承包人的义务

（1）施工场地的平整、施工界区内的用水、用电、道路和临时设施的施工。

（2）编制施工组织设计（或施工方案），做好各项施工准备工作。

（3）按双方商定的分工范围，做好设备和材料的采购、供应和管理。

（4）及时向发包人提出开工通知书、施工进度计划表、施工平面布置图、隐蔽工程验收通知、竣工验收报告，提供月份施工作业计划、月份施工进度表和工程事故报告以及提出应由发包人供应的材料、设备和供应计划。

（5）严格按照施工图和说明书进行施工，确保工程质量，按合同规定的时间如期完工和交付使用。

（6）对已完工的房屋、构筑物和安装的设备，在交工前负责保管，并清理好现场。

（7）按照有关规定提出竣工验收技术资料，办理竣工结算，参加竣工验收。

（8）在合同规定的缺陷责任期内，对属于承包人责任的工程质量问题，负责无偿修理。

5.违约责任

违反合同的法律责任可分为当事人责任和直接责任人责任。不履行经济合同的行为是由于当事人的过错所引起的，则当事人的行为是一种违约行为，应承担法律责任，简称违约责任。

（1）违约责任的形式。

1）支付违约金。

违约金有法定违约金与约定违约金。当二者不一致时，应按照约定优先的原则，以约定违约金为准。

2）支付赔偿金。

赔偿金是指由于当事人一方的过错不履行或不完全履行合同给对方造成损失时，在违约金不足以弥补损失时而向对方支付不足部分的货币。它是违约责任的形式之一。

3）采取补救措施。

即违约方在违约事实发生后，所采取的返工、修理、重做等措施。

4）继续履行合同。

根据合同实际履行原则，违约方在承担经济责任后，无论是支付违约金还是支付赔偿金，都不能代替合同的履行。如果违约方不履行，可请求人民法院强制执行。

5）解除合同。

如果当事人一方违约致使合同无法按期履行或无法实现合同目的，则合同可以解除而不必继续履行，因此解除合同也是处理违约责任的一种形式。

（2）承担违约责任的条件。

1）要有不履行合同的行为。

2）行为人要有过错。

3）要有损害事实。损害事实是指当事人违约给对方造成的经济损失和其他不利后果。

4）违约行为和损害事实之间要有因果关系。即损害事实一定是由于当事人的违约行为造成的。

（3）违约责任的减免。

当事人一方由于不可抗力的原因不能履行合同时，可以根据相关法律法规和建设工程合同约定部分或全部免予承担违约责任。

（二）建设工程企业合同管理制度

建设工程合同管理制度涉及发包人建立的合同管理制度和承包人建立的合同管理制度两个方面，在合同的实施过程中，发包人建立合同管理制度主要是对承包人实施合同建立检查制度，督促承包人按照约定的工期、造价和质量标准实际、全面的履行合同。而承包人对建设工程项目实施的好与坏决定着工程项目实际的工期、造价和质量，并且由于工程建设过程具有长期性、外界影响因素多等特点，所以承包人在合同履行过程中往往承担较大的责任和风险，因此承包人建立企业合同管理制度对实际、全面的履行合同具有更强的意义。

建立科学合理的合同管理制度为承包人企业内部管理机构和人员提供执行依据，从而将合同管理落到实处。承包人建立企业合同管理制度主要包括以下几个方面：

1. 建立内部合同预签制度

内部合同预签制度是指承包人首先将企业要与发包人签订的合同拟订合同的一般条款，确定合同双方的权利和义务，然后将企业内部合同管理人员分成假想发包人和承包人两组，模拟合同签订过程进行预签合同。这样便于承包人从发包人和承包人两个角度对合同条款共同进行研究，既有利于调动企业相关部门的积极性，发挥相关部门的管理作用，还能使所签订的合同切实可行，达到集思广益，保证合同履行的顺利进行。

2. 建立内部审查制度

为了保证所签订的合同合法有效，承包人在签订合同之前，应将预签的合同交由企业合同主管部门和企业法律顾问进行审查，看合同是否存在漏洞或者瑕疵。通过企业内部的审查，可以使合同的签订建立在可靠的基础之上，尽量避免合同纠纷的发生，切实保护企业的合法权益。

3. 建立保护、保管企业印章制度

承包人企业印章是承包人进行对外业务的法律凭证，因此企业印章应采用登记制度并设专人保管。在签约过程中，企业印章管理人员应到场签章。

4. 建立检查制度

在合同履行过程中承包人应及时检查合同履行的情况，以便及时发现合同履行过程中的薄弱环节和矛盾，以利于提出改进意见，督促企业各个管理部门不断改进合同履行管理工作，提高企业的经营管理水平。

5. 完善统计考核制度

统计考核制度，是运用科学的方法，利用统计数字，反馈合同订立和履行情况，通过对统计数字的分析，总结经验，找出教训，为企业经营决策提供重要依据。

6. 建立合同管理评估制度

合同管理制度是合同管理活动及其运行过程的行为规范，已制定的合同管理制度是否健全是合同管理的关键所在，因此，为了使已制定的合同管理制度能够指导合同的实施，更有效的将合同管理落到实处，建立一套有效的合同管理评估制度是十分必要的。

7. 建立合同管理目标制度

建设工程合同管理的目标是通过一套切实可行的合同管理体系，按照合同的约定实际、全面的履行合同，以达到承包人预期的经济效益。所以建立合同管理目标制度，有利于激励企业各部门团结协作，保证企业经营活动的顺利进行。

8. 建立合同管理质量责任制度

企业质量责任制度是企业的一项基本管理制度，它规定企业内部相关合同管理部门和合同管理人员的工作范畴，以及履行合同应负的责任和拥有的职权。明确各个部门和相关管理人员权利和责任，是企业顺利履行合同的一项根本保障。

（三）建设工程合同的履行

合同履行在概念上包含实际履行和全面履行两层要求。

1. 实际履行合同

实际履行，又称实物履行原则，是指经济合同当事人必须严格按照合同所规定的标的去履行自己义务的原则。

它包括两层含义：第一，经济合同中规定的是什么标的，当事人就必须交付什么标的，不得擅自更换，不能用其他物品或金钱来代偿；第二，在经济合同当事人一方违反合同的情况下，违约方即使支付了违约金或赔偿金，也不能免除其履行合同的责任，如果受损失一方要求违约方继续履行合同的，违约方还应按照合同规定的标的继续履行。

合同当事人必须严格遵守有关法律规定，但遇到下列情况时允许以货币、其他物品和劳务行为代替履行，或者根据情况变更原则，在另一方当事人不同意变更或解除原合同时，向仲裁机构申请仲裁，或向人民法院起诉。

（1）由于不可抗力发生致使合同无法实际履行；

（2）以特定物为标的的合同实物已经灭失，实际履行已不可能；

（3）由于一方违约，使合同履行成为不必要。

2. 全面履行合同

全面履行，要求当事人应信守自己的承诺，它意味着合同关系的各方当事人都应信守诺言，恪守约定，必须按照合同规定的标的数量和质量，在规定的时间、地点、规定的方式全面履行合同规定的各项义务。

全面履行原则是实际履行原则的具体化。具体讲，它包含以下内容：

（1）履行的主体。一般情况下，经济合同的履行必须由合同当事人亲自履行；特殊情况下，依据法律规定，合同义务也可以由第三方完成，如保证合同。

（2）履行的标的。经济合同规定的标的是什么，义务人就必须交付什么，不能用金钱代替（特殊情况除外）。

（3）履行的数量和质量。经济合同规定的标的数量是多少，就必须履行多少；合同规定什么质量就按什么质量交付。

（4）履行的价款或酬金。即要求经济合同当事人按照合同规定的价款或酬金支付。

（5）履行的期限、地点、方式。必须严格按照合同规定履行，任何一方不得擅自变更，否则，应视为违约，并承担相应的法律责任。

3. 合同的不履行

凡是违反实际履行和全面履行要求的行为，都称为不履行合同。不履行合同的情况是复杂的、原因是多种的，包括全部不履行、部分不履行、到期不履行等情况。

（四）建设工程合同变更

工程合同变更，是指施工承包合同依法成立后，在工程实施过程中，发包人和承包人依法通过协商对合同的内容进行修订或调整所达成的协议。

合同变更的原因和依据应在合同变更指令中详细说明，例如因为图纸错误引起的变更，应在工程变更指令中写明图纸错在什么地方，并附上变更后有关部分的计算书，对合同文件的变更应附有合同双方签订的有关修改变更部分的协议书。需要注意的是，建设工程合同变更必须事先经监理工程师审核后由发包人批准方可实施。

1. 合同变更的内容

施工承包合同变更的范围包括工程性质、合同中规定的工程质量、进度、价款要求，以及合同条款中承发包双方责权利关系的变化等都可以被认定为合同变更，合同变更的范围主要涉及工程数量、技术规范、合同条件、设计文件与图纸、施工进度及条件等。在建设工程实践过程中，最常见的工程变更有以下几种情况：

（1）业主对建筑物的外形或使用功能有新的想法，因此必须变更原设计方案，同时也要重新修订预算。

（2）由于设计人员的疏忽或其他原因造成的设计错误，必须对设计图纸作重新修改。

（3）由于工程条件预定不准确导致工程环境发生变化，必须要重新修改施工方案和变更施工计划。

（4）由于应用新的技术、新的材料或者新的设备，可以大幅度降低成本，有必要变更原设计、实施方案或实施计划。

（5）由于业主指令、业主的原因造成承包商施工方案的变更。

（6）政府部门对工程新的要求，如国家政策变化、环境保护要求、城市规划变动等。

（7）由于合同实施出现问题，必须调整合同目标，或修改合同条款。

（8）合同当事人由于破产或其他原因无法继续实施合同，造成合同当事人的变化。

监理工程师可以根据施工进展的实际情况，在认为必要时就以下几个方面发出变更指令：

（1）合同中所列出的工程项目中任何工程量的增加或减少；

（2）取消合同中任何部分的工程细目的工作。被取消的工作是由业主或其他承包方实施者除外；

（3）改变合同中任何工作性质、质量及种类；

（4）改变工程任何部分的标高、线形、位置和尺寸；

（5）为完成本工程所必需的任何种类的附加工作；

（6）改变本工程任何部分的任何规定的施工顺序和时间安排。

2. 合同变更的程序

合同变更的程序包括：当事人提出合同变更，监理工程师审查变更，编制合同变更文件，发出变更指令。具体流程如图 8-2 所示。

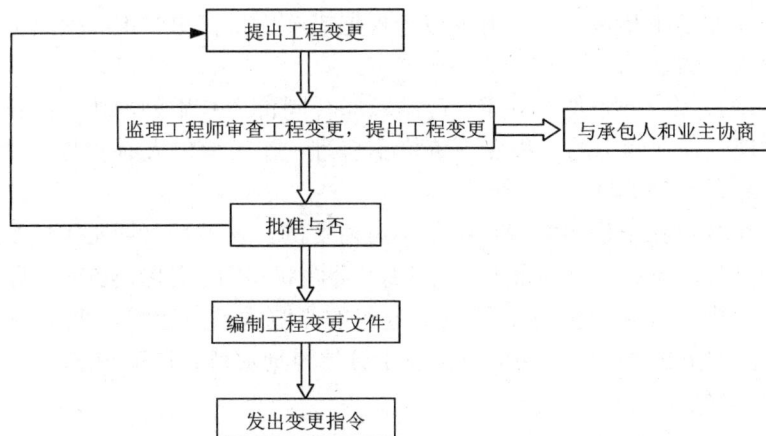

图 8-2　工程变更程序

（1）提出合同变更。

提出合同变更的主体可以是发包人、也可以是监理人或承包人。发包人提出工程变更往往是由于原设定的工程性质发生改变，或者是当地政府的要求和法律法规政策的改变所造成；承包人提出变更要求多数是从承包人自身的利益角度出发，除说明原因外，还需提供有关变更后的设计图纸和计算书的资料；监理工程师提出变更大多数是由于发现设计错误或者不足所引起。

（2）监理工程师审查工程变更。

对工程变更的审查工作一般都由监理工程师来完成，同时应与业主和施工承包人进行适当的协商，征得双方的事先同意后才能予以批准。

（3）编制工程变更文件。

一项工程变更应包括工程变更令、工程量清单、设计文件（包括图纸和技术规范）和其他有关文件。工程变更令一般应按固定的格式填写，说明变更的理由，工程变更的概况和工程变更估价等。工程量清单、设计文件和其他有关文件是组成工程变更的基础文件。

（4）发出变更指示。

监理工程师的变更指示必须以书面形式发出，如果由于时间紧迫等情况造成监理工程师为了尽快发出变更指示而采用口头形式，指示发出后监理工程师应尽快以书面形式确认。

3. 合同价格改变原则与程序

按合同条件规定，工程变更价格须由监理工程师确定，合同价格确定的原则是：

（1）因分部分项工程量清单漏项或非承包人原因的工程变更，造成增加新的工程量清单项目，其对应的综合单价按下列方法确定：

1）合同中已有适用的综合单价，按合同中已有的综合单价确定；

2）合同中有类似的综合单价，参照类似的综合单价确定；

3）合同中没有适用或类似的综合单价，由承包人提出综合单价，经发包人确认后执行。

（2）因分部分项工程量清单漏项或非承包人原因的工程变更，引起措施项目发生变化，造成施工组织设计或施工方案变更，则措施费调整的方法是：

1）原措施费中已有的措施项目，按原有措施费的组价方法调整；

2）原措施费中没有的措施项目，由承包人根据措施项目变更情况，提出适当的措施费变更，经发包人确认后调整。

监理工程师应按照合同条件的规定，遵循以原合同价为基础的原则，公正地确定工程变更价格，如果监理工程师确定的工程变更价格不合理，施工承包人有权提出费用索赔，有关确定工程变更价格的程序如图 8－3 所示。

施工合同发生变更在工程实施过程中是不可避免的。这种变更通常不能免除或改变承包人的合同责任，但对合同实施影响很大，造成原"合同状态"的变化，必须对原合同规定的内容作相应的调整。由于合同变更对工程施工过程的影响大，会造成工期的拖延和费用的增加，容易引起双方的争执，所以合同双方都应十分慎重地对待合同变更。

（五）建设工程索赔

1. 工程索赔产生的原因及特征

工程索赔是在工程承包合同履行中，当事人一方由于另一方未按合同约定履行合同所规定的义务或者出现了应当由对方承担的风险而遭受损失时，向另一方提出赔偿要求的行为。

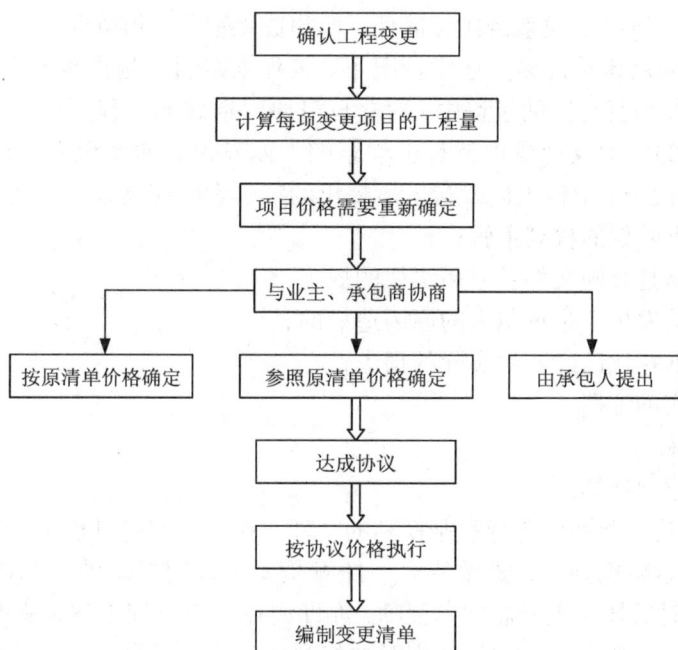

图8-3 确认变更价格的程序

索赔产生的原因包括：

(1)设计方面。

在工程施工阶段发生设计与实际间的差异等原因导致的工程项目在工期、人工、材料等方面的索赔。

(2)工程合同方面。

在设计施工过程中双方在签订工程合同时未能充分考虑和明确各种因素对工程的影响，致使施工合同在履行中出现这样那样的矛盾，从而引起施工索赔。

(3)意外风险和不可预见因素。

在施工过程中，发生了如地震、台风、流沙泥、地质断层、天然溶洞、沉陷和不明地下构筑物等引起的施工索赔。

(4)不履行施工合同。

承发包双方在履行施工合同的过程中往往因一些意见分歧和经济利益驱动等人为因素，不严格执行合同而引起的施工索赔。

(5)工程项目建设承发包管理原因。

当前建筑市场中工程建设项目的承发包包括总包、分包、指定分包、劳务分包、设备材料供应承包等多种方式。使得承发包工作变得复杂和管理难度增大。当其中任何一个承包合同不能顺利履行或管理不善，都可能会引发其他承包合同在工期、质量、数量和经济等方面的索赔。

(6)价格调整引起的索赔和法规变化引起的索赔。

在实际工程实践的过程中，工程索赔既包括承包人向发包人的索赔，也包括发包人向承包人的索赔，所以索赔时双向的。只是一般情况下，由于发包人是工程款支付方，在索赔过程中往往比较强势，所以处理索赔比较简便，如扣拨工程款、扣留保留金等方式；而承包人对发包人的索赔相对就困难许多。通常情况下，工程索赔通常是指承包人向发包人的索赔，也就是说，承包人在履行合同的过程中，对非自身原因造成的工程延误、费用增加而要求发包人给予补偿损失的一种权利要求就是工程索赔。而发包人向承包人提出的索赔被称之为"反索赔"。正常情况下，承包人向发包人所提出的工程索赔应具备以下几个特征：

（1）索赔是要求赔偿的权利主张；

（2）索赔的依据是合同文件及适用法律的规定；

（3）索赔事件的发生不是承包人的原因造成的；

（4）与合同标准相比已经产生实际的损失；

（5）必须有切实的证据。

2. 工程索赔的程序

（1）发出索赔意向通知。

索赔意向通知是一种维护自身索赔权利的文件。在工程实施过程中，承包人发现索赔或意识到存在潜在的索赔机会后，要做的第一件事是要在合同规定的时间内将自己的索赔意向，用书面形式及时通知业主或监理工程师，亦即向业主或监理工程师就某一个或若干个索赔事件表示索赔愿望、要求或声明保留索赔的权利。索赔意向的提出是索赔工作程序中的第一步，其关键是抓住索赔机会，及时提出索赔意向。我国《标准施工招标文件》通用条款中规定，承包人应在知道或应当知道索赔事件发生后 28 天内，向监理人递交索赔意向通知书，并说明发生索赔事件的事由。承包人未在前述 28 天内发出索赔意向通知书的，丧失要求追加付款和（或）延长工期的权利。项目部的合同管理人员或其中的索赔工作人员根据具体情况，在索赔事项发生后的规定时间内正式发出索赔通知书，以免丧失索赔权。索赔意向书的内容应包括：

1）事件发生的时间及其情况的简单描述；

2）索赔依据的合同条款及理由；

3）提供后续资料的安排，包括及时记录和提供事件的发展动态；

4）对工程成本和工期产生不利影响的严重程度。

（2）索赔资料准备。

从提出索赔意向到提交索赔文件，是属于承包人索赔的内部处理阶段和索赔资料准备阶段。此阶段的主要工作有：

1）跟踪和调查干扰事件，掌握事件产生的详细经过和前因后果。

2）分析干扰事件产生原因，划清各方责任，确定由谁承担，并分析这些干扰事件是否违反了合同规定，是否在合同规定的赔偿或补偿范围内，即确定索赔根据。

3）损失或损害调查或计算。通过对比实际和计划的施工进度和工程成本，分析经济损失或权利损害的范围和大小，并由此计算出工期索赔和费用索赔值。

4）收集证据。从干扰事件产生、持续直至结束的全过程，都必须保留完整的当时记录，这是索赔能否成功的重要条件。索赔的成功在很大程度上取决于承包商对索赔作出的解释和强有力的证明材料。

5）起草索赔文件。按照索赔文件的格式和要求，将上述各项内容系统反映在索赔文件中。

（3）索赔文件的提交。

在承包人确认引起索赔的事件后 42 天内，向业主或监理工程师提交正式的书面索赔文件。包括索赔的依据、要求追加付款的全部资料。

（4）监理工程师评审索赔文件。

监理工程师提出初步处理意见。在对索赔报告作出全面评审的基础上，监理、工程师与承包商和业主深入交换意见后作出初步的索赔处理意见。

（5）业主审定索赔处理意见。

监理工程师的索赔处理意见只有得到业主批准才能生效。业主审定索赔处理意见要点如下：

1）根据索赔事件发生的原因、责任范围和合同条款审核索赔处理意见。

2）依据工程建设的实际情况，权衡利弊，作出处理决定。

（6）承包人的决定。

承包人接受经业主审定的索赔处理意见，监理工程师签发有关证书，索赔处理过程到此结束。如果承包人不同意业主的处理决定，则应通过合同纠纷解决方式解决索赔争端。

（六）项目合同发生争议与纠纷的管理

1.项目合同争议与纠纷产生的原因

项目合同的争议和纠纷是不可避免的，诱发合同纠纷的因素很多，归结起来有以下三个方面：

（1）合同本身存在缺陷的原因。

（2）不可预见的原因。

（3）在执行合同过程中发生的人为原因。

2.项目合同争议与纠纷的处理方法

合同争议和纠纷的发生比较常见，发生合同争议和纠纷时如何处置对双方当事人来说都极为重要。处置合同争议和纠纷的主要方式有：友好协商、调解、仲裁和诉讼。

（1）友好协商。指双方当事人愿意就发生的纠纷进行友好磋商，愿意做出一些有利于纠纷实际解决的有原则的让步，并在彼此都认为可以接受、继续合作的基础上达成和解协议，以使合同能够得到正常履行。

（2）调解。当纠纷发生时由第三者从中调解，促使双方当事人和解。调解的过程是查清事实、分清是非的过程，也是协调双方关系、更好地履行合同的过程。调解可以在交付仲裁和诉讼前进行，也可以在仲裁和诉讼过程中进行。

（3）仲裁。对于通过友好协商与调解不能有效解决的纠纷可求助于仲裁或诉讼来解决。所谓仲裁是指双方当事人根据合同中的仲裁条款或者事后双方达成的书面协议，自愿把争议提交由双方同意的第三者（各类仲裁机构）依照一定的程序进行裁决，仲裁机构做出裁决后，由仲裁机构制作仲裁裁决书。

（4）诉讼。指司法机关和当事人在其他诉讼参与人的配合下，为解决合同争议或纠纷依法定诉讼程序所进行的全部活动。

需要特别强调的是，一般情况下，当事人应首先采用友好协商的方式解决争议或纠纷，当友好协商不能使当事人之间达成一致意见时，可采用邀请第三方介入进行调解（如建设主管部门、法院等），调解不成时，当事人可采用仲裁或者诉讼的方式解决争议或纠纷。其中，友好协商与调解结果不具备法律效力，仲裁与诉讼结果具备法律效力。

这里还要注意的是，仲裁与诉讼往往只能选定其中一种作为解决争议的方式。采用仲裁作为解决争议或者纠纷的方式时，当事人必须在合同中指定仲裁机构，否则仲裁条款无效，产生争议或者纠纷时当事人有权选择放弃仲裁而采用诉讼的方式解决争议或纠纷；仲裁的结果具备法律效力但无强制性，若责任人不按照仲裁结果执行时，权利人可将仲裁结果交由法院，由法院强制责任人执行；仲裁实行一裁终局的制度，一裁终局制度是指当事人之间的纠纷，一经仲裁审理和裁决即告终结，该裁决具有终局的法律效力。裁决作出后，当事人就同一纠纷再申请仲裁或者向人民法院起诉的，除非当事人有充足的证据证明仲裁过程存在违法行为时，仲裁委员会或者人民法院不予受理。

第三节　FIDIC 标准合同范本

一、FIDIC 组织及其标准合同范本简介

FIDIC 是国际咨询工程师联合会（Fédération Internationale Des Ingénieurs Conseils）的法文缩写，中文音译为"菲迪克"，是国际上最具有权威性的咨询工程师组织。FIDIC 于 1913 年由欧洲五国独立的咨询工程师协会在比利时根特成立，现在瑞士洛桑。FIDIC 成立 90 多年来对国际实施的工程建设项目起到了重要作用，是国际上最有权威的被世界银行认可的咨询工程师组织，目前，FIDIC 组织，分属于四个地区性组织，即 ASPAC—亚洲及太平洋地区成员协会，CEDIC—欧共体成员协会，CAMA—非洲成员协会集团，RINORD—北欧成员协会集团。

FIDIC 主要职能机构有：执行委员会（TEC）、土木工程合同委员会（CECC）、业主与咨询工程师关系委员会（CCRC）、职业责任委员会（PLC）和秘书处。FIDIC 帮助会员提高服务水平，加强国际合作，解决工作中遇到的一些问题，起草了众多规范性文件等，做了大量的有益工作。FIDIC 最早发行适用于土木工程的《施工合同条件》（红皮书）和适用于机电工程的《电气与机械工程合同条》（黄皮书）已被广泛使用了几十年（现行的红皮书已是第 5 版，黄皮书也已是第 4 版），1995 年又起草发行了适用于由承包商同时承担工程设计与施工的《设计—施工和交钥匙合同条件》（橘皮书）。

1957 年针对海外土木工程，在伦敦土木工程协会与 ICE 于 1945 年编制的第一套有关土木工程系列条款的基础上，FIDIC 正式发布了第一版《FIDIC 合同条款》，世界银行正式于 1995 年为土木工程施工采购编制的第一版标准招标文件（SBDW）采用了 FIDIC 合同条款作为它的基础，从此为 FIDIC 合同条款在国际施工项目中确立了权威地位。

由于国际工程项目管理的飞速发展，无论是红皮书、黄皮书还是橘皮书到 20 世纪 90 年代实际上已经不能完全满足世界上许多项目的管理需求。一方面，当时的版本相当局限地定位在传统的土木工程以及传统的电气和机械工程，像公路、桥梁、水坝，以及水电站的涡轮机与洪水闸门、机械搬运和安装等，已不再适应建造实施方式日益普及的新需求，如民用建筑项目中土建施工与复杂的机械、强电、弱电及其他系统的供应与安装一体化趋势等。另一方面，因为有些项目出于融资需要而派生出一些新的建造实施方式，像公共/私营合作方式（Public/Private Partnership，PPP）、民间主动融资方式（Private Finance Ini‐tiate，PFI）、建

造—运营—移交方式(Build – Operate – Transfer，BOT)等，使得美国称为交钥匙(Turn – Key)、欧洲称为工程设计—采购—建造的项目管理模式(Engineering – Procurement – Construction，EPC)得到了广泛的应用，而当时的标准合同版本对此却缺乏适应性。

基于以上情况，FIDIC将标准合同范本的分类方式从"土建"与"电气和机械"转向"业主设计"与"承包商设计"。

在1999年编写发行了全新版FIDIC合同条件的四个新范本，形成了1999年版标准合同族，即新的彩虹合同系列：

1.《施工合同条件》(新红皮书)

2.《生产设备与设计—建造合同条件》(新黄皮书)

3.《设计采购施工(EPC)/交钥匙工程合同条件》(银皮书)

4.《简明合同格式》(绿皮书)

作为一个与时俱进的行业组织，FIDIC为适应国际工程投资与工程咨询界的发展需要，2006年又起草出版了《施工合同条件—多边开发银行协调版》(粉皮书)及《设计、施工与运营合同条件》(金皮书X)，进一步扩大了工程承包的彩虹合同系列。再结合1998年发行的第三版《客户/咨询工程师服务协议书范本》(白皮书)等，FIDIC向国际工程界提供了完整的标准合同体系。

二、FIDIC合同条款的内容

FIDIC合同条款分为两部分，第一部分：通用条款(标准条款)；第二部分：特殊适用条款(需要专门起草，以适应特定的需要。)

其中通用条款包括以下内容：

1.一般规定

2.雇主

3.工程师

4.承包商

5.指定的分包商

6.职员和劳工

7.设备、材料和工艺

8.开工、误期与停工

9.竣工检验

10.雇主的接收

11.缺陷责任

12.计量与计价

13.变更与调整

14.合同价格预付款

15.雇主提出终止

16.承包商提出停工与终止

17.风险与责任

18.保险

19. 不可抗力

20. 索赔、争端与仲裁

从项目管理的角度来看,FIDIC 合同条件涵盖了工期管理、质量管理、范围管理、费用管理、沟通管理、风险管理、人力资源管理等多方面的内容。

三、1999 版 FIDIC 合同条件的条款结构

在 1999 新版的 4 本合同条件中,除《简明合同格式》标准文本以外,其他 3 本均将条款总数归纳为 20 个主题条款,使这 3 个合同文本的条款结构协调一致,纲目分明,便于参照比较。而《简明合同格式》的主题条款,被压缩为 15 条,如表 8 - 2 所示。表中括号中的数字表示条款的数目,"√"表示条款的名称和条款数目与"新红皮书"完全相同。

表 8 - 2 1999 版 FIDIC 合同条件的条款比较

序号	主条款 新红皮书	新黄皮书	银皮书	绿皮书
1	一般规定(14)	√	√	1. 一般规定(6)
2	业主(5)	√	√	2. 业主(4)
3	工程师(5)	√	业主的管理者(5)	3. 业主代表(2)
4	承包商(24)	√	√	4. 承包商(4)
5	指定分包商(4)	设计(8)	设计(8)	5. 由承包商设计(2)
6	职员和劳工(11)	√	√	6. 业主责任(1)
7	生产设备、材料和工艺(8)	√	√	
8	开工、延误和暂停(12)	√	√	
9	竣工试验(4)	√	√	7. 竣工时间(4)
10	业主的接收(4)	√	√	8. 接收(2)
11	缺陷责任(11)	√	√	9. 修补缺陷(2)
12	测量和估价(4)	竣工后试验(4)	竣工后试验(4)	
13	变更和调整(8)	√	√	10. 变更和索赔(5)
14	合同价款和支付(15)	√	√	11. 合同价格和付款(8)
15	由业主终止(5)	√	√	12. 违约(4)
16	由承包商暂停和终止(4)	√	√	
17	风险和职责(6)	√	√	13. 风险和职责(2)
18	保险(4)	√	√	14. 保险(3)
19	不可抗力(8)	√	√	
20	索赔、争端和仲裁(8)	√	√	15. 争端的解决(3)

四、1999 版 FIDIC 合同条件的适用情况

（一）《施工合同条件》（新红皮书）

该合同条件被推荐用于由业主设计的，或由其代表—工程师设计的房屋建筑或其他土木工程。该合同条件与原来的《土木工程施工合同条件》（红皮书）相对应，其名称的改变并不是为了简化，而在于其适用的工程范围扩大，不仅可以用于土木工程，也可以用于房屋建筑工程。

新红皮书的适用条件为：

（1）各类大型复杂工程；

（2）业主负责大部分或全部设计工作；

（3）承包商的主要工作为施工，但也可承担部分设计工作，如工程中的某些土木、机械、电力工程的设计；

（4）由工程师监理施工和签发支付证书；

（5）一般采用单价合同，按工程量表中的单价支付完成的工程量；

（6）业主愿意承担比较大的风险。

（二）《生产设备与设计—建造合同条件》（新黄皮书）

新黄皮书被推荐用于电力或机械设备的提供和施工安装，以及房屋建筑或其他土木工程的设计和实施。在这种合同条件形式下，一般都是由承包商按照业主的要求设计和提供设备或其他工程（可能包括由土木、机械、电力或建造工程的任何组合形式）。新黄皮书与原来的《电气与机械工程合同条件》（黄皮书）相对应。

新黄皮书的适用条件为：

（1）该合同条件的支付管理程序与责任划分基于总价合同，因此一般适用于大型项目中的安装工程；

（2）业主只负责编制项目纲要和提出对设备的性能要求，承包商负责全部设计工作和全部施工安装工作；

（3）工程师来监督设备的制造、安装和工程施工，并签发支付证书；

（4）风险分担较均衡，新黄皮书与新红皮书相比，最大区别在于新黄皮书的业主不再将合同的绝大部分风险由自己承担，而将一定风险转移至承包商。

（三）《设计采购施工（EPC）/交钥匙工程合同条件》（银皮书）

该合同条件适用于在交钥匙的基础上进行的工厂或其他类型的开发项目的实施。在交钥匙项目中，一般情况下由承包商实施所有的设计、采购和建造工作，业主基本不参与工作，即在"交钥匙"时，提供一个配套完整、可以运行的设施。

银皮书的适用条件为：

（1）私人投资项目，如 BOT 项目（地下工程太多的工程除外）；

（2）基础设施项目（如发电厂、公路、铁路、水坝等）或类似项目，业主提供资金并希望以固定价格的交钥匙方式来履行项目；

（3）业主代表直接管理项目实施过程，采用较宽松的管理方式，但严格进行竣工试验和竣工后试验，以保证完工项目的质量；

（4）项目风险大部分由承包商承担，但业主愿意为此多付出一定的费用，因为承包商在

投标时肯定会加入较大的风险费。

（四）《简明合同格式》（绿皮书）

FIDIC 编委会编写绿皮书的宗旨在于使该合同范本适用于投资规模相对较小的民用和土木工程。例如：

（1）造价在 50 万美元以下以及工期在 6 个月以下；

（2）工程相对简单，不需专业分包合同；

（3）重复性工作；

（4）施工周期短；

（5）设计工作既可以是业主负责，也可以是承包商负责。

总的来讲，绿皮书比较适合投资金额较小的工程项目。但是，根据工程的类型和所处的环境，有时该简明合同格式也可用于投资金额相当大但业主和承包商相互约定较为简单的工程。

该合同格式一般用于承包商按照业主或业主的代表提供的设计实施工程，同时，也可适用于部分或全部由承包商设计的土木、机械和/或输电工程。承包商根据业主或业主代表提供的图纸进行施工。当然，简明格式合同也适用于部分或全部由承包商设计的土木、电气、机械和建筑设计的项目。

在该合同条件中没有列入关于"工程师"的内容。实践证明，管理相对简单、投资金额小的项目，不一定要委任工程师，而且大部分情况下也不实用。在这类项目中，一般可由业主代表或业主进行项目管理。然而，如果业主希望委任一名独立的工程师，也可以作出这种委任，但在合同专用条件中必须对其行为作出相应规定。

第四节　案例分析

【案例一】

【背景资料】

某房地产开发公司投资建造一座高档写字楼，钢筋混凝土结构，设计项目已明确，功能布局及工程范围都已确定，业主为减少建设周期，尽快获得投资收益，施工图设计未完成时就进行了招标，确定了某建筑工程公司为总承包单位。

业主与承包方鉴订施工合同时，由于设计未完成，工程性质已明确但工程量还难以确定，双方通过多次协商，拟采用总价合同形式签订施工合同，以减少双方的风险。合同条款中有下列规定：

（1）工程合同额为 1200 万元，总工期为 10 个月。

（2）本工程采用固定价格合同，乙方在报价时已考虑了工程施工需要的各种措施费用与各种材料涨价等因素。

（3）甲方向乙方提供现场的工程地质与地下主要管网资料，供乙方参考使用。

（4）乙方不能将工程转包，为加强工程进度，但允许分包，也允许分包单位将分包的工程再次分包给其他单位。

在工程实施过程中，出现下列事件：

（1）在施工开始前，承包商因故不能进行填充墙砌体施工，为了保证工程正常的施工进度，故将工程筏板基础分包给了另一公司，并书面通知了业主。业主经过审查后同意了承包商的分包申请。

（2）钢材价格从报价时的 2800 元/t 上涨到 3500 元/t，承包方向业主要求追加因钢材涨价增加的工程款。

（3）工程遭到百年罕见的暴风雨袭击，工程被迫暂停施工，部分已完工程受损，施工场地与临时设施遭到破坏，工期延长了 2 个月。业主要求承包商承担拖延工期所造成的经济损失。

【问题】

（1）工程施工合同按承包工程计价方式不同分哪几类？

（2）在总承包合同中，业主与施工单位选择总价合同是否妥当？为什么？

（3）你认为可以选择何种计价形式的合同？为什么？

（4）合同条款中有哪些不妥之处？应如何修改？

（5）本工程合同执行过程中出现的问题应如何处理？

【解题思路与参考答案】

（1）工程施工合同按计价方式不同分为总价合同、单价合同、成本加酬金合同三种形式。

（2）选用总价合同形式不妥当。因为施工图设计未完成，虽然工程性质已明确，但工程量还难以确定，工程价格随工程量的变化而变化，合同总价无法确定，双方风险都比较大。

（3）可以采用（单纯）单价合同。因为施工图未完成，不能准确计算工程量，而工程范围与工作内容已明确，可列出全部工程的各分项工程内容和工作项目一揽表，暂不定工作量，双方按全部所列项目协商确定单价，按实际完成工程量进行结算。

（4）第（3）条中供"乙方参考使用"提法不当，因为是向施工单位提供施工现场及毗邻区域内供水、排水、供电、供气、供热、通信、广播电视等地下管线资料，气象和水文观测资料，相邻建筑物和构筑物、地下工程的有关资料属于发包人的法定义务，发包人必须向承包人提供完整、可靠的材料并对所提供材料的真实性负责。

第（4）条"允许分包单位将分包的工程再次分包给其他施工单位"不妥，不允许分包单位再次分包。

（5）本工程合同执行过程中出现的问题可以这样处理：

1）业主不能同意承包商的分包要求，原因是我国法律法规规定承包商不得将本应由自己施工的主体工程进行分包。填充墙砌体工程为工程的主体工程，所以应由承包商自主施工，不得分包。

2）钢材涨价承包商不可以向业主要求追加工程款，因为本工程采用的是固定单价合同，承包商应对其所报材料的单价负责，并承担由于材料价格上涨所导致的工程价款增加的风险。

3）按照我国相关法律法规规定，由于恶劣气候条件对工程进度产生不利影响，承包商有权要求工期延长，同时因此而造成双方的经济损失由双方各自承担。因此，在本案例中，不仅发包人不得要求承包商承担拖延工期所造成的经济损失，还应给予承包商 2 个月的工程延长。

【案例二】

【背景资料】

某市曾因"非典"疫情严重,为了使"非典"病人能够进行及时隔离治疗,决定将该市郊区的一座疗养院改建为一所收治"非典"病人的医院。投资概算为1200万元。因疫情紧急,要求该医院尽快投入使用,建设单位邀请本市3家有医院施工经验的一级施工资质企业进行竞标,考虑到该项目的设计与施工必须马上同时进行,采用了成本加酬金的合同,通过商务谈判,选定一家施工单位,签订了施工合同,按实际工程成本加15%的酬金进行结算,合同工期30天。

该施工单位在签订合同后,因工期较紧立即组织大量施工人员进场施工。工程实施过程中,工程成本增加近200万元,建设单位要求施工单位承担相关经济责任。

【问题】

(1)该工程采用成本加酬金合同是否合适?说明理由。

(2)该项目实际成本突破了投资计划,其成本增加的风险应由谁来承担?为什么?

(3)采用成本加酬金合同有何不足之处?

【解题思路与参考答案】

(1)该工程采用成本加酬金的合同形式是合适的,因为该项目工程非常紧迫,设计图纸未完成,且来不及确定其工程造价。

(2)该项目的风险应由建设单位承担,成本加酬金合同中,建设单位需承担项目实际发生的费用,也就承担了项目的全部风险,施工单位只是按成本的15%提取报酬,无须承担责任。

(3)采用成本加酬金合同的缺点有:①工程造价不易控制,业主承担了项目的全部风险;②承包商往往不注意降低成本;③承包商的报酬一般较低。

【案例三】

【背景资料】

兰州市某房地产开发企业(以下简称"甲方")与省内某施工企业(以下简称"乙方")就某商品写字楼工程项目签订了合同协议书,该合同协议书的部分条款如下:

1.合同协议书中的部分条款

(1)工程概况

工程名称:兰州×××商品写字楼

工程地点:兰州市七里河区

工程内容:24层钢筋混凝土剪力墙结构,建筑面积13150 m²。

(2)承包范围

此商品写字楼的土建、装饰、水暖电工程。

(3)合同工期

开工日期:2013年3月15日

竣工日期:2013年11月15日

合同工期总日历天数：240 日。

（4）质量标准

达到房屋质量验收"优良"标准。

（5）合同总价

人民币叁仟伍佰陆拾万捌仟元整（￥3566.8 万元）。

（6）乙方承诺的质量保修

1）地基基础和主体结构工程，为设计文件规定的该工程的合理使用年限；

2）屋面防水工程、有防水要求的卫生间、房间和外墙面的防渗漏，为 3 年；

3）供热与供冷系统，为 3 个采暖期、供冷期；

4）电气系统、给排水管道、设备安装，为 2 年；

5）装修工程，为 1 年。

（7）甲方承诺的合同价款支付期限与方式

1）工程预付款：在开工之日后 3 个月内，根据经甲方代表确认的已完工程量、构成合同价款相应的单价及有关计价依据计算、支付预付款。根据实际情况，预付款可直接抵作工程进度款。

2）工程进度款：基础工程完成后，支付合同总价的 25%；主体结构 10 层完成后，支付合同总价的 20%；主体结构封顶后，支付合同总价的 20%；工程竣工时，支付合同总价的 35%。甲方资金迟延到位 1 个月内，乙方不得停工和拖延工期。

【问题】

（1）上述施工合同的条款有哪些不妥之处？应如何修改？

（2）上述施工合同条款之间是否有矛盾之处？如果有，应如何解释？简述施工合同的组成与解释顺序。

（3）合同如有争议，应如何解决？

【解题思路与参考答案】

（1）存在以下不妥之处：

1）合同工期中的竣工时间不妥，因为在工程合同的相关规定中，当工期与开工竣工日期不符时，以工期为准。所以竣工日期为 2013 年 11 月 15 日不妥，应该修改为：2013 年 11 月 10 日。

2）合同中要求的质量标准不妥，在工程建设中，施工质量应符合我国现行房屋质量验收标准。而我国现行房屋质量验收标准的结果只有合格与不合格之分，无优良标准，所以应将"达到房屋质量验收优良条件"，修改为"达到房屋质量验收合格标准"。

3）合同总价应为人民币叁仟伍佰陆拾万捌仟元整。在合同文件中，用数字表示的数额与用文字表示的数额不一致时，应遵照以文字数额为准的解释惯例。

4）乙方承诺的质量保修部分条款不符合《房屋建筑工程质量保修办法》的规定。《房屋建筑工程质量保修办法》规定，在正常使用下，房屋建筑工程的最低保修期限为：

地基基础和主体结构工程，为设计文件规定的该工程的合理使用年限；

屋面防水工程、有防水要求的卫生间、房间和外墙面的防渗漏，为 5 年；

供热与供冷系统，为 2 个采暖期、供冷期；

电气系统、给排水管道、设备安装，为2年；

装修工程，为2年。

其他项目的保修期限由建设单位和施工单位约定。

5)甲方承诺的工程预付款支付期限和方式不妥。预付款制度的本意是预先付给乙方购置材料、设备及工程前期准备等工程借款，以确保工程顺利进行，因此，甲方应按施工合同条款的约定时间和数额，及时向乙方支付工程预付款，开工后可按合同条款约定的扣款办法陆续扣回。而工程进度款则应根据甲乙双方在合同条款约定的时间、方式和经甲方代表确认的已完工程量、构成合同价款相应的单价及有关计处依据计算、支付工程款。

（3）对合同执行过程中的争议，可通过下列途径解决：①双方友好协商；②按合同约定的办法提请调解；③向约定的仲裁机构申请仲裁或向有管辖权的人民法院起诉。

思考与练习

一、单选题

1.下列选项中，不属于合同订立的基本原则的是（   ）。

A.平等原则   B.公平原则   C.公开原则   D.诚实信用原则

2.根据建设工程合同的特点可以看出，建设工程合同属于（   ）。

A.不要式合同、单务合同、有偿合同、实践合同

B.不要式合同、双务合同、无偿合同、诺成合同

C.要式合同、单务合同、无偿合同、实践合同

D.要式合同、双务合同、有偿合同、诺成合同

3.建设工程项目自设计到实施是一个复杂而且历时较长的过程，建设工程项目合同管理贯穿于项目管理的各个环节，任何一个过程的缺失都将会导致项目实施受阻，因此，建设工程项目合同管理应坚持（   ）原则。

A.全面管理   B.预防为主   C.分类管理   D.流程管理

4.在选择合同类型时，若施工图不完整或当准备发包的工程项目内容、技术经济指标一时还不能明确、具体地予以规定时，往往要采用（   ）。

A.单价合同   B.固定总价合同

C.可调值总价合同   D.成本加酬金合同

5.关于要约，下列说法不正确的是（   ）。

A.要约是希望和他人订立合同的意思表示。发出方称为要约人，接受方成为受要约人

B.要约自要约人发出后立即生效

C.在要约到达受要约人之前，要约可以撤回

D. 受要约人发出承诺通知以后，要约不可撤销

6.关于承诺，下列说法不正确的是（   ）。

A.受要约方发出的承诺可以有条件的响应要约

B.凡是超过规定时间的承诺都不是有效的承诺，而是一项新要约或反要约

C. 撤回承诺的通知应当在承诺通知到达要约人之前或者与承诺通知同时到达要约人

D. 为了维护要约人的合法权利，承诺只可撤回，不可撤销

7.建设工程合同中的要约与承诺分别是指(　　　)。

A.招标公告是要约，投标文件是承诺

B.招标文件是要约，投标文件是承诺

C.投标文件是要约，中标通知书是承诺

D.招标公告是要约，中标通知书是承诺

8.下列选项中，关于合同的成立与生效说法错误的是(　　　)。

A.承诺生效时合同成立，承诺生效的时间即为合同成立的时间

B.当订立合同的当事人双方意思表示一致时合同即成立

C.合同成立就表示合同具有相应的法律效力

D.一般情况下，承诺生效的地点为合同成立的地点

9.下列选项中，关于无效合同说法不正确的是(　　　)。

A.无效合同多因其违反法律、行政法规、社会公共利益，被确认为无效

B.无效合同自合同成立时起不具有法律的约束力，以后也不能转化为有效合同

C.无效合同的确认最根本的标准是合同的内容不合法

D.合同在被确认为无效合同前，当事人双方应承担已履行合同部分的法律后果

10.下列选项中，关于合同的法律效力说法正确的是(　　　)。

A.若合同中存在造成对方人身伤害的免责条款，那么此合同无效

B.可撤销合同主要是当事人双方意思表示不真实的合同

C.对于可撤销合同，当事人有权自行决定是否予以变更或撤销

D.合同整体被撤销后，原合同自被撤销之时起即告无效

11.下列选项中，关于建筑工程合同当事人之间的权利和义务，说法错误的是(　　　)。

A.发包人具有检查承包人合同实施的权利

B.在经发包人批准后，承包人具有将主体工程进行分包的权利

C.发包人具有向建设主管部门申请施工许可证的义务

D.在合同保修期内，承包人具有对属于其责任的工程质量问题，负责无偿修理的义务

12.关于工程违约责任，下列说法正确的是(　　　)。

A.违约金有法定违约金与约定违约金。当二者不一致时，以法定违约金为准

B.若违约一方按约定支付了合同违约金，那么违约方有权终止合同的履行

C.若承包方存在违约行为被发包方及时制止，未产生实际损失，发包方也有权追究违约责任

D.当事人一方由于不可抗力的原因不能履行合同时，可按约定免予承担违约责任

13.下列选项中，关于合同的履行，说法错误的是(　　　)。

A.当事人一方若无法按约定交付标的造成违约的，违约方可用其他物品或金钱来代偿

B.当事人一方违约时，违约方即使支付了违约金或赔偿金，也不能免除其履行合同的责任

C.当事人必须按照合同规定的标的数量和质量，在规定的时间、地点、规定的方式全面履行合同规定的各项义务

D.若当事人一方未能按约定全面履行合同，则可认为其为不履行合同

14.下列选项中，不属于工程变更内容的是(　　　)。

A. 按照发包方要求，将原混凝土梁中混凝土标号由 C30 提高为 C40

B. 按照发包方要求，将某工程楼面标高由 +3.0 增加为 +3.2

C. 按照发包方要求，在位于项目周边另建一总面积为 500 m² 的锅炉房

D. 按照发包方要求，将原计划明日开始施工的项目推迟两天开始施工

15. 下列选项中，对于工程索赔说法正确的是(　　)。

A. 只要一方存在违约行为，不论是否因此造成另一方损失，另一方均可提出索赔

B. 由于设计图纸缺陷致使承包方发生损失，承包方可向发包人提出索赔申请

C. 工程项目中的索赔一般指发包方向承包方提出的索赔

D. 索赔往往伤及当事人之间的合作关系，故一方因另一方原因受到损失时不应提出索赔

二、简答题

1. 建设工程合同的特点有哪些？其中施工合同又有哪些特点？

2. 建设工程项目合同管理的流程是什么？

3. 工程变更合同价格确定的原则是什么？如何确定工程变更价格？

4. 简述 1999 版 FIDIC 合同条件的适用范围。

附录 复利系数表

1%的复利系数表

| 年份 | 一次支付 | | 等额系列 | | | |
	终值系数	现值系数	年金终值系数	年金现值系数	资本回收系数	偿债基金系数
n	$F/P, i, n$	$P/F, i, n$	$F/A, i, n$	$P/A, i, n$	$A/P, i, n$	$A/F, i, n$
1	1.010	0.9901	1.000	0.9910	1.0100	1.0000
2	1.020	0.9803	2.010	1.9704	0.5075	0.4975
3	1.030	0.9706	3.030	2.9401	0.4300	0.3300
4	1.041	0.9610	4.060	3.9020	0.2563	0.2463
5	1.051	0.9515	5.101	4.8534	0.2060	0.1960
6	1.062	0.9421	6.152	5.7955	0.1726	0.1626
7	1.702	0.9327	7.214	6.7282	0.1486	0.1386
8	1.083	0.9235	8.286	7.6517	0.1307	0.1207
9	1.094	0.9143	9.369	8.5660	0.1168	0.1068
10	1.105	0.9053	10.426	9.4713	0.1056	0.0956
11	1.116	0.8963	11.567	10.3676	0.0965	0.0865
12	1.127	0.8875	12.683	11.2551	0.0889	0.0789
13	1.138	0.8787	13.809	12.1338	0.0824	0.0724
14	1.149	0.8700	14.974	13.0037	0.0769	0.0669
15	1.161	0.8614	16.097	13.8651	0.0721	0.0621
16	1.173	0.8528	17.258	14.7191	0.0680	0.0580
17	1.184	0.8444	18.430	15.5623	0.0634	0.0543
18	1.196	0.8360	19.615	16.3983	0.0610	0.0510
19	1.208	0.8277	20.811	17.2260	0.0581	0.0481
20	1.220	0.8196	22.019	18.0456	0.0554	0.0454
21	1.232	0.8114	23.239	18.8570	0.0530	0.0430
22	1.245	0.8034	24.472	19.6604	0.0509	0.0409
23	1.257	0.7955	25.716	20.4558	0.0489	0.0389
24	1.270	0.7876	26.973	21.2434	0.0471	0.0371
25	1.282	0.7798	28.243	22.0232	0.0454	0.0354
26	1.295	0.7721	29.526	22.7952	0.0439	0.0339
27	1.308	0.7644	30.821	23.5596	0.0425	0.0325
28	1.321	0.7568	32.129	24.3165	0.0411	0.0311
29	1.335	0.7494	33.450	25.0658	0.0399	0.0299
30	1.348	0.7419	34.785	25.8077	0.0388	0.0288
31	1.361	0.7346	36.133	26.5423	0.0377	0.0277
32	1.375	0.7273	37.494	27.2696	0.0367	0.0267
33	1.389	0.7201	38.869	27.9897	0.0357	0.0257
34	1.403	0.7130	40.258	28.7027	0.0348	0.0248
35	1.417	0.7050	41.660	29.4086	0.0340	0.0240

3%的复利系数表

年份	一次支付		等额系列			
	终值系数	现值系数	年金终值系数	年金现值系数	资本回收系数	偿债基金系数
n	$F/P, i, n$	$P/F, i, n$	$F/A, i, n$	$P/A, i, n$	$A/P, i, n$	$A/F, i, n$
1	1.030	0.9709	1.000	0.9709	1.0300	1.0000
2	1.061	0.9426	2.030	1.9135	0.5226	0.4926
3	1.093	0.9152	3.091	2.8286	0.3535	0.3235
4	1.126	0.8885	4.184	3.7171	0.2690	0.2390
5	1.159	0.8626	5.309	4.5797	0.2184	0.1884
6	1.194	0.8375	6.468	5.4172	0.1846	0.1546
7	1.230	0.8131	7.662	6.2303	0.1605	0.1305
8	1.267	0.7894	8.892	7.0197	0.1425	0.1125
9	1.305	0.7664	10.159	7.7861	0.1284	0.0984
10	1.344	0.7441	11.464	8.5302	0.1172	0.0872
11	1.384	0.7224	12.808	9.2526	0.1081	0.0781
12	1.426	0.7014	14.192	9.9540	0.1005	0.0705
13	1.469	0.6810	15.618	10.6450	0.0940	0.0640
14	1.513	0.6611	17.086	11.2961	0.0885	0.0585
15	1.558	0.6419	18.599	11.9379	0.0838	0.0538
16	1.605	0.6232	20.157	12.5611	0.0796	0.0496
17	1.653	0.6050	21.762	13.1661	0.0760	0.0460
18	1.702	0.5874	23.414	13.7535	0.0727	0.0427
19	1.754	0.5703	25.117	14.3238	0.0698	0.0398
20	1.806	0.5537	26.870	14.8775	0.0672	0.0372
21	1.860	0.5376	28.676	15.4150	0.0649	0.0349
22	1.916	0.5219	30.537	15.9369	0.0628	0.0328
23	1.974	0.5067	32.453	16.4436	0.0608	0.0308
24	2.033	0.4919	34.426	16.9356	0.0591	0.0291
25	2.094	0.4776	36.495	17.4132	0.0574	0.0274
26	2.157	0.4637	38.553	17.8769	0.0559	0.0259
27	2.221	0.4502	40.710	18.3270	0.0546	0.0246
28	2.288	0.4371	42.931	18.7641	0.0533	0.0233
29	2.357	0.4244	45.219	19.1885	0.0521	0.0221
30	2.427	0.4120	47.575	19.6005	0.0510	0.0210
31	2.500	0.4000	50.003	20.0004	0.0500	0.0200
32	2.575	0.3883	52.503	20.3888	0.0491	0.0191
33	2.652	0.3770	55.078	20.7658	0.0482	0.0182
34	2.732	0.3661	57.730	21.1318	0.0473	0.0173
35	2.814	0.3554	60.462	21.4872	0.0465	0.0165

4%的复利系数表

年份	一次支付		等额系列			
	终值系数	现值系数	年金终值系数	年金现值系数	资本回收系数	偿债基金系数
n	$F/P, i, n$	$P/F, i, n$	$F/A, i, n$	$P/A, i, n$	$A/P, i, n$	$A/F, i, n$
1	1.040	0.9615	1.000	0.9615	1.0400	1.000
2	1.082	0.9246	2.040	1.8861	0.5302	0.4902
3	1.125	0.8890	3.122	2.7751	0.3604	0.3204
4	1.170	0.8548	4.246	3.6199	0.2755	0.2355
5	1.217	0.8219	5.416	4.4518	0.2246	0.1846
6	1.265	0.7903	6.633	5.2421	0.1908	0.1508
7	1.316	0.7599	7.898	6.0021	0.1666	0.1266
8	1.396	0.7307	9.214	6.7382	0.1485	0.1085
9	1.423	0.7026	10.583	7.4351	0.1345	0.0945
10	1.480	0.6756	12.006	8.1109	0.1233	0.0833
11	1.539	0.6496	13.486	8.7605	0.1142	0.0742
12	1.601	0.6246	15.036	9.3851	0.1066	0.0666
13	1.665	0.6006	16.627	9.9857	0.1002	0.0602
14	1.732	0.5775	18.292	10.5631	0.0947	0.0547
15	1.801	0.5553	20.024	11.1184	0.0900	0.0500
16	1.873	0.5339	21.825	11.6523	0.0858	0.0458
17	1.948	0.5134	23.698	12.1657	0.0822	0.0422
18	2.026	0.4936	25.645	12.6593	0.0790	0.0390
19	2.107	0.4747	27.671	13.1339	0.0761	0.0361
20	2.191	0.4564	29.778	13.5093	0.0736	0.0336
21	2.279	0.4388	31.969	14.0292	0.0713	0.0313
22	2.370	0.4220	34.248	14.4511	0.0692	0.0292
23	2.465	0.4057	36.618	14.8569	0.0673	0.0273
24	2.563	0.3901	39.083	15.2470	0.0656	0.0256
25	2.666	0.3751	41.646	15.6221	0.0640	0.0240
26	2.772	0.3067	44.312	15.9828	0.0626	0.0226
27	2.883	0.3468	47.084	16.3296	0.0612	0.0212
28	2.999	0.3335	49.968	16.6631	0.0600	0.0200
29	3.119	0.3207	52.966	16.9873	0.0589	0.0189
30	3.243	0.3083	56.085	17.2920	0.0578	0.0178
31	3.373	0.2965	59.328	17.5885	0.0569	0.0169
32	3.508	0.2851	62.701	17.8736	0.0560	0.0160
33	3.648	0.2741	66.210	18.1477	0.0551	0.0151
34	3.794	0.2636	69.858	18.4112	0.0543	0.0143
35	3.946	0.2534	73.652	18.6646	0.0.36	0.0136

5%的复利系数表

年份	一次支付		等额系列			
	终值系数	现值系数	年金终值系数	年金现值系数	资本回收系数	偿债基金系数
n	$F/P, i, n$	$P/F, i, n$	$F/A, i, n$	$P/A, i, n$	$A/P, i, n$	$A/F, i, n$
1	1.050	0.9524	1.000	0.9524	1.0500	1.000
2	1.103	0.9070	2.050	1.8594	0.5378	0.4878
3	1.158	0.8638	3.153	2.7233	0.3672	0.3172
4	1.216	0.8227	4.310	3.5460	0.2820	0.2320
5	1.276	0.7835	5.526	4.3295	0.2310	0.1810
6	1.340	0.7462	6.802	5.0757	0.1970	0.1470
7	1.407	0.7107	8.142	5.7864	0.1728	0.1228
8	1.477	0.6768	9.549	6.4632	0.1547	0.1047
9	1.551	0.6446	11.027	7.1078	0.1407	0.0907
10	1.629	0.6139	12.587	7.7217	0.1295	0.0795
11	1.710	0.5847	14.207	8.3064	0.1204	0.0704
12	1.796	0.5568	15.917	8.8633	0.1128	0.0628
13	1.886	0.5303	17.713	9.3936	0.1065	0.0565
14	1.980	0.5051	19.599	9.8987	0.1010	0.0510
15	2.079	0.4810	21.597	10.3797	0.0964	0.0464
16	2.183	0.4581	23.658	10.8373	0.0932	0.0432
17	2.292	0.4363	25.840	11.2741	0.0887	0.0387
18	2.407	0.4155	28.132	11.6896	0.0856	0.0356
19	2.527	0.3957	30.539	12.0853	0.0828	0.0328
20	2.653	0.3769	33.066	12.4622	0.0803	0.0303
21	2.786	0.3590	35.719	12.8212	0.0780	0.0280
22	2.925	0.3419	38.505	13.1630	0.0760	0.0260
23	3.072	0.3256	41.430	13.4886	0.0741	0.0241
24	3.225	0.3101	44.502	13.7987	0.0725	0.0225
25	3.386	0.2953	47.727	14.0940	0.0710	0.0210
26	3.556	0.2813	51.113	14.3753	0.0696	0.0196
27	3.733	0.2679	54.669	14.6340	0.0683	0.0183
28	3.920	0.2551	58.403	14.8981	0.0671	0.0171
29	4.116	0.2430	62.323	15.1411	0.0661	0.0161
30	4.322	0.2314	66.439	15.3725	0.0651	0.0151
31	4.538	0.2204	70.761	15.5928	0.0641	0.0141
32	4.765	0.2099	75.299	15.8027	0.0633	0.0133
33	5.003	0.1999	80.064	16.0026	0.0625	0.0125
34	5.253	0.1904	85.067	16.1929	0.0618	0.0118
35	5.516	0.1813	90.320	16.3742	0.0611	0.0111

6%的复利系数表

年份	一次支付		等额系列			
	终值系数	现值系数	年金终值系数	年金现值系数	资本回收系数	偿债基金系数
n	$F/P, i, n$	$P/F, i, n$	$F/A, i, n$	$P/A, i, n$	$A/P, i, n$	$A/F, i, n$
1	1.060	0.9434	1.000	0.9434	1.0600	1.000
2	1.124	0.8900	2.060	1.8334	0.5454	0.4854
3	1.191	0.8396	3.184	2.6704	0.3741	0.3141
4	1.262	0.7291	4.375	3.4561	0.2886	0.2286
5	1.338	0.7473	5.637	4.2124	0.2374	0.1774
6	1.419	0.7050	6.975	4.9173	0.2034	0.1434
7	1.504	0.6651	8.394	5.5824	0.1791	0.1191
8	1.594	0.6274	9.897	6.2098	0.1610	0.1010
9	1.689	0.5919	11.491	6.8071	0.1470	0.0870
10	1.791	0.5584	13.181	7.3601	0.1359	0.0759
11	1.898	0.5268	14.972	7.8869	0.1268	0.0668
12	2.012	0.4970	16.870	8.3839	0.1193	0.0593
13	2.133	0.4688	18.882	8.8527	0.1130	0.0530
14	2.261	0.4423	21.015	9.2956	0.1076	0.0476
15	2.397	0.4173	23.276	9.7123	0.1030	0.0430
16	2.540	0.3937	25.673	10.1059	0.0990	0.0390
17	2.693	0.3714	28.213	10.4773	0.0955	0.0355
18	2.854	0.3504	30.906	10.8276	0.0924	0.0324
19	3.026	0.3305	33.760	11.1581	0.0896	0.0296
20	3.207	0.3118	36.786	11.4699	0.0872	0.0272
21	3.400	0.2942	39.993	11.7641	0.0850	0.0250
22	3.604	0.2775	43.329	12.0461	0.0831	0.0231
23	3.820	0.2618	46.996	12.3034	0.0813	0.0213
24	4.049	0.2470	50.816	12.5504	0.0797	0.0197
25	4.292	0.2330	54.865	12.7834	0.0782	0.0182
26	4.549	0.2198	59.156	13.0032	0.0769	0.0169
27	4.822	0.2074	63.706	13.2105	0.0757	0.0157
28	5.112	0.1956	68.528	13.4062	0.0746	0.0146
29	5.418	0.1846	73.640	13.5907	0.0736	0.0136
30	5.744	0.1741	79.058	13.7648	0.0727	0.0127
31	6.088	0.1643	84.802	13.9291	0.0718	0.0118
32	6.453	0.1550	90.890	14.0841	0.0710	0.0110
33	6.841	0.1462	97.343	14.2302	0.0703	0.0103
34	7.251	0.1379	104.184	14.3682	0.0696	0.0096
35	7.686	0.1301	111.435	14.4983	0.0690	0.0090

年份	一次支付		等额系列			
	终值系数	现值系数	年金终值系数	年金现值系数	资本回收系数	偿债基金系数
n	$F/P, i, n$	$P/F, i, n$	$F/A, i, n$	$P/A, i, n$	$A/P, i, n$	$A/F, i, n$
1	1.070	0.9346	1.000	0.9346	1.0700	1.000
2	1.145	0.8734	2.070	1.8080	0.5531	0.4831
3	1.225	0.8163	3.215	2.6234	0.3811	0.3111
4	1.311	0.7629	4.440	3.3872	0.2952	0.2252
5	1.403	0.7130	5.751	4.1002	0.2439	0.1739
6	1.501	0.6664	7.153	4.7665	0.2098	0.1398
7	1.606	0.6228	8.645	5.3893	0.1856	0.1156
8	1.718	0.5280	10.260	5.9713	0.1675	0.0975
9	1.838	0.5439	11.978	6.5152	0.1535	0.0835
10	1.967	0.5084	13.816	7.0236	0.1424	0.0724
11	2.105	0.4751	15.784	7.4987	0.1334	0.0634
12	2.252	0.4440	17.888	7.9427	0.1259	0.0559
13	2.410	0.4150	20.141	8.3577	0.1197	0.0497
14	2.597	0.3878	22.550	8.7455	0.1144	0.0444
15	2.759	0.3625	25.129	9.1079	0.1098	0.0398
16	2.952	0.3387	27.888	9.4467	0.1059	0.0359
17	3.159	0.3166	30.840	9.7632	0.1024	0.0324
18	3.380	0.2959	33.999	10.0591	0.0994	0.0294
19	3.617	0.2765	37.379	10.3356	0.0968	0.0268
20	3.870	0.2584	40.996	10.5940	0.0944	0.0244
21	4.141	0.2415	44.865	10.8355	0.0923	0.0223
22	4.430	0.2257	49.006	11.0613	0.0904	0.0204
23	4.741	0.2110	53.436	11.2722	0.0887	0.0187
24	5.072	0.1972	58.177	11.4693	0.0872	0.0172
25	5.427	0.1843	63.249	11.6536	0.0858	0.0158
26	5.807	0.1722	68.676	11.8258	0.0846	0.0146
27	6.214	0.1609	74.484	11.9867	0.0834	0.0134
28	6.649	0.1504	80.698	12.1371	0.0824	0.0124
29	7.114	0.1406	87.347	12.2777	0.0815	0.0115
30	7.612	0.1314	94.461	12.4091	0.0806	0.0106
31	8.145	0.1228	102.073	12.5318	0.0798	0.0098
32	8.715	0.1148	110.218	12.6466	0.0791	0.0091
33	9.325	0.1072	118.933	12.7538	0.0784	0.0084
34	9.978	0.1002	128.259	12.8540	0.0778	0.0078
35	10.677	0.0937	138.237	12.9477	0.0772	0.0072

8%的复利系数表

年份	一次支付		等额系列			
	终值系数	现值系数	年金终值系数	年金现值系数	资本回收系数	偿债基金系数
n	$F/P, i, n$	$P/F, i, n$	$F/A, i, n$	$P/A, i, n$	$A/P, i, n$	$A/F, i, n$
1	1.080	0.9259	1.000	0.9259	1.0800	1.0000
2	1.166	0.8573	2.080	1.7833	0.5608	0.4080
3	1.260	0.7938	3.246	2.5771	0.3880	0.3080
4	1.360	0.7350	4.506	3.3121	0.3019	0.2219
5	1.496	0.6806	5.867	3.9927	0.2505	0.1705
6	1.587	0.6302	7.336	4.6229	0.2163	0.1363
7	1.714	0.5835	8.923	5.2064	0.1921	0.1121
8	1.851	0.5403	10.637	5.7466	0.1740	0.0940
9	1.999	0.5003	12.488	6.2469	0.1601	0.0801
10	2.159	0.4632	14.487	6.7101	0.1490	0.0690
11	2.332	0.4289	16.645	7.1390	0.1401	0.0601
12	2.518	0.3971	18.977	7.5361	0.1327	0.0527
13	2.720	0.3677	21.459	7.8038	0.1265	0.0465
14	2.937	0.3405	24.215	8.2442	0.1213	0.0413
15	3.172	0.3153	27.152	8.5595	0.1168	0.0368
16	3.426	0.2919	30.324	8.8514	0.1130	0.0330
17	3.700	0.2703	33.750	9.1216	0.1096	0.0296
18	3.996	0.2503	37.450	9.3719	0.1067	0.0267
19	4.316	0.2317	41.446	9.6036	0.1041	0.0214
20	4.661	0.2146	45.762	9.8182	0.1019	0.0219
21	5.034	0.1987	50.423	10.0168	0.0998	0.0198
22	5.437	0.1840	55.457	10.2008	0.0980	0.0180
23	5.871	0.1703	60.893	10.3711	0.0964	0.0164
24	6.341	0.1577	66.765	10.5288	0.0950	0.0150
25	6.848	0.1460	73.106	10.6748	0.937	0.0137
26	7.396	0.1352	79.954	10.8100	0.0925	0.0125
27	7.988	0.1252	87.351	10.9352	0.0915	0.0115
28	8.627	0.1159	95.339	11.0511	0.0905	0.0105
29	9.317	0.1073	103.966	11.1584	0.0896	0.0096
30	10.063	0.0994	113.283	11.2578	0.0888	0.0088
31	10.868	0.0920	123.346	11.3498	0.0881	0.0081
32	11.737	0.0852	134.214	11.4350	0.0875	0.0075
33	12.676	0.0789	145.951	11.5139	0.0869	0.0069
34	13.690	0.0731	158.627	11.5869	0.0863	0.0063
35	14.785	0.0676	172.317	11.6546	0.0858	0.0058

年份	一次支付		等额系列			
	终值系数	现值系数	年金终值系数	年金现值系数	资本回收系数	偿债基金系数
n	$F/P, i, n$	$P/F, i, n$	$F/A, i, n$	$P/A, i, n$	$A/P, i, n$	$A/F, i, n$
1	1.090	0.9174	1.000	0.9174	1.0900	1.0000
2	1.188	0.8417	2.090	1.7591	0.5685	0.4785
3	1.295	0.7722	3.278	2.5313	0.3951	0.3051
4	1.412	0.7084	4.573	3.2397	0.3087	0.2187
5	1.539	0.6499	5.985	3.8897	0.2571	0.1671
6	1.677	0.5963	7.523	4.4859	0.2229	0.1329
7	1.828	0.5470	9.200	5.0330	0.1987	0.1087
8	1.993	0.5019	11.028	5.5348	0.1807	0.0907
9	2.172	0.4604	13.021	5.9953	0.1668	0.0768
10	2.367	0.4224	15.193	6.4177	0.1558	0.0658
11	2.580	0.3875	17.560	6.8052	0.1470	0.0570
12	2.813	0.3555	20.141	7.1607	0.1397	0.0497
13	3.066	0.3262	22.953	7.4869	0.1336	0.0436
14	3.342	0.2993	26.019	7.7862	0.1284	0.0384
15	3.642	0.2745	29.361	8.0607	0.1241	0.0341
16	3.970	0.2519	33.003	8.3126	0.1203	0.0303
17	4.328	0.2311	36.974	8.5436	0.1171	0.0271
18	4.717	0.2120	41.301	8.7556	0.1142	0.0242
19	5.142	0.1945	46.018	8.9501	0.1117	0.0217
20	5.604	0.1784	51.160	9.1286	0.1096	0.0196
21	6.109	0.1637	56.765	9.2023	0.1076	0.0176
22	6.659	0.1502	62.873	9.4424	0.1059	0.0159
23	7.258	0.1378	69.532	9.5802	0.1044	0.0144
24	7.911	0.1264	76.790	9.7066	0.1030	0.0130
25	8.623	0.1160	84.701	9.8226	0.1018	0.0118
26	9.399	0.1064	93.324	9.9290	0.1007	0.0107
27	10.245	0.0976	102.723	10.0266	0.0997	0.0097
28	11.167	0.0896	112.968	10.1161	0.0989	0.0089
29	12.172	0.0822	124.135	10.1983	0.0981	0.0081
30	13.268	0.0754	136.308	10.2737	0.0973	0.0073
31	14.462	0.0692	149.575	10.3428	0.0967	0.0067
32	15.763	0.0634	164.037	10.4063	0.0961	0.0061
33	17.182	0.0582	179.800	10.4645	0.0956	0.0056
34	18.728	0.0534	196.982	10.5178	0.0951	0.0051
35	20.414	0.0490	215.711	10.568	0.0946	0.0046

10％的复利系数表

年份	一次支付		等额系列			
	终值系数	现值系数	年金终值系数	年金现值系数	资本回收系数	偿债基金系数
n	$F/P, i, n$	$P/F, i, n$	$F/A, i, n$	$P/A, i, n$	$A/P, i, n$	$A/F, i, n$
1	1.100	0.9091	1.000	0.9091	1.1000	1.0000
2	1.210	0.8265	2.100	1.7355	0.5762	0.4762
3	1.331	0.7513	3.310	2.4869	0.4021	0.3021
4	1.464	0.6880	4.641	3.1699	0.3155	0.2155
5	1.611	0.6299	6.105	3.7908	0.2638	0.1638
6	1.772	0.5645	7.716	4.3553	0.2296	0.1296
7	1.949	0.5132	9.487	4.8684	0.2054	0.1054
8	2.144	0.4665	11.436	5.3349	0.1875	0.0875
9	2.358	0.4241	13.579	5.7590	0.1737	0.0737
10	2.594	0.3856	15.937	6.1446	0.1628	0.0628
11	2.853	0.3505	18.531	6.4951	0.1540	0.0540
12	3.138	0.3186	21.384	6.8137	0.1468	0.0468
13	3.452	0.2897	24.523	7.1034	0.1408	0.0408
14	3.798	0.2633	27.975	7.3667	0.1358	0.0358
15	4.177	0.2394	31.772	7.6061	0.1315	0.0315
16	4.595	0.2176	35.950	7.8237	0.1278	0.0278
17	5.054	0.1979	40.545	8.0216	0.1247	0.0247
18	5.560	0.1799	45.599	8.2014	0.1219	0.0219
19	6,116	0.1635	51.159	8.3649	0.1196	0.0196
20	6.728	0.1487	57.275	8.5136	0.1175	0.0175
21	7.400	0.1351	64.003	8.6487	0.1156	0.0156
22	8.140	0.1229	71.403	8.7716	0.1140	0.0140
23	8.954	0.1117	79.543	8.8832	0.1126	0.0126
24	9.850	0.1015	88.497	8.9848	0.1113	0.0113
25	10.835	0.0923	98.347	9.0771	0.1102	0.0102
26	11.918	0.0839	109.182	9.1610	0.1092	0.0092
27	13.110	0.0763	121.100	9.2372	0.1083	0.0083
28	14.421	0.0694	134.210	9.3066	0.1075	0.0075
29	15.863	0.0630	148.631	9.3696	0.1067	0.0067
30	17.449	0.0573	164.494	9.4269	0.1061	0.0061
31	19.194	0.0521	181.943	9.4790	0.1055	0.0055
32	21.114	0.0474	201.138	9.5264	0.1050	0.0050
33	23.225	0.0431	222.252	9.5694	0.1045	0.0045
34	25.548	0.0392	245.477	9.6086	0.1041	0.0041
35	28.102	0.0356	271.024	9.6442	0.1037	0.0037

年份	一次支付		等额系列			
	终值系数	现值系数	年金终值系数	年金现值系数	资本回收系数	偿债基金系数
n	$F/P，i，n$	$P/F，i，n$	$F/A，i，n$	$P/A，i，n$	$A/P，i，n$	$A/F，i，n$
1	1.120	0.8929	1.000	0.8929	1.1200	1.0000
2	1.254	0.7972	2.120	1.6901	0.5917	0.4717
3	1.405	0.7118	3.374	2.4018	0.4164	0.2964
4	1.574	0.6355	4.779	3.0374	0.3292	0.2092
5	1.762	0.5674	6.353	3.6048	0.2774	0.1574
6	1.974	0.5066	8.115	4.1114	0.2432	0.1232
7	2.211	0.4524	10.089	4.5638	0.2191	0.0991
8	2.476	0.4039	12.300	4.9676	0.2013	0.0813
9	2.773	0.3606	14.776	5.3283	0.1877	0.0677
10	3.106	0.3220	17.549	5.6502	0.1770	0.0570
11	3.479	0.2875	20.655	5.9377	0.1684	0.0484
12	3.896	0.2567	24.133	6.1944	0.1614	0.0414
13	4.364	0.2292	28.029	6.4236	0.1557	0.0357
14	4.887	0.2046	32.393	6.6282	0.1509	0.0309
15	5.474	0.1827	37.280	6.8109	0.1468	0.0268
16	6.130	0.1631	42.752	6.9740	0.1434	0.0234
17	6.866	0.1457	48.884	7.1196	0.1405	0.0205
18	7.690	0.1300	55.750	7.2497	0.1379	0.0179
19	8.613	0.1161	63.440	7.3658	0.1358	0.0158
20	9.646	0.1037	72.052	7.4695	0.1339	0.0139
21	10.804	0.0926	81.699	7.5620	0.1323	0.0123
22	12.100	0.0827	92.503	7.6447	0.1308	0.0108
23	13.552	0.0738	104.603	7.7184	0.1296	0.0096
24	15.179	0.0659	118.155	7.7843	0.1285	0.0085
25	17.000	0.0588	133.334	7.8431	0.1275	0.0075
26	19.040	0.0525	150.334	7.8957	0.1267	0.0067
27	21.325	0.0469	169.374	7.9426	0.1259	0.0059
28	23.884	0.0419	190.699	7.9844	0.1253	0.0053
29	26.750	0.0374	214.583	8.0218	0.1247	0.0047
30	29.960	0.0334	421.333	8.0552	0.1242	0.0042
31	33.555	0.0298	271.293	8.0850	0.1237	0.0037
32	37.582	0.0266	304.848	8.1116	0.1233	0.0033
33	42.092	0.0238	342.429	8.1354	0.1229	0.0029
34	47.143	0.0212	384.521	8.1566	0.1226	0.0026
35	52.800	0.0189	431.664	8.1755	0.1223	0.0023

15%的复利系数表

年份	一次支付		等额系列			
	终值系数	现值系数	年金终值系数	年金现值系数	资本回收系数	偿债基金系数
n	$F/P, i, n$	$P/F, i, n$	$F/A, i, n$	$P/A, i, n$	$A/P, i, n$	$A/F, i, n$
1	1.150	0.8696	1.000	0.8696	1.1500	1.0000
2	1.323	0.7562	2.150	1.6257	0.6151	0.4651
3	1.521	0.6575	3.473	2.2832	0.4380	0.2880
4	1.749	0.5718	4.993	2.8550	0.3503	0.2003
5	2.011	0.4972	6.742	3.3522	0.2983	0.1483
6	2.313	0.4323	8.754	3.7845	0.2642	0.1142
7	2.660	0.3759	11.067	4.1604	0.2404	0.0904
8	3.059	0.3269	13.727	4.4873	0.2229	0.0729
9	3.518	0.2843	16.786	4.7716	0.2096	0.0596
10	4.046	0.2472	20.304	5.0188	0.1993	0.0493
11	4.652	0.2150	24.349	5.2337	0.1911	0.0411
12	5.350	0.1869	29.002	5.4206	0.1845	0.0345
13	6.153	0.1652	34.352	5.5832	0.1791	0.0291
14	7.076	0.1413	40.505	5.7245	0.1747	0.0247
15	8.137	0.1229	47.580	5.8474	0.1710	0.0210
16	9.358	0.1069	55.717	5.9542	0.1680	0.0180
17	10.761	0.0929	65.075	6.0472	0.1654	0.0154
18	12.375	0.0808	75.836	6.1280	0.1632	0.0123
19	14.232	0.0703	88.212	6.1982	0.1613	0.0113
20	16.367	0.0611	102.444	6.2593	0.1598	0.0098
21	18.822	0.0531	118.810	6.3125	0.1584	0.0084
22	21.645	0.0462	137.632	6.3587	0.1573	0.0073
23	24.891	0.0402	159.276	6.3988	0.1563	0.0063
24	28.625	0.0349	184.168	6.4338	0.1554	0.0054
25	32.919	0.0304	212.793	6.4642	0.1547	0.0047
26	37.857	0.0264	245.712	6.4906	0.1541	0.0041
27	43.535	0.0230	283.569	6.5135	0.1535	0.0035
28	50.066	0.0200	327.104	6.5335	0.1531	0.0031
29	57.575	0.0174	377.170	6.5509	0.1527	0.0027
30	66.212	0.0151	434.745	6.5660	0.1523	0.0023
31	76.144	0.0131	500.957	6.5791	0.1520	0.0020
32	87.565	0.0114	577.100	6.5905	0.1517	0.0017
33	100.700	0.0099	664.666	6.6005	0.1515	0.0015
34	115.805	0.0086	765.365	6.6091	0.1513	0.0013
35	133.176	0.0075	881.170	6.6166	0.1511	0.0011

20%的复利系数表

年份	一次支付		等额系列			
	终值系数	现值系数	年金终值系数	年金现值系数	资本回收系数	偿债基金系数
n	$F/P, i, n$	$P/F, i, n$	$F/A, i, n$	$P/A, i, n$	$A/P, i, n$	$A/F, i, n$
1	1.200	0.8333	1.000	0.8333	1.2000	1.0000
2	1.440	0.6845	2.200	1.5278	0.6546	0.4546
3	1.728	0.5787	3.640	2.1065	0.4747	0.2747
4	2.074	0.4823	5.368	2.5887	0.3863	0.1963
5	2.488	0.4019	7.442	2.9906	0.3344	0.1344
6	2.986	0.3349	9.930	3.3255	0.3007	0.1007
7	3.583	0.2791	12.916	3.6046	0.2774	0.0774
8	4.300	0.2326	16.499	3.8372	0.2606	0.0606
9	5.160	0.1938	20.799	4.0310	0.2481	0.0481
10	6.192	0.1615	25.959	4.1925	0.2385	0.0385
11	7.430	0.1346	32.150	4.3271	0.2311	0.0311
12	8.916	0.1122	39.581	4.4392	0.2253	0.0253
13	10.699	0.0935	48.497	4.5327	0.2206	0.0206
14	12.839	0.0779	59.196	4.6106	0.2169	0.0169
15	15.407	0.0649	72.035	4.7655	0.2139	0.0139
16	18.488	0.0541	87.442	4.7296	0.2114	0.0114
17	22.186	0.0451	105.931	4.7746	0.2095	0.0095
18	26.623	0.0376	128.117	4.8122	0.2078	0.0078
19	31.948	0.0313	154.740	4.8435	0.2065	0.0065
20	38.338	0.0261	186.688	4.8696	0.2054	0.0054
21	46.005	0.0217	225.026	4.8913	0.2045	0.0045
22	55.206	0.0181	271.031	4.9094	0.2037	0.0037
23	66.247	0.0151	326.237	4.9245	0.2031	0.0031
24	79.497	0.0126	392.484	4.9371	0.2026	0.0026
25	95.396	0.0105	471.981	4.9476	0.2021	0.0021
26	114.475	0.0087	567.377	4.9563	0.2018	0.0018
27	137.371	0.0073	681.853	4.9636	0.2015	0.0015
28	164.845	0.0061	819.223	4.9697	0.2012	0.0012
29	197.814	0.0051	984.068	4.9747	0.2010	0.0010
30	237.376	0.0042	1181.882	4.9789	0.2009	0.0009
31	284.852	0.0035	1419.258	4.9825	0.2007	0.0007
32	341.822	0.0029	1704.109	4.9854	0.2006	0.0006
33	410.186	0.0024	2045.931	4.9878	0.2005	0.0005
34	492.224	0.0020	2456.118	4.9899	0.2004	0.0004
35	590.668	0.0017	2948.341	4.9915	0.2003	0.0003

25%的复利系数表

年份	一次支付		等额系列			
	终值系数	现值系数	年金终值系数	年金现值系数	资本回收系数	偿债基金系数
n	$F/P, i, n$	$P/F, i, n$	$F/A, i, n$	$P/A, i, n$	$A/P, i, n$	$A/F, i, n$
1	1.250	0.8000	1.000	0.8000	1.2500	1.0000
2	1.156	0.6400	2.250	1.4400	0.6945	0.4445
3	1.953	0.5120	3.813	1.9520	0.5123	0.2623
4	2.441	0.4096	5.766	2.3616	0.4235	0.1735
5	3.052	0.3277	8.207	2.6893	0.3719	0.1219
6	3.815	0.2622	11.259	2.9514	0.3388	0.0888
7	4.678	0.2097	15.073	3.1611	0.3164	0.0664
8	5.960	0.1678	19.842	3.3289	0.3004	0.0504
9	7.451	0.1342	25.802	3.4631	0.2888	0.0388
10	9.313	0.1074	33.253	3.5705	0.2801	0.0301
11	11.642	0.0859	42.566	3.6564	0.2735	0.0235
12	14.552	0.0687	54.208	3.7251	0.2685	0.0185
13	18.190	0.0550	68.760	3.7801	0.2646	0.0146
14	22.737	0.0440	86.949	3.8241	0.2615	0.0115
15	28.422	0.0352	109.687	3.8593	0.2591	0.0091
16	35.527	0.0282	138.109	3.8874	0.2573	0.0073
17	44.409	0.0225	173.636	3.9099	0.2558	0.0058
18	55.511	0.0180	218.045	3.9280	0.2546	0.0046
19	69.389	0.0144	273.556	3.9424	0.2537	0.0037
20	86.736	0.0115	342.945	3.9539	0.2529	0.0029
21	108.420	0.0092	429.681	3.9631	0.2523	0.0023
22	135.525	0.0074	538.101	3.9705	0.2519	0.0019
23	169.407	0.0059	673.626	3.9764	0.2515	0.0015
24	211.758	0.0047	843.033	3.9811	0.2511	0.0012
25	264.698	0.0038	1054.791	3.9849	0.2510	0.0010
26	330.872	0.0030	1319.489	3.9879	0.2508	0.0008
27	413.590	0.0024	1650.361	3.9903	0.2506	0.0006
28	516.988	0.0019	2063.952	3.9923	0.2505	0.0005
29	646.235	0.0016	2580.939	3.9938	0.2504	0.0004
30	807.794	0.0012	3227.174	3.9951	0.2503	0.0003
31	1009.742	0.0010	4034.968	3.9960	0.2503	0.0003
32	1262.177	0.0008	5044.710	3.9968	0.2502	0.0002
33	1577.722	0.0006	6306.887	3.9975	0.2502	0.0002
34	1972.152	0.0005	788.609	3.9980	0.2501	0.0001
35	2465.190	0.0004	9856.761	3.9984	0.2501	0.0001

年份	一次支付		等额系列			
	终值系数	现值系数	年金终值系数	年金现值系数	资本回收系数	偿债基金系数
n	$F/P, i, n$	$P/F, i, n$	$F/A, i, n$	$P/A, i, n$	$A/P, i, n$	$A/F, i, n$
1	1.300	0.7692	1.000	0.7692	1.3000	1.0000
2	1.690	0.5917	2.300	1.3610	0.7348	0.4348
3	2.197	0.4552	3.990	1.8161	0.5506	0.2506
4	2.856	0.3501	6.187	2.1663	0.4616	0.1616
5	3.713	0.2693	9.043	2.4356	0.4106	0.1106
6	4.827	0.2072	12.756	2.6428	0.3784	0.0784
7	6.275	0.1594	17.583	2.8021	0.3569	0.0569
8	8.157	0.1226	23.858	2.9247	0.3419	0.0419
9	10.605	0.0943	32.015	3.0190	0.3321	0.0312
10	13.786	0.0725	42.620	3.0915	0.3235	0.0235
11	17.922	0.0558	65.405	3.1473	0.3177	0.0177
12	23.298	0.0429	74.327	3.1903	0.3135	0.0135
13	30.288	0.0330	97.625	3.2233	0.3103	0.0103
14	39.374	0.0254	127.913	3.2487	0.3078	0.0078
15	51.186	0.0195	167.286	3.2682	0.3060	0.0060
16	66.542	0.0150	218.472	3.2832	0.3046	0.0046
17	86.504	0.0116	285.014	3.2948	0.3035	0.0035
18	112.455	0.0089	371.518	3.3037	0.3027	0.0027
19	146.192	0.0069	483.973	3.3105	0.3021	0.0021
20	190.050	0.0053	630.165	3.3158	0.3016	0.0016
21	247.065	0.0041	820.215	3.3199	0.3012	0.0012
22	321.184	0.0031	1067.280	3.3230	0.3009	0.0009
23	417.539	0.0024	1388.464	3.3254	0.3007	0.0007
24	542.801	0.0019	1806.003	3.3272	0.3006	0.0006
25	705.641	0.0014	2348.803	3.3286	0.3004	0.0004
26	917.333	0.0011	3054.444	3.3297	0.3003	0.0003
27	1192.533	0.0008	3971.778	3.3305	0.3003	0.0003
28	1550.293	0.0007	5164.311	3.3312	0.3002	0.0002
29	2015.381	0.0005	6714.604	3.3317	0.3002	0.0002
30	2619.996	0.0004	8729.985	3.3321	0.3001	0.0001
31	3405.994	0.0003	11349.981	3.3324	0.3001	0.0001
32	4427.793	0.0002	14755.975	3.3326	0.3001	0.0001
33	5756.130	0.0002	19183.768	3.3328	0.3001	0.0001
34	7482.970	0.0001	24939.899	3.3329	0.3001	0.0001
35	9727.860	0.0001	32422.868	3.3330	0.3000	0.0000

35％的复利系数表

年份	一次支付		等额系列			
	终值系数	现值系数	年金终值系数	年金现值系数	资本回收系数	偿债基金系数
n	$F/P, i, n$	$P/F, i, n$	$F/A, i, n$	$P/A, i, n$	$A/P, i, n$	$A/F, i, n$
1	1.3500	0.7407	1.0000	0.7404	1.3500	1.0000
2	1.8225	0.5487	2.3500	1.2894	0.7755	0.4255
3	2.4604	0.4064	4.1725	1.6959	0.5897	0.2397
4	3.3215	0.3011	6.6329	1.9969	0.5008	0.1508
5	4.4840	0.2230	9.9544	2.2200	0.4505	0.1005
6	6.0534	0.1652	14.4384	2.3852	0.4193	0.0693
7	8.1722	0.1224	20.4919	2.5075	0.3988	0.0488
8	11.0324	0.0906	28.6640	2.5982	0.3849	0.0349
9	14.8937	0.0671	39.6964	2.6653	0.3752	0.0252
10	20.1066	0.0497	54.5902	2.7150	0.3683	0.0183
11	27.1493	0.0368	74.6976	2.7519	0.3634	0.0134
12	36.6442	0.0273	101.8406	2.7792	0.3598	0.0098
13	49.4697	0.0202	138.4848	2.7994	0.3572	0.0072
14	66.7841	0.0150	187.9544	2.8144	0.3553	0.0053
15	90.1585	0.0111	254.7385	2.8255	0.3539	0.0039
16	121.7139	0.0082	344.8970	2.8337	0.3529	0.0029
17	164.3138	0.0061	466.6109	2.8398	0.3521	0.0021
18	221.8236	0.0045	630.9247	2.8443	0.3516	0.0016
19	299.4619	0.0033	852.7483	2.8476	0.3512	0.0012
20	404.2736	0.0025	1152.2103	2.8501	0.3509	0.0009
21	545.7693	0.0018	1556.4838	2.8519	0.3506	0.0006
22	736.7886	0.0014	2102.2532	2.8533	0.3505	0.0005
23	994.6646	0.0010	2839.0418	2.8543	0.3504	0.0004
24	1342.797	0.0007	3833.7064	2.8550	0.3503	0.0003
25	1812.776	0.0006	5176.5037	2.8556	0.3502	0.0002
26	2447.248	0.0004	6989.2800	2.8560	0.3501	0.0001
27	3303.785	0.0003	9436.5280	2.8563	0.3501	0.0001
28	4460.110	0.0002	12740.313	2.8565	0.3501	0.0001
29	6021.148	0.0002	17200.422	2.8567	0.3501	0.0001
30	8128.550	0.0001	23221.570	2.8568	0.3500	0.0000
31	10973.54	0.0001	31350.120	2.8569	0.3500	0.0000
32	14814.28	0.0001	42323.661	2.8569	0.3500	0.0000
33	19999.28	0.0001	57137.943	2.8570	0.3500	0.0000
34	26999.03	0.0000	77137.223	2.8570	0.3500	0.0000
35	36448.69	0.0000	104136.25	2.8571	0.3500	0.0000

年份	一次支付		等额系列			
	终值系数	现值系数	年金终值系数	年金现值系数	资本回收系数	偿债基金系数
n	$F/P, i, n$	$P/F, i, n$	$F/A, i, n$	$P/A, i, n$	$A/P, i, n$	$A/F, i, n$
1	1.400	0.7143	1.000	0.7143	1.4001	1.0001
2	1.960	0.5103	2.400	1.2245	0.8167	0.4167
3	2.744	0.3654	4.360	1.5890	0.6294	0.2294
4	3.842	0.2604	7.104	1.8493	0.5408	0.1408
5	5.378	0.1860	10.946	2.0352	0.4914	0.0914
6	7.530	0.1329	16.324	2.1680	0.4613	0.0613
7	10.541	0.0949	23.853	2.2629	0.4420	0.0420
8	14.758	0.0678	34.395	2.3306	0.4291	0.0291
9	20.661	0.0485	49.153	2.3790	0.4204	0.0204
10	28.925	0.0346	69.814	2.4136	0.4144	0.0144
11	40.496	0.0247	98.739	2.4383	0.4102	0.0102
12	56.694	0.0177	139.234	2.4560	0.4072	0.0072
13	79.371	0.0126	195.928	2.4686	0.4052	0.0052
14	111.120	0.0090	275.299	2.4775	0.4037	0.0037
15	155.568	0.0065	386.419	2.4840	0.4026	0.0026
16	217.794	0.0046	541.986	2.4886	0.4019	0.0019
17	304.912	0.0033	759.780	2.4918	0.4014	0.0014
18	426.877	0.0024	104.691	2.4942	0.4010	0.0010
19	597.627	0.0017	1491.567	2.4959	0.4007	0.0007
20	836.678	0.0012	2089.195	2.4971	0.4005	0.0005
21	1171.348	0.0009	2925.871	2.4979	0.4004	0.0004
22	1639.887	0.0007	4097.218	2.4985	0.4003	0.0003
23	2295.842	0.0005	5373.105	2.4990	0.4002	0.0002
24	3214.178	0.0004	8032.945	2.4993	0.4002	0.0002
25	4499.847	0.0003	11247.110	2.4995	0.4001	0.0001
26	6299.785	0.0002	15746.960	2.4997	0.4001	0.0001
27	8819.695	0.0002	22046.730	2.4998	0.4001	0.0001
28	12347.570	0.0001	30866.430	2.4998	0.4001	0.0001
29	17286.590	0.0001	43213.990	2.4999	0.4001	0.0001
30	24201.230	0.0001	60500.580	2.4999	0.4001	0.0001

45%的复利系数表

年份	一次支付		等额系列			
	终值系数	现值系数	年金终值系数	年金现值系数	资本回收系数	偿债基金系数
n	$F/P, i, n$	$P/F, i, n$	$F/A, i, n$	$P/A, i, n$	$A/P, i, n$	$A/F, i, n$
1	1.4500	0.6897	1.0000	0.690	1.45000	1.00000
2	2.1025	0.4756	2.450	1.165	0.85816	0.40816
3	3.0486	0.3280	4.552	1.493	0.66966	0.21966
4	4.4205	0.2262	7.601	1.720	0.58156	0.13156
5	6.4097	0.1560	12.022	1.867	0.53318	0.08318
6	9.2941	0.1076	18.431	1.983	0.50426	0.05426
7	13.4765	0.0742	27.725	2.057	0.48607	0.03607
8	19.5409	0.0512	41.202	2.109	0.47427	0.02427
9	28.3343	0.0353	60.743	2.144	0.46646	0.01646
10	41.0847	0.0243	89.077	2.168	0.46123	0.01123
11	59.5728	0.0168	130.162	2.158	0.45768	0.00768
12	86.3806	0.0116	189.735	2.196	0.45527	0.00527
13	125.2518	0.0080	267.115	2.024	0.45326	0.00362
14	181.6151	0.0055	401.367	2.210	0.45249	0.00249
15	263.3419	0.0038	582.982	2.214	0.45172	0.00172
16	381.8458	0.0026	846.324	2.216	0.45118	0.00118
17	553.6764	0.0018	1228.170	2.218	0.45081	0.00081
18	802.8308	0.0012	1781.846	2.219	0.45056	0.00056
19	1164.1047	0.0009	2584.677	2.220	0.45039	0.00039
20	1687.9518	0.0006	3748.782	2.221	0.45027	0.00027
21	2447.5301	0.0004	5436.743	2.221	0.45018	0.00018
22	3548.9187	0.0003	7884.246	2.222	0.45013	0.00013
23	5145.9321	0.0002	11433.182	2.222	0.45009	0.00009
24	7461.6015	0.0001	16579.115	2.222	0.45006	0.00006
25	10819.322	0.0001	24040.716	2.222	0.45004	0.00004
26	15688.017	0.0001	34860.038	2.222	0.45003	0.00003
27	22747.625	0.0000	50548.056	2.222	0.45002	0.00002
28	32984.056		73295.681	2.222	0.45001	0.00001
29	47826.882		106279.74	2.222	0.45001	0.00001
30	69348.978		154106.62	2.222	0.45001	0.00001

50%的复利系数表

年份	一次支付		等额系列			
	终值系数	现值系数	年金终值系数	年金现值系数	资本回收系数	偿债基金系数
n	$F/P, i, n$	$P/F, i, n$	$F/A, i, n$	$P/A, i, n$	$A/P, i, n$	$A/F, i, n$
1	1.5000	0.6667	1.000	0.667	1.50000	1.00000
2	2.2500	0.4444	2.500	1.111	0.90000	0.40000
3	3.3750	0.2963	4.750	1.407	0.71053	0.21053
4	5.0625	0.1975	8.125	1.605	0.62303	0.12308
5	7.5938	0.1317	13.188	1.737	0.57583	0.07583
6	11.3906	0.0878	20.781	1.824	0.54812	0.04812
7	17.0859	0.0585	32.172	1.883	0.53108	0.03108
8	25.6289	0.0390	49.258	1.922	0.52030	0.02030
9	38.4434	0.0260	74.887	1.948	0.51335	0.01335
10	57.6650	0.0173	113.330	1.965	0.50882	0.00882
11	86.4976	0.0116	170.995	1.977	0.50585	0.00585
12	129.7463	0.0077	257.493	1.985	0.50388	0.00388
13	194.6195	0.0051	387.239	1.990	0.50258	0.00258
14	291.9293	0.0034	581.859	1.993	0.50172	0.00172
15	437.8939	0.0023	873.788	1.995	0.50114	0.00114
16	656.8408	0.0015	1311.682	1.997	0.50076	0.00076
17	985.2613	0.0010	1968.523	1.998	0.50051	0.00051
18	1477.8919	0.0007	2953.784	1.999	0.50034	0.00034
19	2216.8378	0.0005	4431.676	1.999	0.50023	0.00023
20	3325.2567	0.0003	6648.513	1.999	0.50015	0.00015
21	4987.8851	0.0002	9973.770	2.000	0.50010	0.00010
22	7481.8276	0.0001	14961.655	2.000	0.50007	0.00007
23	11222.742	0.0001	22443.483	2.000	0.50004	0.00004
24	16834.112	0.0001	33666.224	2.000	0.50003	0.00003
25	25251.168	0.0000	50500.337	2.000	0.50002	0.00002

参考文献

[1] 建设工程工程量清单计价规范 GB 50500—2013[S]. 北京：中国计划出版社，2013.

[2] 全国造价工程师执业资格考试培训教材编审委员会. 2013 年版全国造价工程师执业资格考试培训教材——建设工程计价[M]. (2014 年修订). 北京：中国计划出版社，2014.

[3] 全国造价工程师执业资格考试培训教材编审委员会. 2013 年版全国造价工程师执业资格考试培训教材——建设工程造价案例分析(2014 年修订). 北京：中国城市出版社，2014.

[4] 全国造价工程师执业资格考试培训教材编审委员会. 2013(2014 年修订)年版全国造价工程师执业资格考试培训教材——建设工程造价管理. 北京：中国计划出版社，2014.

[5] 全国一级建造师执业资格考试用书编写委员会. 建设工程项目管理(第四版)[M]. 北京：中国建筑工业出版社，2014.

[6] 全国一级建造师执业资格考试用书编写委员会. 建设工程经济(第四版)[M]. 北京：中国建筑工业出版社，2014.

[7] 中华人民共和国招标投标法释义[M]. 北京：中国计划出版社，2007.

[8] 中华人民共和国招标投标法实施条例[S]

[9] 中华人民共和国标准施工招标文件(2007 版)[M]. 北京：中国计划出版社，2007.

[10] 全国招标师职业资格考试辅导教材指导委员会. 招标采购专业知识与法律法规[M]. 北京：中国计划出版社，2015.

[11] 全国招标师职业资格考试辅导教材指导委员会. 招标采购项目管理[M]. 北京：中国计划出版社，2015.

[12] 全国招标师职业资格考试辅导教材指导委员会. 招标采购专业实务[M]. 北京：中国计划出版社，2015.

[13] 中国建设工程造价管理协会. 全国建设工程造价员资格考试培训教材——建设工程造价管理基础知识[M]. 北京：中国计划出版社，2014.

[14] 毕明，杨晶主编. 高等职业教育"十二五"规划教材：工程造价管理与控制. 北京：科学出版社，2013.

[15] 毕明主编. 高职高专"十二五"规划教材：建设工程计价与投资控制. 北京：冶金工业出版社，2014.

[16] 夏立明，尹贻林主编. 2014 年版全国造价工程师执业资格考试应试指南——建设工程造价管理. 北京：中国计划出版社，2014.

[17] 柯洪，尹贻林主编. 2014 年版全国造价工程师执业资格考试应试指南——建设工程造价管理. 北京：中国计划出版社，2014.

图书在版编目（CIP）数据

建设工程造价控制与管理／李冬，毕明主编. —长沙：
中南大学出版社，2016.3(2024.1重印)
ISBN 978-7-5487-2183-3

Ⅰ.①建… Ⅱ.①李… ②毕… Ⅲ.①建筑造价管理－
高等职业教育－教材 Ⅳ.①TU723.3

中国版本图书馆 CIP 数据核字(2016)第 038360 号

建设工程造价控制与管理
JIANSHE GONGCHENG ZAOJIA KONGZHI YU GUANLI

主 编 李 冬 毕 明
副主编 杨 晶 韩晓玲

□责任编辑	谭 平
□责任印制	唐 曦
□出版发行	中南大学出版社
	社址：长沙市麓山南路　　　　　邮编：410083
	发行科电话：0731-88876770　　传真：0731-88710482
□印　　装	长沙艺铖印刷包装有限公司

□开　　本	787 mm×1092 mm 1/16　□印张 23.25　□字数 574 千字
□版　　次	2016 年 3 月第 1 版　　　□印次 2024 年 1 月第 5 次印刷
□书　　号	ISBN 978-7-5487-2183-3
□定　　价	52.00 元

图书出现印装问题，请与经销商调换